普通高等教育机电类系列教材

UG NX 8.0 三维机械设计

臧艳红　管殿柱　主编

机 械 工 业 出 版 社

Unigrapgics NX 8.0（简称 UG NX8.0）是德国西门子自动化与驱动集团（Siemens A&D）的分支机构——UGS PLM Solutions 软件公司于 2008 年 5 月推出的产品全生命周期管理（PLM）软件。该软件的功能覆盖了产品开发从概念设计、功能工程、工程分析、加工制造到产品发布的全过程，在航空、汽车、机械、电气电子等各工业领域的应用非常广泛。

本书介绍的是其最新版本 UG NX 8.0 中文版。全书共分 10 章，第 1 章系统地介绍了软件的主要功能与应用模块、软件特点及新增功能；第 2~4 章详细介绍了 UG NX 8.0 建模基础功能，包括基本操作、基本建模方法和草图参数化功能；第 5 章给出了典型零件建模实例；第 6 章介绍了 UG NX 8.0 装配模块的使用；第 7 章给出了典型装配体建模实例；第 8 章介绍了 UG NX 8.0 制图模块的使用；第 9 章介绍了曲线功能；第 10 章详细介绍了软件预设置的使用。

本书结构严谨，内容丰富，条理清晰，实例经典，内容的编排符合由浅入深的思维模式，可作为 UG 初学者、中级使用人员、机械设计工程师、制图员以及从事三维建模工作人士的理想参考书，也可作为大专院校相关专业的教材。

图书在版编目（CIP）数据

UG NX 8.0 三维机械设计/臧艳红，管殿柱主编. —北京：机械工业出版社，2013.12（2024.8 重印）

普通高等教育机电类系列教材

ISBN 978-7-111-45032-0

Ⅰ.①U… Ⅱ.①臧…②管… Ⅲ.①机械设计-计算机辅助设计-应用软件 Ⅳ.①TH122

中国版本图书馆 CIP 数据核字（2013）第 291039 号

机械工业出版社（北京市百万庄大街 22 号 邮政编码 100037）

策划编辑：商红云 责任编辑：商红云 版式设计：常天培

责任校对：张 征 封面设计：张 静 责任印制：单爱军

北京虎彩文化传播有限公司印刷

2024 年 8 月第 1 版第 10 次印刷

184mm×260mm · 17.5 印张 · 475 千字

标准书号：ISBN 978-7-111-45032-0

定价：49.00 元

电话服务 网络服务

客服电话：010-88361066 机 工 官 网：www.cmpbook.com

010-88379833 机 工 官 博：weibo.com/cmp1952

010-68326294 金 书 网：www.golden-book.com

封底无防伪标均为盗版 机工教育服务网：www.cmpedu.com

前　言

随着现代工作、生活节奏的加快，科技进步日新月异，激烈的竞争要求企业更快地将产品推向市场。CAD/CAM/CAE 技术是提升产品性能、加快产品研发过程、提高效益的有效手段。Unigrapgics NX 8.0（简称 UG NX 8.0）是德国西门子自动化与驱动集团（Siemens A&D）的分支机构——UGS PLM Solutions 软件公司于 2008 年 5 月推出的产品全生命周期管理（PLM）软件。该软件的功能覆盖了产品开发从概念设计、功能工程、工程分析、加工制造到产品发布的全过程，在航空、汽车、机械、电气电子等各工业领域的应用非常广泛。

本书以 UG NX 8.0 中文完整版为基础，介绍其 CAD 功能，具体包括建模、装配和制图三大功能模块，主要针对具有较少基础的 UG 学习或使用人员，旨在帮助他们在较短时间内熟悉 UG，并具有一定解决实际问题的能力。本书依据功能主线划分章节。

本书具有以下鲜明特色：

- 零点启航，特别适合没有学过但又想学习 UG 软件的读者。
- 循序渐进，内容编排上遵循了读者学习和使用 UG 软件的一般规律，便于短时间内掌握 UG 功能。
- 实例训练，结合大量实例讲解难点，使原本枯燥的内容变得生动有趣。
- 图解难点，图文并茂、深入浅出。
- 实践应用，综合实例非常经典，对解决实际问题具有很好的指导意义。

本书主要面向初中级读者，适合初中级读者在入门与提高阶段使用。

党的二十大报告指出：“全面贯彻党的教育方针，落实立德树人根本任务”。本书以二维码形式引入了“数字技术的世界”“中国创造：大跨径拱桥技术”“大国工匠：大技贵精”“中国创造——蛟龙号”“探月精神”“神舟一号返回舱”等拓展视频，树立学生的历史自信、文化自信，培养学生的科技自立自强意识，助力培养德才兼备的高素质人才。

本书编写者都是使用 UG 多年并从事 UG 教学工作的专家，有着丰富的经验。在内容编写上，特别强调简单易学、步骤清晰、图形丰富和实例演示。因此，对以本书为 UG 学习教材的读者来说，使用本书可快速掌握 UG 的主要功能，成为 UG 软件的中高级使用人员。

本书第 1～4、6 章由臧艳红编写，第 5、7、10 章由吕金美编写，第 8、9 章由管殿柱编写，参与编写的还有宋一兵、王献红、李文秋、付本国、赵景波、赵景伟、田绪东、张轩、张洪信、段辉和汤爱君。

由于作者水平有限及时间仓促，书中难免存在缺点和错误，恳请读者批评指正。

编　者

目　录

第1章　UG NX 8.0概述

随着计算机辅助设计（CAD）技术的飞速发展和普及，越来越多的工程技术人员开始利用计算机进行产品的设计和研发。UG NX 8.0作为当今世界上最先进和紧密集成的、面向制造业的CAX（即CAD、CAE、CAM等的总称）高端软件，是知识驱动自动化技术领域中的领先者。该软件的功能覆盖了产品开发从概念设计、功能工程、工程分析、加工制造到产品发布的全过程，在航空、汽车、机械、电器电子、玩具等各工业领域的应用非常广泛。

本章将对UG NX 8.0中文版作一概括介绍，以便读者从宏观上认识软件，熟悉软件各功能模块的关系，为后续章节的学习打下基础。

【本章重点】

- UG NX 8.0的主要功能。
- UG NX 8.0的建模特点。
- UG NX 8.0的主要应用模块。
- UG NX 8.0的新增功能。

1.1　UG NX 8.0的主要功能

UG功能非常强大，已经覆盖了整个产品开发的全过程，即从概念设计、功能工程、工程分析、加工制造到产品发布，无一不包括。但由于篇幅所限，许多功能本书除了在此介绍外，将不再于后续章节中给予详细说明。

1. 产品设计（CAD）

利用建模模块、装配模块和制图模块，可建立各种复杂结构的三维参数化实体装配模型和部件详细模型，自动生成平面工程图样（半自动标注尺寸）；可应用于各行业和各种类型产品的设计，支持产品外观造型设计。所设计的产品模型可进行虚拟装配与各种分析，省去了制造样机的过程。

2. 性能分析（CAE）

利用有限元分析模块，可以对产品模型进行受力分析、受热分析和模态分析。

3. 零件加工（CAM）

利用加工模块，可以自动产生数控机床能接受的数控加工指令。

4. 运动分析

利用运动模块，可分析产品的实际运动情况和干涉情况，并对运动速度进行分析。

5. 走线

利用走线模块，可根据产品的装配模型，布置各种管路和线路的标准件接头，自动走线，并计算出所使用的材料，列出材料单。

6. 产品宣传

利用造型模块，可产生真实感的艺术照片，可制作动画等，可直接在Internet上发布产品。

1.2 UG NX 8.0 的主要应用模块

UG NX 8.0 的各项功能都是通过各自的应用模块来实现的。每一应用模块都是集成环境中的一部分，相对独立又互相联系。模块与功能不同，同一功能可能涉及多个应用模块，而某一个应用模块通常是完成某一具体的功能。

下面对 UG NX 8.0 集成环境中的 CAD 各应用模块及其功能作一个简单介绍。

1.2.1 基本环境

基本环境模块是所有其他应用模块的入口模块，是连接 UG 软件所有其他模块的基本框架，是启动 UG 软件时运行的第一个模块。该模块为 UG 软件其他各模块的运行提供了底层的统一数据库支持和一个窗口化的图形交互环境，执行包括打开、创建、存储 UG 模型、屏幕布局、视图定义、模型显示、消隐、着色、放大、旋转、模型漫游、图层管理、绘图输出、绘图机队列管理、模块使用权浮动管理等关键功能。

基本环境模块是执行其他交互应用模块的先决条件，是用户打开 UG 进入的第一个应用模块。在 UG NX 8.0 中，通过单击【开始】下拉菜单中的【基础环境】命令，便可以在任何时候从其他应用模块回到基本环境。

1.2.2 零件建模

零件建模模块是其他应用模块实现其功能的基础，由它建立的几何模型广泛应用于其他模块。建模模块能够提供一个实体建模的环境，从而使用户快速实现概念设计。用户可以交互式地创建和编辑组合模型、仿真模型和实体模型，可以通过直接编辑实体的尺寸或者通过其他构造方法来编辑和更新实体特征。

1. 实体建模

UG NX 8.0 实体建模模块将基于约束的特征造型功能和显式的直接几何造型功能无缝地集成一体，提供业界最强大的复合建模功能，使用户可充分利用集成在先进的参数化特征造型环境中的传统实体、曲面和线架功能。它是最基本的建模模块，也是“特征建模”和“自由形状建模”的基础。

2. 特征建模

UG NX 8.0 特征建模模块用工程特征来定义设计信息，包括各种孔、键槽、凹腔、方形凸垫、圆柱凸台以及各种圆柱、方块、圆锥、球体、管道、倒圆、倒角等，同时也包括抽空实体模型、产生薄壁实体。它允许一个特征相对于任何其他特征定位，且对象可以被实例引用建立相关的特征集。

3. 自由形状建模

UG NX 8.0 自由曲面建模模块独创地把实体和曲面建模技术融合在一组强大的工具中，这些技术包括直纹面、扫描面、通过一组曲线的自由曲面、通过两组正交曲线的自由曲面、曲线广义扫掠、标准二次曲线方法放样、等半径和变半径倒圆、广义二次曲线倒圆、两张及多张曲面间的光顺桥接、动态拉动、等矩或不等距偏置、曲面剪裁/编辑等。

4. 钣金特征建模

UG NX 8.0 钣金设计模块提供基于参数、特征方式的钣金零件建模功能。可生成复杂的钣金零件，并可对其进行参数化编辑，能够定义和仿真钣金零件的制造过程，对钣金零件模型进行展开和折叠的模拟操作。该模块允许用户在设计阶段将加工信息整合到所设计的部件中。

5. 用户自定义特征

UG NX 8.0 用户自定义特征模块提供交互式方法来定义和存储基于用户自定义特征（UDF）概念，便于调用和编辑的零件族，形成用户专有的 UDF 库，提高用户设计建模效率。用户自定义特征可以通过特征建模应用模块被任何用户访问。

1.2.3 工程制图

工程制图模块的先决模块为建模模块、特征建模模块。

UG NX 8.0 工程制图模块使任何设计师、工程师或绘图员都可从 UG 三维实体模型得到完全双向相关的二维工程图。UG NX 8.0 工程制图模块能减少绘图的时间和成本。

1.2.4 装配建模

UG NX 8.0 装配建模模块提供并行的“自顶而下”和“自下而上”的产品开发方法，其生成的装配模型中零件数据是对零件本身的链接映像，保证装配模型和零件设计完全双向相关。UG 装配功能的内在体系结构使得设计团队能创建和共享非常大的产品级装配模型。

1.3 软件特点

UG NX 8.0 系统在数字化产品的开发设计领域有以下几大特点：

1. 更人性化的操作界面、智能化的操作环境

UG NX 8.0 建立在基于角色的用户界面基础之上，把此方法的覆盖范围扩展到整个应用程序，以确保在核心产品领域里面的一致性。UG NX 8.0 以可定制的、可移动弹出工具栏为特征，减少了鼠标移动，并且使用户能够把它们的常用功能集成到由简单操作过程所控制的动作之中。

2. 完整统一的全流程解决方案

UG NX 8.0 系统无缝集成的应用程序能快速传递产品和工艺信息的变更，从概念设计到产品的制造加工，可使用一套统一的方案把产品开发流程中所涉及的所有学科融合在一起。在 CAD 和 CAM 方面，大量吸收了逆向软件 Imageware 的操作方式以及曲面方面的命令；在钣金设计等方面，吸收了 SolidEdge 的先进操作方式；在 CAE 方面，增加了 I-deas 的前后处理程序及 NX Nastran 求解器；同时 UG NX 8.0 可以在 UGS 先进的 PLM（产品周期管理）Teancenter 的环境管理下，在开发程序中随时与系统进行数据交流。

3. 可管理的开发环境

UG NX 8.0 系统可以通过 NX Manager 和 Teamcenter 工具把所有的模型数据进行紧密集成，并实时同步管理，进而实现在一个结构化的协同环境中转换产品的开发流程。UG NX 8.0 采用的可管理的开发环境，增强了产品开发应用程序的性能。

4. 数字化仿真、验证和优化

利用 UG NX 8.0 系统中的数字化仿真、验证和优化工具，可以减少产品的开发费用，实现产品开发的一次成功。用户在产品开发流程的每一个阶段，通过使用数字化仿真技术，核对概念

设计与功能要求的差异，以确保产品的质量、性能和可制造性符合设计标准。

5. 知识驱动的自动化

使用 UG NX 8.0 系统，用户可以在产品开发的过程中获取产品及其设计制造过程的信息，并将其重新用到开发过程中，以实现产品开发流程的自动化，最大限度地重复利用知识。

6. 系统级的建模能力

UG NX 8.0 基于系统的建模，允许在产品概念设计阶段快速创建多个设计方案并进行评估，特别是对于复杂的产品，利用这些方案能有效的管理产品零部件之间的关系。在开发过程中还可以创建高级别的系统模板，在系统和部件之间建立关联的设计参数。

1.4 UG NX 8.0 的用户界面

在 Windows XP 平台上使用 UG 软件简体中文版，单击【开始】/【所有程序】/【UGS NX 8.0】/【NX 8.0】命令，或者双击桌面上的 NX 8.0 图标，即可启动 UG NX 8.0 软件。系统首先弹出如图 1-1 所示的欢迎界面，然后进行软件初始化，等待一段时间以后，进入初始界面，如图 1-2 所示。

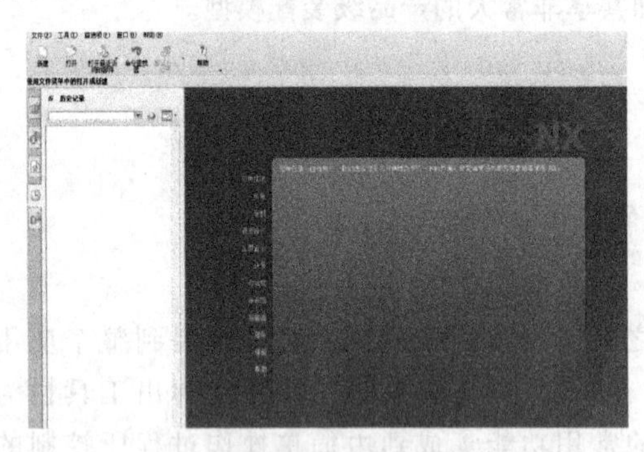

图 1-1 欢迎界面

图 1-2 初始界面

1.4.1 工作界面

建立一个新文件或打开一个已存的文件，即可进入如图 1-3 所示的 UG NX 8.0 建模界面。下面以此为例，学习 UG NX 8.0 工作界面。

1. 标题栏

标题栏显示了软件名称及其版本号、当前工作模块、正在操作的文件名称。如果对文件已经作了修改，但还没有进行保存，其后面还会显示“（修改的）”提示信息。

2. 菜单栏

菜单栏如图 1-4 所示。该菜单包含了 UG 软件的主要功能，系统所有的命令和设置选项都归属到不同的菜单下。它们分别是文件菜单、编辑菜单、视图菜单、插入菜单、格式菜单、工具菜单、装配菜单、信息菜单、分析菜单、首选项菜单、窗口菜单和帮助菜单。单击任何一个菜单时，系统都会展开一个下拉式菜单，如图 1-5a 所示。菜单中有与该功能有关的命令响应。单击下拉菜单中的相应命令后面的按钮▸可打开其相应的子菜单，如图 1-5b 所示。若命令后面有…符号，单击该命令后即可打开相应的对话框。

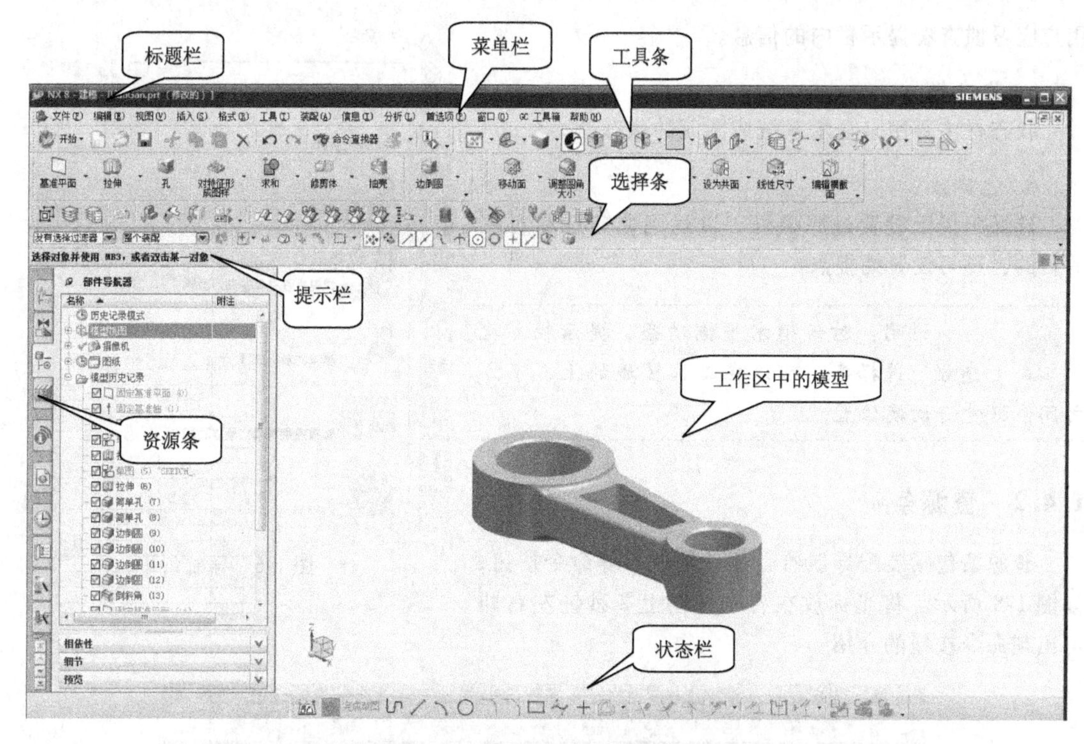

图 1-3　UG NX 8.0 建模界面

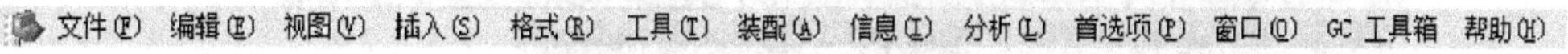

文件(F)　编辑(E)　视图(V)　插入(S)　格式(R)　工具(T)　装配(A)　信息(I)　分析(L)　首选项(P)　窗口(O)　GC 工具箱　帮助(H)

图 1-4　菜单栏

说明：若下拉菜单中未出现相应的命令，可单击右侧资源条上的角色按钮，在弹出的对话框中选择“角色具有完整菜单的高级功能”，如图 1-6 所示。在弹出的【加载角色】对话框中单击 确定(O) 按钮，即可将菜单栏中的所有命令显示出来。

---

3. 工具条

工具条中的按钮都对应着不同的命令，而且工具条中的命令都以图形的方式形象地表示出命令的功能。这样可以免去用户在菜单中查找命令的繁琐，更方便用户的使用。如果需要，还可以通过设置，在工具条上显示图标按钮对应的命令名称。至于如何显示和隐藏工具条上图标按钮的名称，后面章节将做详细的介绍。图 1-7 所示为常见的工具条。

4. 提示栏

提示栏主要用来提示用户下一步该如何操作。

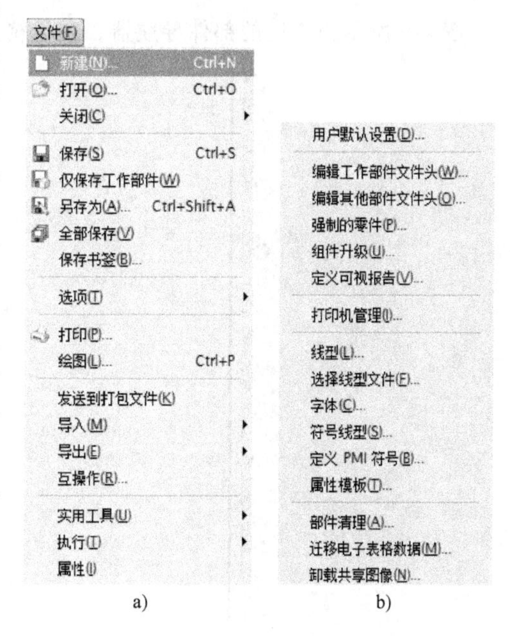

图 1-5　下拉菜单及子菜单

a)【文件】下拉菜单　b)【实用工具】子菜单

用户应习惯查看提示栏内的信息。

5. 状态栏

状态栏主要用来显示系统或图元的状态。

6. 选择条

选择条用于设置过滤条件，以达到快速选取对象的目的，还可设置捕捉点。

说明：对话框水平拖动条、提示栏、状态栏、选择条，可以在工作区域的上、下方之间依据爱好切换位置。

图 1-6 导航条

1.4.2 资源条

资源条包括装配导航器、部件导航器等命令按钮，如图 1-8 所示。将光标放在各个按钮上 2 秒钟左右即可出现命令按钮的介绍。

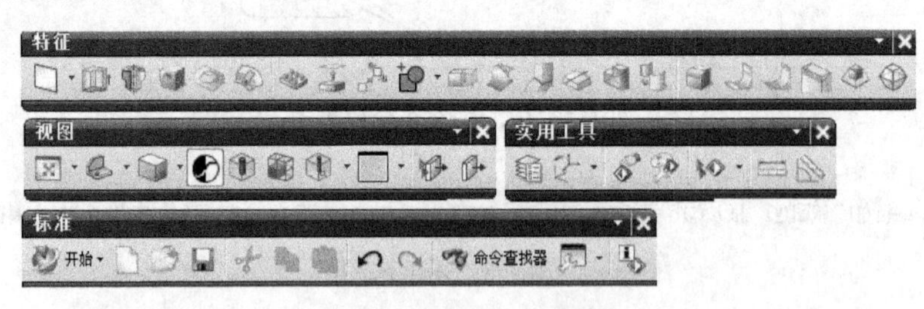

图 1-7 常见的工具条

图 1-9 所示为常用的部件导航器，在导航器上可显示出该零件的创建过程和使用命令。

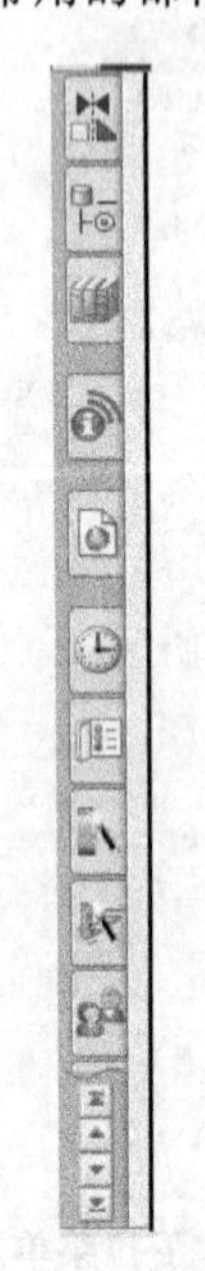

图 1-8 资源条

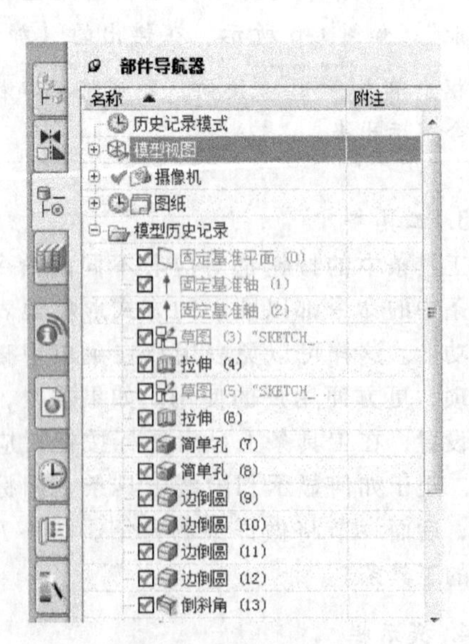

图 1-9 部件导航器

说明：和分别是锁定按钮和解锁按钮。

1.4.3 快捷菜单

在 UG 环境中，除了下拉菜单外，常见的菜单还有快捷菜单。在图形窗口或在图形窗口中选中某一对象，单击鼠标右键，系统会弹出相应的快捷菜单，如图 1-10 所示。需要说明的是，快捷菜单的内容会随选择的应用和选择的对象而改变。

1.4.4 对话框

在操作过程中会出现相应的对话框，如图 1-11 所示。用鼠标左键按住对话框上端，移动鼠标可以将对话框移动到界面中的适合位置。

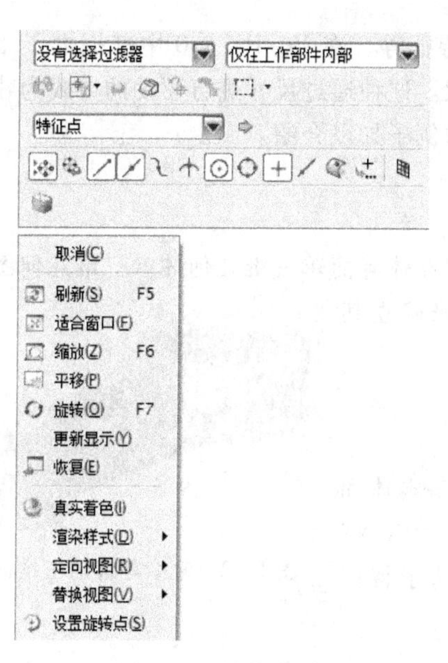

图 1-10 快捷菜单

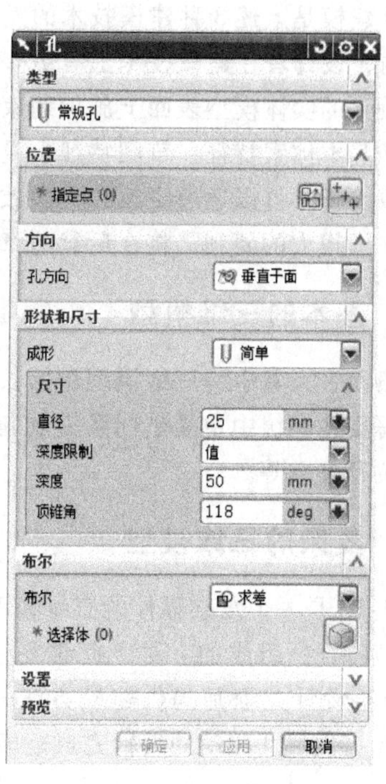

图 1-11 对话框

1.5 建模方法

实体的三维建模方法主要是基于实体特征的建模方法，UG NX 8.0 的建模是复合建模和基于特征建模两种技术的综合。

1.5.1 建模方式

一般而言，建模的方式有以下 4 种。

1. 显示建模

显示建模对象是相对于模型空间而不是相对于彼此建立的，属于非参数化建模方式。对某一个对象所作的改变不影响其他对象或最终模型。例如，过已经存在的三点作一个圆，若移动其中一个点，已建立的圆不会改变。

2. 参数化建模

为了进一步编辑一个参数化模型，应将用于模型的参数值随模型一起存储，且参数可以彼此引用，以建立模型各个特征间的关系。例如，设计者要将一个矩形凸垫的高度与其上的孔的深度设计为始终相同，其仅需将相关的参数链接到一起即可获得所要的结果，这是显示建模很难实现的。

3. 基于约束的建模

在基于约束的建模中，模型的几何体是由定义模型几何体的一组设计规则组成的，这组规则称为约束，用于驱动或求解。这些约束可以是尺寸约束或几何约束。

4. 复合建模

复合建模是上述3种建模技术的发展与选择性组合。将3种建模方法无缝地集成在单一的建模环境内，设计者在建模技术上有更多的灵活性。复合建模包括新的直接建模技术，允许设计者在非参数化的实体模型表面上施加约束。

对于基本体素特征、草图特征、设计特征和细节特征等，在UG NX 8.0中都提供了相关的特征参数编辑，可以通过更改相关参数来更新模型形状。这种通过尺寸进行驱动的方式为建模及更改带来了很大的便利，将在后续的章节中结合具体的例子加以介绍。

1.5.2 基本的三维模型

一般而言，基本的三维模型包括长方体、圆柱体和球体等简单三维几何体。三维几何图形的确立，需要在系统中定义坐标系（如笛卡儿坐标系）来确立其尺寸和位置参数等。

1.5.3 复杂的三维模型

图1-12是一个复杂零件的三维模型，它是由一个基本体和一些细节特征所组成的。对于此类复杂几何体的建模，UG NX 8.0可以给设计工程师提供建模方法——通过草绘、基于特征的建模和提供尺寸驱动的编辑完成建模的创建。

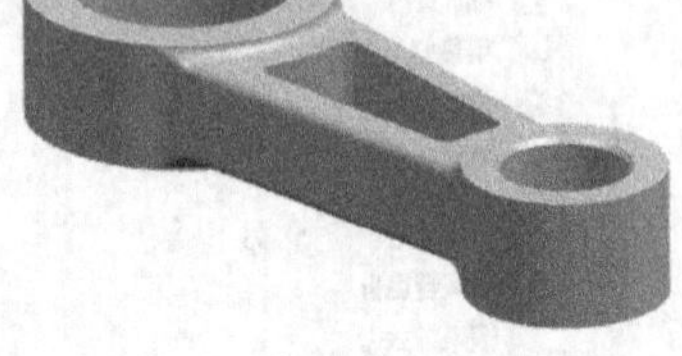

图1-12 复杂零件的三维模型

1.6 UG NX 8.0的新增功能

UG NX 8.0的新增功能如下：

- 更简洁的NX 8.0菜单图标和标注输入负数。
- Reorder Blends可以对相交的倒圆进行重排序。
- 新增重复命令。
- 在历史模式下，进行拉出面和偏置区域的时候，区域边界面增强。只要选择面上有封闭的曲线，选中的不是整个面而是封闭曲线里面的面。
- 在同步建模中进行部件间的选择，支持的功能命令为使共面、使同轴、使对称。
- 孔命令编辑孔的时候可以改变类型。
- 边倒圆和软倒圆支持二次曲线。

- 抽取等参数曲线，曲线和原来的模型保持相关联。
- 表达式功能增强：支持国际语言，包括中文（与本地系统语言有关），可以引用其他部件的属性和其他对象的属性。
- 新增约束导航器：可以对约束进行分析、组织。
- 新增 Make Unique 命令，也就是重命名组件，可以任意更改打开装配中的组件名称，从而得到新的组件。
- 编辑抑制状态功能增强，可以对多个组件、不同级别的组件进行编辑。
- 新增只读部件提示。
- 创建了利于管理的标准引用集。
- Cross Section 命令增强，支持在历史模式下使用该命令。
- 删除面功能增强：增加修复功能。
- GC 工具箱中增加了弹簧建模工具。

1.7　本章小结

本章主要介绍了 UG NX 8.0 的主要功能、主要的应用模块、软件特点及新增功能，使读者对 UG 软件有个初步的认识，以便从总体上把握软件的学习方法与技巧。

拓展视频

数字技术的世界

1.8　习题

概念题

(1) 如何启动和退出 UG?

(2) UG NX 8.0 有哪些主要功能？其主要的应用模块是什么？

(3) UG NX 8.0 的工作界面由哪些部分组成？如何定制用户界面？

(4) UG NX 8.0 的新增功能有哪些？

第 2 章　UG NX 8.0 入门基础

本章主要介绍 UG NX 8.0 应用中的基本操作以及在各功能模块中使用的通用工具，为后面章节的学习和应用奠定基础。

【本章重点】

- UG NX 8.0 的文件操作。
- 设置工作目录。
- UG NX 8.0 的鼠标与键盘操作。
- UG NX 8.0 的模型显示。
- 图层。
- 坐标系的用途。

2.1　文件操作

本节简单介绍有关文件管理的内容，具体包括以下操作：新建文件、打开和关闭文件、导入和导出文件。这些操作可以通过单击【文件】菜单中的相应命令或者单击如图 2-1 所示的【标准】工具条上的相应图标按钮来完成。

图 2-1　【标准】工具条

2.1.1　新建文件

单击【文件】/【新建】命令或者单击【标准】工具条上的【新建】按钮，系统弹出如图 2-2 所示的【新建】对话框。该对话框提供了许多模板文件，并依据功能模块的不同进行了分类，如建模组、图纸组、仿真组等。用户既可以选取模板文件，也可以选取隐藏文件。如果选取模板文件类型，则系统直接进入相应的应用模块运行。例如，选取 Model 模板，创建文件后直接进入建模模块。如果选取隐藏文件，则创建文件后首先进入基本环境，即公共入口模块。

在【名称】文本框中输入新文件名，设置好文件存放路径，选取单位，单击 确定 按钮，即可进入相应环境，如建模环境、装配环境、制图环境、仿真环境等。

2.1.2　打开文件

单击【文件】/【打开】命令或者单击【标准】工具栏中的按钮，就会弹出如图 2-3 所示的【打开】对话框。

对话框中的文件列表框中列出了当前工作目录下的所有文件，可以直接单击要打开的文件，

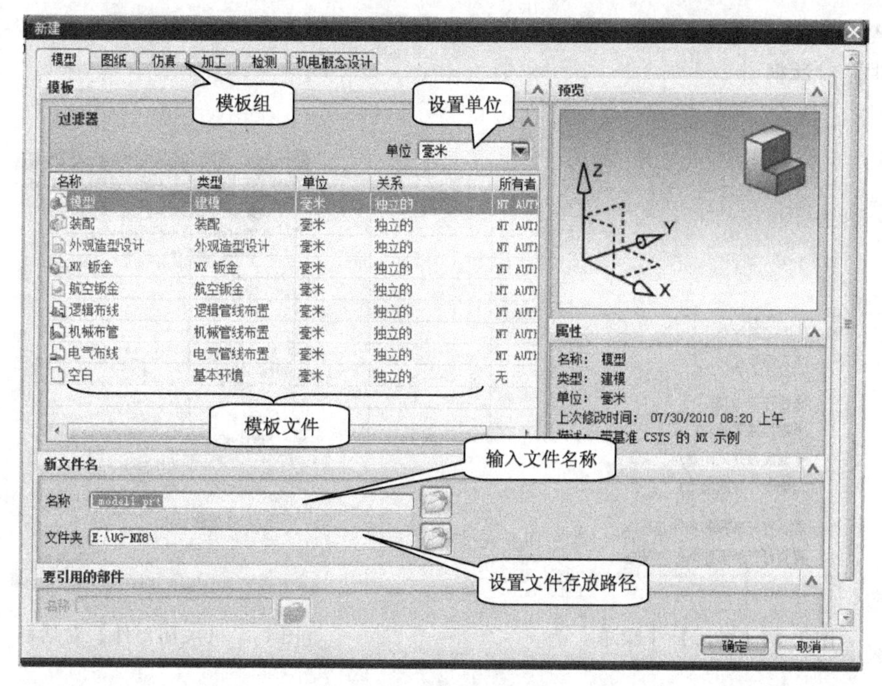

图 2-2 【新建】对话框

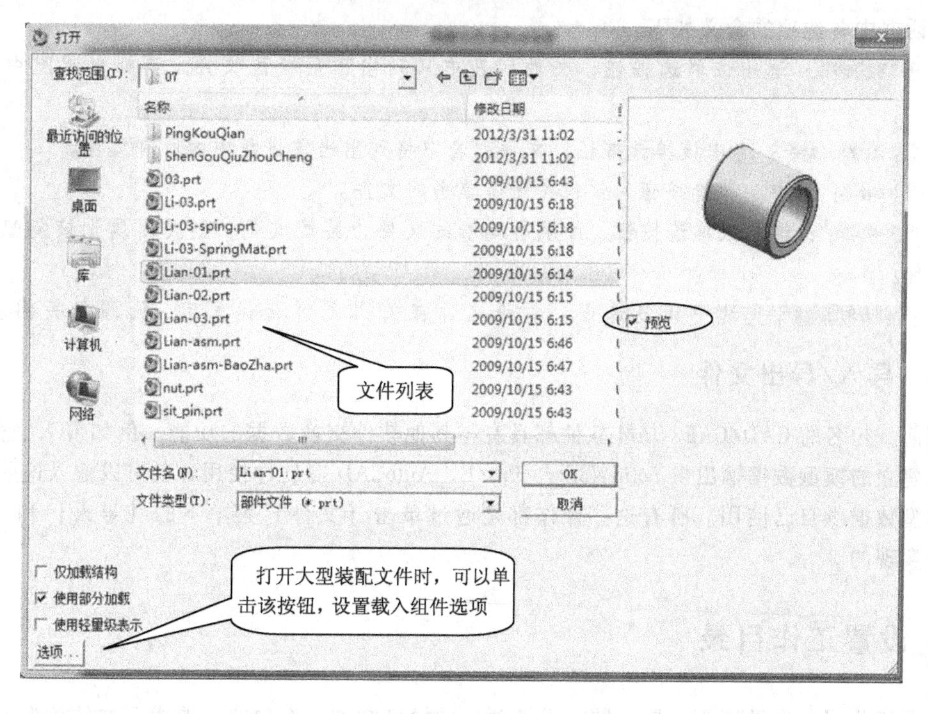

图 2-3 【打开】对话框

或者在查找范围内指定文件所在的路径，然后再单击 OK 按钮。

2.1.3　关闭文件

关闭文件可以通过单击【文件】/【关闭】子菜单下的命令来完成，如图 2-4 所示。

如果想关闭某个文件时，可以选择【所选的部件】命令，此时系统弹出如图 2-5 所示的【关闭部件】对话框。

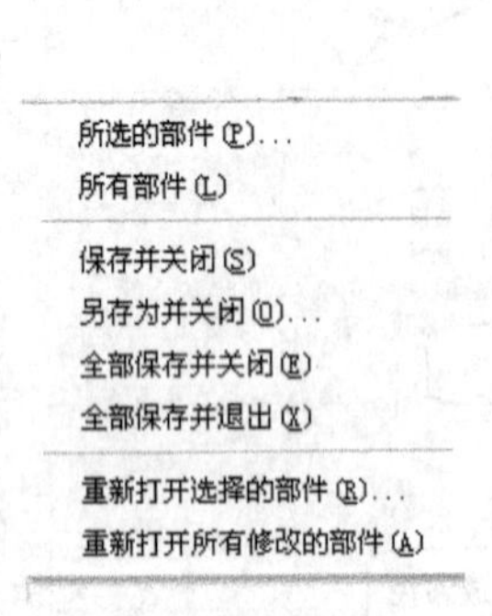

图 2-4 【关闭】子菜单

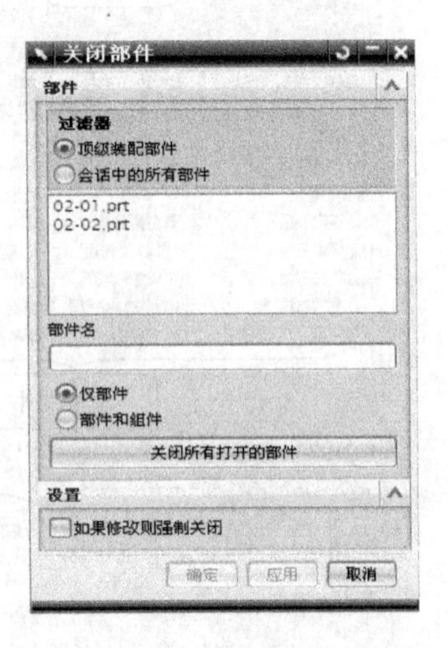

图 2-5 【关闭部件】对话框

对话框中各选项的含义如下。

- 顶层装配部件：选中该单选按钮，文件列表中只列出顶层装配文件，不列出装配中包含的组件。
- 会话中的所有部件：选中该单选按钮，文件列表中将列出当前进程中的所有文件。
- 仅部件：选中该单选按钮，仅仅关闭所单击的文件。
- 部件和组件：选中该单选按钮，如果所单击的文件为装配文件，则关闭属于该装配文件的所有文件。
- 如果修改则强制关闭：选中该复选框，如果文件在关闭之前没有保存，则强行关闭。

2.1.4 导入/导出文件

当前，知名的 CAD/CAE/CAM 软件都具有与其他软件交换数据的功能。例如 UG，它既可以把自己建立的模型数据输出供 SolidWorks、Pro/E、AutoCAD 等软件使用，又可以输入这些软件制作的模型数据供自己使用。所有这些操作都是通过单击【文件】菜单下的【导入】和【导出】命令来实现的。

2.2 设置工作目录

设置工作目录有助于管理属于同一设计项目的模型文件，存储或读取模型文件较为方便。设计人员应养成规划工作目录的好习惯。

单击【文件】菜单下的【实用工具】/【用户默认设置】，如图 2-6a 所示。系统弹出【用户默认设置】对话框。在该对话框中选择【基本环境】列表框中的【常规】选项，单击【目录】在【部件文件目录】中设置工作目录，如图 2-6b 所示。

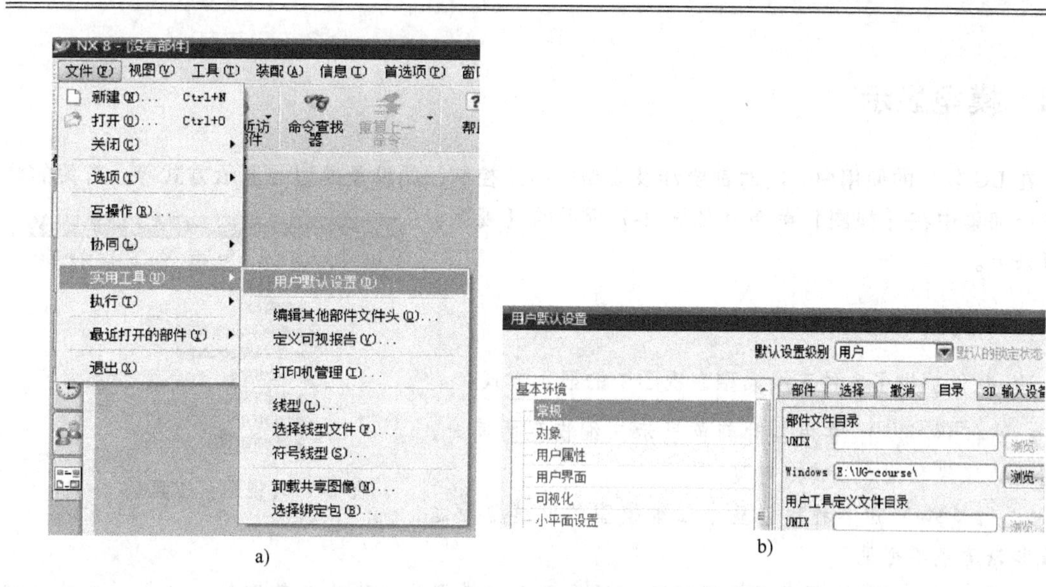

a)　　　　　　　　　　b)

图 2-6　设置工作目录

a）设置工作目录（一）　b）设置工作目录（二）

2.3　鼠标与键盘操作

鼠标与键盘用于输入数据和命令等功能，通常鼠标用来单击命令和对象，键盘用于输入参数。同一操作和功能有时可分别用鼠标和键盘来完成，而有些操作或功能则要求鼠标和键盘同时操作才能完成。鼠标与键盘操作的含义如表 2-1 所示，与 Windows 相同的按键操作及其功能不再重复介绍。

表 2-1　鼠标与键盘操作含义

键盘与鼠标操作		光标在不同区域所能完成的功能		
键盘操作	鼠标操作	图形显示窗口中	对话框中	菜单与工具条上
	单击	单击单个对象，循环单击下一对象，指定屏幕位置	单击按钮或选项	单击菜单，单击工具条图标
	单击并拖动鼠标	选中框中的对象		
【Shift】	单击	取消选中的单个对象	选中从选定项到当前光标之间的所有选项	
【Ctrl】	单击		在列表框中选中多个选项或取消单击已选中的选项	
【Ctrl + Shift】	单击	重新单击单个对象		
【Alt + Shift】	单击	单击链接对象		
	单击	取消操作或者接受输入	相当于单击【确定】按钮	
【Alt】	单击		相当于单击【取消】按钮	
	右击	弹出快捷菜单	弹出快捷菜单	弹出快捷菜单
【Tab】			向前在各选项之间跳转	
【Shift + Tab】			向后在各选项之间跳转	
左、右、上、下箭头			在文本框、列表框或选项菜单中移动光标	在下拉菜单中移动光标
【Enter】			相当于单击【确定】按钮	执行命令
数字或字符键			在文本框中输入数据	

2.4 模型显示

在 UG 软件的使用中，随时都要涉及模型的显示控制，如设置模型的显示方式等。有关的操作命令都集中在【视图】菜单和如图 2-7 所示的【视图】工具条上。

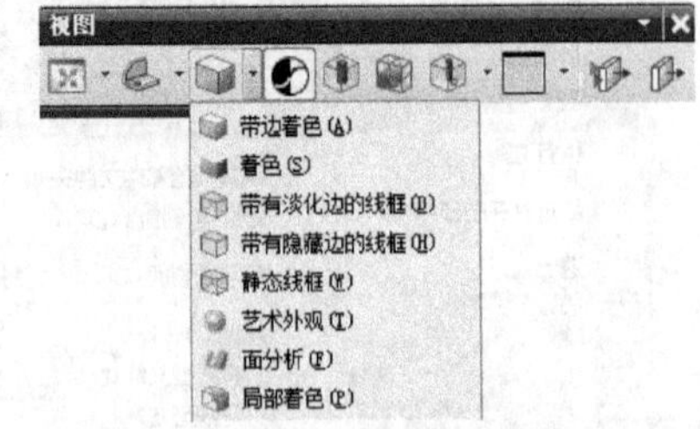

图 2-7 【视图】工具条（一）

2.4.1 模型的显示方式

UG 软件提供了 8 种三维模型在视图中的显示方式。

- 带边着色(A)：在用各种颜色显示三维模型的同时，模型的边缘线和轮廓线清晰可见。
- 着色(S)：用各种颜色显示三维模型，但模型的边缘线和轮廓线不可见。
- 带有淡化边的线框(D)：不显示表面情况，只显示三维模型的边缘线和轮廓线，并且用灰色的细实线显示不可见的边缘线。
- 带有隐藏边的线框(H)：不显示表面情况，只显示三维模型的边缘线和轮廓线，并且不显示不可见的边缘线。
- 静态线框(W)：不显示表面情况，不论可见与否，显示所有三维模型的边缘线和轮廓线。
- 艺术外观(T)：在带边着色或着色基础上，加上了背景，并高亮显示，其色彩更接近真实模型，类似于摄影图片。
- 面分析(F)：用不同的颜色显示指定表面上各处的应力、应变等信息。
- 局部着色(P)：模型的部分表面着色，其他表面用线框方式显示。

图 2-8 为常见的几种模型显示图。

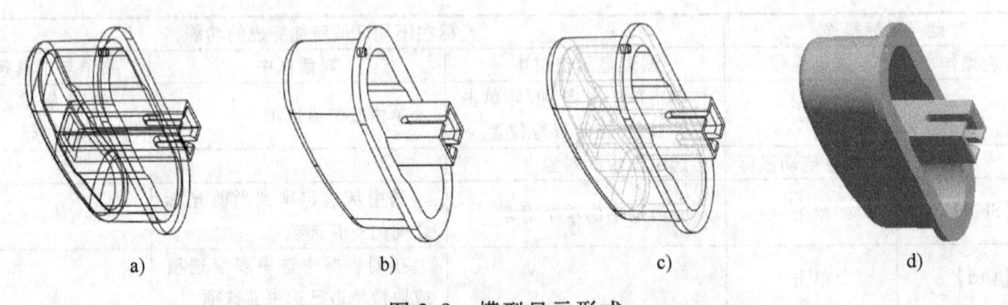

图 2-8 模型显示形式
a）静态线框 b）带有隐藏边的线框 c）带有淡化边的线框 d）着色

2.4.2 观察角度的调整

在【视图】工具条上，默认情况下单击按钮右侧的小黑三角标志，弹出如图 2-9 所示的工具条。此时，当移动光标到每个图标上并稍微停留片刻，则显示其视图名称，从 8 种标准模式中选一种即可改变模型的观察角度。

2.4.3　模型在视图中显示大小与位置的调整

通过视图显示控制，可以调整模型全部或者部分在视图中的显示大小、位置与方位。视图控制工具如图 2-10 所示。

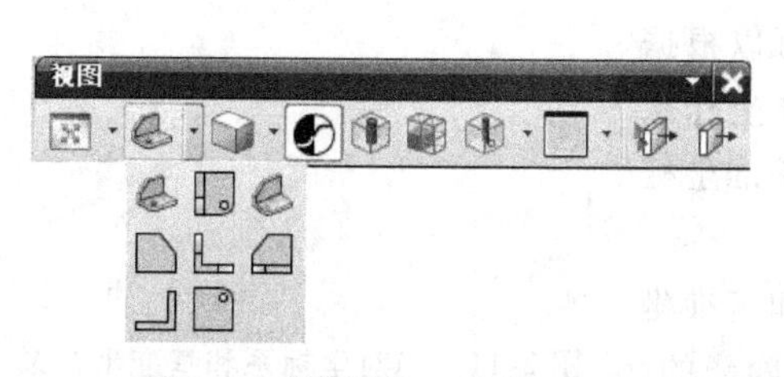

图 2-9　【视图】工具条（二）

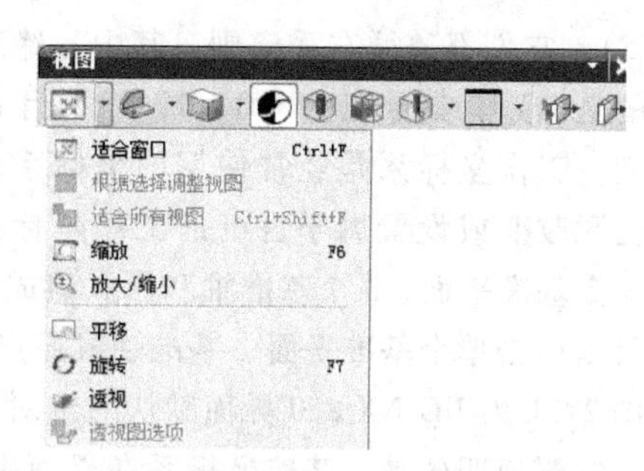

图 2-10　【视图】工具条（三）

- 适合窗口：单击按钮，则所有模型对象尽可能大地全部显示在视图窗口的中心。
- 缩放：单击按钮，将指定的矩形区域放大到整个视图窗口显示。
- 放大/缩小：单击按钮，再指定一点作为缩放中心，拖动光标上下移动即可动态改变模型在视图中的显示大小和显示位置。
- 旋转：单击按钮，拖动光标上下左右移动，将以模型的几何中心为旋转中心实现动态旋转，模型大小保持不变。
- 平移：单击按钮，拖动光标上下左右移动，则模型在视图中平行移动，其法向、大小不变。

2.5　图形光标

图形光标是基于图形窗口的软件操作的基础。不同的光标对应不同的功能，即不同的光标表示可进行的操作不同。

UG 中的各种图形光标及其功能如表 2-2 所示。

表 2-2　图形光标及其功能

光标类型	光标形状	光标含义	光　标　功　能
箭头		箭头点	单击菜单，单击对话框上的选项
位置		指定位置	在图形窗口中指定屏幕点位置
单击		单击	在图形窗口中单击对象。当移动光标到可选对象上时，对象将改变显示颜色，这种现象称为“预选”或“亮显”，表示该对象是可选的
动态观察		旋转	以拖动方式旋转视图
		平移	以拖动方式平移视图
		窗口放大	拖动形成一矩形窗口，将窗口包含的对象放大显示
		动态缩放	以拖动方式动态缩放视图（向上拖动缩小，向下拖动放大）

2.6 坐标系简介

UG NX 8.0 中共有 3 种坐标系：绝对坐标系（ACS）、工作坐标系（WCS）和基准坐标系（CSYS）。它们都遵循右手定则。其中，绝对坐标系是系统默认的坐标系，其原点为（0，0，0），且各坐标轴方向不可改变；工作坐标系是经常使用的坐标系，用户可以根据需要任意改变或设置属于自己的工作坐标系；基准坐标系是由 3 个基准平面、3 个基准轴和原点组成的，在基准坐标系中可以单击单个基准平面、基准轴或原点。

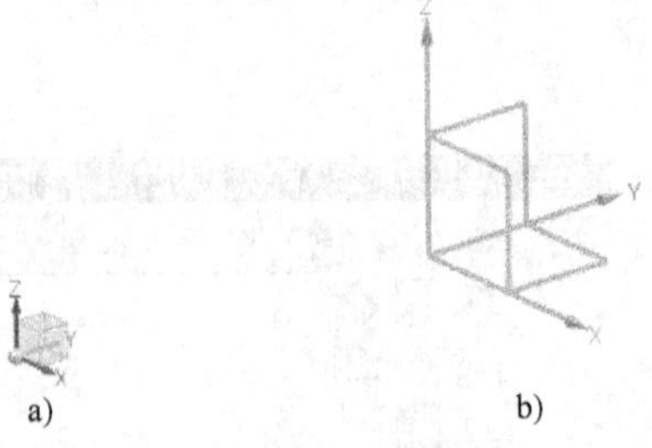

图 2-11 绝对坐标系和基准坐标系

图 2-11 为 UG NX 8.0 界面默认的绝对坐标系和基准坐标系。需要说明的是，基准坐标系在界面中默认是隐藏的，需要时将其显示即可。

2.7 视图与布局

2.7.1 视图的概念

在 UG 建模模块中，沿着某个方向去观察模型，得到的一幅平行投影的平面图像称为视图。不同的视图用于显示模型在不同方位和观察方向的图像。但此处所提到的视图观察方位只与绝对坐标系有关，与工作坐标系无关。同一模型可以采用多个视图来显示，视图与绝对坐标系各轴线方向之间的投影关系如图 2-12 所示。在 UG 中，将按照以上投影方向的正投影视图预先定义下来，称为标准视图，其视图名称及其对应的视图如图 2-13 所示。在 UG 中，除了以上标准视图外，还有两个标准视图，用来显示模型的三维轴侧视图，如图 2-14 所示。除了软件提供的标准视图之外，用户也可以自行定义视图。

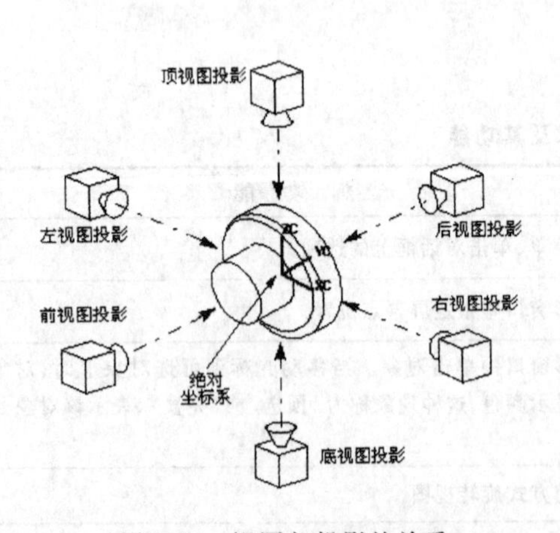

图 2-12 视图与投影的关系

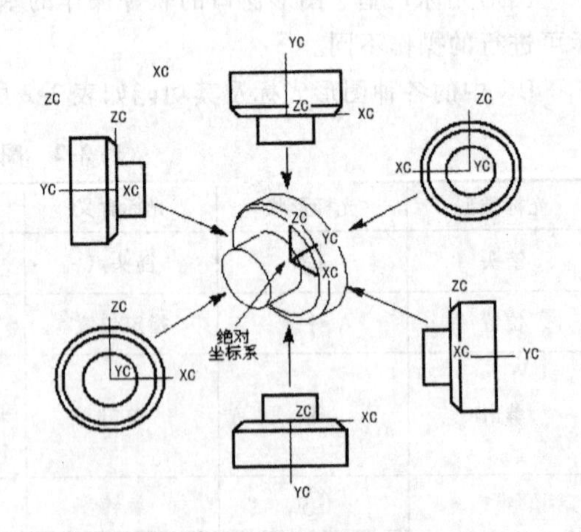

图 2-13 标准视图的意义

在图形窗口中，将多个视图按照一定的排列规则显示出来，就成为一个视图布局。通过定义不同的视图布局，用户可以同时从模型的各个侧面观察模型，以提高建模速度。

2.7.2　视图布局

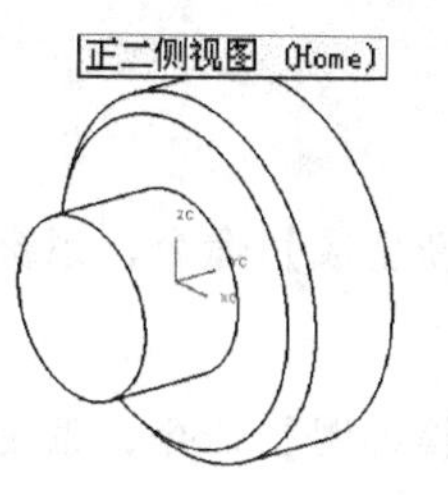

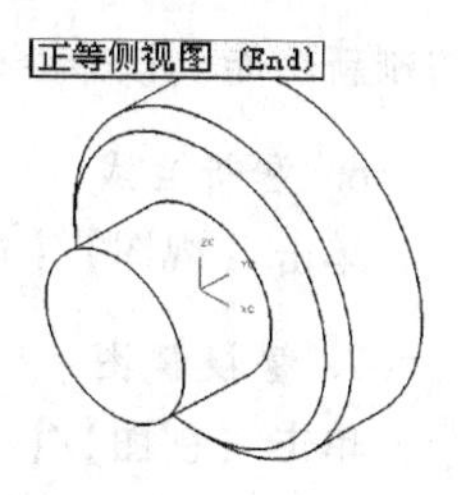

图 2-14　两种三维轴侧视图

1. 标准视图布局

UG 中预先定义了 5 种视图布局，也称为标准布局。除了标准布局以外，用户也可以自行定义视图布局。

说明：鼠标进入哪个视图，哪个视图就进入工作状态。随后的操作则针对工作视图而言。

2. 创建视图布局

单击【视图】/【布局】/【新建】命令，系统弹出如图 2-15 所示的【新建布局】对话框。在对话框中的【名称】文本框中输入新的视图布局名称后，再从布置选项中的 6 个预定义视图布局中单击一个所需的布局，单击 确定 按钮，即可创建新的视图布局。在创建视图布局的过程中，可以根据需要对其默认视图进行更改。其方法是：首先单击当前视图布局中需要更改的视图按钮，再选取标准视图列表框中的相应选项即可。

3. 打开视图布局

单击【视图】/【布局】/【打开】命令，系统弹出如图 2-16 所示的【打开布局】对话框，在对话框中的布局名称列表框中单击要打开的视图布局，单击 确定 按钮即可。此时，系统按照新布局显示图形。

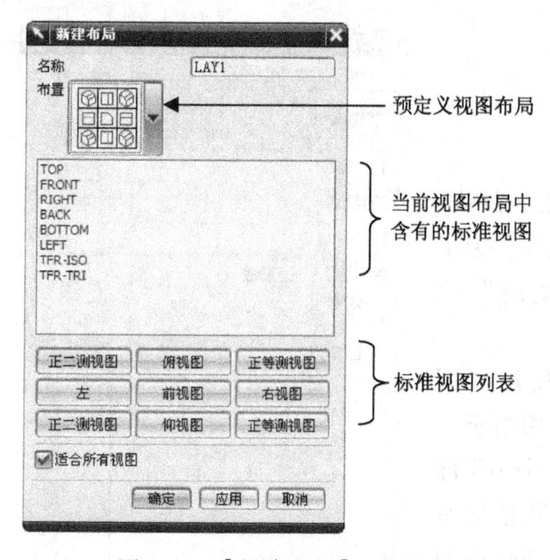

图 2-15　【新建布局】对话框

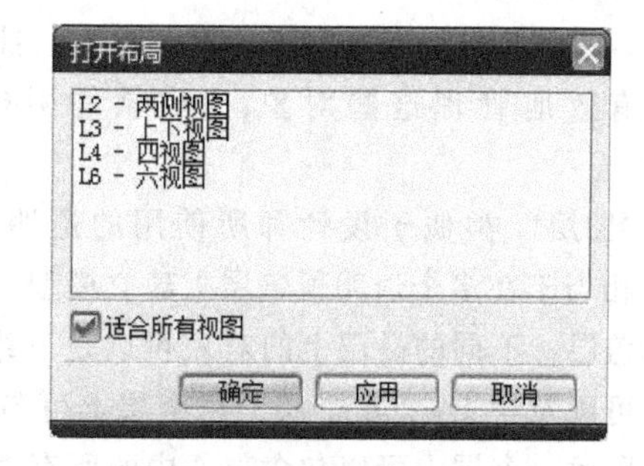

图 2-16　【打开布局】对话框

4. 适合所有视图

单击【视图】/【布局】/【适合所有视图】命令，将使实体模型最大限度地吻合在每一个视图边界内。有时候视图边界与视图名称并不显示出来，这可以通过【首选项】中的参数设置来实现。

5. 更新显示

单击【视图】/【布局】/【更新显示】命令，系统自动进行更新操作，相当于实现了工作区域的刷新功能。该命令较少使用。

6. 重新生成

单击【视图】/【布局】/【重新生成】命令，系统自动重新生成视图布局中的每一视图。

7. 替换视图

单击【视图】/【布局】/【替换视图】命令，系统弹出如图 2-17 所示的对话框。在对话中选取要替换的视图后，单击 确定 按钮，系统又弹出如图 2-18 所示的对话框。在视图列表框中选取要替换成的视图，单击 确定 按钮，系统则用新视图替换原有视图。此时，如果布局中只有一个视图，则不会出现第一个对话框，直接弹出第二个对话框。

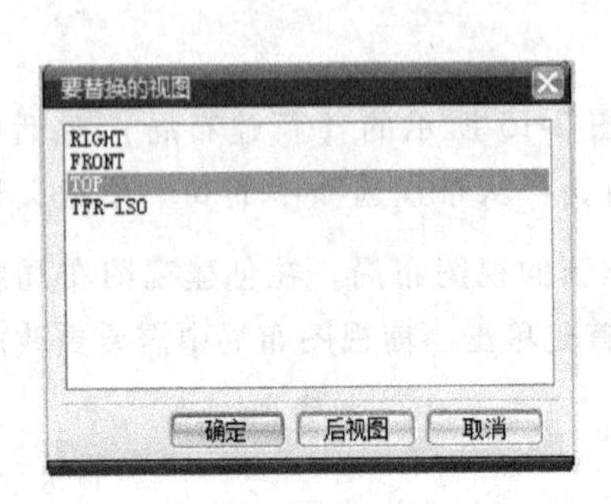

图 2-17 【要替换的视图】对话框

图 2-18 【替换视图用】对话框

8. 删除

单击【视图】/【布局】/【删除】命令，系统弹出对话框，列出用户自定义的视图布局。用户可以利用该对话框删除自行定义的视图布局。

2.8 图层

在建模过程中，将产生大量的图形对象、草图、曲线、片体、三维实体、基准特征、标注尺寸、插入对象等。为了方便有效地管理这些对象，UG 软件引进了“图层”的概念。

“图层”类似于设计师所使用的透明图纸。使用“图层”相当于在多个透明覆盖层上建立模型。一个层相当于一个覆盖层，不同的是层上的对象可以是三维的。一个 UG 部件中可以包含 1 ~ 256 个层，每个层上可包含任意数量的对象，因此一个层上可以包含部件中的所有对象，而部件中的对象也可以分布在一个或多个层上。但在一个部件的所有层中，只有一个层是工作层，用户所做的任何工作都发生在工作层上。其他层可设为可选取层、只可见层或不可见层，以方便用户使用。

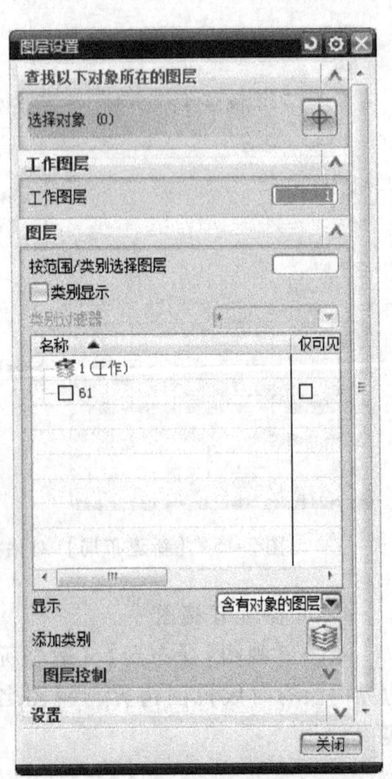

图 2-19 【图层设置】对话框

2.8.1 图层设置

单击【格式】/【图层设置】命令，系统弹出如图 2-19

所示的对话框。利用该对话框可以对部件中所有的层或任意一个层进行工作层、可选取性、可见性等设置，并可以进行层的信息查询，同时也可以对层的所属类别进行编辑。例如，在工作图层文本框中输入某图层号并确认后，系统自动将该图层设置为工作图层。

2.8.2　图层类别

为了更有效地对图层进行管理，可以将多个图层构成一组，每一组称为一个图层类。例如，将 1 ~ 20 层设置为 Molding 图层类，将 21 ~ 40 层设置为 Assembly 图层类，将 41 ~ 60 层设置为 Drawing 图层类。定义了图层类以后，即可对图层类中所有图层中的对象进行统一操作，而不影响其他图层类的对象。

单击【格式】/【图层类别】命令，系统弹出如图 2-20 所示的【图层类别】对话框，通过该对话框可以进行有关图层的操作。

1. 创建图层类

在【图层类别】对话框中的【类别】文本框中输入类别名称，在【描述】文本框中输入描述信息，单击创建/编辑按钮，系统弹出如图 2-21 所示的对话框，在相应的层列表框中单击需要包含的层，单击确定按钮即可。

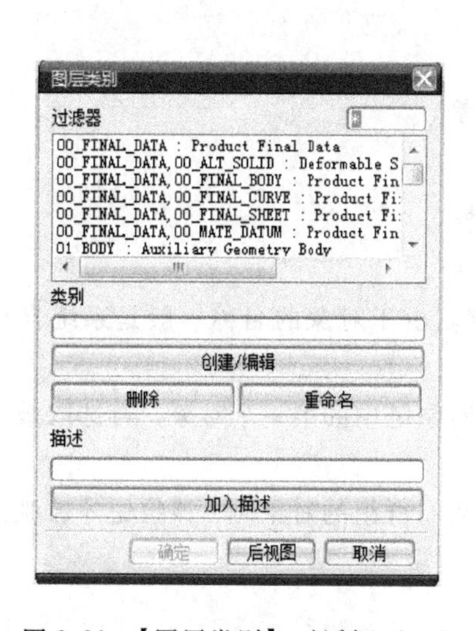

图 2-20　【图层类别】对话框（一）

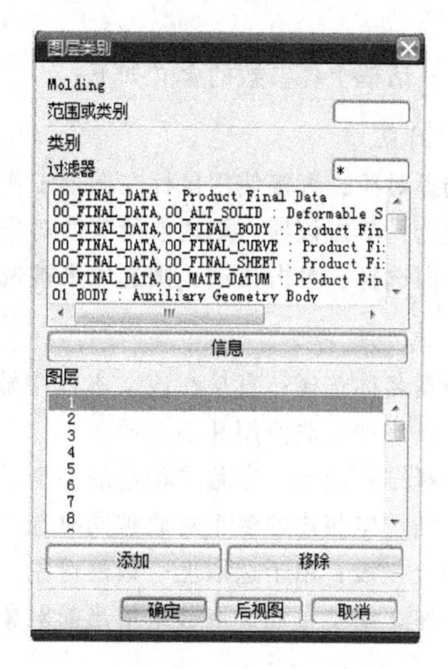

图 2-21　【图层类别】对话框（二）

2. 编辑一个存在的图层类

在图层类列表框中选中要编辑的图层以后，即可进行相应的修改。在【描述】文本框中输入描述信息以后，单击加入描述按钮，即可更改描述信息。单击创建/编辑按钮，系统弹出如图 2-21 所示的对话框，在图层列表框中选中相应的层以后，再单击添加按钮，即可将选中的图层添加到图层类中，并在相应图层后面显示字样“Include”；单击移除按钮，即可将选中的图层从图层类中删除。

3. 图层的删除和命名

通过单击图 2-21 所示对话框上的删除按钮或重命名按钮，可以实现图层类的删除或者重命名。

2.8.3 移动至图层

单击【格式】/【移动至图层】命令，系统弹出【类选择】对话框，提示用户选取对象。选取对象后，单击 确定 按钮，系统又弹出【图层移动】对话框。输入层名或层类名，或在层列表框中选中某层，则系统会将所选对象移动到指定图层上。

2.8.4 复制至图层

单击【格式】/【复制至图层】命令，系统弹出【类选择】对话框，提示用户选取对象。选取对象后，单击 确定 按钮，系统弹出【图层复制】对话框。输入层名或层类名，或在层列表框中选中某层，则系统会将所选对象复制到指定的图层上。

2.9 类选择对话框

在 UG 建模过程中，所创建的点、线、面、实体等都被称为对象。单击对象操作通常是通过【类选择】对话框来实现的。所有单击对象的操作都集中在如图 2-22 所示的【类选择】对话框上。

该对话框上各参数的含义如下：

1. 对象

选择对象：直接使用鼠标在图形工作区域内选取对象。

全选：单击该项，则选取所有的对象。

反向选择：单击该项，则选取未被选中的所有对象。

2. 其他选择方法

根据名称选择：直接在该文本框中输入对象的名字。由于对象的名称一般是系统自动定义的，所以该种方法使用并不方便。

选择链：用于单击首尾相连的多个对象。首先选取对象链中的第一个对象，再选取最后一个对象，则首尾相连的多个对象被同时选中。

向上一级：用于选取上一级的对象。只有在选取了含有群组的对象时，该按钮才被激活。单击该按钮，系统自动选取群组中当前对象的上一级对象。

3. 过滤器

系统提供了 5 种直接的过滤方式，即类型、图层、颜色、属性和重置。

类型过滤器：按对象类型过滤，即只能单击指定类型的对象。在单击类型按钮后，弹出如图 2-23 所示的【根据类型选择】对话框，类型的种类可以在下列列表中进行选择。注意，单击该对话框中的 细节过滤 按钮，可以对类型进行进一步的限制。

图层过滤器：按对象所在图层进行过滤，即只能单击指定层的对象。在单击类型按钮后，弹出相应层，在对话框中单击需要的层即可。

颜色过滤器：按对象的颜色进行过滤，即只能单击指定颜色的对象。

属性过滤器：单击【其他】按钮后，将弹出【根据属性选择】对话框，上面显示了用于过滤对象的所有其他属性。用户还可以通过单击 用户自定义属性 按钮，设置属于自己的过滤属性。

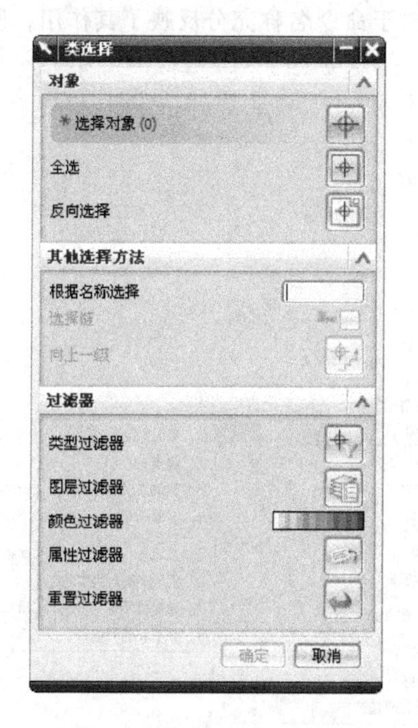

图 2-22 【类选择】对话框

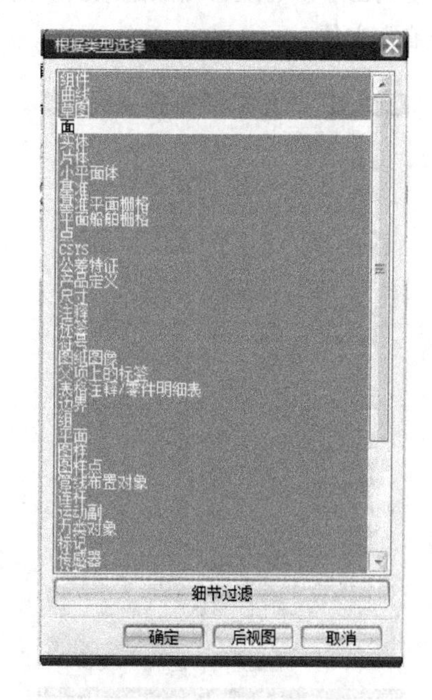

图 2-23 【根据类型选择】对话框

重置过滤器：恢复成默认的过滤方式，即可以单击所有的对象。

2.10 对象的基本操作

编辑对象是 UG 建模过程中的基本操作，所有有关编辑的命令在【编辑】菜单中都可以找到。由于涉及编辑的命令特别多，所以有多个工具条与对象的编辑有关，如编辑曲线、编辑特征、编辑曲面等。此处，仅介绍对象的显示、隐藏、删除以及恢复等内容，其他的内容在以后具体应用时再详细介绍。

2.10.1 对象的显示属性

单击【编辑】/【对象显示】命令，系统弹出【类选择】对话框，提示用户选择要编辑的对象。选定要编辑的对象后，单击 确定 按钮，系统弹出如图 2-24 所示的【编辑对象显示】对话框。利用该对话框可以设置对象的图层、颜色、线型、宽度、透明度、局部着色、面分析、线框显示等。该对话框中 3 个按钮的作用如下：

继承：单击该按钮，系统弹出对话框，提示用户选择一个对象。选择新对象后，新对象的显示设置应用到早先选择的对象上。

重新高亮显示对象：单击该按钮后，重新高亮度显示所选择的对象。

选择新对象：单击该按钮，重新选择新的要编辑的对象。

2.10.2 对象的隐藏与恢复显示

单击【编辑】/【显示和隐藏】命令，系统弹出【显示和隐藏】子菜单，如图 2-25 所示。该子菜单上列出了所有执行对象隐藏及恢复显示的命令。由于命令名称充分反映了其作用，所以使用起来非常方便。

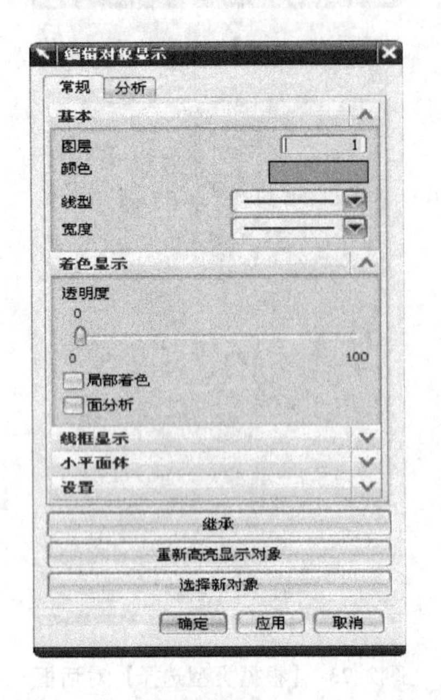

图 2-24 【编辑对象显示】对话框

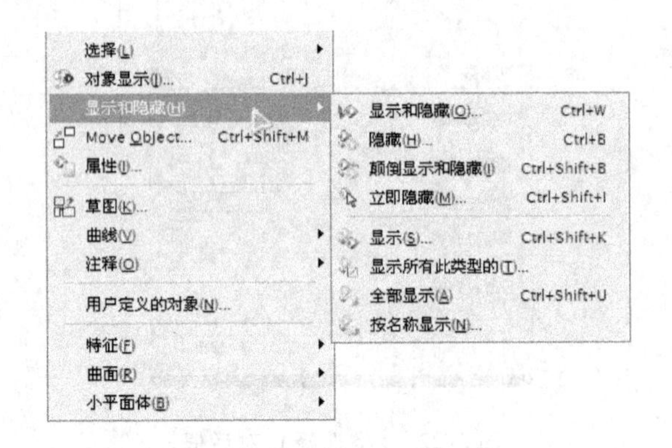

图 2-25 【隐藏】子菜单

2.10.3 对象的删除

单击【编辑】/【删除】命令，系统弹出对话框，提示用户选择需要删除的对象。选择对象后，单击确定按钮即可。也可以单击标准工具栏上的✕按钮来执行删除对象。

注意：①该操作只能删除独立的对象。②在删除实体时要特别小心，一旦删除恢复困难；执行了删除对象操作后，又执行了保存操作，则所有删除操作不可恢复。

2.10.4 恢复操作

单击【编辑】/【撤销列表】命令，系统弹出【撤销列表】子菜单。该子菜单列出了自上次保存以来的所有操作，提示用户选择需要恢复的操作，此时选择需要恢复的操作即可。如果单击标准工具栏上的↶按钮，则恢复最近一次操作。

注意：该操作只能恢复没有保存过的操作，一旦执行保存命令后，其以前的操作就不可以恢复了。

2.11 本章小结

本章主要介绍了 UG 中常用的工具以及一些常用的基本操作，包括文件操作、设置工作目录、常用工具、模型显示、图层、坐标系等。这些内容都是 UG 建模过程中的基础知识，读者可以根据自己的情况先熟悉这部分内容，也可以等以后用到时再查询。

2.12　习题

1. 概念题

(1) 利用 UG 软件创建的模型能否与其他软件实现数据共享?

(2) 举例说明“图层”在产品设计中的应用。

2. 操作题

创建一个立方体 (长 100、宽 50、高 40) 部件文件，并将其输出为 *.dwg 文件，看一下能否用 AutoCAD 软件将其打开，并进行相关编辑。

第3章　参数化草图功能

草图是组成轮廓曲线的集合。轮廓可以用于拉伸和旋转特征，也可以用于定义自由形状特征或过曲线片体的截面。草图可以施加约束，通过尺寸和几何约束建立设计意图，约束可以参数化驱动和改变模型。

【本章重点】

- 草图的绘制与编辑方法。
- 草图的尺寸约束与几何约束。
- 草图的镜像和偏置。

3.1　草图概述

3.1.1　草图环境中的关键术语

下面列出了 UG NX 软件草图中经常使用的术语。

对象：二维草绘中的任何几何元素，如直线、中心线、圆弧、圆、椭圆、样条曲线、点或坐标系等。

尺寸：对象大小或对象之间位置的度量。

参照：指绘制草图或创建轨迹时的基准，包括基准面、基准轴、基准点等。

约束：定义对象几何关系或对象间的位置关系。约束定义后，会在被约束的对象旁边出现相应的约束符号。例如，约束一条直线和一个圆相切，会在切点上出现一个相切约束符号“T”。

过约束：相互矛盾或多余的约束称为过约束。出现这种情况，必须删除一个约束或尺寸以解决过约束的问题。

3.1.2　进入与退出草图环境

1. 进入草图环境

进入建模应用模块后，单击【插入】/【任务环境中的草图】命令，或单击【特征】工具条上的按钮，图形工作界面变为绘制草图模式，同时系统弹出如图 3-1 所示的【创建草图】对话框，提示用户指定一个平面作为草图平面。可以作为草图平面的有坐标平面、实体表面和基准平面。指定草图平面后，单击 确定 按钮，则可进入草图的创建。

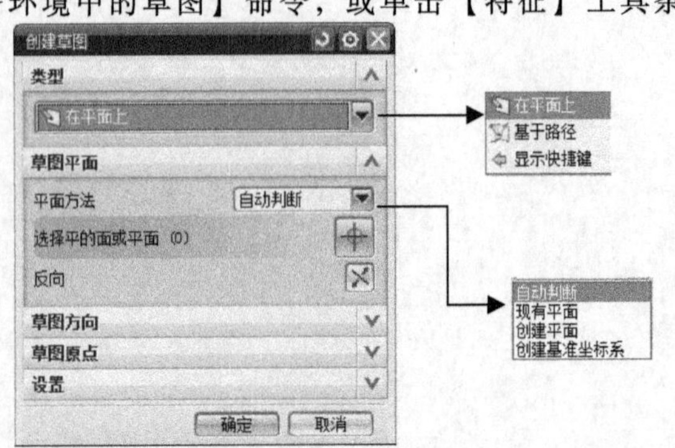

图 3-1　【创建草图】对话框

【创建草图】对话框上提供了两大类创建草图的方法，其意义如下。

在平面上：用户可以在绘图区内选择任

意平面作为草图平面（此选项为系统默认选项）。

基于路径：系统在用户指定的曲线上建立一个与该曲线垂直的平面作为草图平面。

2. 退出草图环境

草图绘制完成后，单击工具栏中的【完成草图】按钮 完成草图，即可完成退出草图环境的操作。

3.1.3 直接草图工具

在 UG NX 8.0 中，系统还提供了另一种草图创建的方法——直接草图。进入直接草图环境的具体操作步骤如下：

（1）新建模型文件，进入工作环境。

（2）单击【插入】/【草图】命令，或单击【直接草图】工具栏中的【草图】按钮，如图 3-2 所示。

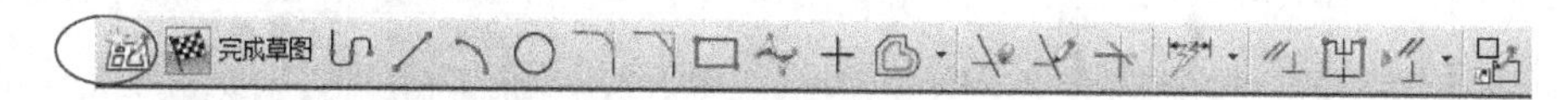

图 3-2　【直接草图】工具栏

3.2 草图绘制

进入建模应用模块后，单击【插入】/【任务环境中的草图】命令，或单击【特征】工具条上的按钮，图形工作界面变为绘制草图模式，同时系统弹出【创建草图】对话框，提示用户指定一个平面作为草图平面。单击 确定 按钮，则可进入如图 3-3 所示的草图绘制的界面。

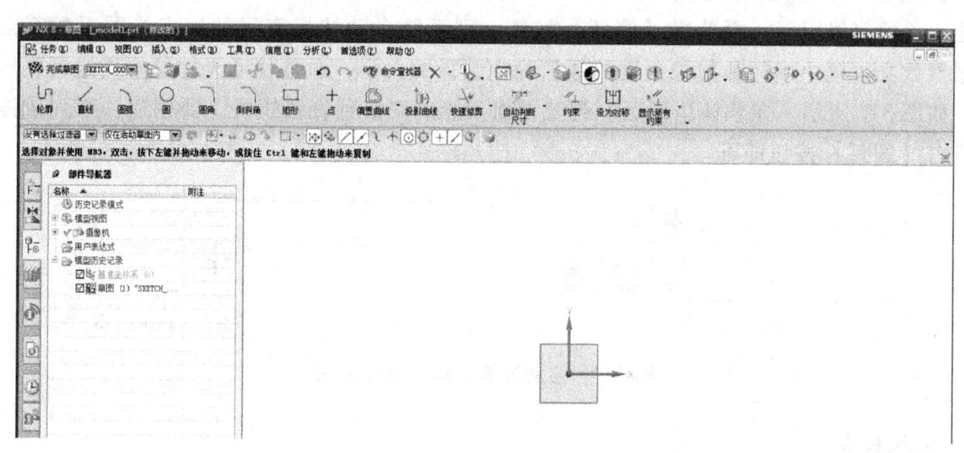

图 3-3　草图绘制界面

一般地，绘制草图的方法大致有以下 3 类：

（1）在草图平面内直接利用各种绘图命令绘制草图。

（2）借用绘图工作区内存在的曲线。

（3）从实体或片体上提取曲线到草图中。

图 3-4 为系统默认的草图曲线工具条。下面介绍常见的草图命令的使用。

图 3-4　草图曲线工具条

3.2.1　轮廓

使用此命令可以线串的模式创建一系列相连的直线或圆弧，即上一条曲线的终点变成下一条曲线的起点。在绘制过程中，可以在直线和圆弧之间相互转换。例如，可以在一系列鼠标单击中创建如图 3-5 所示的管钳轮廓。

单击【草图曲线】工具条上的按钮，系统弹出如图 3-6 所示的【轮廓】对话框。该对话框上各按钮的介绍如下：

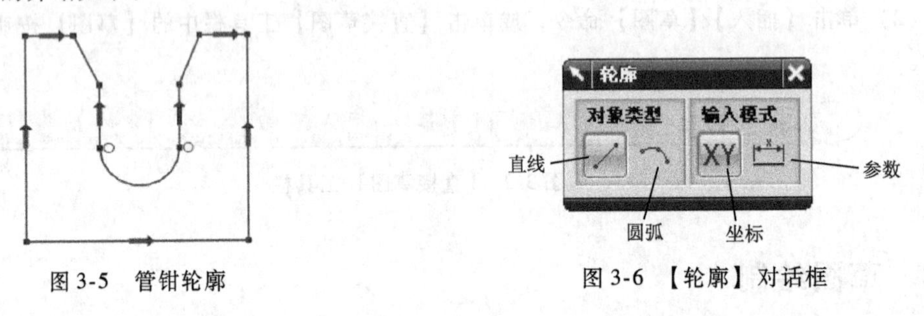

图 3-5　管钳轮廓　　　　图 3-6　【轮廓】对话框

1. 对象类型

（1）直线。单击【直线】按钮，则绘制连续的轮廓直线。这是最初选择轮廓时的默认模式。如果还没有选定端点，则画的第一条线将使用 XY 坐标。如果选择了捕捉点或端点，系统将为线串中第二条直线使用长度和角度参数。

（2）圆弧。单击【圆弧】按钮，则以“半径与扫掠角度”方式绘制连续的轮廓圆弧。一般地，绘制一段直线以后，再单击【圆弧】按钮，则系统自动捕捉直线的终点为圆弧的起点，然后依据参数文本框中半径和扫掠角度的数值确定圆弧的大小，通过移动光标位置确定圆弧所在的象限，如图 3-7 所示。在默认情况下，创建圆弧后轮廓切换到直线模式。要创建一系列成链的圆弧，双击【圆弧】按钮即可。

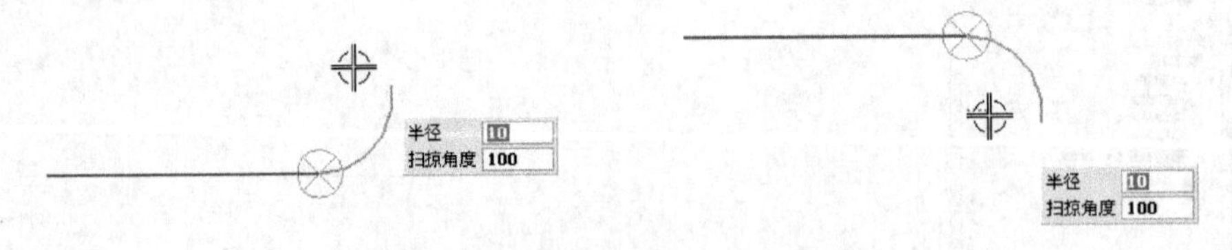

图 3-7　绘制连续直线、圆弧方法

2. 输入模式

（1）坐标模式。单击该按钮，则以输入绝对坐标值 XC 和 YC 来确定轮廓线的位置和距离。

（2）参数模式。使用与直线或圆弧曲线类型对应的参数创建曲线点。对于直线，给定长度和角度参数；对于圆弧，给定半径和扫掠角度参数。

说明：在绘制过程中，通过单击鼠标中键或者按【Esc】键退出连续绘制模式；按住鼠标左键并拖动，可以在直线和圆弧选项之间进行切换。

3.2.2　直线

【直线】命令通过指定两点绘制线段。

单击【草图曲线】工具条上的 按钮，系统弹出如图 3-8 所示的【直线】对话框。该对话框提供了两种输入模式选项：坐标模式和参数模式。

3.2.3　圆弧

【圆弧】命令用于绘制单一的圆弧。

单击【草图曲线】工具条上的 按钮，系统弹出如图 3-9 所示的【圆弧】对话框。此时有两种绘制圆弧的方法。

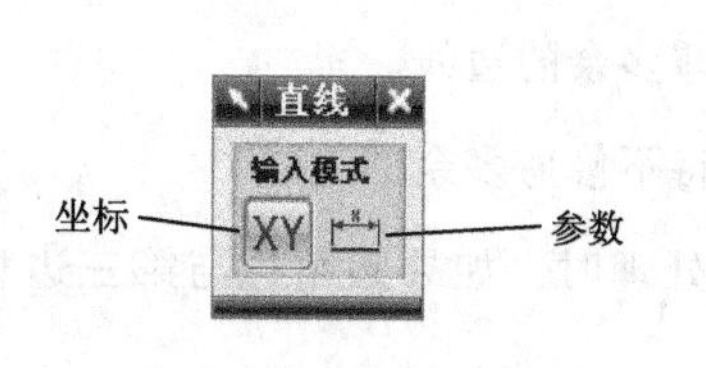

图 3-8 【直线】对话框

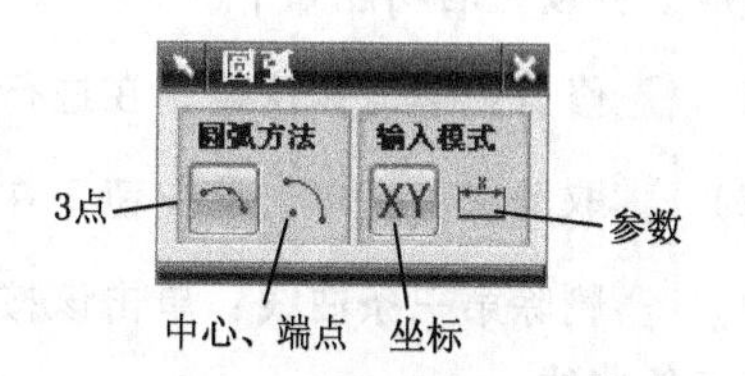

图 3-9 【圆弧】对话框

1. 通过 3 点圆弧

通过指定的 3 个点确定圆弧，这 3 个点不能在同一条直线上。指定的第一点和第二点分别为圆弧的起点和终点，指定的第三点位于圆弧中间，用于确定圆弧的半径。此时也可以通过输入半径值确定圆弧的大小，如图 3-10 所示。

2. 中心和端点决定圆弧

通过指定圆心和圆弧端点确定圆弧。指定的第一点为圆弧的圆心，第二点为圆弧的起点，第一点与第二点的连线为圆弧的半径，第一点与第三点之间的连线确定圆弧的终点，第一点与第二点之间的连线和第一点与第三点之间的连线的夹角为圆弧角。此时也可以通过输入半径值和扫掠角度值确定圆弧的大小和终点，如图 3-11 所示。

3.2.4　圆

【圆】命令用于绘制单一的圆弧。单击【草图曲线】工具条上的 按钮，系统弹出如图 3-12所示的【圆】对话框。此时有两种绘制圆的方法。

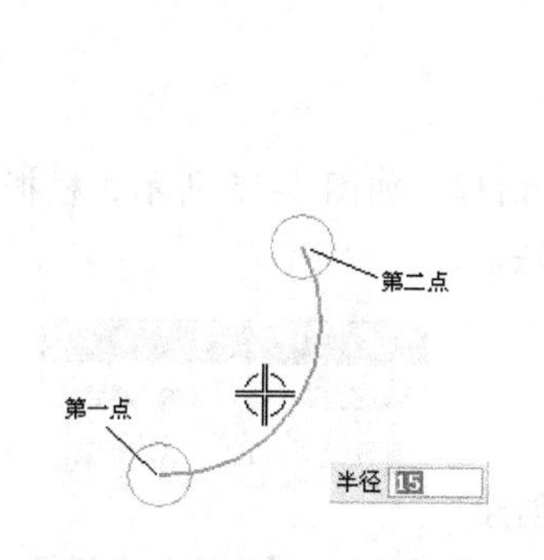

图 3-10　通过 3 点的圆弧

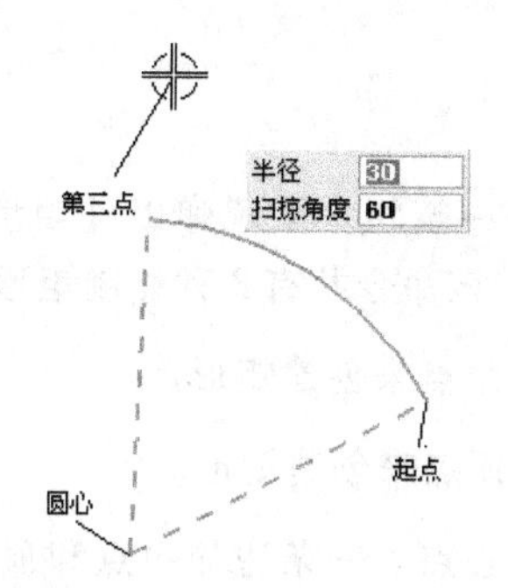

图 3-11　中心和端点决定的圆弧

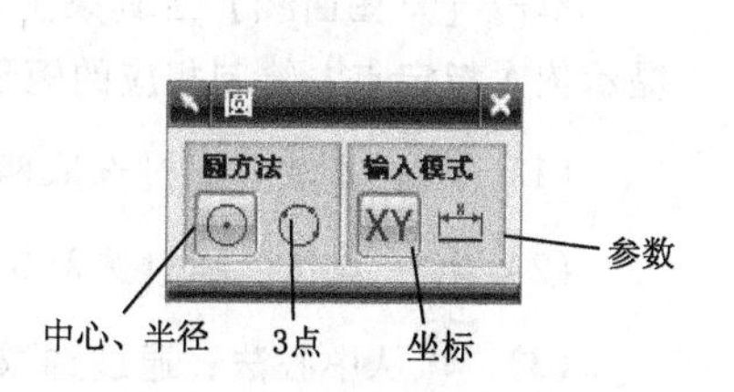

图 3-12 【圆】对话框

1. 中心和半径

通过指定的圆心和半径来确定圆。指定的第一点为圆心，第二点与第一点的连线为半径。此时也可以通过输入直径值确定圆的大小。

2. 通过 3 点的圆

绘制通过 3 点的圆。此时，也可以采用两点和输入直径来确定圆。

3.2.5 圆角

使用【圆角】命令可以在两条或 3 条曲线之间创建一个圆角。

单击【草图曲线】工具条上的按钮，系统弹出如图 3-13 所示的【创建圆角】对话框。该对话框上各按钮的功能如下。

（1）修剪：单击该按钮，在进行圆角处理时将修剪多余的边线。

（2）取消修剪：单击该按钮，在进行圆角处理时将不修剪多余的边线。

（3）删除第三条曲线：单击该按钮，在进行圆角处理时，如果圆角边与第三边相切，则删除第三条曲线。

（4）创建备选圆角：单击该按钮，在几个备选圆角之间依次转换，供用户选取。

3.2.6 倒斜角

单击【草图曲线】工具条上的按钮，系统弹出如图 3-14 所示的【倒斜角】对话框。选取要倒斜角的曲线，确定偏置类型及倒角尺寸即可完成倒斜角的创建。

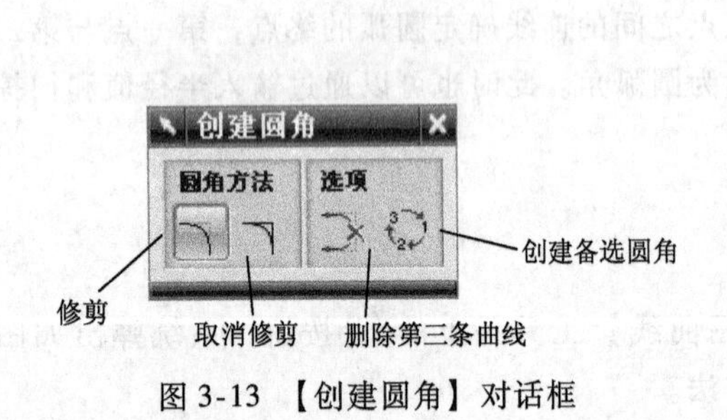

图 3-13 【创建圆角】对话框

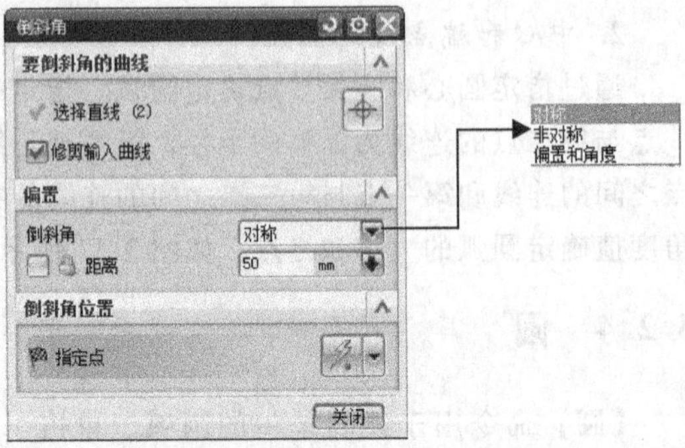

图 3-14 【倒斜角】对话框

3.2.7 矩形

单击【草图曲线】工具条上的按钮，系统弹出【矩形】对话框，如图 3-15 所示，根据提示依次指定点，绘制相应的矩形。该命令共有 3 种绘制矩形的方法。

（1）两点法：通过选取两对角点来创建矩形。

（2）三点法：通过选取 3 个顶点来创建矩形。

（3）从中心法：通过选取中心点、一条边的中点和顶点来创建矩形。

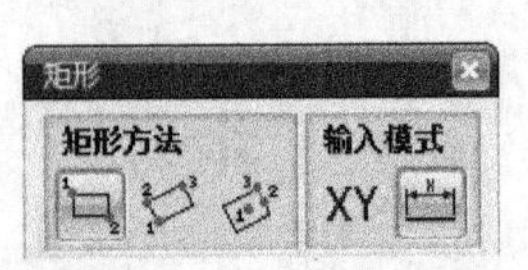

图 3-15 【矩形】对话框

3.2.8　多边形

单击【插入】/【草图曲线】/【多边形】命令，或者单击【草图曲线】工具条上的按钮，系统弹出如图 3-16 所示的【多边形】对话框，在对话框中指定多边形的边数，选择多边形的类型、半径和旋转角度即可完成多边形的创建。该命令共有 3 种创建多边形的方法：内切圆半径法、外接圆半径法和边长法。该命令各参数的意义如图 3-17所示。

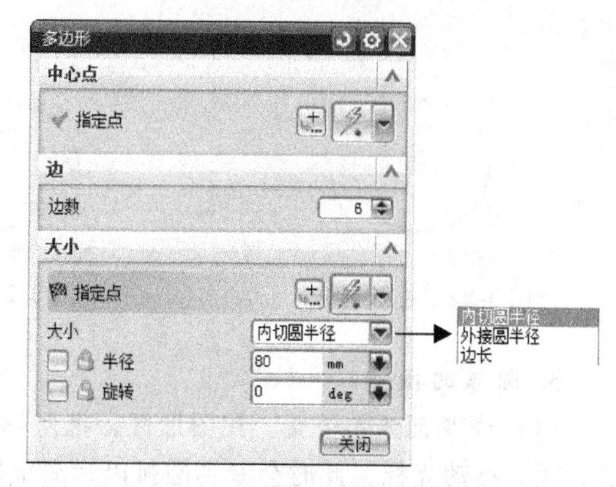

图 3-16　【多边形】对话框

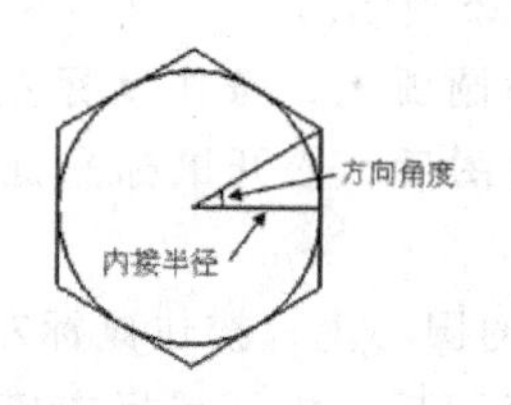

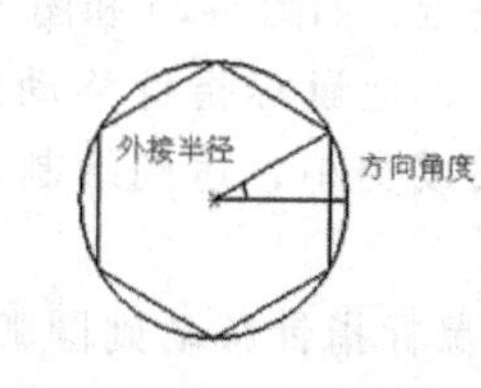

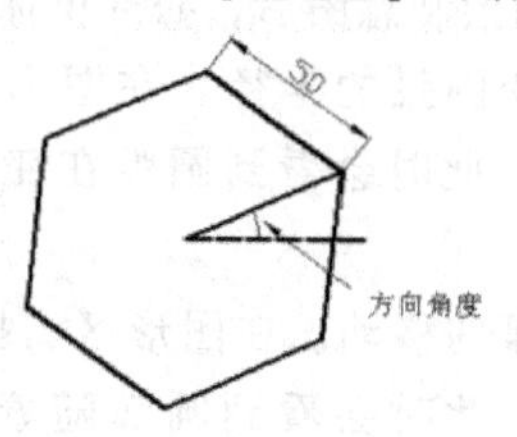

图 3-17　多边形各参数的意义

3.3　草图编辑

3.3.1　图形的操作

UG NX 8.0 软件提供了对象操作功能，可方便地旋转、拉伸和移动对象。

1. 直线的操作

（1）直线的旋转和拉伸。在图形区，把鼠标指针移动到直线端点上，按住鼠标左键不放，同时移动光标，此时直线以远离鼠标指针的那个端点为圆心转动，达到绘制意图后松开鼠标左键，如图 3-18 所示（直线应为无约束状态）。

（2）直线的平移。在图形区，把鼠标指针移动到直线上，按住鼠标左键不放，同时移动光标，此时会看到直线随着光标移动，达到绘制意图后，松开鼠标左键，如图 3-19 和图 3-20 所示。

2. 圆的操作

（1）圆的缩放。在图形区，把鼠标指针移动到圆的边线上，按住鼠标左键不放，同时移动光标，此时会看到圆在变大或变小，达到绘制意图后，松开鼠标左键，如图 3-21 和图 3-22 所示。

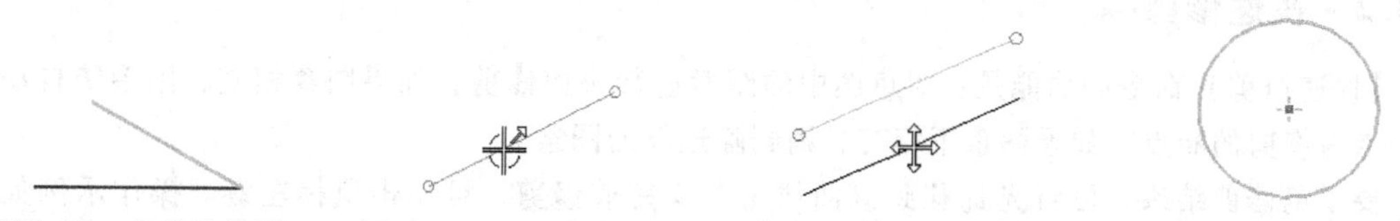

图 3-18　直线的旋转　　图 3-19　选取对象状态　　图 3-20　移动对象状态　　图 3-21　选取对象

（2）圆的平移。在图形区，把鼠标指针移动到圆的圆心上，按住鼠标左键不放，同时移动光标，此时会看到圆将随着鼠标移动，达到绘制意图后，松开鼠标左键，如图 3-23 和图 3-24 所示。

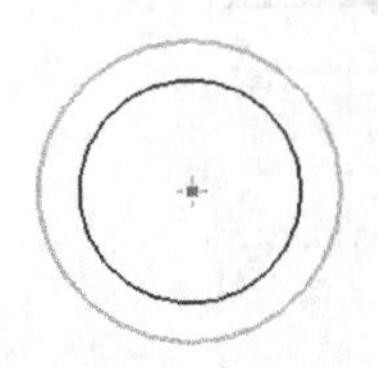

图 3-22　缩放对象

图 3-23　选取圆

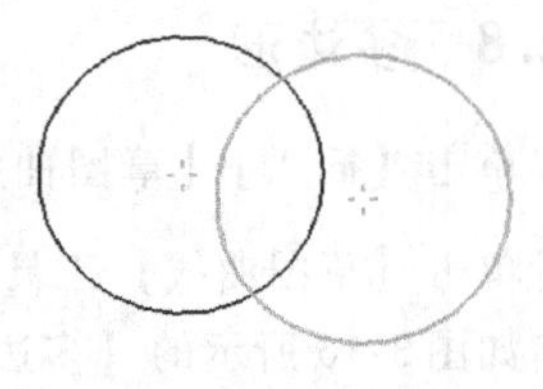

图 3-24　平移圆

3. 圆弧的操作

（1）改变圆弧的位置。在图形区，把鼠标指针移动到圆弧的某个端点上，按住鼠标左键不放，同时移动光标，此时会看到圆弧以远离鼠标指针的那个端点为圆心转动，并且圆弧的包角也在变化，达到绘制意图后，松开鼠标左键，如图 3-25 和图 3-26 所示。

（2）改变圆弧的半径。在图形区，把鼠标指针移动到圆弧上，按住鼠标左键不放，同时移动光标，此时会看到圆弧在变大或变小，达到绘制意图后，松开鼠标左键，如图 3-27 所示。

（3）圆弧的移动。在图形区，把鼠标指针移动到圆弧的圆心上，按住鼠标左键不放，同时移动光标，此时会看到圆弧随着光标移动，达到绘制意图后，松开鼠标左键，如图 3-28 所示。

图 3-25　选取圆弧

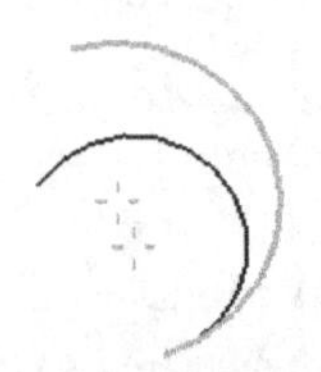

图 3-26　改变圆弧位置及包角

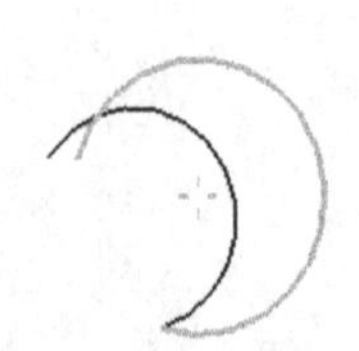

图 3-27　改变圆弧的半径

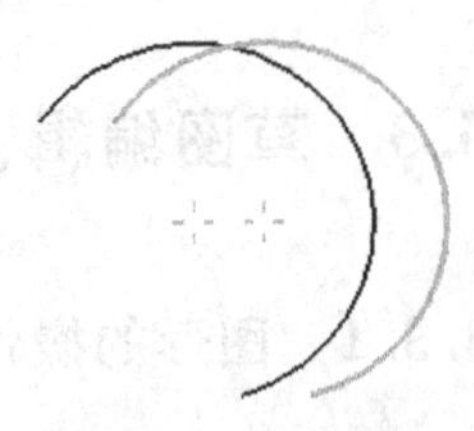

图 3-28　移动圆弧

4. 样条曲线的操作

（1）改变曲线的形状。在图形区，把鼠标指针移动到样条曲线的某个端点或定位点上，按下鼠标左键不放，同时移动光标，此时样条线拓扑形状（曲率）会不断变化，达到绘制意图后，松开鼠标左键。

（2）曲线的移动。在图形区，把鼠标指针移动到样条曲线上，按住鼠标左键不放，同时移动光标，此时会看到样条随着光标移动，达到绘制意图后，松开鼠标左键，如图 3-29 所示。

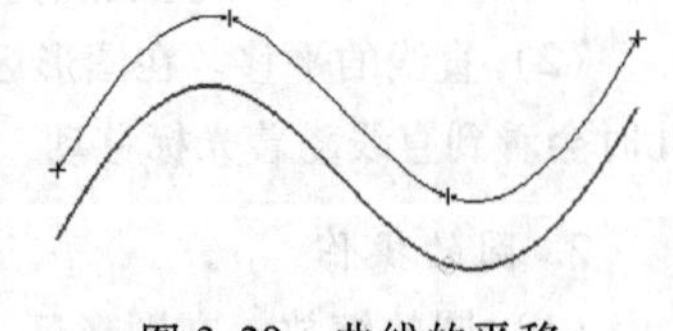

图 3-29　曲线的平移

3.3.2　快速修剪

【快速修剪】命令的功能是：对草图中的图素进行快速修剪，如果图素相交，则系统自动默认交点为修剪的断点；如果图素不相交，则删除选取的图素。

要预览修剪结果，可将光标移到该曲线上。要完成修剪，可单击鼠标左键。操作示例如图 3-30所示。

要修剪多条曲线，可将光标拖到目标曲线上。当光标移过每条曲线时，NX 会对该曲线进行修剪。请注意，每次修剪都是一个单独的操作。操作示例如图 3-31 所示。

除了修剪实际有交点的曲线外，还可以修剪到虚交点。操作示例如图 3-32 所示。

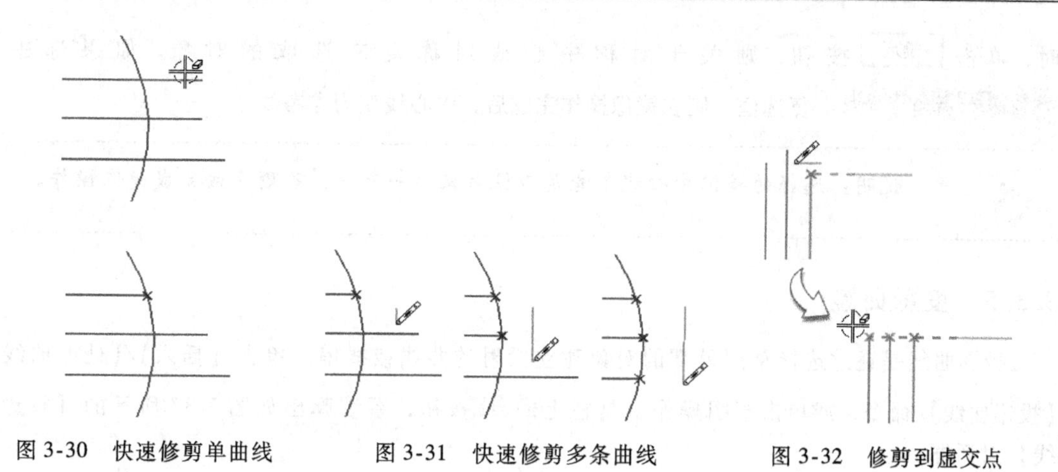

图 3-30　快速修剪单曲线　　图 3-31　快速修剪多条曲线　　图 3-32　修剪到虚交点

3.3.3　快速延伸

【快速延伸】命令的功能是：对草图中已经存在的曲线进行延伸。需要说明的是，延伸时需要确知有图素与延伸曲线相交，否则不能实现对曲线的延伸。

要预览延伸结果，请在该曲线上顺着要延伸的一端移动光标。要完成延伸，可单击鼠标左键。操作示例如图 3-33 所示。

要延伸多个对象，请将光标拖到要延伸的对象上。当光标移过每条曲线时，NX 会对该曲线进行延伸。请注意，每次延伸都是一个单独的操作。操作示例如图 3-34 所示。

除了可快速延伸到实际曲线外，还可延伸到曲线的延伸线。操作示例如图 3-35 所示。

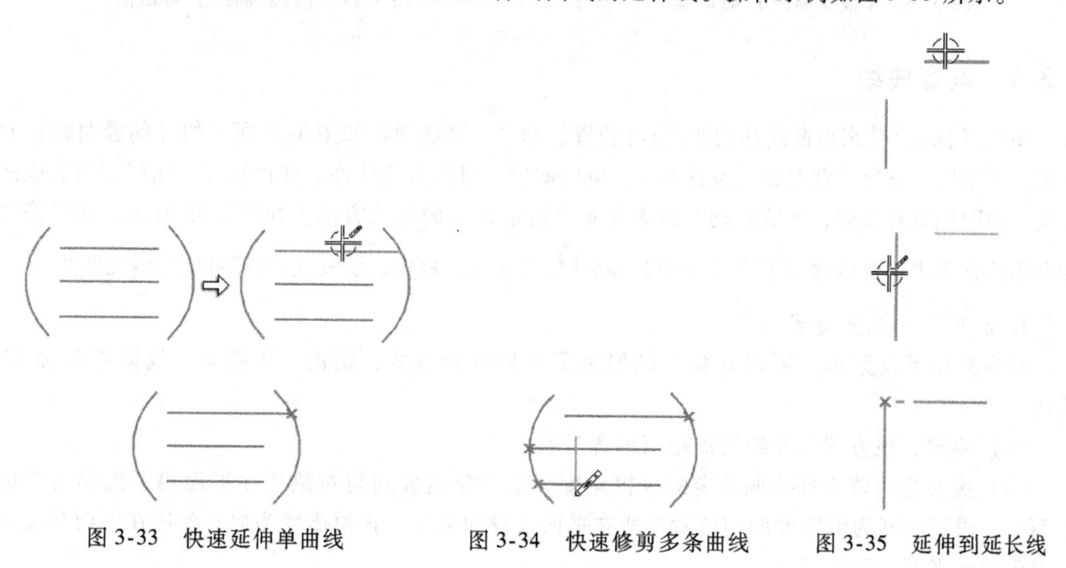

图 3-33　快速延伸单曲线　　图 3-34　快速修剪多条曲线　　图 3-35　延伸到延长线

3.3.4　镜像

利用【镜像】命令可以一条直线为中心线，将草图对象对称复制。复制所成的新的草图对象与原对象构成一个整体，并且保持相关性。

单击草图操作工具栏上的按钮，系统弹出如图 3-36 所示的【镜像草图】对话框。单击 * 选择中心线 (0) 按钮，指定一条直线作为对称中心线。再单击 * 选择曲线 (0) 按钮，选取要镜像的对象。此时，单击 确定 按钮，则关于对称中心线对称复制选取的对象。如果选中了 ☑转换要引用的中心线 复选框，则在镜像操作完成后，中心线变为参考线。

说明：选择的镜像中心线不能是镜像对象的一部分，否则无法完成镜像操作。

3.3.5 投影曲线

投影曲线是通过选择草图外部的对象建立投射的曲线或线串。单击【插入】/【处方曲线】/【投影曲线】命令，或单击草图操作工具栏上的 按钮，系统弹出如图 3-37 所示的【投影曲线】对话框。

图 3-36 【镜像曲线】对话框

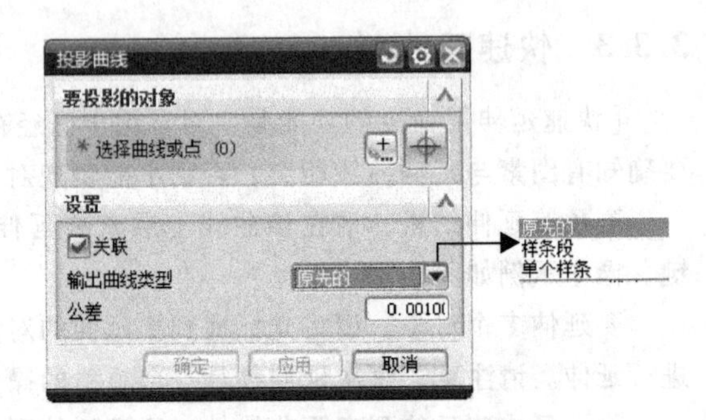

图 3-37 【投影曲线】对话框

3.3.6 偏置曲线

单击【插入】/【来自曲线集的曲线】/【偏置】命令，系统弹出如图 3-38 所示的【偏置曲线】对话框，提示用户选择偏置对象，设置参数。可以偏置的对象有实体面、实体边缘、曲线，以及成链曲线。选取偏置对象后，系统自动在偏置对象上显示默认的偏置方向，如图 3-39 所示。如果偏置方向不符合要求，可以通过单击【反向】按钮 来调整。单击 确定 按钮即可创建偏置曲线。

1. 类型——偏置方式

单击类型下拉菜单，可以看到系统提供了 4 种偏置方式：距离、拔模角、规律控制和 3D 轴向。

（1）距离：该方式按照给定的距离偏置对象。

（2）拔模角：该方式按照给定的拔模角度，把对象偏置到与对象所在平面相距拔模高度的平面上。拔模角度为偏置方向与原对象所在平面法线的夹角，拔模高度为原对象所在平面与偏置后对象所在平面之间的距离。

（3）规律控制：该方式通过规律子功能控制偏置距离来偏置对象。

（4）3D 轴向：该方式通过指定偏置轴矢量和沿着轴矢量方向的三维偏置值来偏置对象。

2. 曲线

有 4 种处理原对象的方式：保留、隐藏、删除和替换。

（1）保留：保持原对象不变。

（2）隐藏：将原对象隐藏起来，暂时不显示。

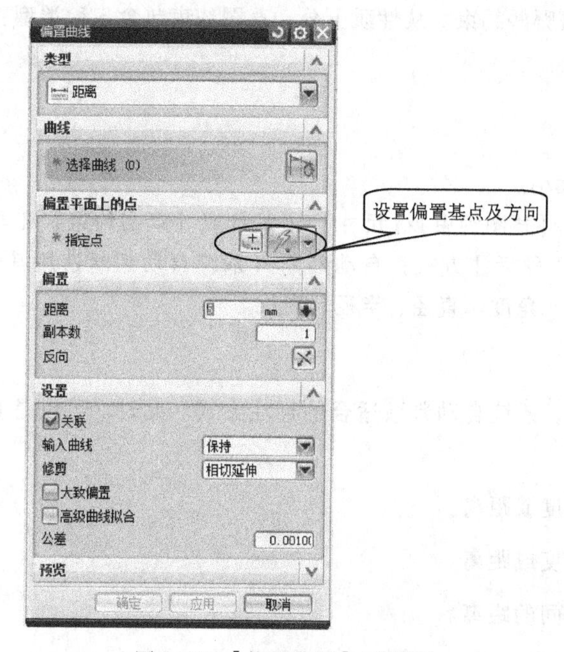

图3-38 【偏置曲线】对话框

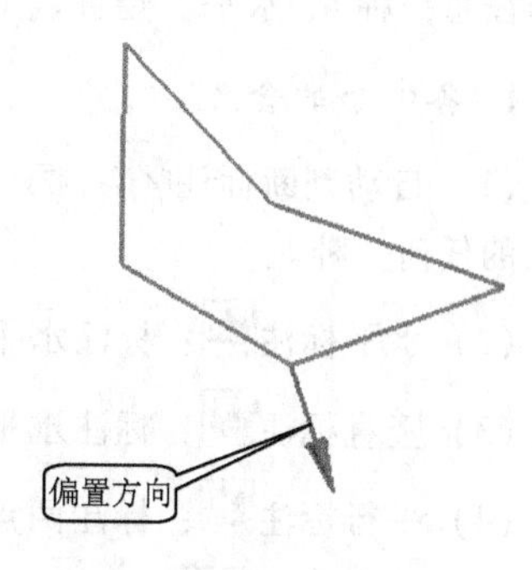

图3-39 显示偏置方向

(3) 删除：将原曲线删除。

(4) 替换：在使用上与删除方式结果相同。

3. 修剪

共有3种修剪方法：无、相切延伸、圆角。对同一曲线分别采用3种裁剪方法进行偏置，其结果如图3-40所示。

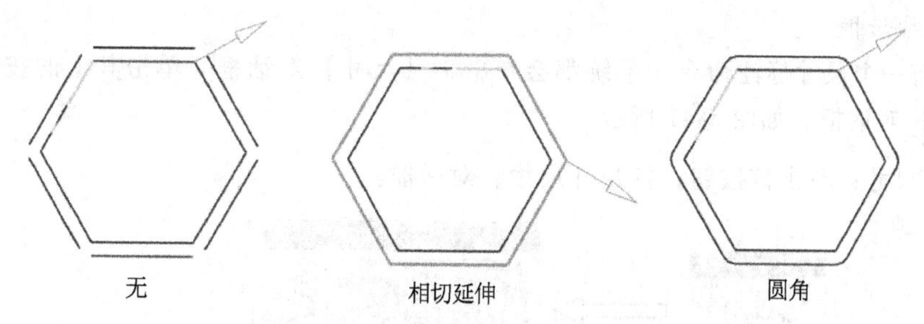

图3-40 3种修剪方法对应的偏置结果

4. 其他参数

(1) 关联：选中该复选框后，偏置后的对象与原对象之间关联。

(2) 副本数：一次可以生成多组符合偏置条件的对象。

(3) 公差：用于控制偏置后曲线的近似精度。在偏置样条曲线或二次曲线时才有用。

(4) 反向：取反偏置方向。

3.4 草图约束

在绘制草图之初不必考虑草图曲线的精确位置与尺寸，待完成草图对象的绘制之后，再统一对草图对象进行约束控制。对草图进行合理的约束是实现草图参数化的关键所在。因此，在完成草图绘制以后，应认真分析，到底需要加入哪些约束。从性质上分，草图约束包含 3 种类型：尺寸约束、几何约束和定位约束。

3.4.1 尺寸约束

尺寸约束的作用在于限制草图对象的大小。

与尺寸约束有关的命令集中在【插入】/【草图约束】/【尺寸】子菜单或【草图约束】工具条中的【尺寸约束】下拉工具条上。共包括 9 种标注方式：自动判断（系统自动判断选用其他 8 种的任意一种）、水平、竖直、平行、垂直、角度、直径、半径、周长。

1. 各命令的含义

（1）自动判断标注：根据光标位置，系统自动判断适合的标注方式。此时，可以是其他方式的任何一种。

（2）水平标注：标注水平方向的长度或距离。

（3）竖直标注：标注水平方向的长度或距离。

（4）平行标注：标注两点或斜线之间的距离。

（5）垂直标注：标注点到直线的距离。

（6）直径标注：标注圆或圆弧的直径。

（7）半径标注：标注圆或圆弧的半径。

（8）角度标注：标注两相交或理论相交直线之间的角度。

（9）周长标注：标注直线或者圆弧的周长。

2. 尺寸对话框

单击任何一个尺寸标注命令，系统都会弹出小【尺寸】对话框。单击其上的按钮，系统弹出大【尺寸】对话框，如图 3-41 所示。

（1）尺寸：单击该按钮，打开【尺寸】对话框。

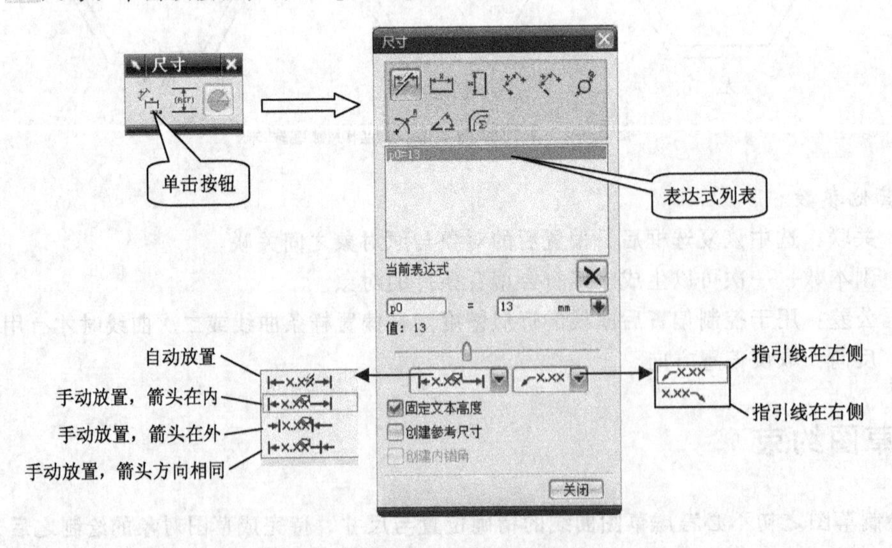

图 3-41 【尺寸】对话框

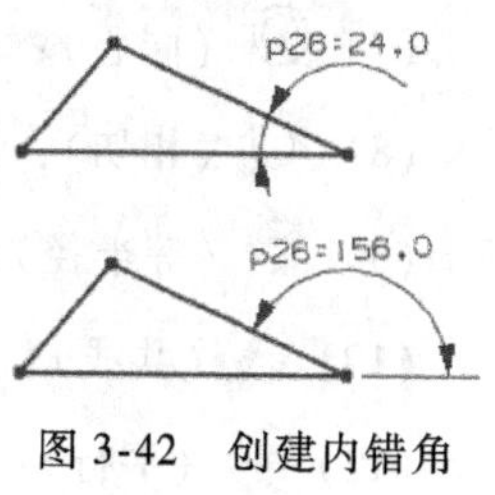

图 3-42　创建内错角选项的意义

（2）：单击该按钮，以创建参考（非驱动的）尺寸。请注意，在当前会话中，NX 会记住这个设置，并将它应用到用户以后创建的尺寸上。

（3）：对创建的任意尺寸激活和停用创建内错角选项。单击该按钮，NX 计算草图曲线之间的最大尺寸。图 3-42 显示了该选项关闭（上）和打开（下）时的相同尺寸。

3.4.2　几何约束

几何约束的作用在于限定草图中各个图素之间的位置与形状关系。

1. 几何约束的类型

几何约束共有 23 种类型。其中，几种主要几何约束的显示示例如图 3-43 所示。常见的几何约束类型如下：

（1）（固定）：约束草图对象固定在某一位置。

（2）（水平）：约束指定直线为水平线。

（3）（竖直）：约束指定直线为竖直线。

（4）（固定长度）：约束指定直线的长度固定不变。

（5）（固定角度）：约束指定直线的方位角固定不变。

（6）（重合）：约束两点或多点重合。

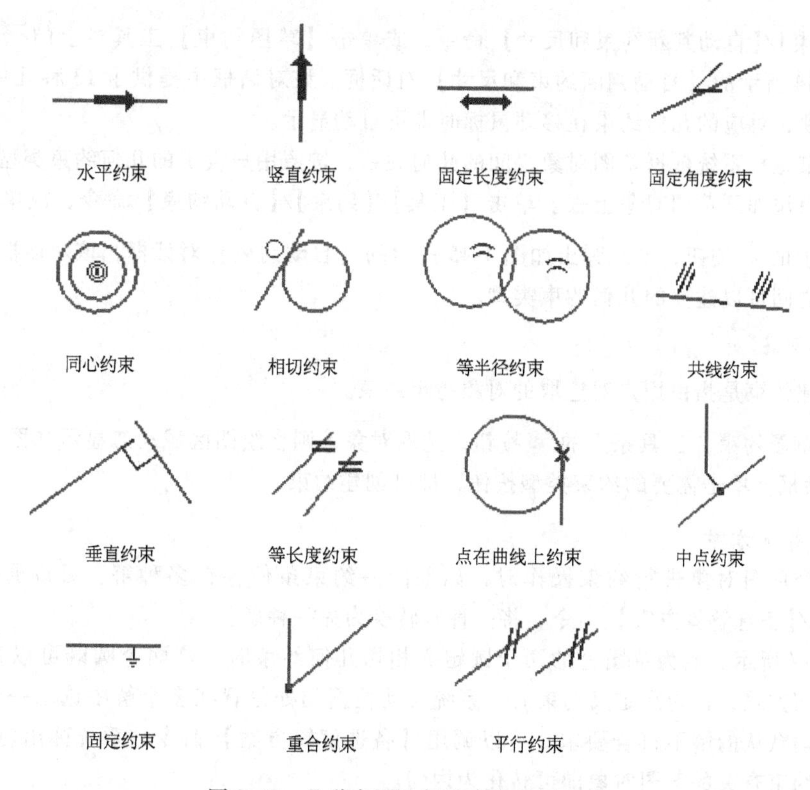

图 3-43　几种主要几何约束的显示示例

(7) （同心）：约束两个或多个圆或椭圆同心。

(8) （相切）：约束两条曲线相切。

(9) （等半径）：约束两条或多条圆弧的半径相等。

(10) （共线）：约束两条或多条直线共线。

(11) （平行）：约束两条或多条直线相互平行。

(12) （垂直）：约束两条或多条直线相互垂直。

(13) （等长度）：约束两条或多条直线等长度。

(14) （点在曲线上）：约束指定点位于指定线上。

(15) （点在线串上）：约束指定点位于指定抽取的线串上。

(16) （中点）：约束指定点位于曲线的中点。

(17) （镜像）：约束两组对象互成镜像关系。

(18) （均匀比例）：在移动样条曲线的两个端点时，约束样条曲线的形状保持不变。

(19) （非均匀比例）：在移动样条曲线的两个端点时，约束样条曲线沿水平方向缩放，而保证垂直方向的尺寸不变。

2. 自动约束

在绘制草图对象时，系统会根据鼠标的移动位置自动显示可能的几何约束符号，此时即可定义相应的几何约束。系统自动显示的可能的几何约束符号，依赖于所做的智能约束设置。单击【工具】/【约束】/【自动判断约束和尺寸】命令，或单击【草图约束】工具栏上的按钮，系统弹出如图 3-44 所示的【自动判断约束和尺寸】对话框。该对话框中提供了 13 种几何约束类型，只要选中某项，对应的几何约束在移动鼠标时即可自动显示。

自动约束是指系统依据草图对象之间的几何关系，按照用户设定的几何约束类型，自动将相应的几何约束添加到草图对象上去。单击【工具】/【约束】/【自动约束】命令，或单击【草图约束】工具栏上的按钮，系统弹出如图 4-45 所示的【自动约束】对话框，该对话框上显示了当前草图对象之间可以建立的几何约束类型。

3. 手工创建

手工创建约束是指由用户对选取的对象指定约束。

单击【草图约束】工具条上的按钮，选取对象，则在绘图区域动态显示如图 3-46 所示的【约束】对话框，单击需要的约束类型按钮，即可创建约束。

4. 约束备选方案

在对一个草图对象进行约束操作时，如果同一约束条件存在多种解，可以通过执行【工具】/【约束】/【备选解算方案】命令，将一种解转换为另一种解。

如图 3-47 所示，当为草图上的两个圆定义相切几何约束时，这两个圆既可以为外切方式，也可以为内切方式，在初次定义约束时，系统自动根据相处位置在多个解中选取一个，如外切。如果系统自动默认的解不符合要求，可以调用【备选解算方案】命令，系统弹出对话框，再次选取与定义约束有关的草图对象即可转化为内切。

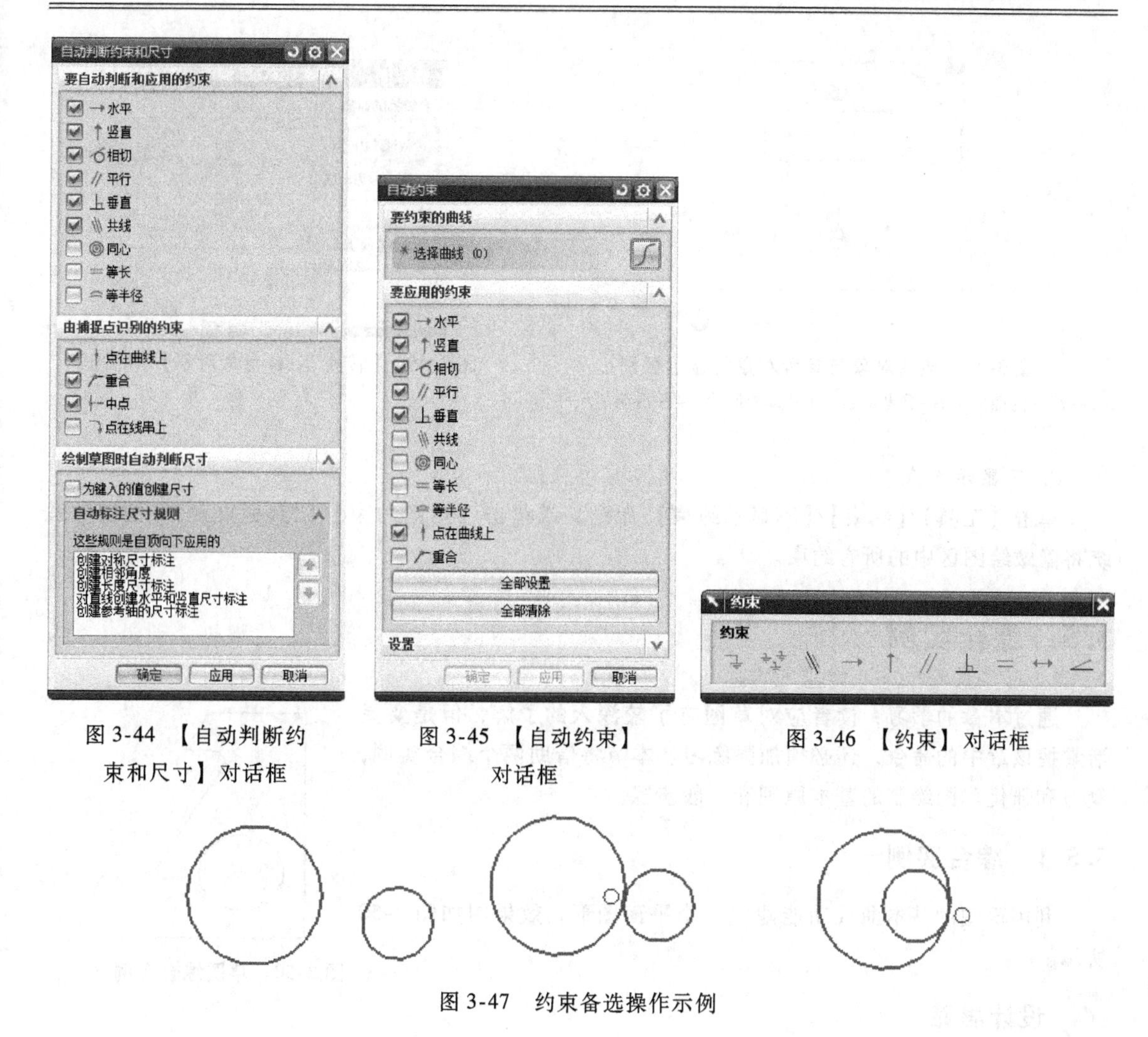

图 3-44　【自动判断约束和尺寸】对话框

图 3-45　【自动约束】对话框

图 3-46　【约束】对话框

图 3-47　约束备选操作示例

5. 转换至/自参考对象

根据起到的作用不同，一般把草图对象分为两类：活动对象和参考对象。活动对象是指影响整个草图形状的曲线或尺寸约束，用于实体制作；参考对象是指起辅助作用的曲线或尺寸约束，在绘图区域以暗颜色和双点画线显示，不参与实体制作。图 3-48 表明了草图的激活对象与参考对象的显示区别。

单击草图约束上的按钮，系统弹出如图 3-49 所示的对话框。该对话框上有两个单选按钮：参考曲线或尺寸和活动曲线和驱动尺寸。当选中参考曲线或尺寸时，可以将激活的对象转化为参考的；当选中活动曲线和驱动尺寸时，可以将参考对象转化为激活的。

6. 显示/删除约束

单击草图约束上的按钮，系统弹出【显示/移除约束】对话框。利用该对话框可以显示当前已存在的几何约束，也可以删除不需要的几何约束。

7. 显示所有约束

单击【工具】/【约束】/【显示所有约束】命令，或单击【草图约束】工具栏上的按钮，系统将在绘图区域显示草图中已经建立的所有约束。

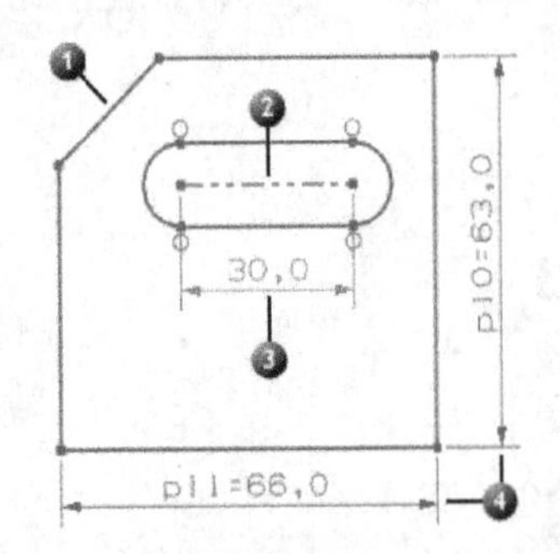

图 3-48 激活对象与参考对象的显示区别

1—活动的曲线 2—参考曲线 3—参考尺寸 4—活动的尺寸

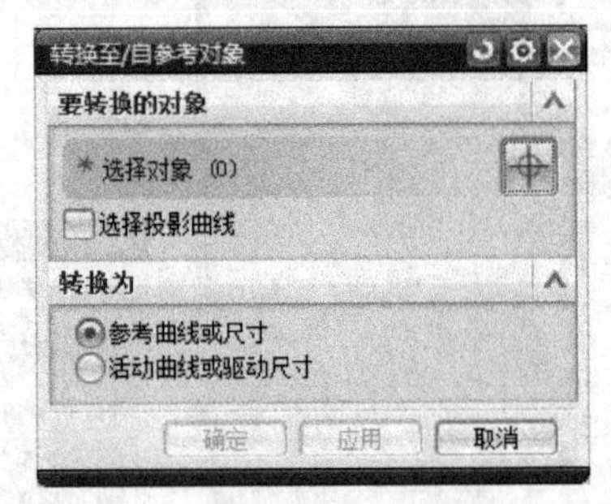

图 3-49 【转换至/自参考对象】对话框

8. 不显示约束

单击【工具】/【约束】/【不显示约束】命令，或单击【草图约束】工具栏上的按钮，系统将隐藏绘图区中的所有约束。

3.5 综合实例

通过本章的学习，读者应对草图有了较深入的了解，但是要灵活掌握该章中的命令，还必须加强练习。本节将借助两个综合实例，复习和强化草图绘制的基本原理和一般步骤。

3.5.1 综合实例一

利用草图的基本曲线功能建立一个平面图形，效果图如图 3-50 所示。

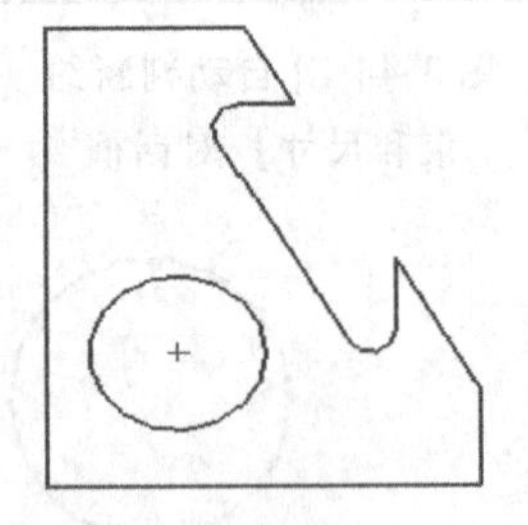

图 3-50 草图综合实例（一）

设计思路

[1] 选择合适的草图放置平面，进入草图模式。

[2] 大致绘制图形轮廓。

[3] 对图形轮廓进行修整、圆角、倒角等编辑操作。

[4] 对图形进行约束，特别是进行尺寸标注。

[5] 退出草图模式。

设计步骤

[1] 进入建模应用模块后，单击【插入】/【任务环境中的草图】命令，或单击【特征】工具条上的按钮，系统弹出【创建草图】对话框，提示用户指定一个平面作为草图平面。接受默认设置，直接单击 确定 按钮，则以坐标平面 XC-YC 作为草图平面。

[2] 采用绘制直线和圆命令大致绘制草图轮廓，如图 3-51 所示。

[3] 执行快速延伸、快速修剪、圆角命令，将图形编辑为如图 3-52 所示。

[4] 标注草图，如图 3-53 所示。

[5] 单击【文件】/【完成草图】命令，或单击按钮，退出草图编辑状态。至此，完成草图的绘制。

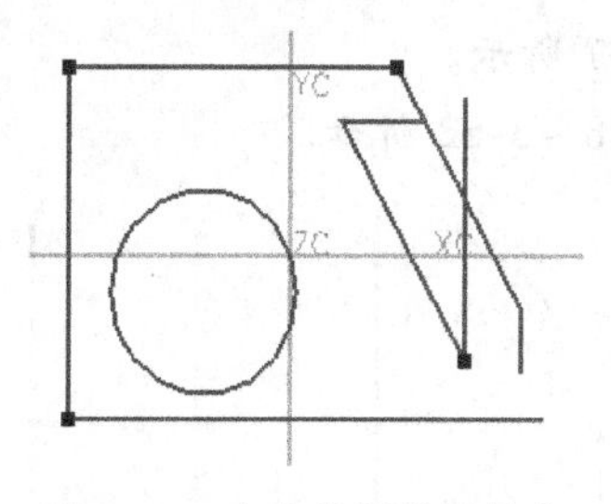

图 3-51　大致绘制草图轮廓

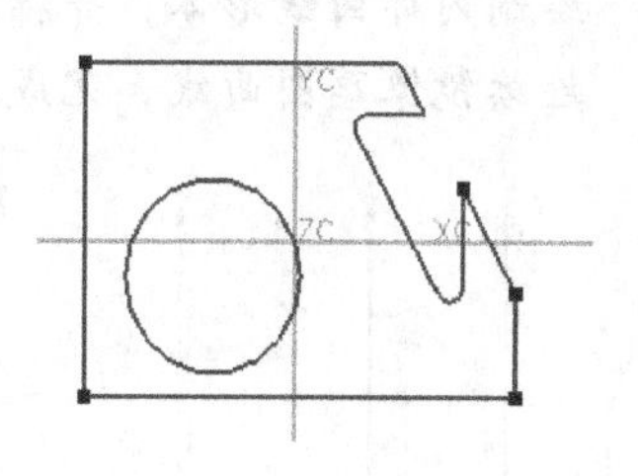

图 3-52　编辑草图

3.5.2　综合实例二

利用草图的基本曲线功能建立一个平面图形，效果图如图 3-54 所示。

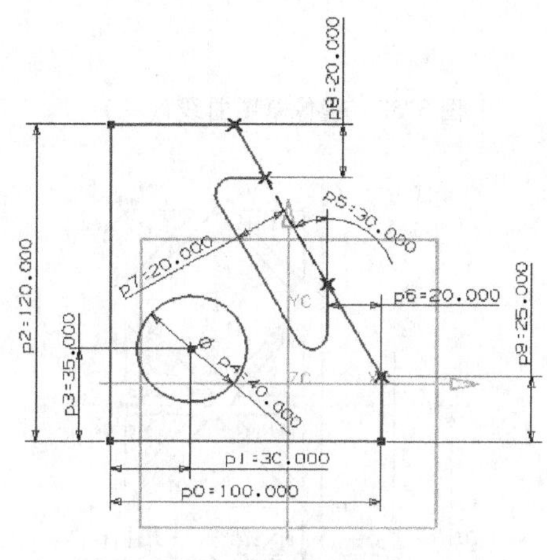

图 3-53　标注草图

图 3-54　草图综合实例（二）

设计步骤

[1]　单击【插入】/【草图】命令，或单击【特征】工具栏上的按钮，系统弹出【创建草图】对话框，提示用户指定一个平面作为草图平面。接受默认设置，直接单击 确定 按钮，则以坐标平面 XC-YC 作为草图平面。

[2]　绘制、标注并约束外轮廓线，如图 3-55 所示。

[3]　绘制并标注直线，然后将其转化为参考线，如图 3-56 所示。

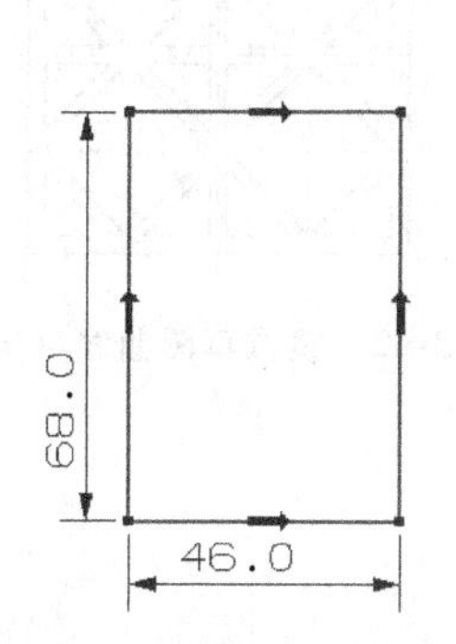

图 3-55　绘制并标注外轮廓线

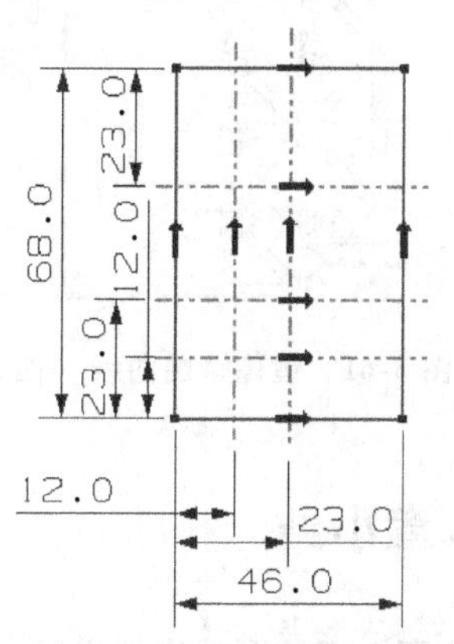

图 3-56　绘制并标注参考线

[4] 绘制内部曲线形体，并标注及约束，如图 3-57 所示。

[5] 连续镜像草图曲线，完成草图绘制，如图 3-58～3-62 所示。

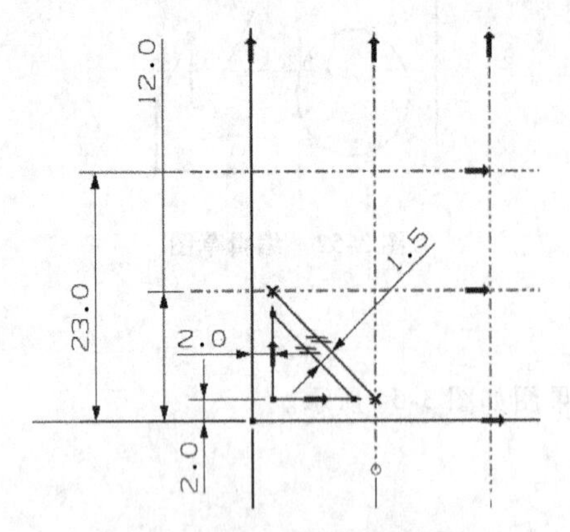

图 3-57 绘制内部曲线形体

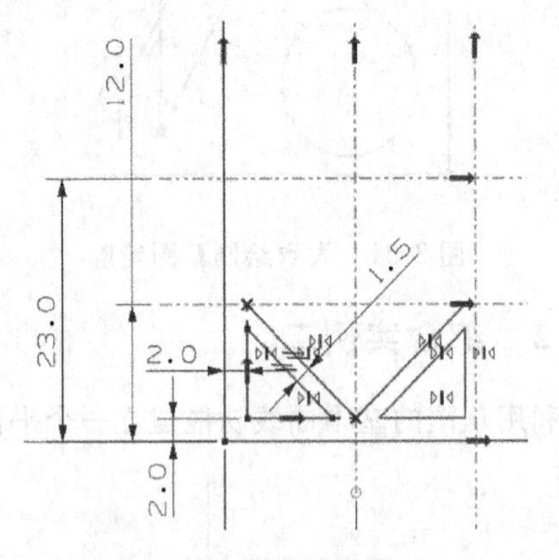

图 3-58 镜像草图曲线（一）

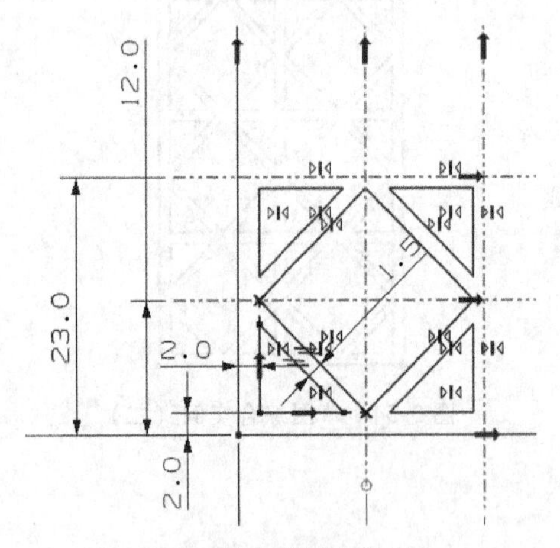

图 3-59 镜像草图曲线（二）

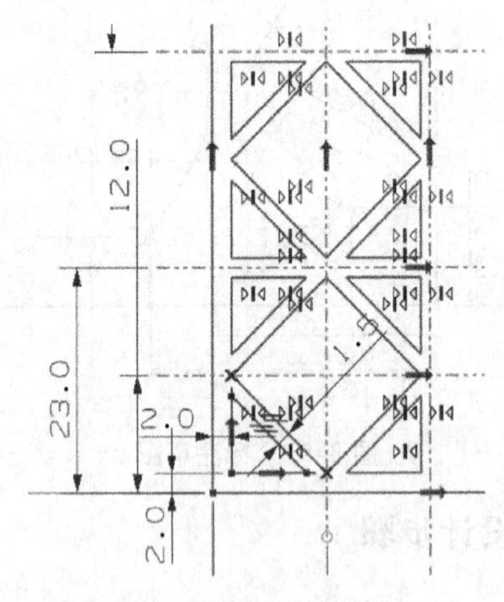

图 3-60 镜像草图曲线（三）

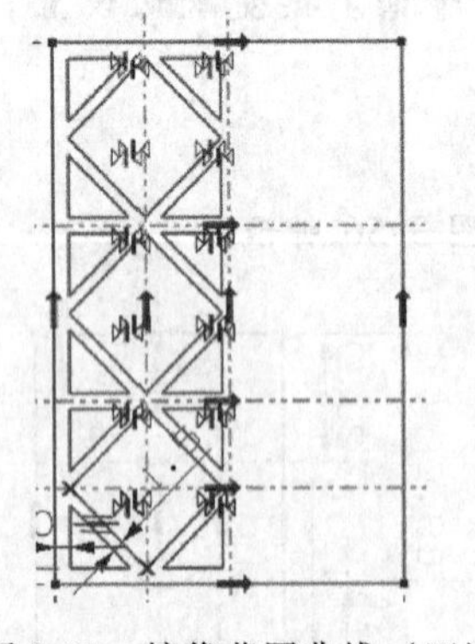

图 3-61 镜像草图曲线（四）

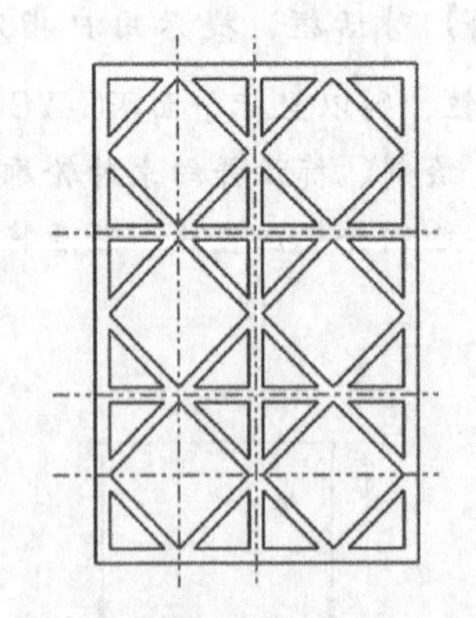

图 3-62 镜像草图曲线（五）

3.6 本章小结

本章主要介绍草图功能的应用。本章是后面创建三维模型的基础之一。

3.7　习题

1. 概念题

什么是参数化设计？草图如何实现参数化？

2. 操作题

（1）绘制如图 3-63 所示的大致草图，不必标注。

（2）绘制如图 3-64 所示的草图，标注并约束。

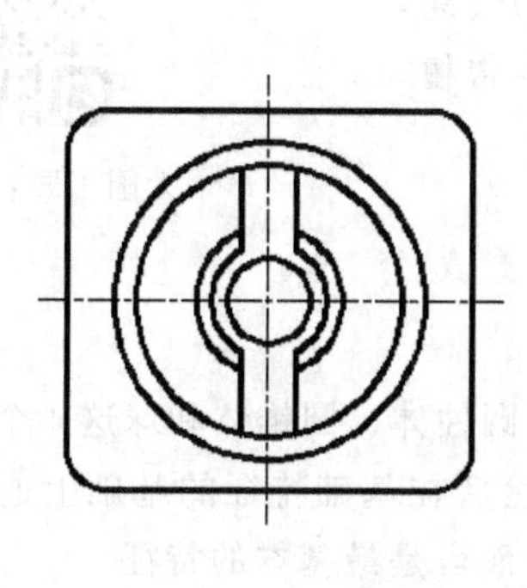

图 3-63　一般草图

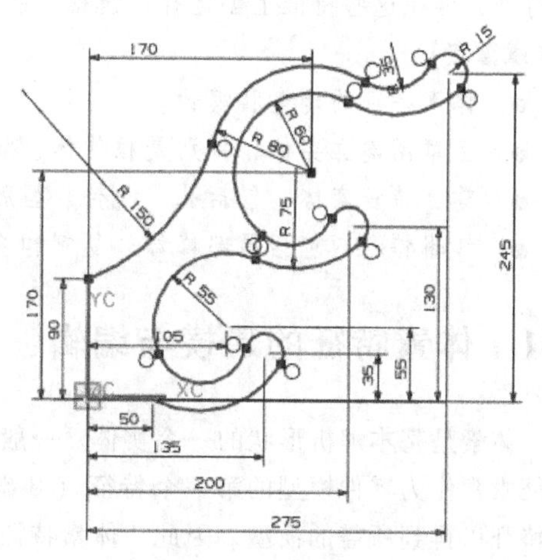

图 3-64　精细草图

第 4 章　零件建模方法

机械设备都是由许多零部件构成的。因此，单体建模是整体设备造型设计的基础。创建零件模型时，一般应根据产品的结构特点先建立基本体素特征，或根据截面曲线创建拉伸、回转或扫描特征，再在这些特征上创建孔、键槽、腔体、圆台等加工特征，完善零件的产品级形态。

【本章重点】

拓展视频

大国工匠：大技贵精

- 体素特征的建模和编辑。
- 由草图建立实体，特别是拉伸体、旋转体、扫描体的创建。
- 建立特征实体，包括孔、凸台、型腔、凸垫、键槽和沟槽。
- 编辑特征，包括局部修饰、复制和修改等。

4.1　体素特征的建模与编辑

体素是基本解析形状的一个实体。一般而言，长方体、圆柱体、圆锥体和球这 4 个基本体素特征常常作为零件模型的第一个特征（基础特征）使用，然后在基础特征的基础上通过添加其他特征以得到所需的模型。因此，体素特征对于零件的设计而言是最基本的特征。

注意：为了确保模型特征彼此间的关联，在一个模型的创建中仅使用一个体素特征且仅用做第一个根特征。

4.1.1　长方体

单击【插入】/【设计特征】/【长方体】命令，或单击【特征】工具条上的按钮，弹出如图 4-1 所示的【块】对话框。该对话框中的【类型】下拉列表中提供了 3 种创建长方体的方法。

1. 原点和边长

通过指定长、宽、高及其原点位置，创建长方体。所创建的长方体以指定的原点为基点，沿着 X 轴方向为长度，沿着 Y 轴方向为宽度，沿着 Z 轴方向为高度。

2. 两点和高度

通过指定长方体底面两个对角点的位置及高度创建长方体。所创建的长方体的长和宽分别为其指定的两个底面对角点连线向 X 轴和 Y 轴的投影长度。

3. 两个对角点

通过指定长方体两个空间对角点创建长方体。所创建的长方体的长、宽、高分别为其指定的两个空间对角点连线向各个坐标轴的投影长度。

说明：长方体创建完后，如果要对其进行修改，可直接双击该长方体，然后根据系统信息提示编辑其参数。

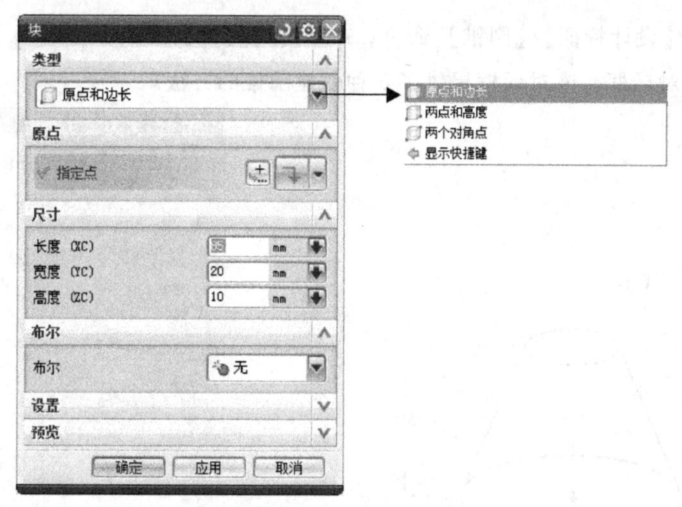

图 4-1 【块】对话框

4.1.2 圆柱体

【圆柱体】命令用于创建圆柱实体。

单击【插入】/【设计特征】/【圆柱体】命令，或单击【特征】工具条上的按钮，系统弹出如图 4-2 所示的【圆柱】对话框。该对话框提供了两种创建圆柱体的方法。

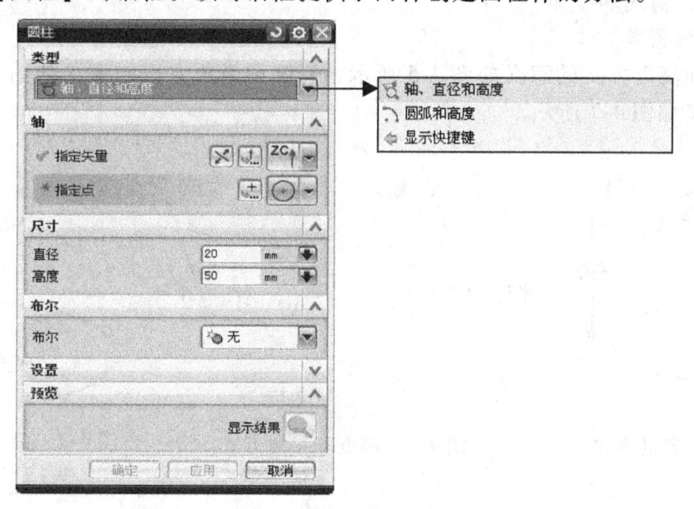

图 4-2 【圆柱】对话框

1. 轴、直径和高度

使用方向矢量、直径和高度创建圆柱。确定一个矢量方向作为圆柱体的轴线方向，再设置圆柱体的直径和高度参数，以及设置圆柱体底面中心的位置。

2. 圆弧和高度

通过指定已有圆弧和高度创建圆柱。

4.1.3 圆锥

【圆锥】命令用于创建圆锥形实体。圆锥的形状定义如图 4-3 所示。

单击【插入】/【设计特征】/【圆锥】命令，或单击【特征】工具条上的按钮，弹出如图 4-4 所示的【圆锥】对话框。该对话框提供了 5 种创建圆锥的方法。

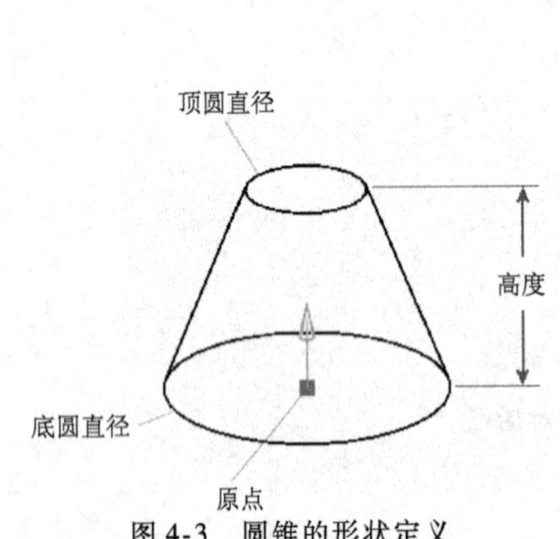

图 4-3 圆锥的形状定义

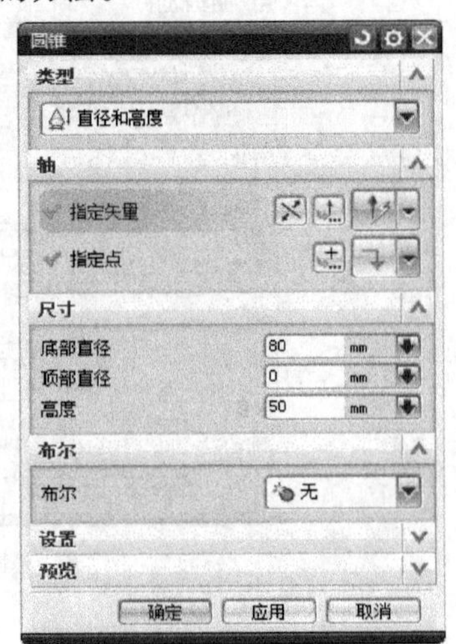

图 4-4 【圆锥】对话框

- 直径和高度。
- 直径和半角。
- 底部直径，高度和半角。
- 顶部直径，高度和半角。
- 两个共轴的圆弧。

其中，直径和高度方式的意义如图 4-5 所示，高度和半角方式的意义如图 4-6 所示，两个共轴的圆弧方式意义如图 4-7 所示。

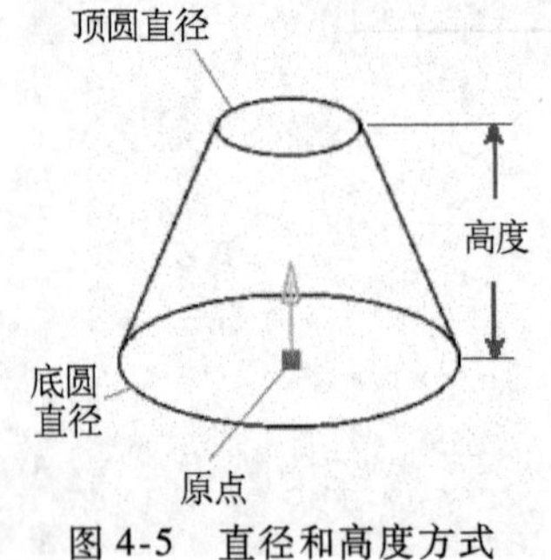

图 4-5 直径和高度方式

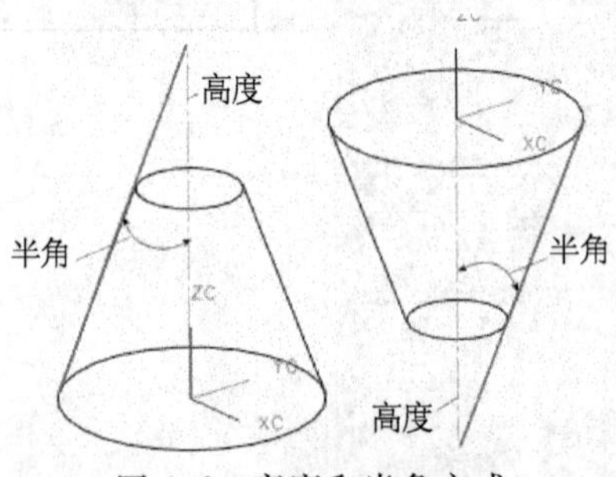

图 4-6 高度和半角方式

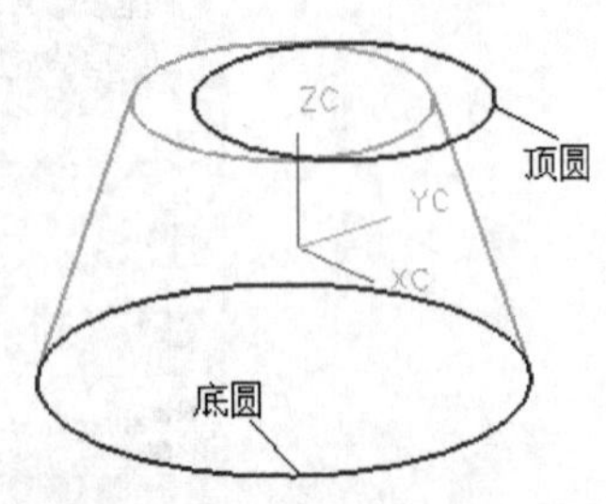

图 4-7 两个共轴的圆弧方式

注意：在“两个共轴的圆弧”方法中第一个作为底圆，第二个作为顶圆。可以在此处的对话框中，或通过右键单击拉伸预览，来选择拔模选项。如果选定圆弧不共轴，则将平行于基座圆弧形成的平面对顶面圆弧进行投影，直到两条圆弧共轴。

4.1.4 球

单击【插入】/【设计特征】/【球】命令，或单击【特征】工具条上的按钮，弹出【球】对话框，如图 4-8 所示。该对话框提供了两种创建球体的方法。

1. 中心点和直径

中心点和直径方式创建球，如图 4-9 所示。

图 4-8 【球】对话框

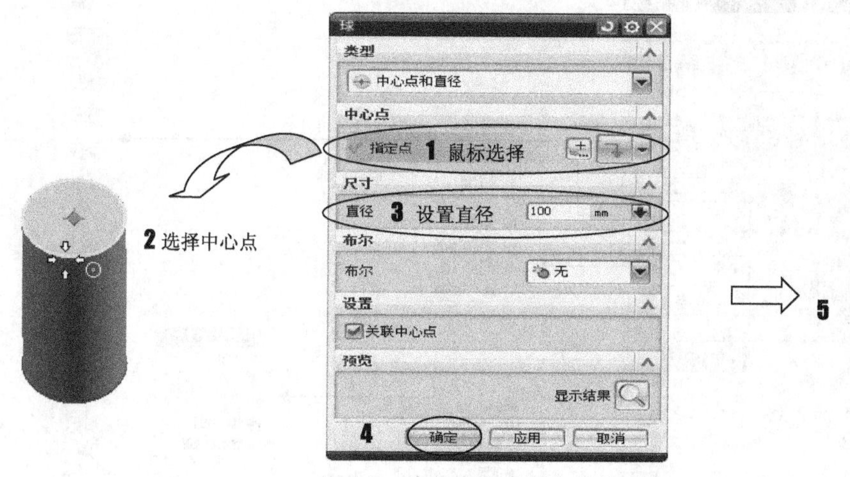

图 4-9　中心点和直径方式创建球

2. 圆弧

圆弧方式创建球，如图 4-10 所示。

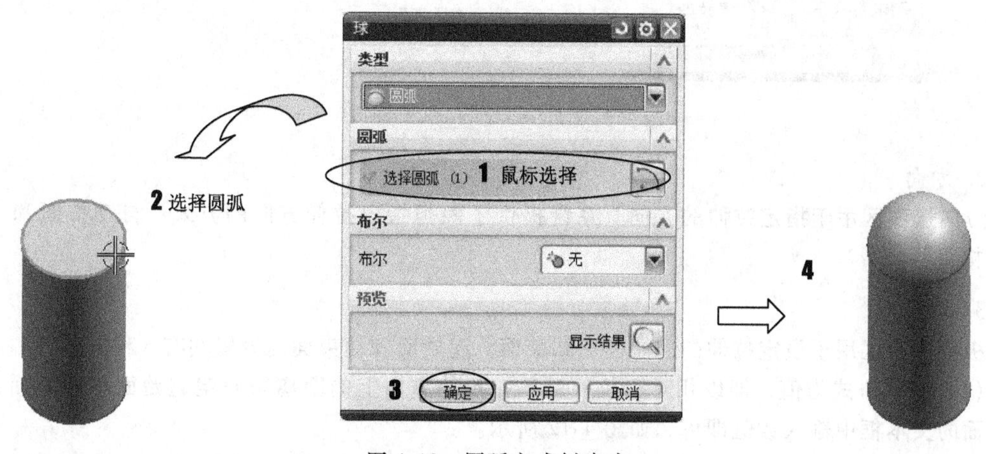

图 4-10　圆弧方式创建球

4.2 扫掠特征

扫掠特征是构成部件非解析形状毛坯的基础，包括拉伸、回转、扫掠以及管道。

4.2.1 拉伸

执行【拉伸】命令，可以将截面曲线沿指定方向拉伸一定距离，以生成实体或片体（曲面）。

单击【插入】/【设计特征】/【拉伸】命令，或单击【特征】工具条上的按钮，系统弹出如图 4-11 所示的【拉伸】对话框。

1. 截面

截面选项区用于选取或者新绘制拉伸截面曲线。既可以是草图，也可以是一般平面曲线。

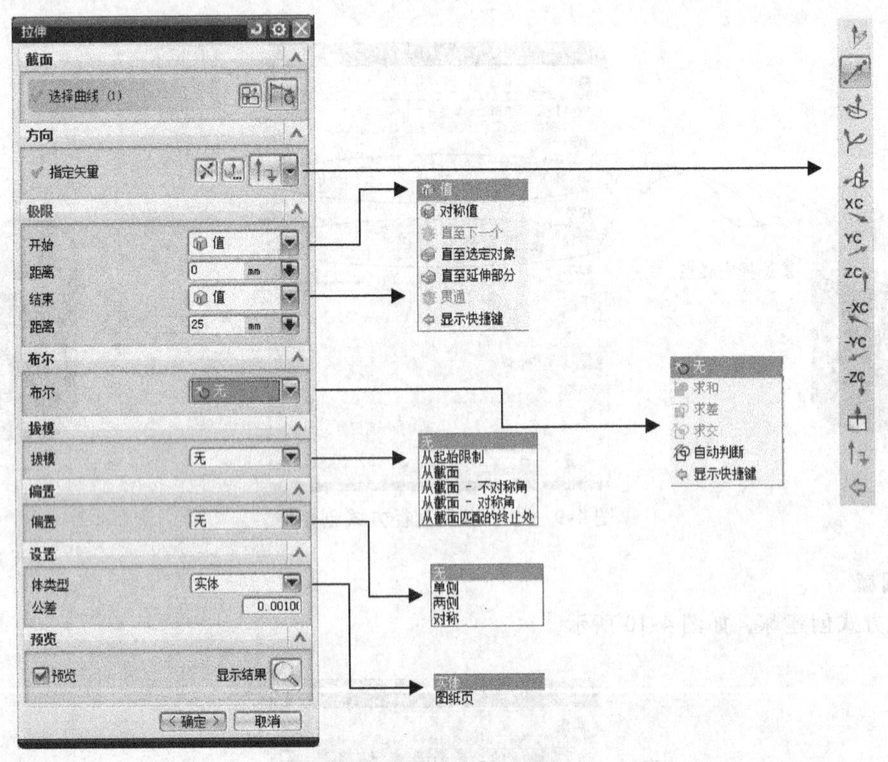

图 4-11 【拉伸】对话框

2. 方向

方向选项区用于指定拉伸的方向。系统提供了两类指定拉伸方向的方式：自动推断和【矢量】构造器。

3. 极限

极限选项区用于设定拉伸的起始面和结束面。起始面和结束面的设置共有 6 种方式。

（1）默认方式为值，即以相对于拉伸对象在拉伸方向上的距离来确定起始面和结束面，在其后面的文本框中输入数值即可，如图 4-12 所示。

（2）对称值：沿拉伸方向，在截面曲线的两侧对称拉伸，如图 4-13 所示。

（3）直至下一个：将拉伸体拉伸到下一个特征。

（4）直至选定对象：将拉伸体拉伸到选定特征。

（5）直至延伸部分：将拉伸体从某一个特征拉伸到另一个特征。

（6）贯通：拉伸体通过全部与其理论相交的特征。

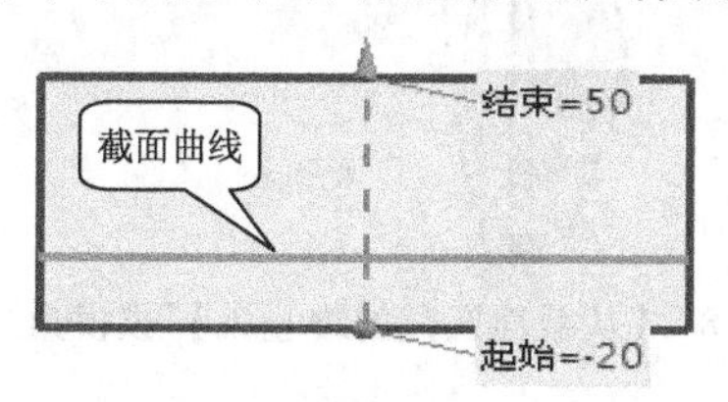

图 4-12　定义起始值、结束值

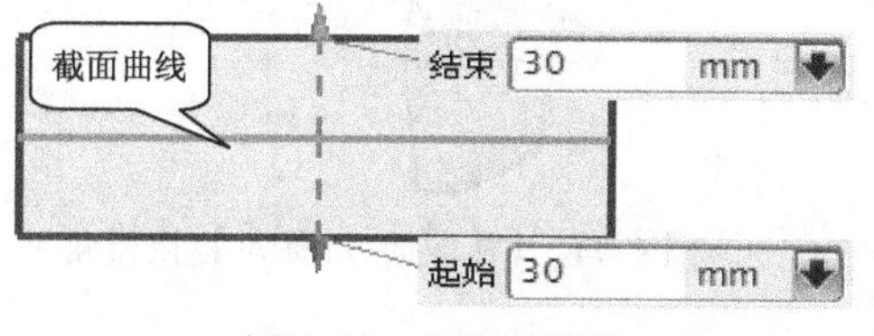

图 4-13　定义对称值

4. 布尔

布尔选项用于设定布尔运算模式，即设置拉伸体与工作区域原有实体之间的存在关系，无（相互独立）、求和、求差、求交。

5. 拔模角

拔模角用于设置拉伸体的拔模角度，可将斜率添加到拉伸特征的一侧或多侧，其绝对值需小于 90°，共有 6 种选项。

（1）无：不创建任何拔模。

（2）从起始限制：创建一个拔模，拉伸形状在起始限制处保持不变，从该固定形状处将拔模角应用于侧面。效果如图 4-14 所示。

（3）从截面：创建一个拔模，拉伸形状在截面处保持不变，从该截面处将拔模角应用于侧面。效果如图 4-15 所示。

（4）从截面-不对称角：仅当从截面的两侧同时拉伸时可用。创建一个拔模，拉伸形状在截面处保持不变，但也会在截面处将侧面分割在两侧。效果如图 4-16 所示。可单独控制截面每一侧的拔模角。如果将“角度”选项设置为单个，则会出现“前角”和“后角”选项，以便向非对称拉伸的前后侧指定单独尺寸。如果将“角度”选项设置为多个，则会出现一个角度选项和一个列表框，以向非对称拉伸前后侧的每个相切面指定单独的尺寸。

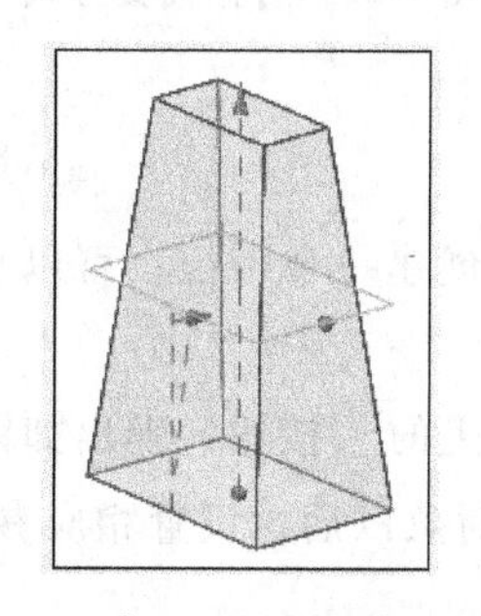

图 4-14 【从起始限制】拔模角

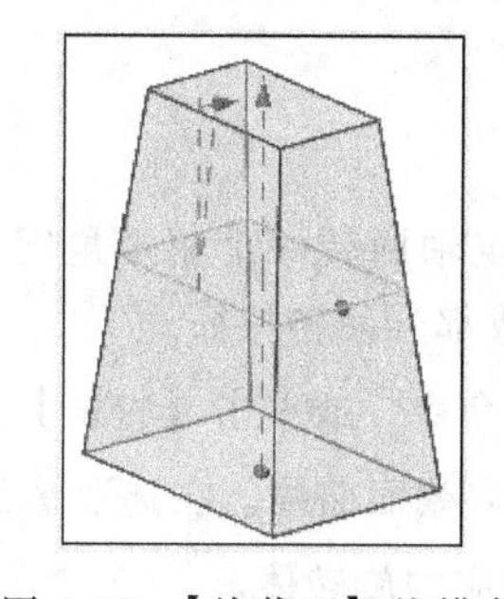

图 4-15 【从截面】拔模角

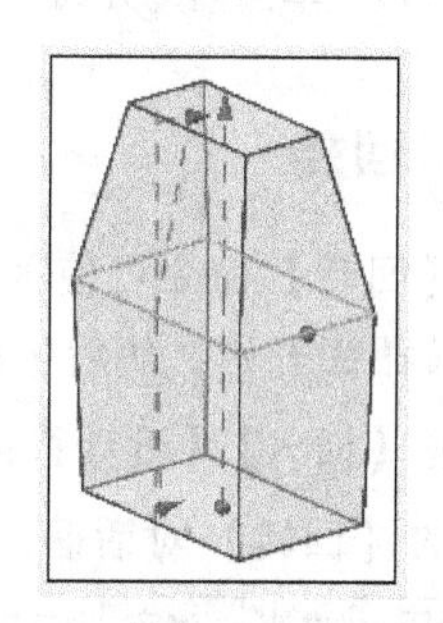

图 4-16 【从截面-不对称角】拔模角

（5）从截面-对称角：仅当从截面的两侧同时拉伸时可用。创建一个拔模，拉伸形状在截面处保持不变，将在截面处分割侧面，并且截面的两侧共享相同的拔模角。效果如图 4-17 所示。

（6）从截面匹配的终止处：仅当从截面的两侧同时拉伸时可用。创建一个拔模，截面保持不变，并且在截面处分割拉伸特征的侧面。终止限制处的形状与起始限制处的形状相匹配，并且终止限制处的拔模角将更改，以保持形状匹配。效果如图 4-18 所示。

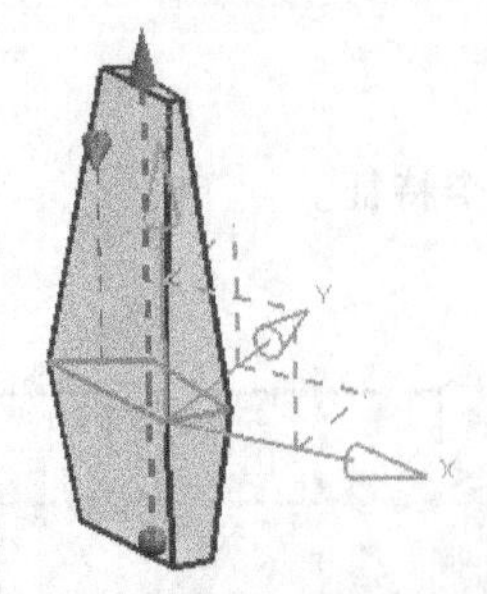

图 4-17 【从截面-对称角】拔模角

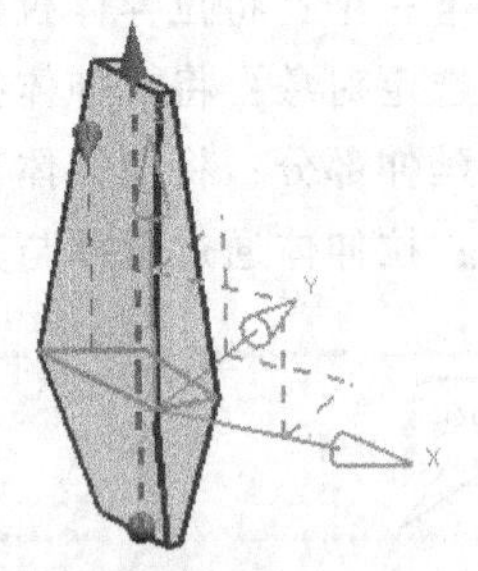

图 4-18 【从截面匹配的终止处】拔模角

注意：可以在此处的对话框中，或通过右键单击拉伸预览，来选择拔模选项。

6. 偏置

偏置用于设置拉伸对象在垂直于拉伸方向上的延伸，共有 3 种偏置方式。

(1) 单侧：在截面曲线内或外创建有一定距离的拉伸体，如图 4-19 所示。

(2) 双侧：在截面曲线内和外创建有一定距离的拉伸体，如图 4-20 所示。

(3) 对称：在截面曲线内和外创建相等距离的拉伸体，如图 4-21 所示。

7. 体类型

体类型用于设置旋转封闭截面曲线，生成的是实体或是片体。

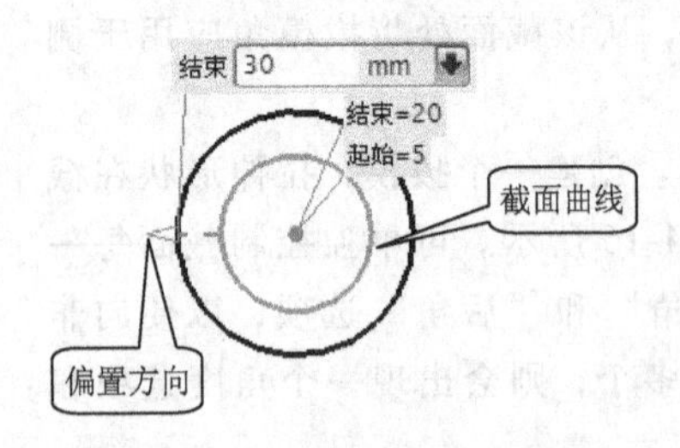

图 4-19 单侧偏置方式

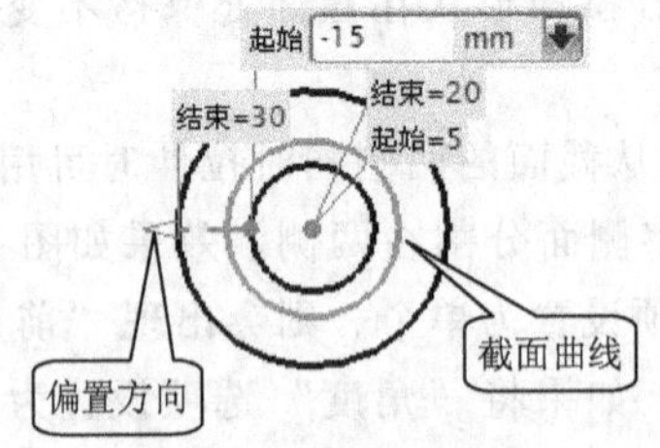

图 4-20 双侧偏置方式

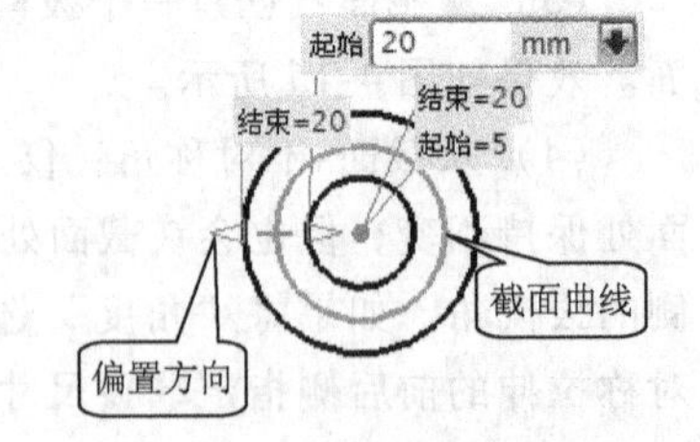

图 4-21 对称偏置方式

4.2.2 回转

用【回转】命令可使截面曲线绕指定轴回转一个非零角度，以此创建一个特征。可以从一个基本横截面开始，然后生成回转特征或部分回转特征。

单击【插入】/【设计特征】/【回转】命令，或单击【特征】工具条上的按钮，弹出如图 4-22 所示的【回转】对话框，提示用户选取截面曲线。在选取平面曲线对象以后，设置相应参数，单击 应用 或者 确定 按钮，则生成相应的旋转体。

4.2.3 扫掠

扫掠特征是用规定的方法沿一条空间的路径移动一条曲线产生的体。移动曲线称为截面线串，其路径称为引导线串。下面以图 4-23 所示的模型为例，说明创建扫掠特征的一般操作过程。

单击【插入】/【扫掠】/【扫掠...】命令，系统弹出【扫掠】对话框，可通过沿着一条、两条或 3 条引导线串扫掠一个或多个截面线串，来创建实体或片体。

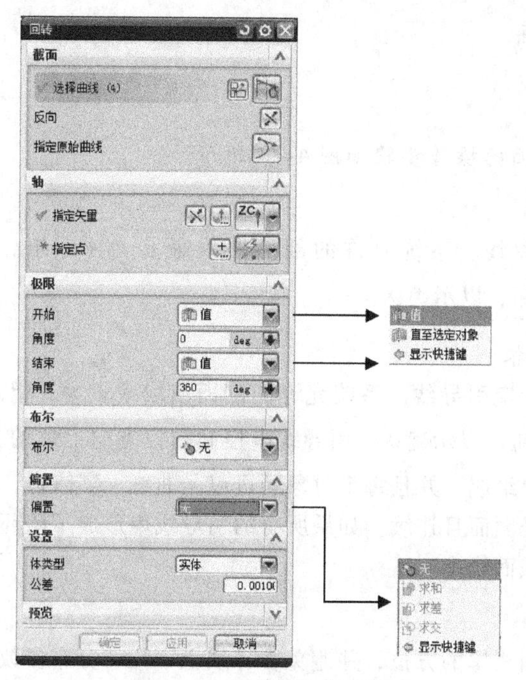

图 4-22 【回转】对话框

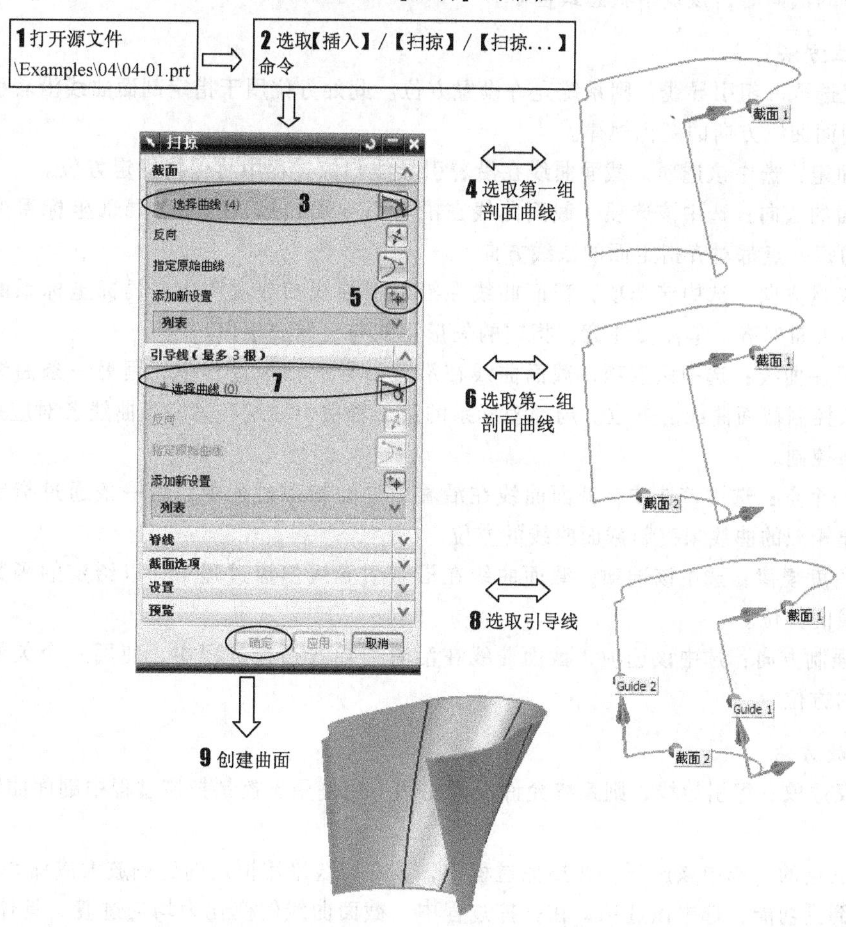

图 4-23 以扫掠方式创建曲面的操作步骤

【例 4-1】 扫掠创建曲面。

设计步骤

以扫掠方式创建曲面的操作步骤如图 4-23 所示。

1. 截面

截面用于指定剖面曲线。系统允许的剖面曲线最多为 400 组。每选定一组，都应单击添加新设置后面的按钮，以示确认。

2. 引导线（最多 3 根）

引导线选项区用于指定引导线。系统允许的剖面曲线最多为 3 组。每选定 1 组，都应单击添加新设置后面的按钮，以示确认。引导线串控制扫掠方向上体的方位和比例。引导线串可以由一个对象或多个对象组成，并且每个对象既可以是曲线、实体边，也可以是实体面。每条引导线串的所有对象必须光顺而且连续。如果所有的引导线串形成了闭环，则可以将第一个截面线串重新选择为最后一个截面线串。

3. 脊线

使用脊线可控制截面线串的方位，并避免在导线上不均匀分布参数导致的变形。当脊线串处于截面线串的法向时，该线串状态最佳。

4. 定位方法

如果仅选取一组引导线，则系统允许设置方位。此处方位用于指定剖面曲线沿着引导线扫描过程中，剖面曲线方向的变化规律。

（1）固定：选中该选项，截面曲线在沿着引导线扫掠过程中将保持固定方位。

（2）面的法向：选中该选项，截面曲线在沿着引导线扫掠过程中，局部坐标系的第二轴在引导线上的每一点都对齐指定面的法线方向。

（3）矢量方向：选中该选项，截面曲线在沿着引导线扫掠过程中，局部坐标系的第二轴始终与指定的矢量对齐。但需要注意，指定的矢量不能与引导线相切。

（4）另一曲线：选中该选项，截面曲线在沿着引导线扫掠过程中，用另一条曲线或者实体的边缘线来控制截面曲线的方位。局部坐标系的第二轴由引导线与另一条曲线各对应点之间的连线的方向来控制。

（5）一个点：选中该选项，截面曲线在沿着引导线扫掠过程中，用一条通过指定点与引导线变换规律相似的曲线来控制截面曲线的方位。

（6）角度规律：选中该选项，截面曲线在沿着引导线扫掠过程中，以给定的函数规律来控制截面曲线的方位。

（7）强制方向：选中该选项，截面曲线在沿着引导线扫掠过程中，使用一个矢量方向固定截面曲线的方位。

5. 缩放方法

如果仅选取一组引导线，则系统允许设置比例。比例用于控制扫描过程中剖面曲线的尺寸变化规律。

（1）恒定的：选中该选项，在扫掠过程中，截面曲线采用恒定的比例放大或缩小。

（2）倒圆功能：选中该选项，在扫掠过程中，截面曲线的变化为均匀过渡。具体操作如下：先定义起始端和结束端截面曲面的缩放比例，中间的缩放比例则是按照现行或三次函数变化规律来获得的。

（3）另一曲线：选中该选项，在扫掠过程中，任意一点的比例是基于引导线和另一条曲线对应点之间连线的长度。

（4）一个点：与另一条曲线相类似，区别在于用点代替曲线。

（5）面积规律：选中该选项，在扫掠过程中，使扫掠体截面面积依照某种规律变化。

（6）周长规律：选中该选项，在扫掠过程中，使扫掠体截面周长依照某种规律变化。此时，要求截面曲线为闭合曲线。

6. 比例因子

比例因子用于设置扫掠成型实体的整体缩放比例。

7. 插值

在扫掠过程中，如果选择了两条以上的截面曲线，系统允许选取插值方式。此处的插值方式用于控制在相邻两截面曲线之间，扫掠体的过渡形状。

（1）线性：选中该选项，扫掠时在两组截面曲线之间执行线性过渡，两组截面曲线中的对应两条曲线段之间产生单独的表面。

（2）三次：选中该选项，扫掠时在两组截面曲线之间执行三次函数规律过渡，通过所有的截面曲线段形成一张表面。

4.2.4　沿引导线扫掠

执行【沿引导线扫掠】命令，可以将截面曲线沿引导线扫掠以生成实体或片体。一般地，沿引导线扫掠的操作步骤如图 4-24 所示。

【例 4-2】　沿引导线扫掠创建曲面。

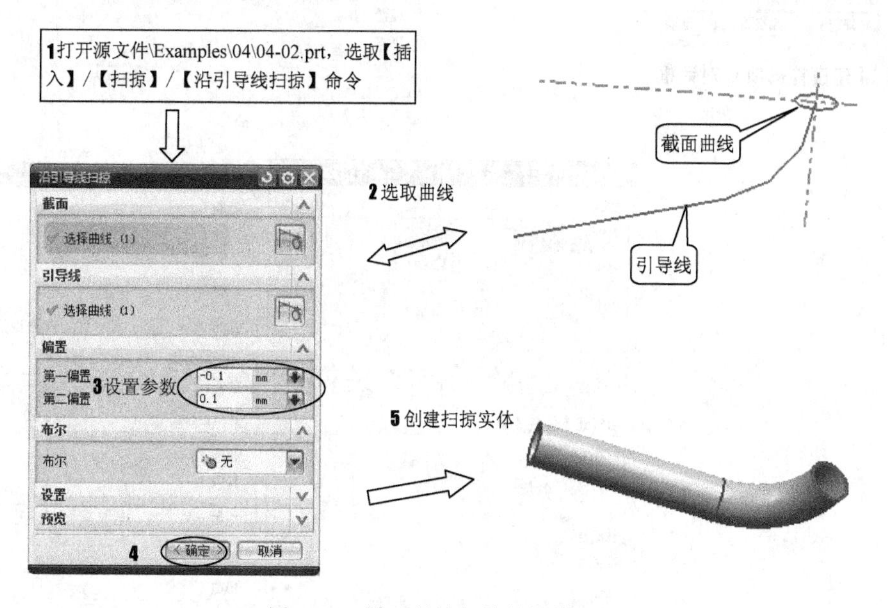

图 4-24　沿引导线扫掠的操作步骤

设计步骤

需要说明的是，最终扫掠体是实体还是片体由【建模首选项】对话框中的“体类型”

决定，如图 4-25 所示。

下面是其他 3 种扫掠方式的对话框，【样式扫掠】对话框如图 4-26a 所示，【扫掠】对话框如图 4-26b 所示，【变化扫掠】对话框如图 4-26c 所示。

图 4-25 【建模首选项】对话框

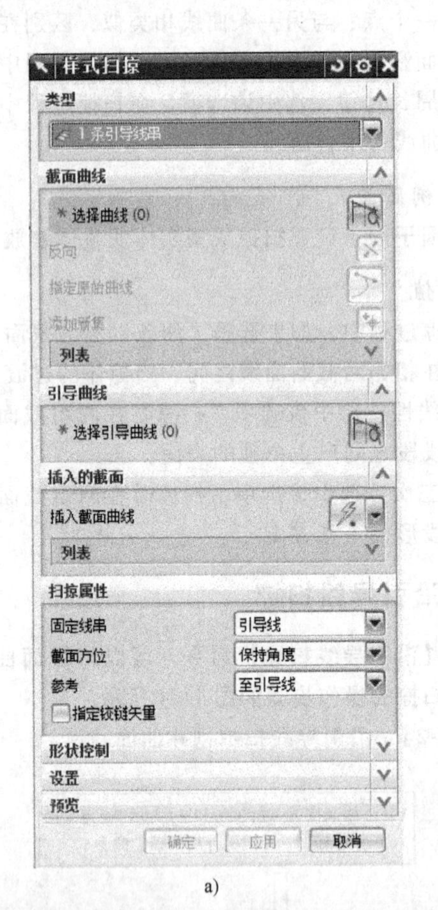

a)

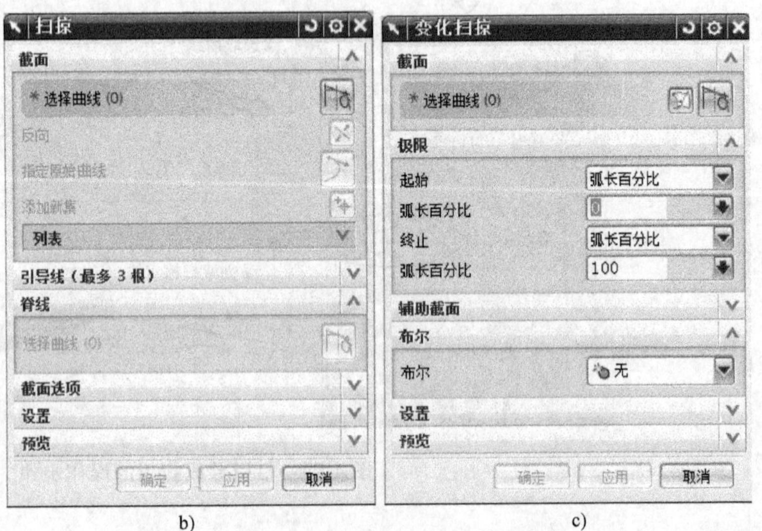

b) c)

图 4-26 其他 3 种扫掠方式

a)【样式扫掠】对话框 b)【扫掠】对话框 c)【变化扫掠】对话框

4.2.5　管道

执行【管道】命令，将沿引导线生成管道。

一般地，沿引导线生成管道的操作步骤如图 4-27 所示。

【例 4-3】　沿引导线创建管道。

设计步骤

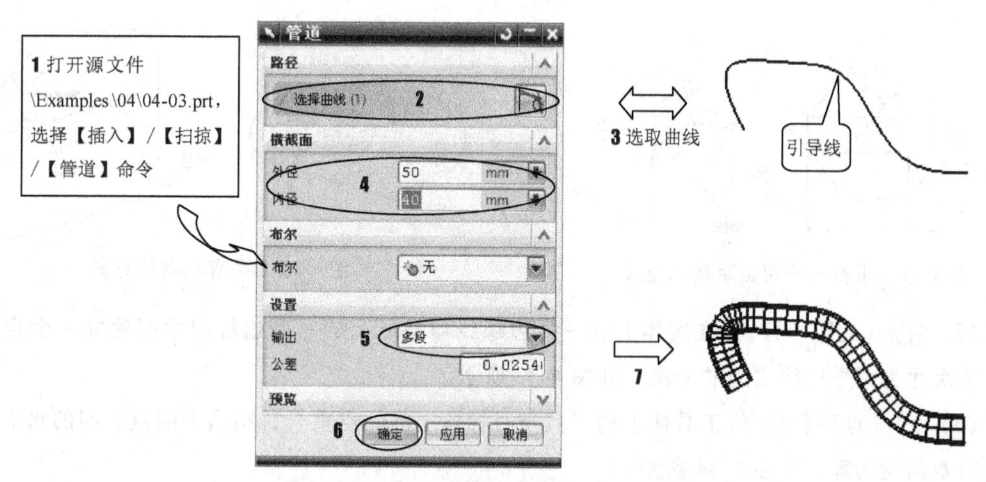

图 4-27　沿引导线生成管道的操作步骤

4.3　定位特征

在已存实体上通过添加特征来创建特征实体（如孔、圆台、腔体、凸垫、键槽和沟槽等）时，由于这些特征实体只能在已存实体上通过添加材料或去除材料来实现，所以需要定位。

【定位】对话框如图 4-28 所示。该对话框上提供了 9 种定位方法，接下来一并说明其使用。建立的特征不同时，其定位对话框也会略有不同。

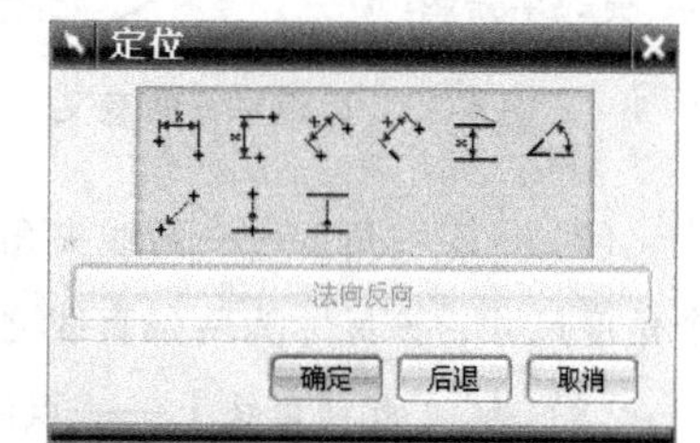

图 4-28 【定位】对话框

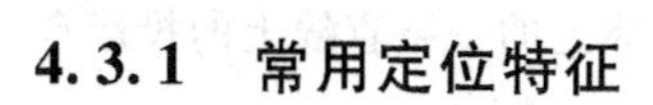

4.3.1　常用定位特征

常用定位特征如下：

（1）（水平距离）：在实体上一点与特征上一点之间建立一个定位尺寸，该尺寸在指定的水平参考方向上来测量，如图 4-29 所示。

（2）（竖直距离）：在实体上一点与特征上一点之间建立一个定位尺寸，该尺寸在指定的竖直参考方向（或与水平参考方向相垂直的方向）上来测量，如图 4-30 所示。

（3）（平行的——两点距离）：在实体上的一点与特征上的一点之间建立一个定位尺寸，该尺寸在工作平面内测量，如图 4-31 所示。

（4）（垂直距离）：在实体上的一条边缘线与特征上的一点之间建立一个定位尺寸，该尺寸为指定点到指定直线之间的距离，如图 4-32 所示。

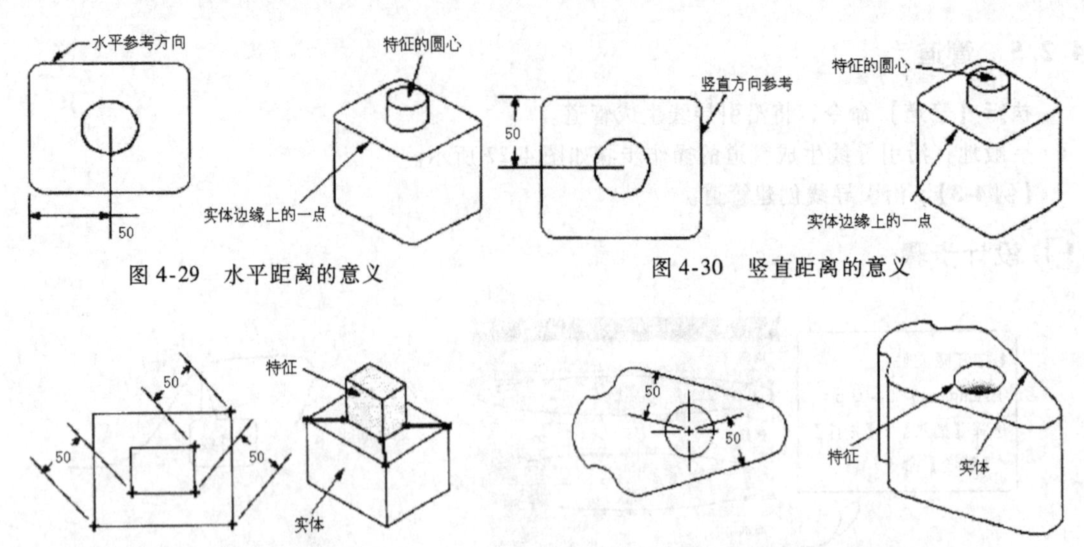

图 4-29 水平距离的意义

图 4-30 竖直距离的意义

图 4-31 平行——两点距离的意义

图 4-32 垂直距离的意义

（5）（远距平行）：在实体上的一条边缘线与特征上的一条边缘线之间建立一个定位尺寸，该尺寸为两平行线之间的距离，如图 4-33 所示。

（6）（点到点）：使工具体上的一点与目标体上的一点重合，相当于两点之间的水平距离和竖直距离均为零，如图 4-34 所示。

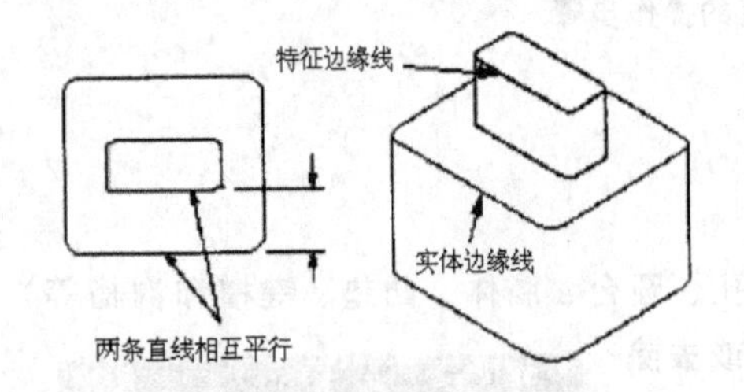

图 4-33 远距平行的意义

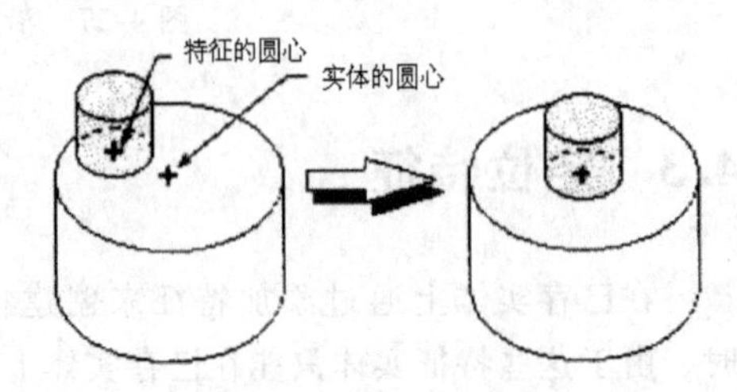

图 4-34 点到点的意义

（7）（角度——两线夹角）：在实体上的一条边缘线与特征上的一条边缘线之间建立一个角度尺寸，该尺寸为两条直线之间的夹角，如图 4-35 所示。

（8）（点到直线上——点线重合）：使特征上的一点与其在实体上的一条直线上的投影点重合，如图 4-36 所示。

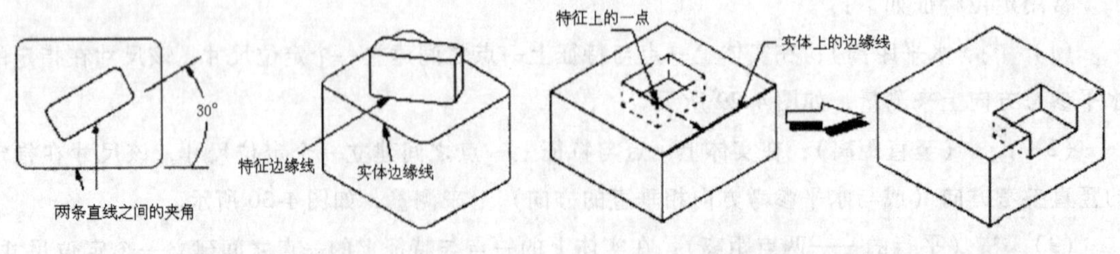

图 4-35 角度的意义

图 4-36 点到直线的意义

（9）（直线到直线——两直线重合）：使特征上的一条直线与实体上的一条直线重合，如图 4-37 所示。

4.3.2　操作定位尺寸

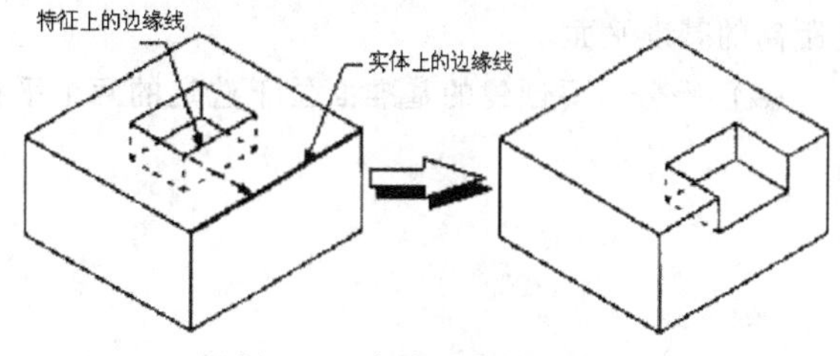

图 4-37　直线到直线的意义

(1) 编辑定位尺寸：单击【工具】/【定位尺寸】/【编辑】命令，系统弹出对话框，提示用户选取要编辑的定位尺寸。选取要编辑的定位尺寸，输入新的尺寸值，单击 确定 按钮即可。

(2) 删除定位尺寸：单击【工具】/【定位尺寸】/【删除】命令，系统弹出对话框，提示用户选取要删除定位尺寸。选取要删除的定位尺寸，单击 确定 按钮即可。

(3) 重新定义：单击【工具】/【重新定义】命令，为草图重新指定一个平面作为草图平面。

4.4　基准特征

基准特征是零件设计中的常用辅助功能。对于创建较复杂的实体来说，仅依靠系统提供的基准面和基准轴是远远不够的，还需要用户根据情况构造自己的基准平面、基准轴等基准特征。

基准特征有相对基准与固定基准之分。相对基准与被引用的对象之间具有相关性，而固定基准则没有。在实际建模过程中，一般多采用相对基准。由于固定基准很少使用，这里所说的“基准”都是指的“相对基准”。

4.4.1　基准平面

单击【插入】/【基准/点】/【基准平面】命令，系统弹出如图 4-38 所示的【基准平面】对话框。该对话框上一共提供了 15 种创建基准平面的方法。

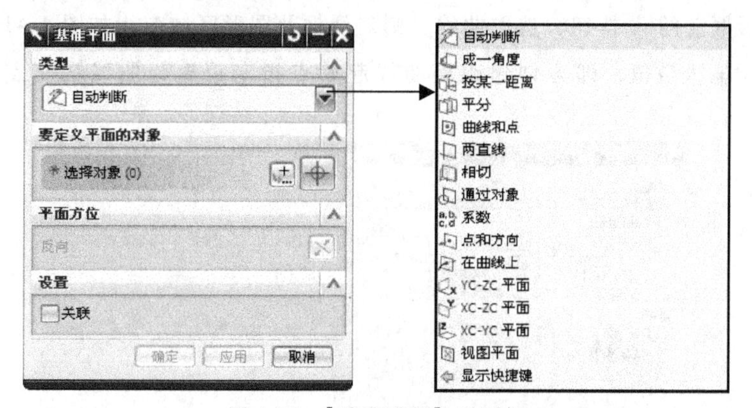

图 4-38 【基准平面】对话框

(1) 自动判断：该方法根据选择的对象不同，自动判断约束类型，选择其他 14 种方法中的任意一种方法创建基准平面。

(2) 成一角度：要创建的基准面与选取的面成指定角度并通过指定直线。操作结果如图 4-39 所示。

(3) 按某一距离：要创建的基准面与选取的面或已存基准平面相距指定距离。单击对话框上的按钮，选取平面，则对话框及图形区域变为如图 4-40 所示。在【距离】文本框中输入数值，在【平面的数量】文本框中输入待创建基准平面的数量，即可创建若干个距离指定平面指定距离的基准平面。

(4) 平分：要创建的基准面位于选定的两个平行平面的中心。

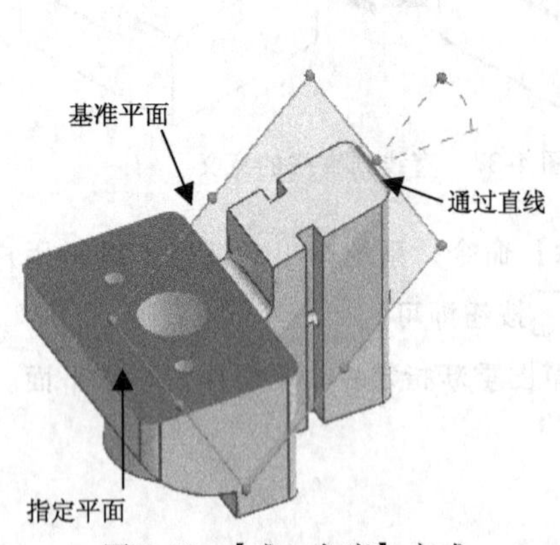

图 4-39 【成一角度】方式

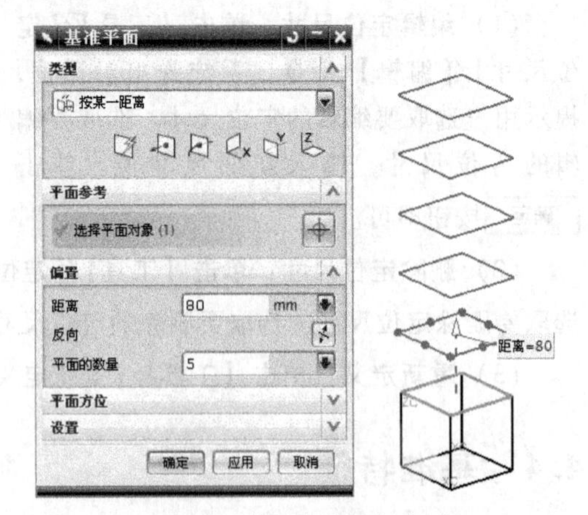

图 4-40 【平分平面】方式

(5) 曲线和点：以选定的点、曲线所唯一确定的平面为基准平面。例如，不在同一直线上的 3 个点可以唯一确定一平面，一条直线与其外的一点可以唯一确定一个平面。

(6) 两直线：该方法通过选取不在同一条直线上的两条直线段创建基准平面。如果选取的两条直线相互平行，则创建的平面通过两条直线；如果选取的两条直线相互垂直，则创建的基准平面通过第一条直线，与第二条直线相垂直；如果选取的两条直线既不平行也不垂直，则创建的基准平面通过第一条直线，与第二条直线平行。

(7) 相切：在指定点处，创建与指定线或指定面相切的基准平面。

(8) 在曲线上：所创建的基准平面位于曲线两个端点之间（包含端点），在交点处与曲线垂直。单击对话框上的按钮，选取曲线，则对话框及图形区域变为如图 4-41 所示。在【圆弧长】文本框中输入数值，即可创建距离曲线起始点指定距离与曲线在交点处垂直的基准平面。

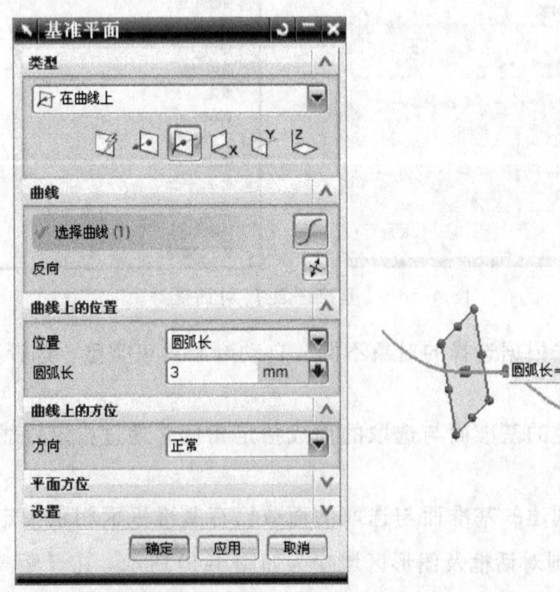

图 4-41 【在曲线上】创建基准平面方式

(9) 通过对象：通过选取的对象创建平面。如果是曲线、平面，则通过选取对象。如果是一条直线，则垂直于该直线。

(10) 系数：该方法利用平面方程 AX + BY + CZ = D（A、B、C、D 为系数）来构造基准平面。此时，系统要求输入系数 A、B、C、D 的值。

(11) 点和方向：通过指定点、以指定矢量为法向创建平面。

(12) YC-ZC 平面：该方法以当前工作坐标系的 YC-ZC 平面为基准平面。

(13) ZC-XC 平面：该方法以当前工作坐标系的 ZC-XC 平面为基准平面。

(14) XC-YC 平面：该方法以当前工作坐标系的 XC-YC 平面为基准平面。

(15) 视图平面：创建平行于视图平面并穿过 ACS 原点的固定基准平面。

4.4.2　基准轴

基准轴可以是相对的，也可以是固定的。以创建的基准轴为参考对象，可以创建其他对象，如基准平面、回转特征和拉伸特征等。

单击【插入】/【基准/点】/【基准轴】命令，系统弹出如图 4-42 所示的【基准轴】对话框。该对话框上一共提供了 9 种创建基准轴的方法。

(1) 自动判断：根据选择的对象不同，自动判断约束类型，选择其他 8 种方法中的任意一种方法创建基准平面。

(2) 交点：以指定的两个平面的交线为基准轴。

(3) 曲线/面轴：选取存在的直线或者实体的直边缘线为基准轴。

(4) 在曲线矢量上：在曲线上的任一点指定一个与曲线相切的矢量。可按照圆弧长或百分比圆弧长指定位置。

(5) XC 轴：沿工作坐标系的 XC 轴创建固定基准轴。

(6) YC 轴：沿工作坐标系的 YC 轴创建固定基准轴。

(7) ZC 轴：沿工作坐标系的 ZC 轴创建固定基准轴。

(8) 点和方向：以指定的矢量为方向，通过指定点创建基准轴。

(9) 两点：以通过两个指定点的矢量为基准轴。

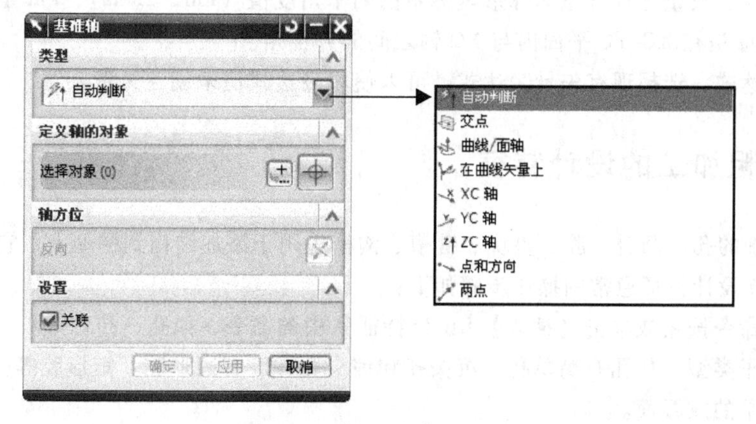

图 4-42　【基准轴】对话框

4.4.3　矢量构造器

很多建模操作都要用到矢量，用以确定特征或对象的方位，如圆柱体或圆锥体的轴线方向、拉伸特征的拉伸方向、旋转扫描特征的旋转轴线、曲线投影的投影方向、拔斜度方向等。要确定这些矢量，都离不开矢量构造器。

矢量对话框用于构造一个单位矢量，矢量的各坐标分量只用于确定矢量的方向，其幅值大小和矢量的原点不保留。

矢量对话框的所有功能都集中体现在如图 4-43 所示的对话框上。该对话框提供了 13 种创建矢量的方法，其中，多数创建方法类似于基准轴。此处仅介绍其他新增创建方法。

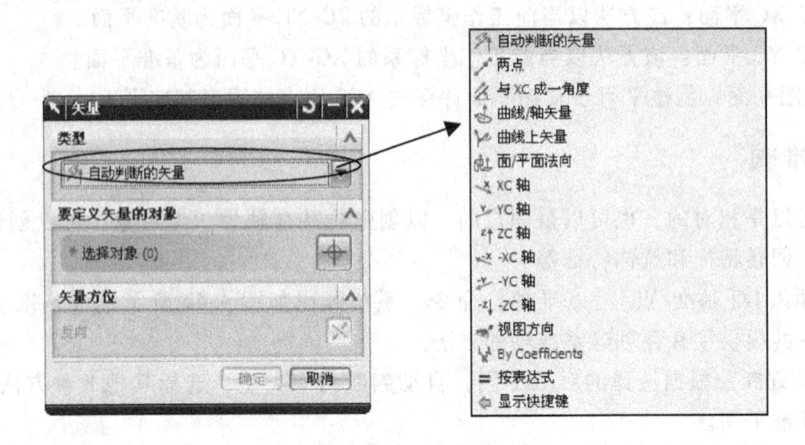

图 4-43 【矢量】对话框

（1）与 XC 成一角度：在 XC-YC 平面上构造与 XC 轴夹一定角度的矢量。

（2）面/平面法向：指定与基准面或平的面的法向平行或与圆柱面的轴平行的矢量。对于 B 曲面，可以指定矢量的通过点。这个点可以是原始拾取点，或者可以指定一个不同的点。指定的点将投影到 B 曲面上来确定法向矢量。

（3）By Coefficents（按系数）：通过在【矢量构造器】对话框的文本框内输入 3 坐标的坐标分量值，来构造一个矢量。

① ⊙笛卡儿：矢量坐标分量为沿直角坐标系的 3 个坐标轴方向的分量值（I，J，K）。

② ⊙球形：矢量坐标分量为球形坐标系的两个角度值（Phi，Theta），Phi 是矢量与 Z 轴之间的夹角，Theta 是在 XC-YC 平面内与 XC 轴之间的方位角。

（4）按表达式：选择现有矢量表达式，可以使用表达式值来创建矢量。

4.5 仿真粗加工的设计特征

设计特征中的孔、凸台、腔、垫块、键槽、沟槽等用于添加结构到模型上，它仿真了零件粗加工过程。建立设计特征通常的操作步骤如下：

（1）单击命令按钮或单击【插入】/【设计特征】中的命令，如孔、凸台等。

（2）选择子类型，如孔有简单孔、沉头孔和埋头孔；腔有圆形腔、矩形腔等。

（3）选择平的放置面。

（4）选择水平参考（此为可选项，用于有长度参数值的设计特征）。

（5）选择过平面（此为可选项，用于通孔和通槽）。

（6）加入特征参数值。

（7）定位设计特征。

从上面的一般操作步骤上看此类设计特征需要一个放置表面，对它们中的大多数特征来说，放置表面特征必须是平面的（除去通用凸垫和通用腔体外）。对沟槽来说，放置表面必须是柱面或锥面。

另外，水平参考定义特征坐标系的 X 轴。任一投射到安放表面的线性边缘、平表面、基准轴或基准面均可用于定义水平参考。

4.5.1　孔

单击【插入】/【设计特征】/【孔】命令，或单击特征工具条上的按钮，系统弹出如图 4-44所示的【孔】对话框。利用该对话框可以在已有特征上创建 4 种孔：简单孔、沉头孔、埋头孔和锥形孔。

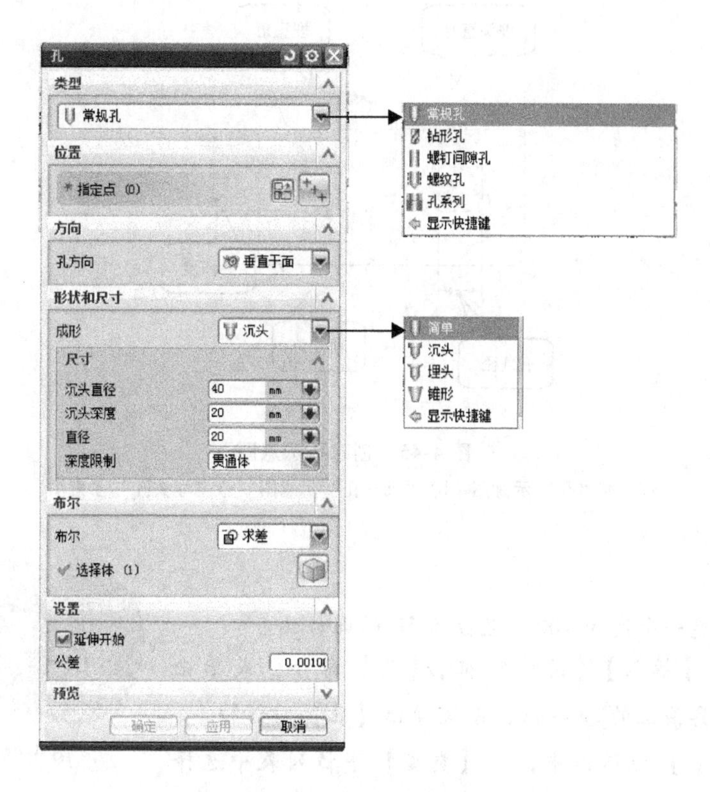

图 4-44　【孔】对话框

1. 简单孔

该功能用于在已存的特征上创建简单孔，其孔可以贯穿实体。如果不贯通则称为盲孔；反之则称为通孔。

简单孔的参数如图 4-45a 所示。其中顶锥角为 0°时，即生成的简单孔不带锥顶角。

2. 沉头孔

沉头孔的参数如图 4-45b 所示。

3. 埋头孔

埋头孔的参数如图 4-45c 所示。

【例 4-4】　创建常规孔—为圆柱体创建贯通孔，如图 4-46 所示。

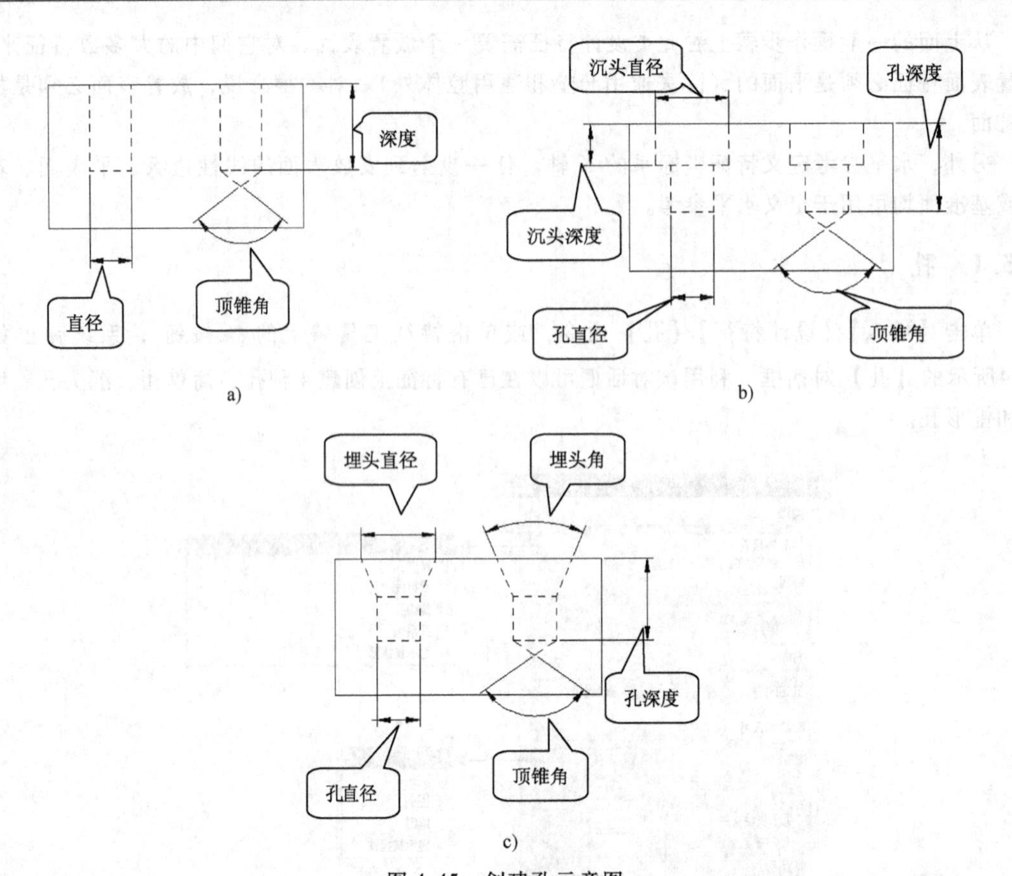

图 4-45 创建孔示意图

a）“简单孔”示意图 b）“沉头孔”示意图 c）“埋头孔”示意图

设计步骤

图 4-46 埋头孔

[1] 先创建一个高为 100、直径为 50 的圆柱体。

[2] 选择【插入】/【设计特征】/【孔】命令，或单击【成形特征】工具条上的按钮，系统弹出【孔】对话框。

[3] 在【孔】对话框中，从【类型】下拉列表中选择【常规孔】，如图 4-47 所示。

[4] 在【位置】列表中，可通过下列方法中的一种指定孔的中心：单击【绘制截面】按钮，在草图生成器中创建点。单击【点】按钮，选择现有的点或特征点。对于此示例，选择了现有的点作为孔的中心，如图 4-48 所示。

注意：一般地，如果选取了平面，则自动进入草图绘制模式；也可以通过移动鼠标智能选取点。孔的预览显示在图形窗口中，可以选择多个点来创建多个孔。

[5] 在【孔方向】下拉列表中，选择【垂直于面】。

[6] 在【形状和尺寸】选项区从【成形】下拉列表中选择【埋头】。

[7] 在【尺寸】选项区，设置埋头直径为 30、埋头角度为 60、直径为 20，从【深度限制】下拉列表中选择【贯通体】。

[8]　从【布尔】下拉列表中选择【求差】选项。

[9]　单击【确定】或【应用】按钮，结果如图 4-49 所示。

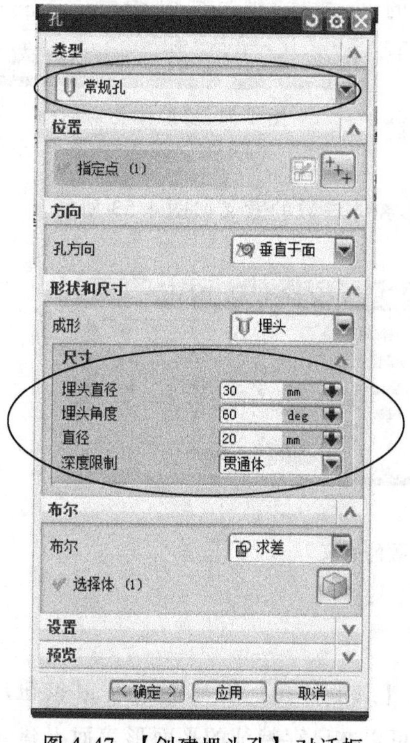

图 4-47　【创建埋头孔】对话框

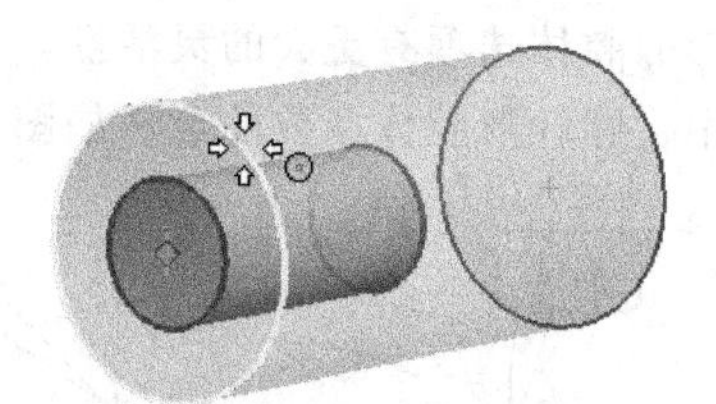

图 4-48　指定孔的中心

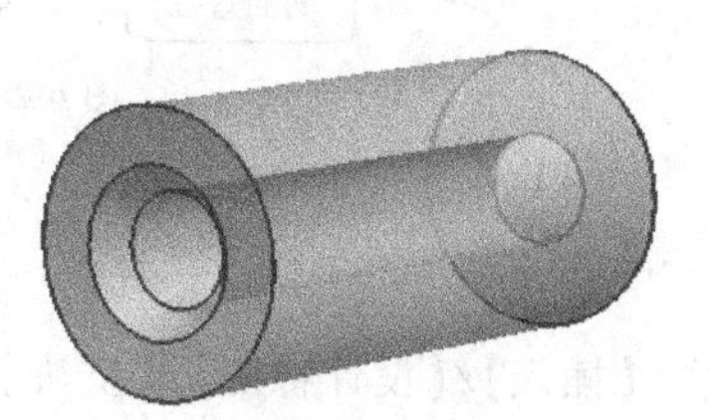

图 4-49　埋头孔

4.5.2　凸台

执行【凸台】命令，在已存特征的平面形表面上建立凸台。如果已存特征没有平面形表面，则要首先建立基准平面，以辅助定位。凸台有关参数意义如图 4-50 所示。

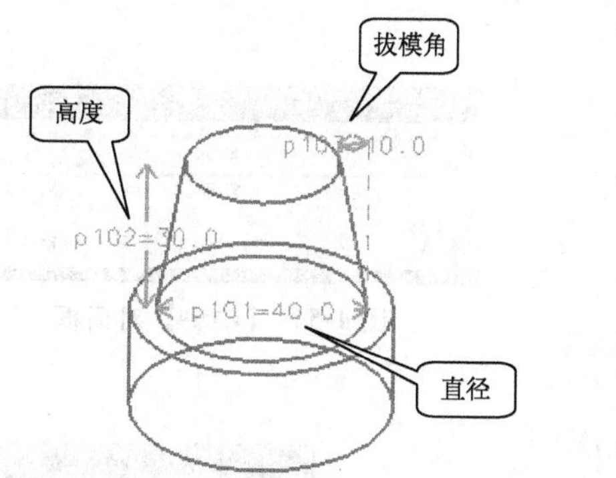

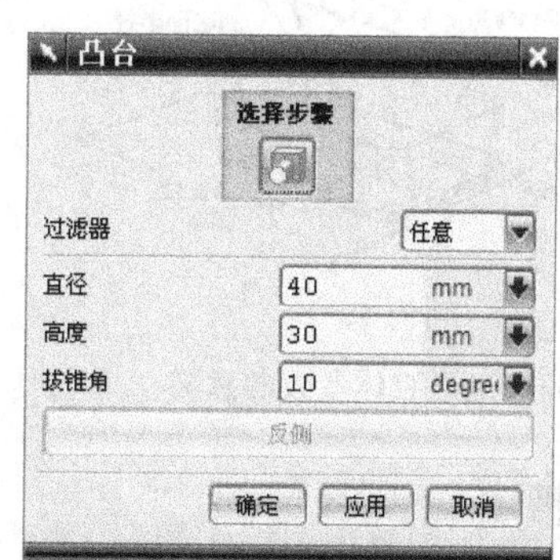

图 4-50　凸台参数意义

4.5.3　腔体

单击【插入】/【设计特征】/【腔体】命令，或单击【成形特征】工具条上的按钮，系统弹出如图 4-51 所示的【腔体】对话框。使用该命令可在现有体上创建一个型腔，共有 3 种腔体选项：柱、矩形、常规。

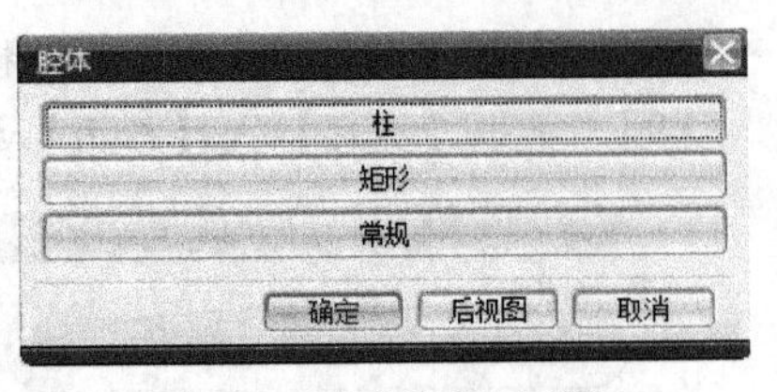

图 4-51 【腔体】对话框

(1) 柱：让用户定义一个圆形的腔体，有一定的深度，有或没有圆角的底面，具有直面或斜面。

(2) 矩形：让用户定义一个矩形的腔体，有一定的长度、宽度和深度，在拐角和底面处有指定的半径，具有直面或斜面。

(3) 常规：让用户在定义腔体时，比照圆柱形的腔体和矩形的腔体选项有更大的灵活性。

其中，圆柱形腔体参数的意义如图 4-52 所示，矩形腔体参数的意义如图 4-53 所示。

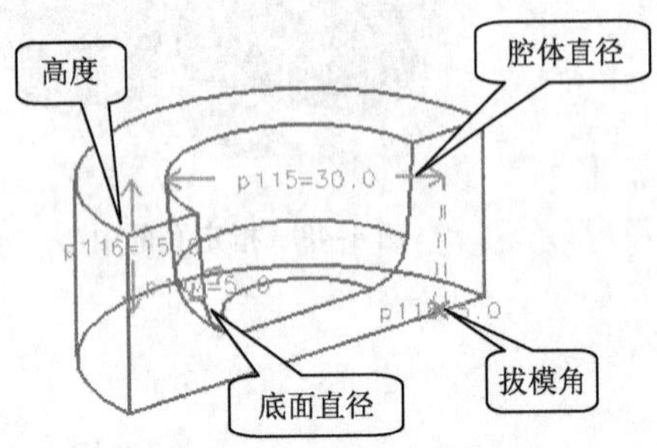

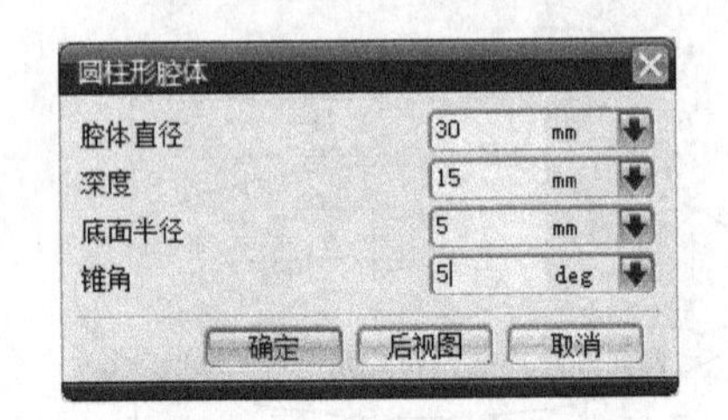

图 4-52 圆柱形腔体参数的意义

4.5.4 垫块

单击【插入】/【设计特征】/【垫块】命令，或单击【成形特征】工具条上的按钮，系统弹出如图 4-54 所示的【垫块】对话框。利用该对话框可以在已存特征的平面形表面上建立矩形凸垫，或者在已存特征的任意表面上向外建立由闭合曲线所定义的一般形状凸垫。由于一般形状凸垫很少使用，本书不予介绍。其中，矩形凸垫与矩形腔体可以看做是一对反操作，一个是添加材料，一个是剔出材料。其参数意义及创建操作步骤相同。

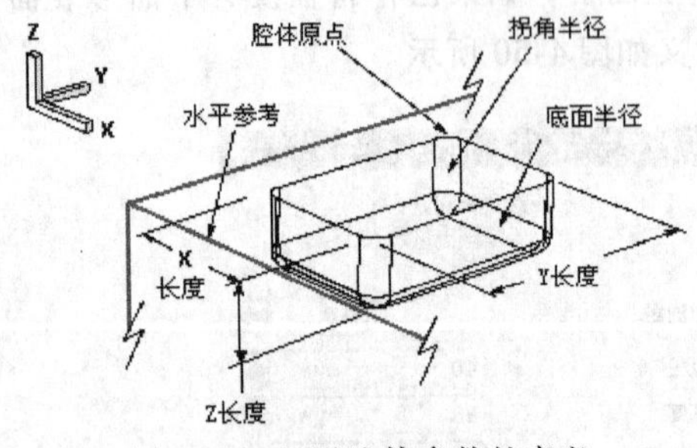

图 4-53 矩形腔体参数的意义

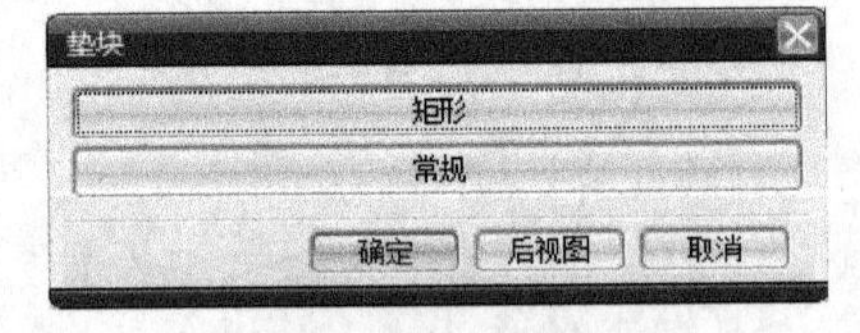

图 4-54 【垫块】对话框

4.5.5 键槽

单击【插入】/【设计特征】/【键槽】命令，或单击【成形特征】工具条上的按钮，系统弹出如图 4-55 所示的【键槽】对话框。利用该对话框可以在已存特征的平面形表面上建立 5 种键槽。

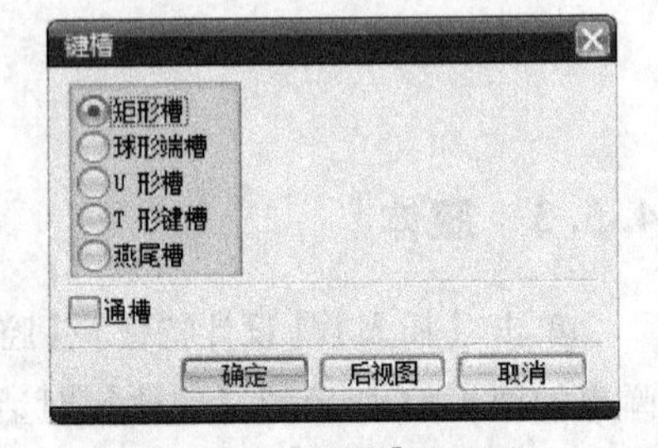

图 4-55 【键槽】对话框

1. 矩形槽

该功能用于在已存特征的平面形表面上创建矩形键槽。

如果没有平面形表面，如在轴上创建键槽，则要首先创建基准平面予以辅助。

单击【插入】/【设计特征】/【键槽】命令，系统弹出【键槽】对话框。选中矩形槽单选按钮，弹出如图 4-56 所示的【矩形键槽】对话框。该对话框上各参数的意义如图 4-57 所示。

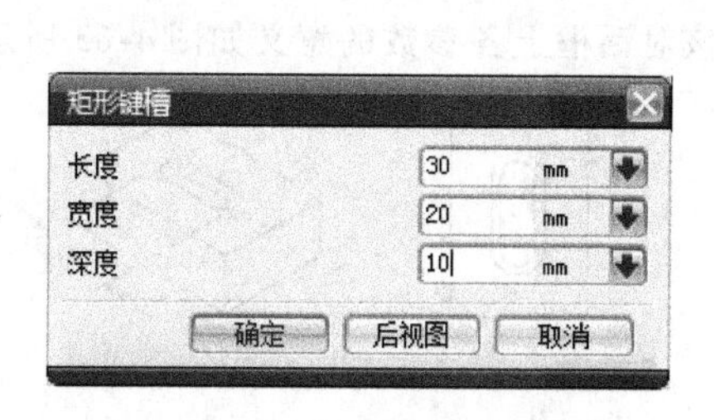

图 4-56　【矩形键槽】对话框

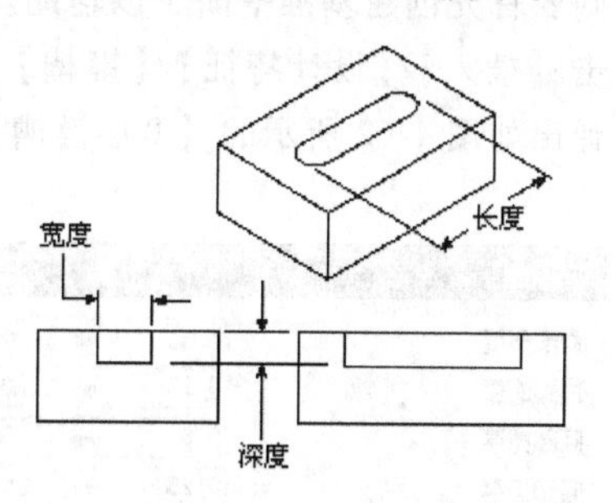

图 4-57　矩形键槽各参数的意义

2. 球形端槽

该功能用于在已存特征的平面形表面上创建球形端键槽。如果没有平面形表面，如在轴上创建键槽，则要首先创建基准平面予以辅助。

单击【插入】/【设计特征】/【键槽】命令，系统弹出【键槽】对话框。选中球形端槽单选按钮，弹出如图 4-58 所示的【球形键槽】对话框。该对话框上各参数的意义如图 4-59 所示。

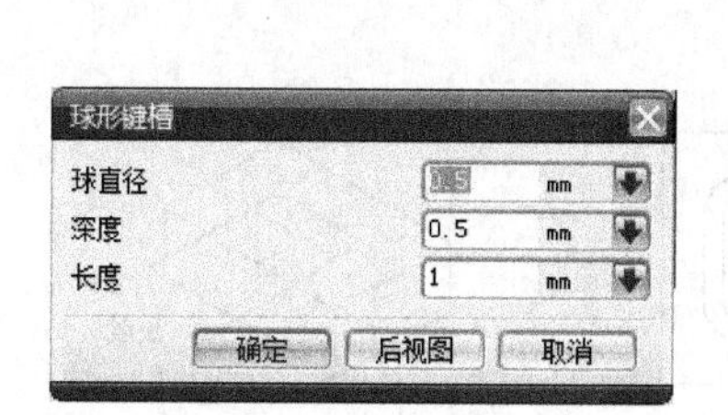

图 4-58　【球形键槽】对话框

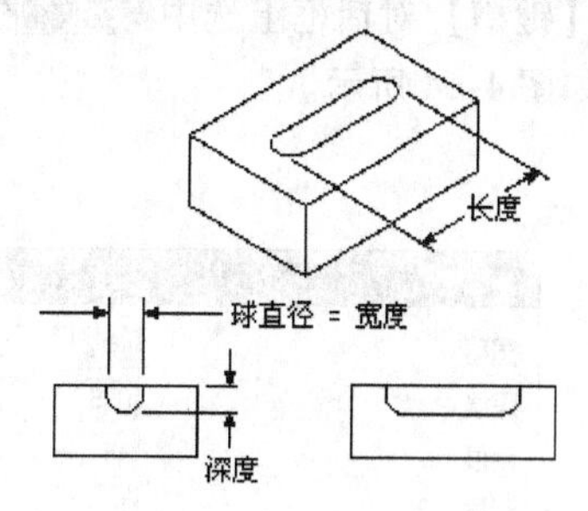

图 4-59　球形键槽各参数的意义

3. U 形槽

该功能用于在已存特征的平面形表面上创建 U 形键槽。如果没有平面形表面，如在轴上创建键槽，则要首先创建基准平面予以辅助。

单击【插入】/【设计特征】/【键槽】命令，系统弹出【键槽】对话框。选中U 形槽单选按钮，弹出如图 4-60 所示的【U 形槽】对话框。该对话框上各参数的意义如图 4-61 所示。

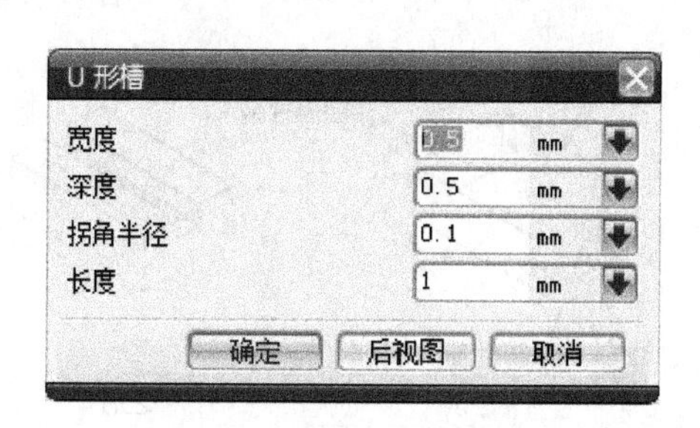

图 4-60　【U 形槽】对话框

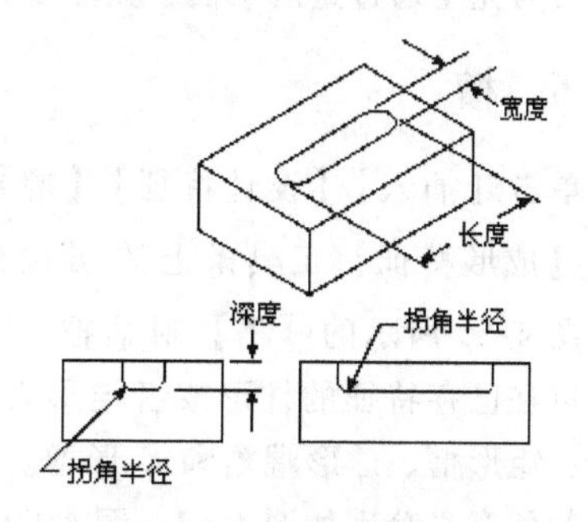

图 4-61　U 形槽各参数的意义

4. T 形键槽

该功能用于在已存特征的平面形表面上创建T形键槽。如果没有平面形表面，如在轴上创建键槽，则要首先创建基准平面予以辅助。

单击【插入】/【设计特征】/【键槽】命令，系统弹出【键槽】对话框。选中◎T形键槽 单选按钮，弹出如图 4-62 所示的【T形键槽】对话框。该对话框上各参数的意义如图 4-63 所示。

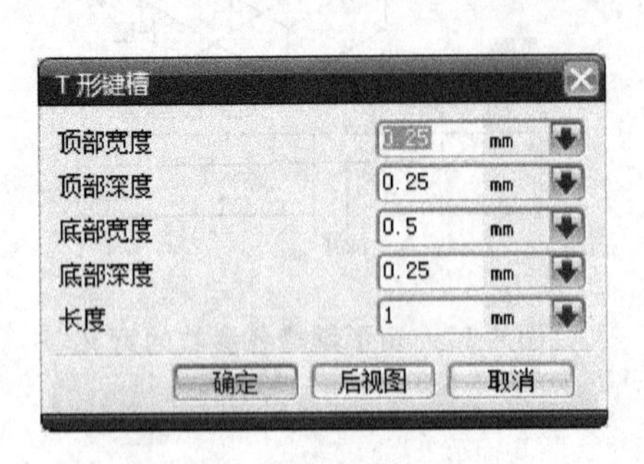

图 4-62 【T形键槽】对话框

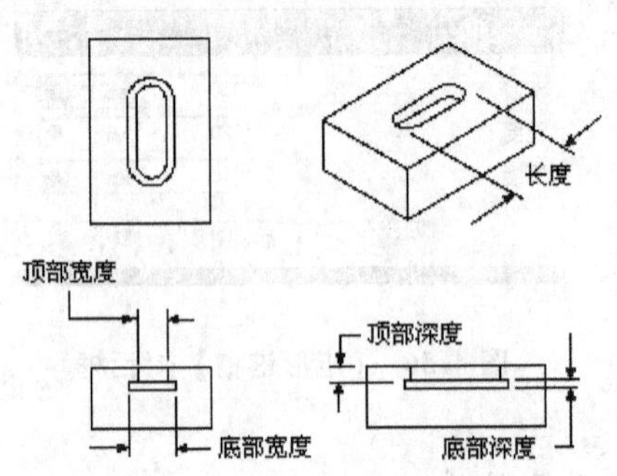

图 4-63 T形键槽各参数的意义

5. 燕尾槽

该功能用于在已存特征的平面形表面上创建燕尾形键槽。

在【键槽】对话框上选中◉燕尾槽 单选按钮，弹出【燕尾槽】对话框。该对话框上各参数的意义如图 4-64 所示。

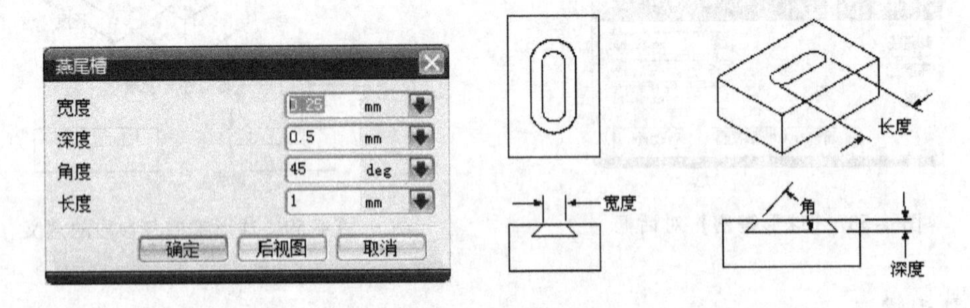

图 4-64 【燕尾槽】对话框及燕尾槽各参数的意义

6. 通槽

选中【通过】复选框要求用户选择两个“通过”面——起始通过面和终止通过面。槽的长度定义为完全通过这两个面，如图 4-65 所示。

4.5.6 槽

单击【插入】/【设计特征】/【槽】命令，或单击【成形特征】工具条上的按钮，系统弹出如图 4-66 所示的【槽】对话框。利用该对话框可以在已存特征的柱形或者锥形表面上建立3种槽：矩形槽、球形端槽和U形槽。3种沟槽相应参数的意义分别如图 4-67 ~ 图 4-69 所示。

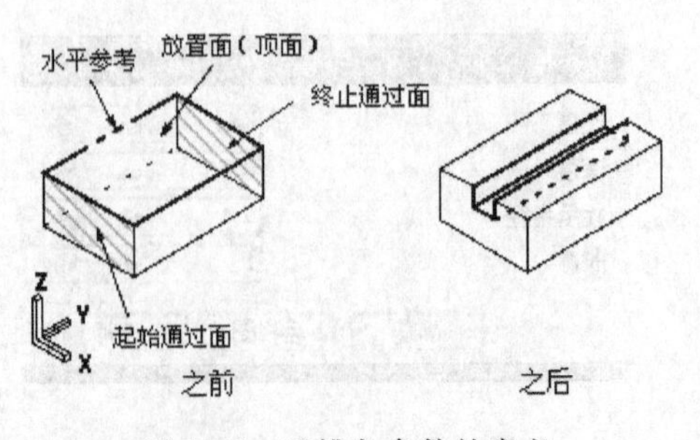

图 4-65 通槽各参数的意义

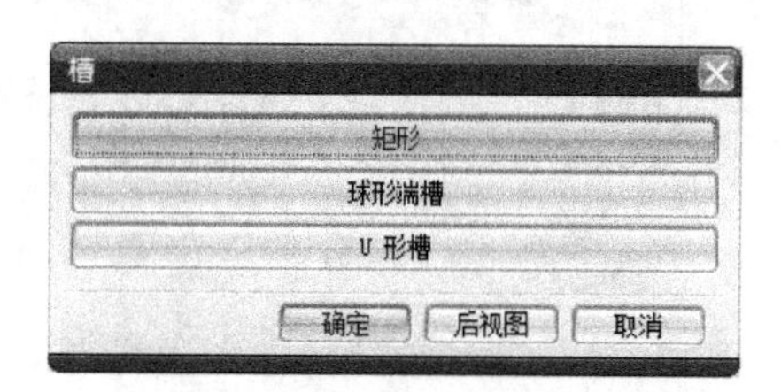

图 4-66　【槽】对话框

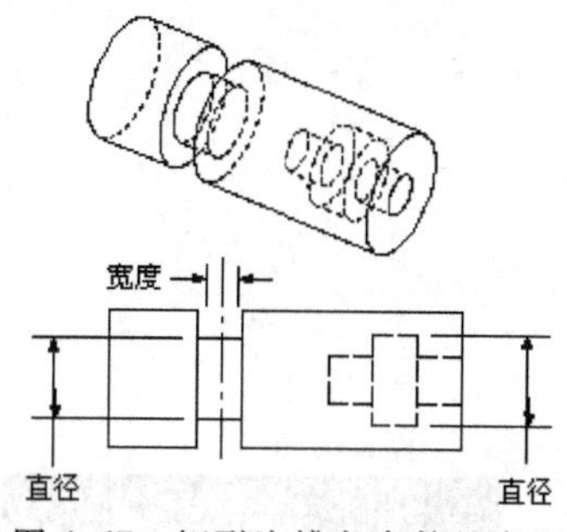

图 4-67　矩形沟槽各参数的意义

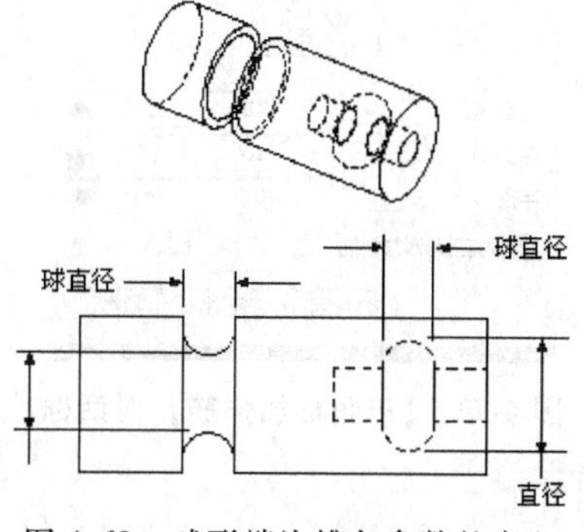

图 4-68　球形端沟槽各参数的意义

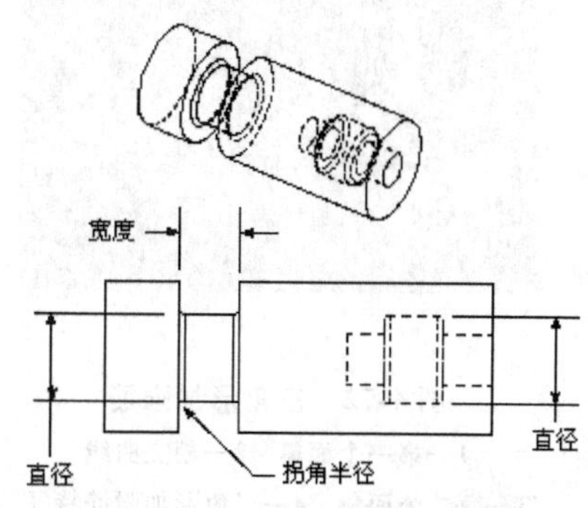

图 4-69　U 形沟槽各参数的意义

槽的轮廓对称于通过选择点的平面并垂直于旋转轴，如图 4-70 所示。槽的定位和其他的成形特征的定位稍有不同，只能在一个方向上定位槽，即沿着目标实体的轴。没有定位尺寸菜单出现。通过选择目标实体的一条边及工具（即槽）边或中心线来定位，如图 4-71 所示。

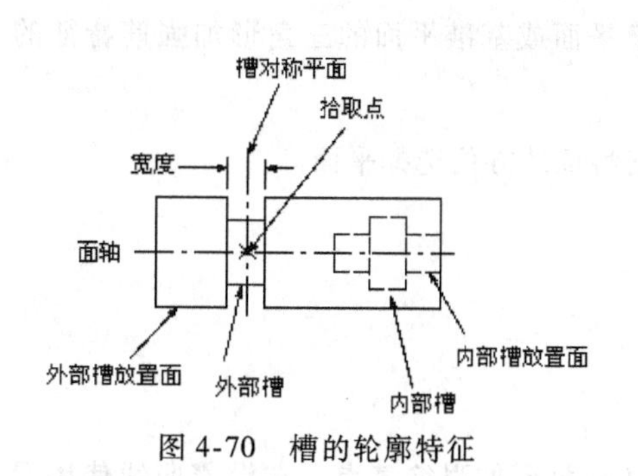

图 4-70　槽的轮廓特征

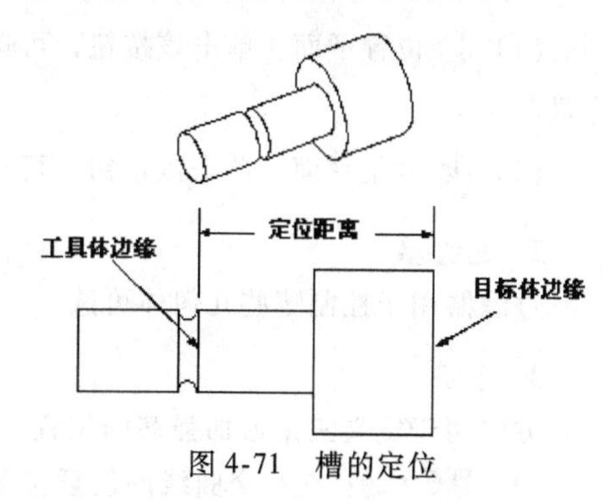

图 4-71　槽的定位

4.5.7　三角形加强筋

三角形加强筋主要用于加强零件的强度、硬度和柔韧性，使零件不容易变性或断裂。图 4-72 所示为创建的三角形加强筋特征。

单击【插入】/【设计特征】/【三角形加强筋】命令，系统弹出如图 4-73 所示的【三角形加强筋】对话框。利用该对话框可沿着两个面集的相交曲线来添加三角形加强筋特征。

1. 选择步骤

(1) 第一组：单击该按钮，为第一组的面集选择一个或多个面。

(2) 第二组：单击该按钮，为第二组的面集选择一个或多个面。

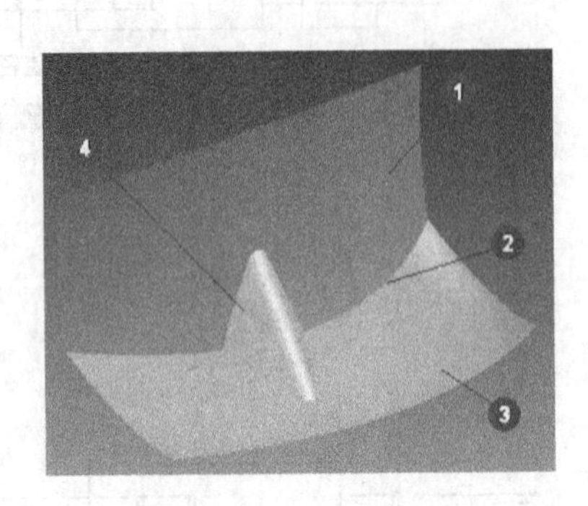

图 4-72　三角形加强筋

1—第一个面集　2—相交曲线

3—第二个面集　4—三角形加强筋特征

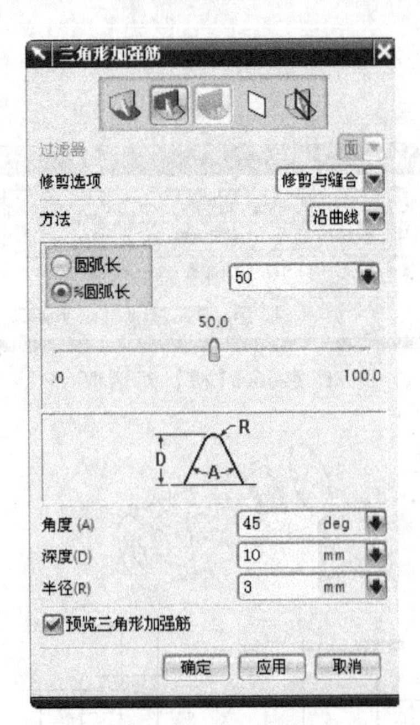

图 4-73　【三角形加强筋】对话框

(3) 位置曲线：单击该按钮，可在能选择多条可能的曲线时选择一条位置曲线。特别地，可以在两个面集的不连续相交曲线中进行选择。所有候选位置曲线都会被高亮显示。在选择了一条候选位置曲线时，会显示三角形加强筋特征的预览，且立即进入下一个选择步骤。

(4) 位置平面：单击该按钮，可选择指定相对于平面或基准平面的三角形加强筋特征的位置。

(5) 方位平面：单击该按钮，可对三角形加强筋特征的方位选择平面。

2. 过滤器

过滤器用于控制哪些几何体可选。

3. 方法

方法用于定义三角形加强筋的位置。

(1) 沿曲线：在相交曲线的任意位置交互式地定义三角形加强筋基点。在沿着曲线使用滑块拖动点时，图形显示、面法矢和圆弧长字段中的值都将更新。

(2) 位置：定义一个可选方式以定位三角形加强筋。可以选择依据其定位三角形加强筋的平面，可以是绝对坐标系值、WCS 值（如 X = 5000，Y = 200，Z = 250）或位置平面。基点位于相交曲线和选定的平面的相交处。可以使用位置平面选择步骤选择一个平面，然后指定一个偏置以从该平面定位拐角特征。可以使用方位平面选择步骤选择一个平面以用于确定三角形加强筋中心线的方位。

4. 参数

(1) 圆弧长：为相交曲线上的基点输入参数值或表达式。也可以在屏显输入框中输入圆弧长的参数值或表达式。

(2)%圆弧长：可对相交处的点参数进行向前和向后转换，即从圆弧长转换到圆弧长百分比。圆弧长百分比在0~100%之间。

(3) 尺寸：可定义三角形加强筋的角度、深度和半径，其意义参见对话框上的尺寸示意图。

4.5.8　螺纹

执行【螺纹】命令，可以创建内螺纹或外螺纹。

单击【插入】/【设计特征】/【螺纹】命令或单击【特征操作】工具条上的按钮，弹出【螺纹】对话框。对话框上提供了两种创建螺纹的方式：符号和详细。其中，螺纹参数的几何意义如图4-74所示。

1. 符号方式

符号【螺纹】对话框如图4-75所示。利用该方式创建螺纹，则只用虚线圈表示螺纹，而不显示螺纹实体。

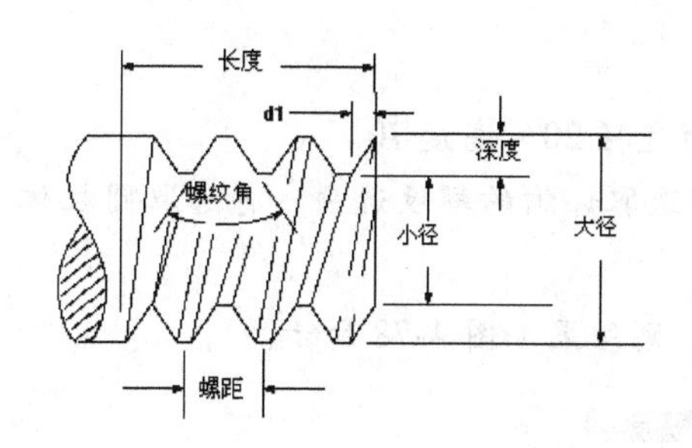

图4-74　螺纹参数的几何意义

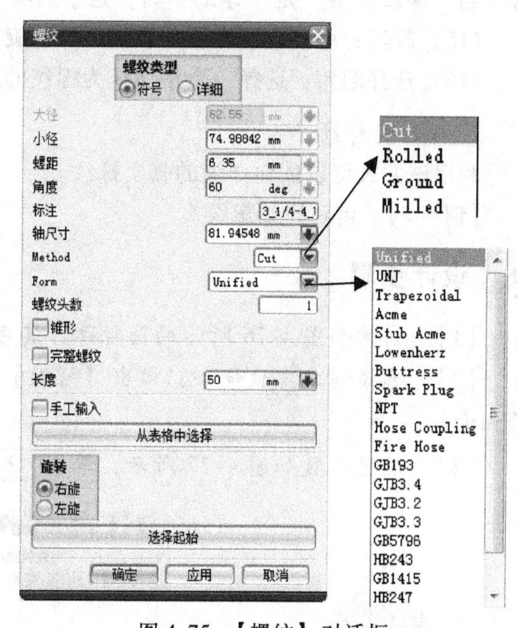

图4-75　【螺纹】对话框

该对话框上各参数、选项的意义如下：

(1) 大径：用于设置螺纹的最大直径。

(2) 小径：用于设置螺纹的最小直径。

(3) 螺距：用于设置螺纹的螺距。

(4) 角度：用于设置螺纹的牙形角，默认情况下为标准值60°。

(5) 标注：螺纹标记，如M20×2，表示螺纹最大直径为20，螺距为2。当“螺纹类型”是“详细”时，不会出现此选项。对于符号螺纹而言，如果手工输入选项打开时，也不会出现此选项。

(6) 轴尺寸/丝锥尺寸：用于设置外螺纹轴的尺寸或内螺纹的钻孔尺寸。对于外部符号螺纹，会出现轴尺寸。对于内部符号螺纹，会出现丝锥尺寸。

(7) Method (方法)：用于指定螺纹的加工方式，可以通过如图4-75所示的下拉列表来选择。该列表提供了4种加工方式：Cut (剪切)、Rolled (滚压)、Ground (磨削) 和 Milled (铣切)。

(8) Form (成形): 用于指定螺纹的种类, 可以通过如图4-75所示下拉列表选择。

(9) 螺纹头数: 用于指定是要创建单头螺纹还是多头螺纹 (当"螺纹类型"是"详细"时, 这个选项不出现)。

(10) 锥形: 选中该复选框, 则创建拔锥螺纹 (当"螺纹类型"是"详细"时, 这个选项不出现)。

(11) 完整螺纹: 选中该复选框, 则在整个圆柱上攻螺纹, 螺纹随圆柱面的改变而改变。

(12) 长度: 从选定的起始面到螺纹终端的距离, 平行于轴测量。对于符号螺纹, 提供默认值的是查找表。

(13) 手工输入: 选中此选复选框, 【螺纹】对话框上部各参数被激活, 用户通过键盘输入螺纹的基本参数。

(14) 从表格中选择: 单击该按钮, 弹出对话框, 提示用户从螺纹列表中选取合适的螺纹规格 (当"螺纹类型"是"详细"时, 这个选项不出现)。

(15) 旋转: 用于设置螺纹的旋向, 即左旋或右旋。

(16) 选择起始: 选择一个平面作为螺纹的起始面。

2. 详细的螺纹

利用该方式可以创建详细的真实螺纹。

【例4-5】 创建详细螺纹。

设计步骤

[1] 创建如图4-76所示的圆柱体, 其参数分别为直径20、高度70。

[2] 选择创建螺纹命令, 弹出【螺纹】对话框, 选取详细的螺纹选项, 再选取圆柱体的侧面。

[3] 设置参数如图4-77所示, 单击 确定 按钮, 则结果如图4-78所示。

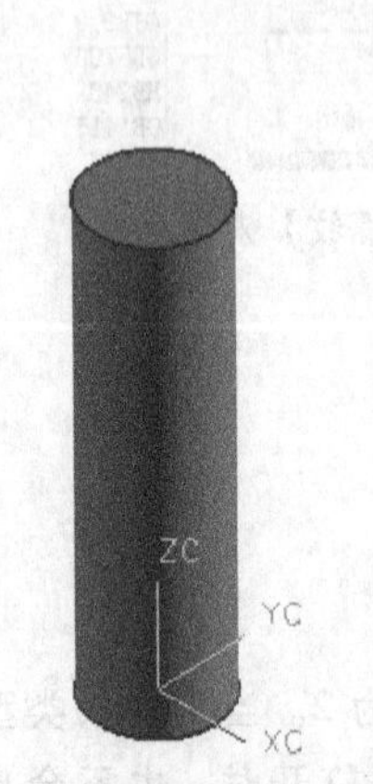

图4-76 选取螺纹生成面

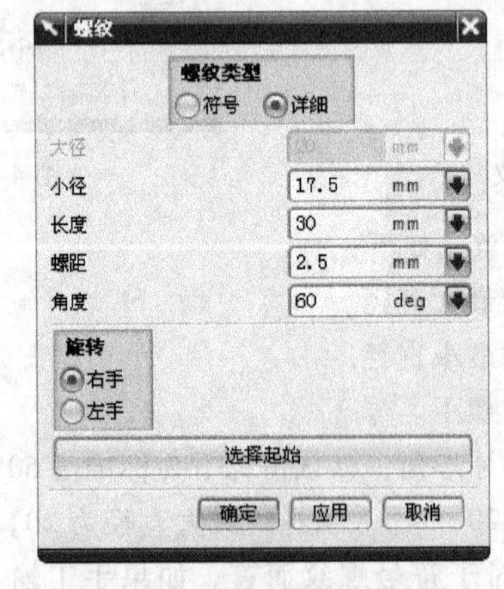

图4-77 设置详细螺纹参数

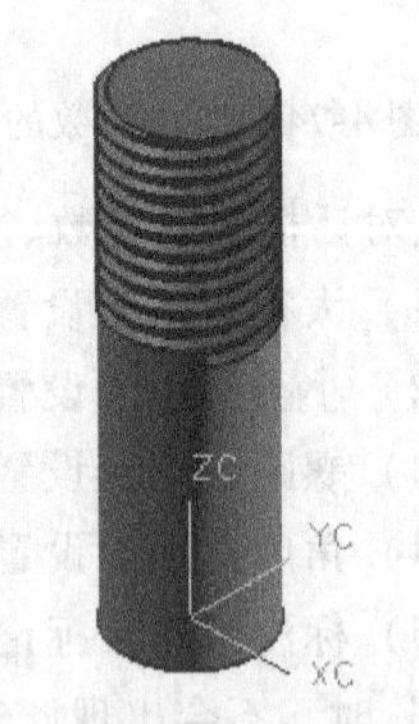

图4-78 生成螺纹

4.6 综合实例——阶梯轴的造型设计

轴的基本结构, 由圆柱或者空心圆柱的主体框架, 以及键槽、安装连接用的螺孔和定位用的销孔、防止应力集中的圆角等结构组成。既可以采用草图截面回转的方式，也可以采用圆台累加的方式构建其零件主体。推荐使用前一种方式，因为结构及其尺寸一目了然，便于设计与后期修改。

阶梯轴在机械设备中最为常见，其造型设计方法也非常典型。下面通过一个实例来具体说明利用 UG 软件设计阶梯轴的方法与一般过程，希望读者对照书上的内容亲自操作一遍，细心体会其中的技巧。

设计要求

拟设计一阶梯轴，结构与尺寸如图 4-79 所示。其未注倒角为 1×45°，未注圆角为 R2。要求采用回转方式。

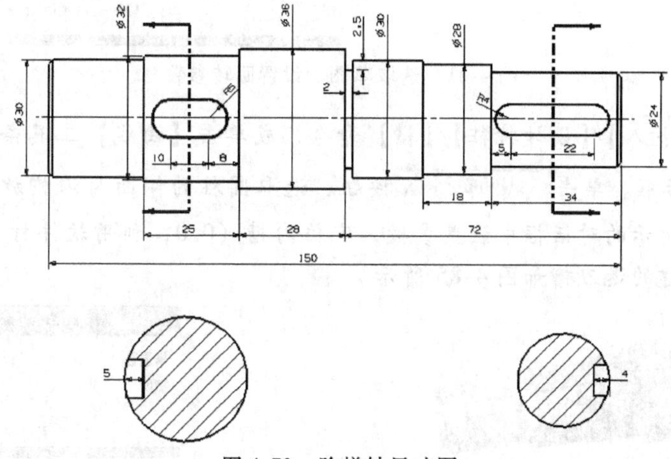

图 4-79　阶梯轴尺寸图

造型设计步骤

[1]　启动 UG 程序后，新建一个名称为 JieTiZhou. prt 的部件文件，其单位为 mm。单击【开始】/【建模】命令，进入建模模块。

[2]　以坐标平面 ZC-XC 作为草图平面，绘制如图 4-80 所示的草图。

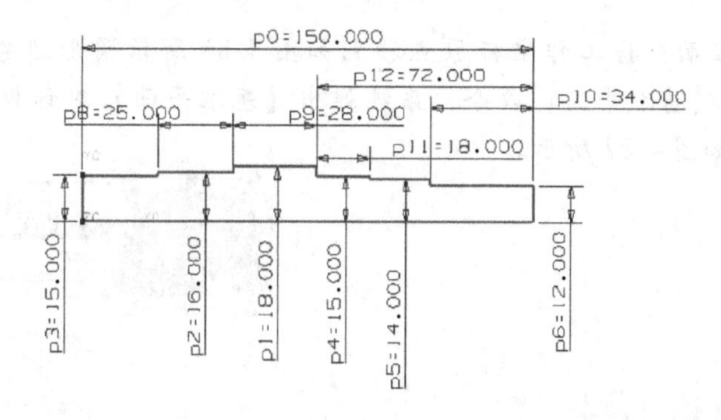

图 4-80　绘制草图

[3]　单击【插入】/【设计特征】/【回转】命令，或单击【曲线】工具条上的按钮，系统弹出【回转】对话框，选取刚刚绘制的草图，指定 X 轴为旋转轴的方向，指定点（0，0，0）为旋转轴的原点，如图 4-81 所示设置各参数，单击 确定 按钮，则生成相应的回转体。

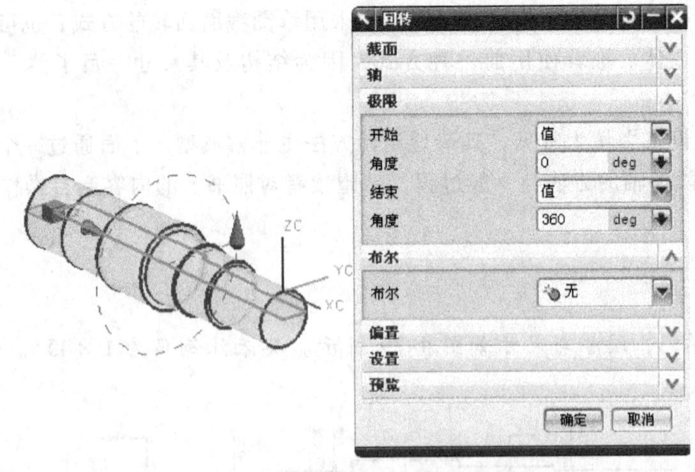

图 4-81　选取草图、设置回转参数

[4]　单击【插入】/【设计特征】/【槽】命令，或单击【曲线】工具条上的按钮，系统弹出【槽】对话框。单击 矩形 按钮，选取圆柱的侧面为沟槽放置面，如图 4-82 所示。在图 4-83 所示的对话框中设置参数，定位沟槽（0.0，利用软件打开部件详查），如图 4-84 所示。创建的退刀槽如图 4-85 所示。

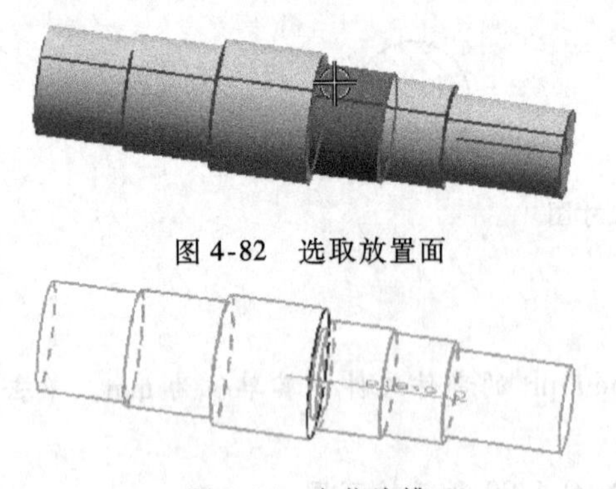

图 4-82　选取放置面

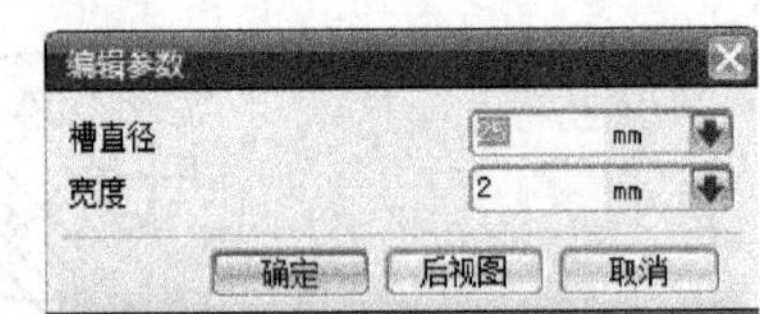

图 4-83　设置沟槽参数

图 4-84　定位沟槽

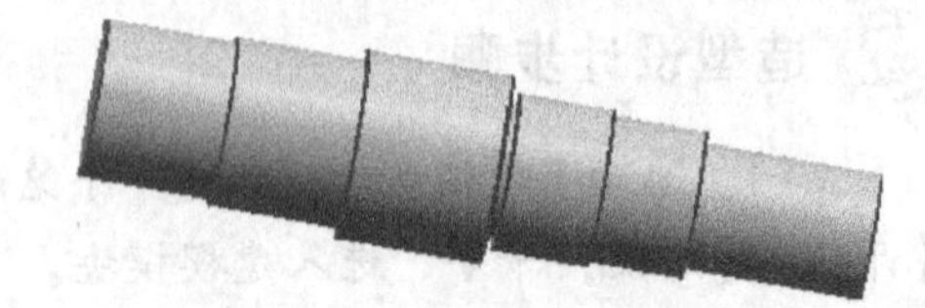

图 4-85　创建槽（退刀槽）

[5]　创建基准面：将工作坐标原点移到如图 4-86 所示圆形边缘的象限点上。单击【插入】/【基准/点】/【基准平面】命令，系统弹出【基准平面】对话框。选取 XC-YC 平面为准创建基准平面如图 4-87 所示。

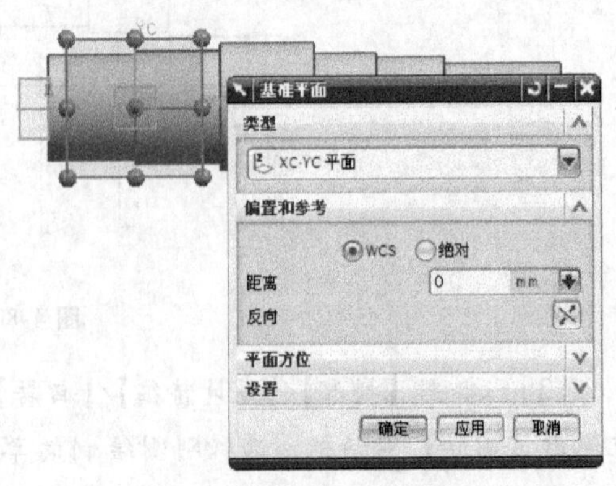

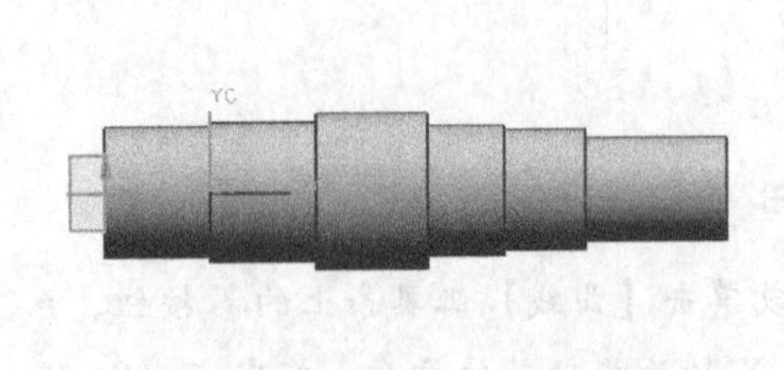

图 4-86　移动坐标原点

图 4-87　创建基准平面

[6]　创建 U 形槽：单击【插入】/【设计特征】/【键槽】命令，系统弹出【键槽】对话框。选中 U 形槽 单选按钮，单击 确定 按钮，系统弹出对话框，要求指定放置平面。

[7]　选取刚刚创建的基准平面，系统弹出对话框，要求确认生成方向，直接单击 确定 按钮，系统弹出对话框，要求指定水平参考。

[8]　如图 4-88 所示指定水平参考，系统弹出参数设置对话框。在图 4-89 所示的对话框中设置键槽参数，单击 确定 按钮，系统又弹出对话框，要求定位键槽。

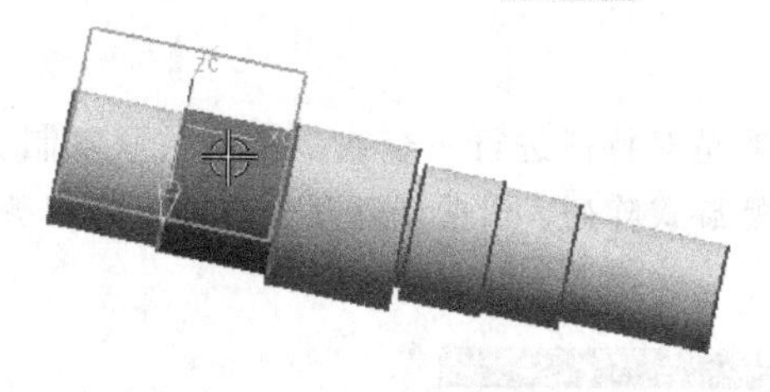

图 4-88　指定水平参考

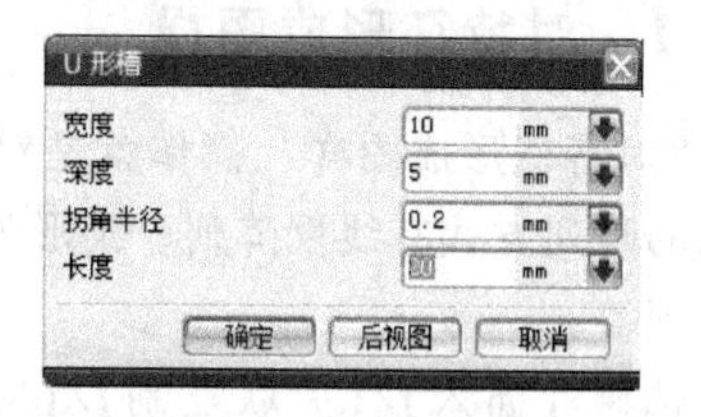

图 4-89　设置键槽参数

[9]　如图 4-90 所示定位键槽，则创建的键槽如图 4-91 所示。

[10]　将工作坐标原点移到如图 4-92 所示的圆形边缘的象限点上。以 XC-YC 平面为准创建基准平面，如图 4-93 所示。

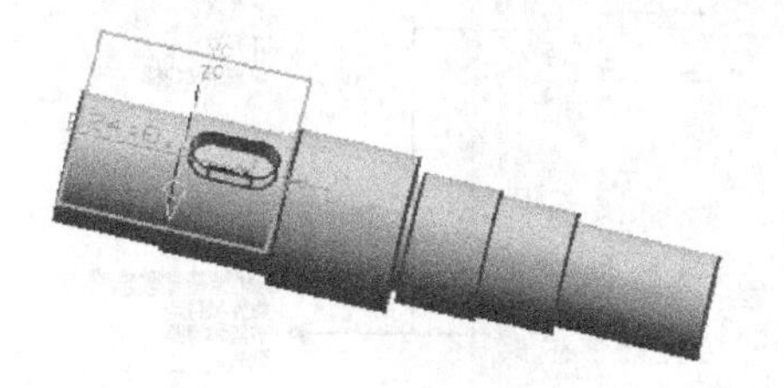

图 4-90　定位键槽

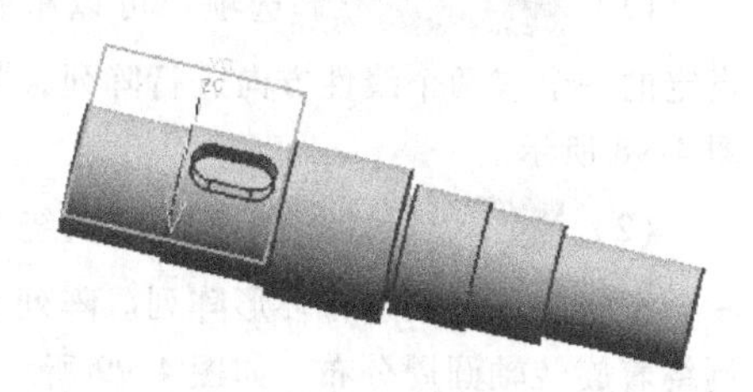

图 4-91　创建键槽

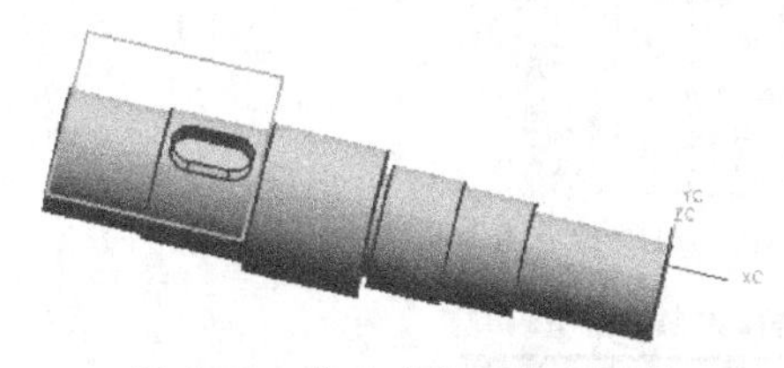

图 4-92　移动当前工作坐标系

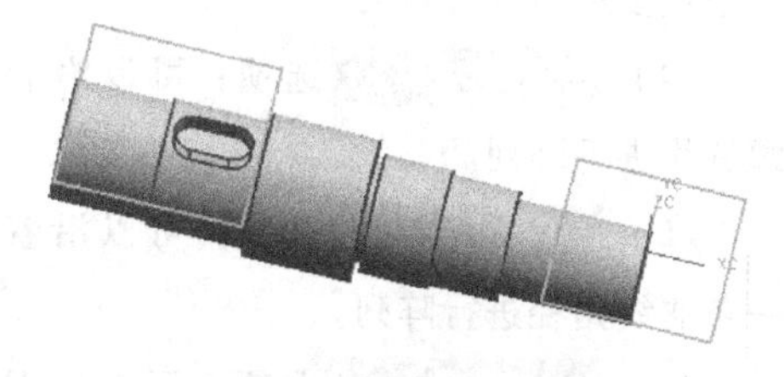

图 4-93　创建基准平面

[11]　以刚刚创建的基准面为放置面，如图 4-94 所示定位（5.0），如图 4-95 所示设置参数（宽度为 3，深度为 4，拐角半径为 0.2，长度为 30），则创建相应的键槽。至此，依据题意完成阶梯轴的造型设计。其三维模型如图 4-96 所示。

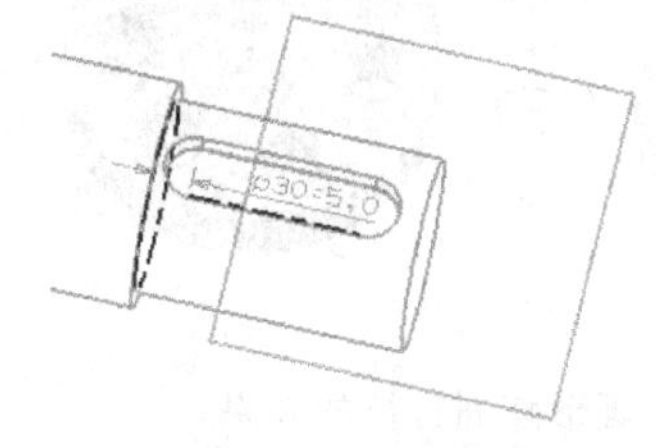

图 4-94　定位键槽

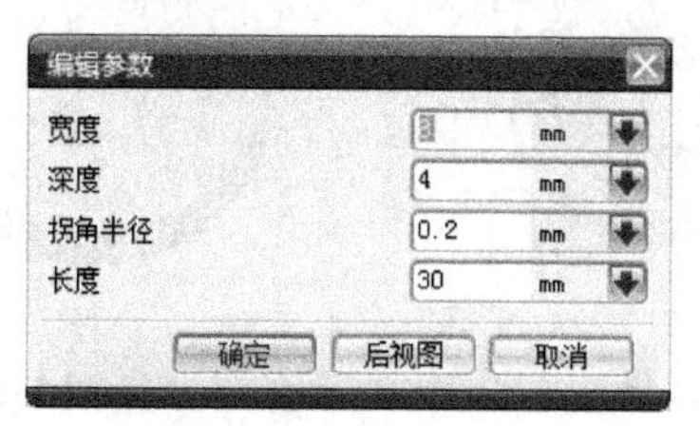

图 4-95　设置参数

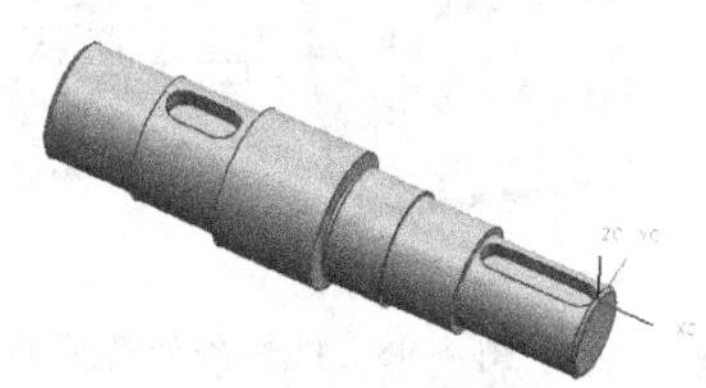

图 4-96　阶梯轴的三维模型

4.7 关联复制

可以对创建的特征进行复制。为保证实现参数化，使复制特征与原有特征联动，宜优先选择关联复制方式。有关命令集中在【插入】/【关联复制】子菜单上，其中常用的有对特征形成图样、镜像特征和镜像体。

4.7.1 对特征形成图样

“对特征形成图样”操作就是对特征进行阵列，也就是对特征进行一个或多个的关联复制。常用的阵列方式有线性阵列、圆形阵列、多边形阵列、螺旋式阵列、沿曲线阵列、常规阵列和参考阵列等。

选择【插入】/【关联复制】/【对特征形成图样】命令，系统弹出如图4-97所示的【对特征形成图样】对话框。该对话框中的【布局】下拉列表提供了7种实例操作，用于定义阵列方式。

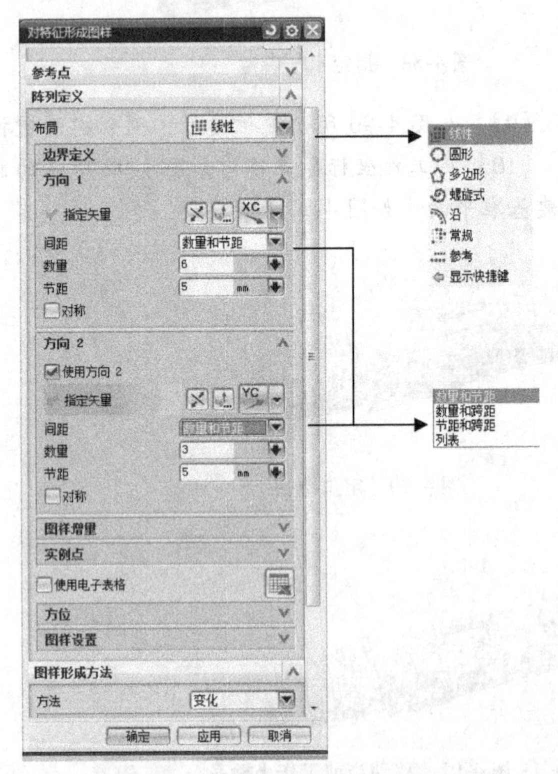

图4-97 【对特征形成图样】对话框

(1) 线性 选项：可以根据指定的一个或两个线性方向进行阵列，如图4-98所示。

(2) 圆形 选项：可以绕着一个指定的旋转轴进行环形阵列。阵列实例绕着旋转轴圆周分布，如图4-99所示。

(3) 多边形 选项：可以绕着一个正多边形进行阵列。

(4) 螺旋式 选项：可以沿着螺旋线进行阵列。

(5) 沿 选项：可以沿着一条曲线路径进行阵列。

(6) 常规 选项：可以根据空间的点或由坐标系定义的位置点进行阵列。

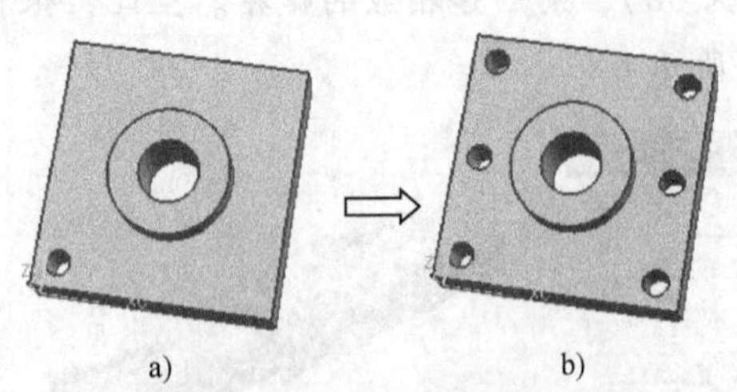

a)　　b)

图4-98 线性阵列特征的效果

a）原有特征　b）线性阵列结果

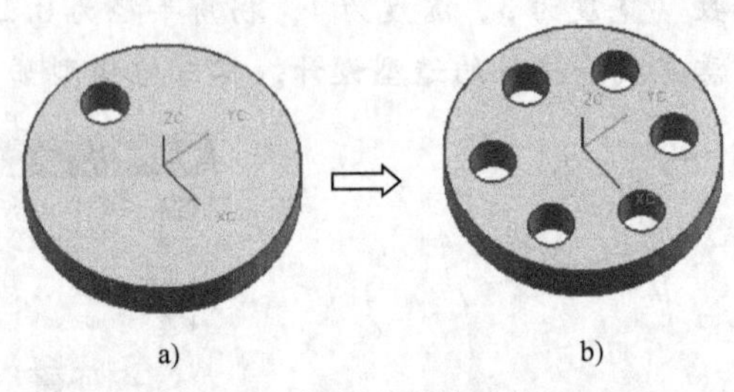

a)　　b)

图4-99 圆形阵列特征的效果

a）原有特征　b）圆形阵列结果

（7）参考选项：可以参考模型中已有的阵列方式进行阵列。

4.7.2　镜像特征

使用镜像特征命令，可以用通过基准平面或平面镜像选定特征的方法来创建对称的模型。镜像特征的效果如图4-100所示。【镜像特征】对话框中两个复选框的意义如下：

（1）添加相关特征：选中该复选框，将选中要镜像的特征的相关特征也一起进行镜像。

（2）添加体中的全部特征：选中该复选框，将选中要镜像的特征所在实体中的所有特征一起进行镜像。

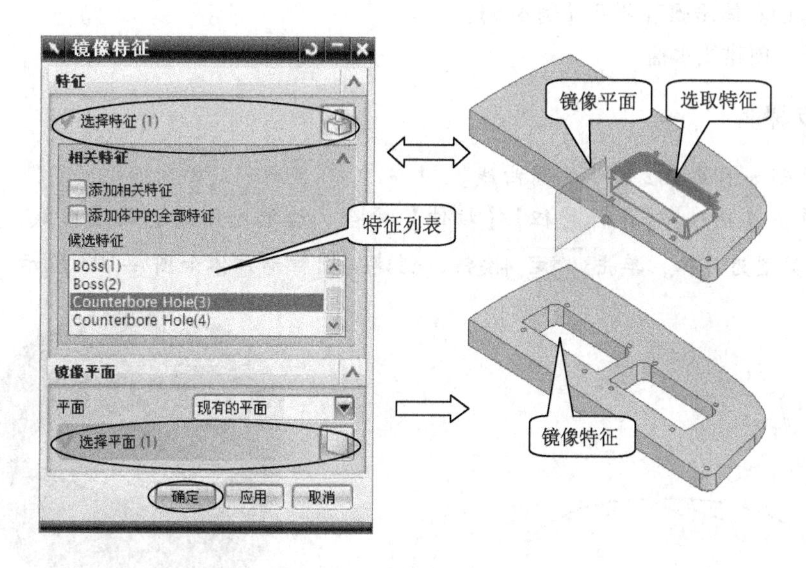

图4-100　镜像特征的效果

4.7.3　镜像体

使用镜像体命令可以跨基准平面镜像部件中的整个体。例如，可以使用此命令来形成左侧或右侧部件的另一侧的部件。可以对镜像的体加上时间戳记，但是这样做以后对原体进行的任何修改都不会在镜像体中得到反映。镜像体时，镜像特征与原体相关联。不能在镜像体中编辑任何参数。

镜像体的效果如图4-101所示。

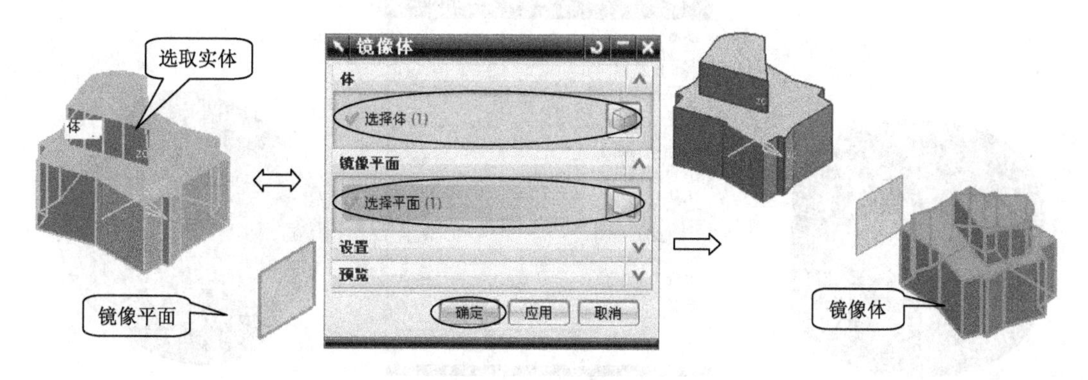

图4-101　镜像体的效果

4.8 加厚与抽壳

4.8.1 加厚

单击【插入】/【偏置/缩放】/【加厚】命令，系统弹出【加厚】对话框。利用该对话框可将一个或多个相互连接的面或片体偏置（加厚）为一个实体。加厚效果是通过将选定面沿着其法向进行偏置然后创建侧壁而生成的。

加厚操作的具体步骤可参见【例4-6】。

【例4-6】 创建浅水桶

设计步骤

[1] 绘制如图4-102所示的圆曲线。

[2] 单击【插入】/【设计特征】/【拉伸】命令，选取刚刚绘制的圆曲线，设置拉伸距离为30，体类型为片体，单击 确定 按钮，创建的圆柱形片体如图4-103所示。

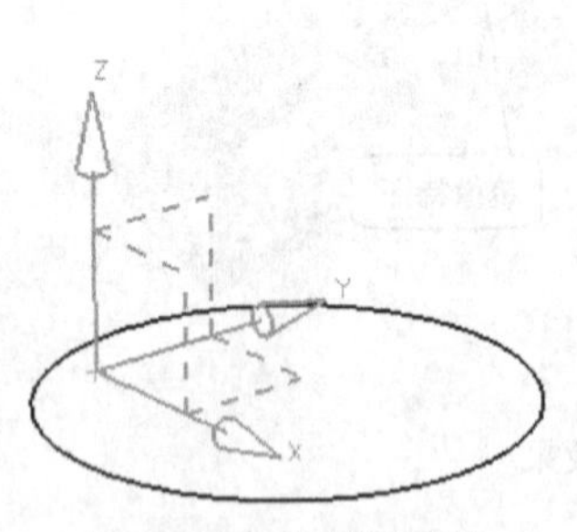

图4-102 绘制圆曲线

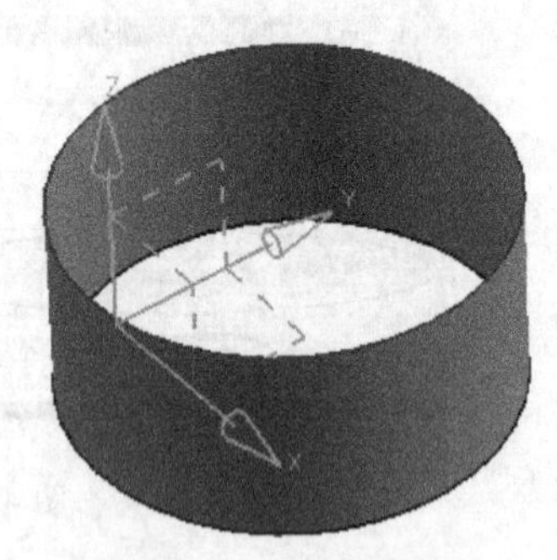

图4-103 创建圆柱形片体

[3] 单击【插入】/【曲面】/【有界曲面】命令，系统弹出【有界曲面】对话框，选取先前绘制的圆曲线，单击 确定 按钮，则创建的有界曲面如图4-104所示。

[4] 单击【插入】/【组合体】/【缝合】命令，系统弹出如图4-105所示的【缝合】对话框，选取圆柱形曲面为目标片体，选取有界曲面为工具片体，单击 确定 按钮，则将两片体缝合为一体，成为新片体，如图4-106所示。

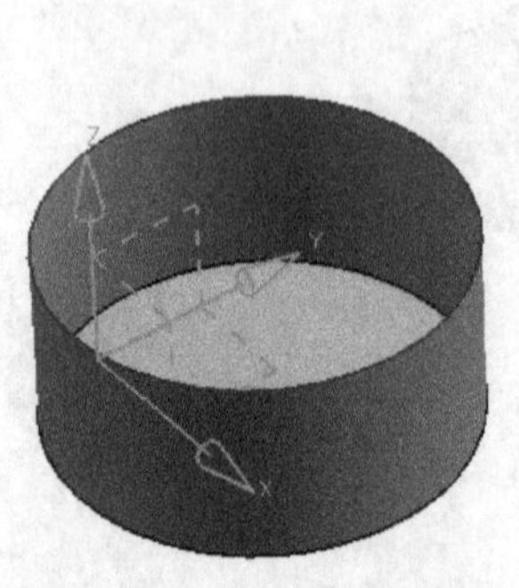

图4-104 创建有界曲面

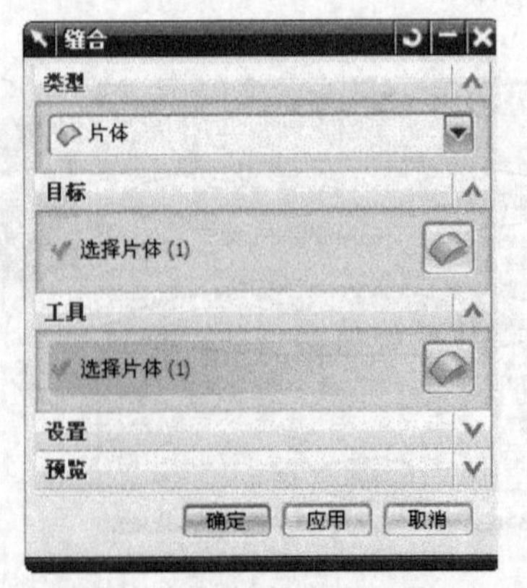

图4-105 【缝合】对话框

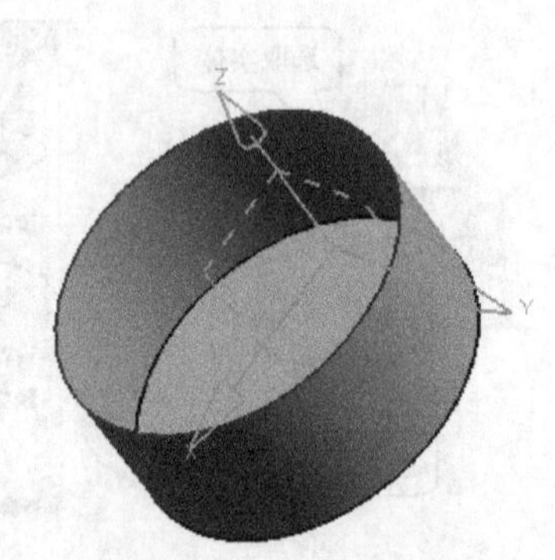

图4-106 创建有界曲面图

[5]　单击【插入】/【偏置/缩放】/【加厚】命令，系统如图4-107所示的【加厚】对话框。如图4-108所示选取缝合片体，设置偏置距离为10，设定偏置方向向内，单击 确定 按钮，创建的实体如图4-109所示。

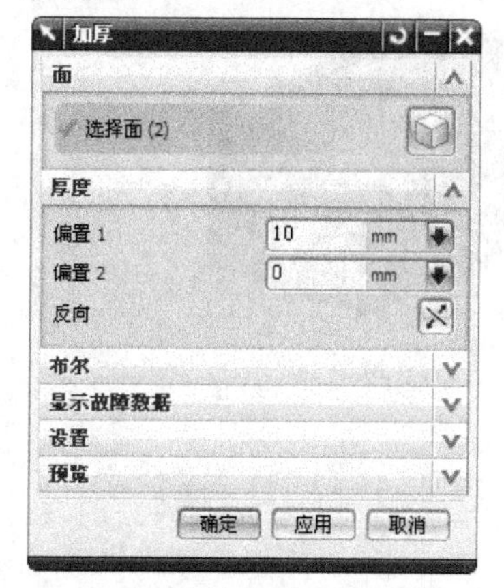

图4-107　【加厚】对话框

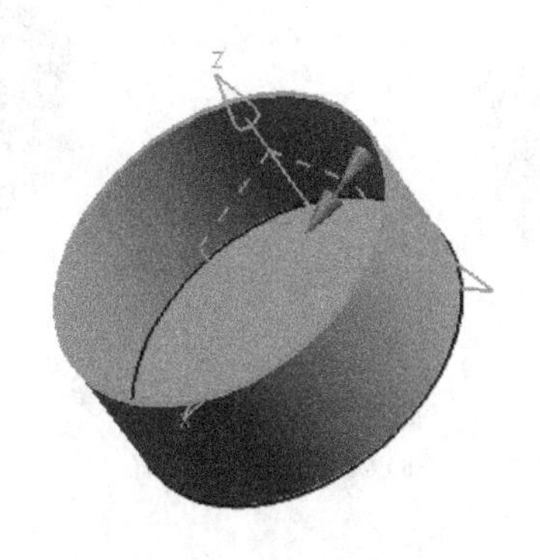

图4-108　选取缝合片体

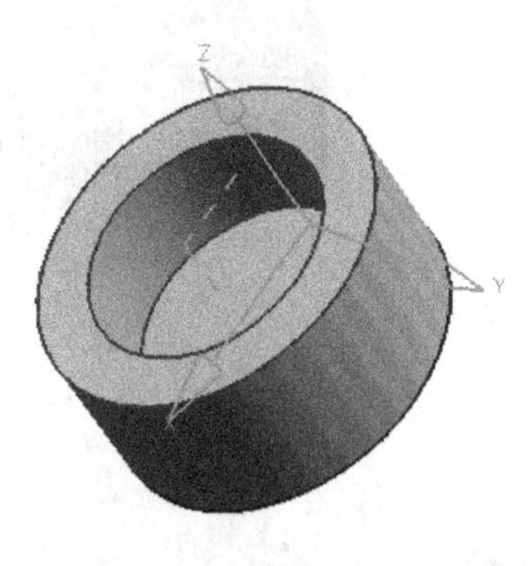

图4-109　创建加厚实体

4.8.2　抽壳

单击【插入】/【偏置/缩放】/【抽壳】命令，系统弹出如图4-110所示【抽壳】对话框。利用该对话框可根据给定的厚度，将选取的实体去掉某些表面，抽成薄壁壳体。在此操作过程中，薄壁实体各处的厚度既可以完全相等，也可以不完全相等。

对话框上各参数的意义如下：

1. 类型

(1) 移除面，然后抽壳：指定在执行抽壳之前移除要抽壳的体的某些面。

(2) 抽壳所有面：指定抽壳体的所有面而不移除任何面。

2. 要穿透的面

仅在类型为“移除面，然后抽壳”时显示。用于从要抽壳的体中选择一个或多个面。如果有多个体，则所选的第一个面为要抽壳的体。

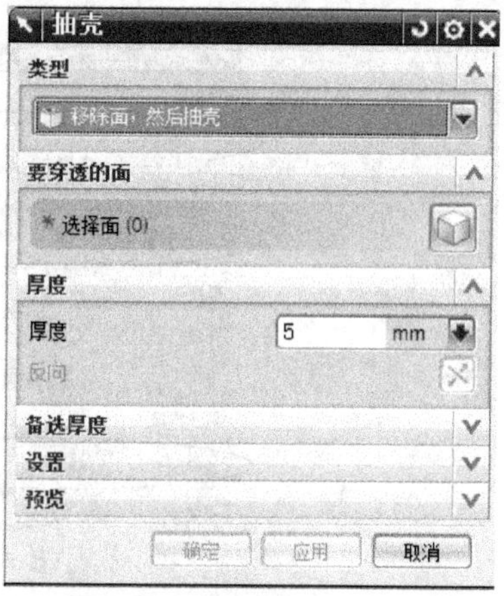

图4-110　【抽壳】对话框

3. 厚度

厚度用于指定抽壳的壁厚。向壳壁添加厚度与向其添加偏置类似。可以拖动厚度手柄，或在厚度屏幕上的文本框或对话框中输入厚度值。要更改各个单个壁厚，请使用备选厚度组中的选项。

4. 备选厚度

备选厚度用于选择厚度集的面，可以为每个面集中的所有面指定唯一的厚度值。

(1) 选择面：为第一个面集选择了面后，为其指定厚度值并单击添加新集完成该集。也可以单击鼠标中键来完成该集。可以添加模型所允许的任意数量的面集，并为每个面集指定一个唯一的厚度值。

(2) 厚度：为当前所选厚度集指定厚度值。此值独立于为厚度选项定义的值。可以拖动面集手柄，或在厚度屏幕上的文本框或对话框中输入一个值。请注意，“厚度”标签会更改以匹配当前所选厚度集，如“厚度 1”、“厚度 2”等。

【例 4-7】 实体抽壳，将图 4-111a 的实体抽壳为图 4-111b 的形状。

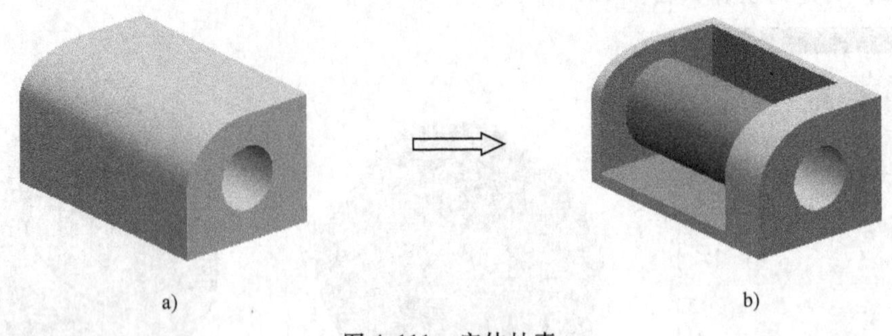

图 4-111 实体抽壳
a）原图 b）抽壳后

设计步骤

具体操作步骤如图 4-112 所示。

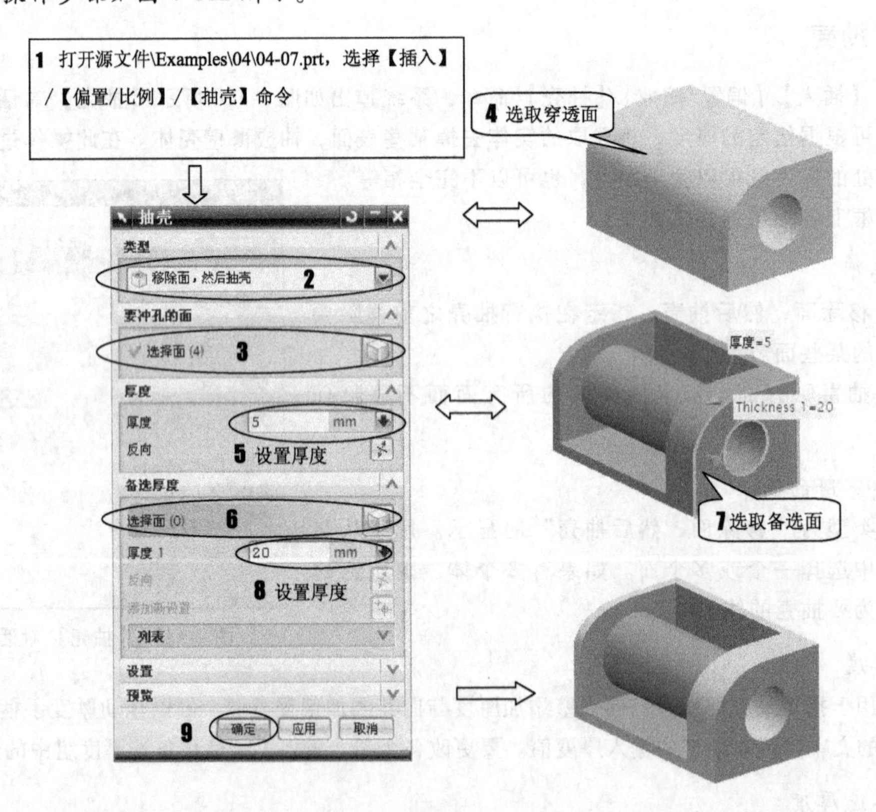

图 4-112 实体抽壳操作步骤

4.9 细节特征

前面所讲的创建实体，只能确定实体的总体形状，还需要对实体进行局部修饰，如倒角、倒圆等。这一节即来解决如何对模型进行细化修饰的问题。

细节特征命令按钮位于【特征】工具栏内，如图 4-113 所示。

图 4-113　【特征】工具栏上的细节特征命令按钮

4.9.1　边倒圆

执行【边倒圆】命令对指定的实体边缘线执行圆角操作，所形成的圆角面与两倒圆面相切。倒圆半径比倒圆面的尺寸要小。边倒圆的工作方式类似于一个沿着边滚动的球，与相交于该边的面保持紧贴，并使用半径值对面应用圆形或圆角。倒圆球在面的内侧滚动会创建圆形边缘（去除材料），在面的外侧滚动会创建圆角边缘（添加材料）。

单击【插入】/【细节特征】/【边倒圆】命令或单击【特征】工具条上的按钮，系统弹出【边倒圆】对话框。选取实体边缘线后，系统弹出浮动文本框，提示设置圆角半径，输入相应值，单击 确定 或 应用 按钮，即可完成恒定半径边倒圆操作。

需要说明的是：选择第一个边集的边后，请为其指定半径值，并通过单击添加新集来完成该集合，如图 4-114 所示。以添加模型所允许任意多个边集，并给每个边一个唯一的半径值。至于变半径等边倒圆方式，由于很少使用，此处不再做深入介绍。

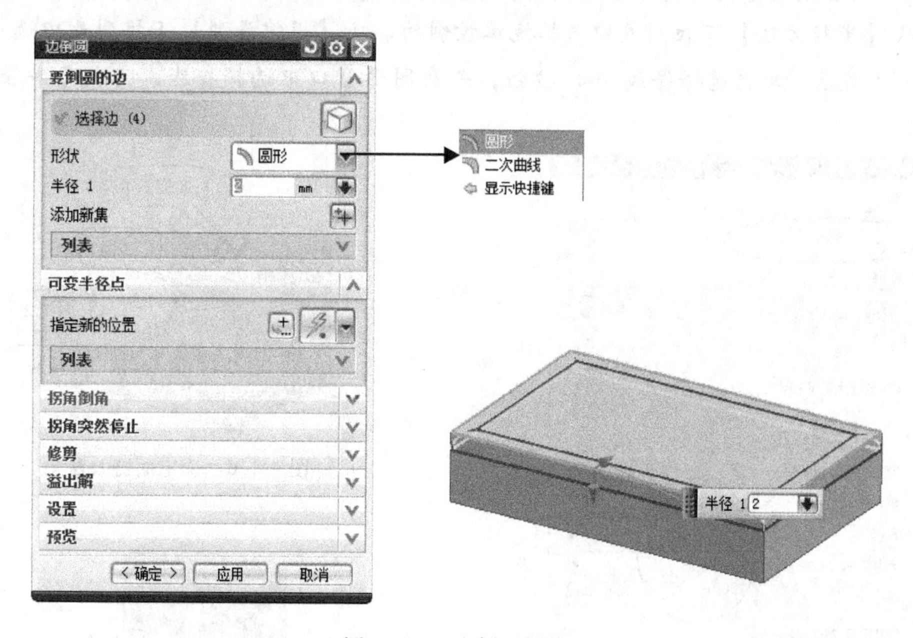

图 4-114　边倒圆操作

4.9.2　面倒圆

用【面倒圆】命令创建复杂的圆角面，与两组输入面集相切，用选项来修剪并附着圆角面。

选择【插入】/【细节特征】/【面倒圆】命令或单击【特征】工具条上的按钮，系统弹出【面倒圆】对话框。

面倒圆使用以下两种类型之一，可以控制横截面的方位：

(1) 滚动球面创建面倒圆，就好像与两组输入面恒定接触时滚动的球对着它一样。倒圆横截面平面由两个接触点和球心定义。

(2) 扫掠截面沿着脊线扫掠横截面。倒圆横截面的平面始终垂直于脊线。

下面通过一个实例简单说明面倒圆的操作过程及效果。

【例 4-8】 创建滚动球面倒圆。

设计步骤

[1] 单击【插入】/【细节特征】/【面倒圆】命令，系统弹出【面倒圆】对话框，如图 4-115 所示。在对话框中，从【类型】下拉列表中选择两个定义链，并保留默认“圆形倒圆横截面形状”。

[2] 选择第一个面链，选择第二个面链，如图 4-116 所示。如果需要反转集的法向，请在图形窗口中双击法向箭头或单击对话框中的【反向】按钮，最终使得面的法向朝向圆角的中心。

[3] 为倒圆指定合适的半径、修剪和缝合及其他选项。本例使用半径 5，默认修剪和缝合选项。单击 确定 或 应用 按钮，即可完成恒定半径边倒圆操作，结果如图 4-117 所示。

[4] 双击刚创建的恒定半径边倒圆，系统弹出【面倒圆】对话框。在【面倒圆】对话框中，从【半径方法】下拉列表中选择规律控制的。从【规律类型】下拉列表中选择线性，如图 4-118 所示。单击选择脊线和按钮，并在图形窗口中选择脊线，完成变半径面倒圆的创建。

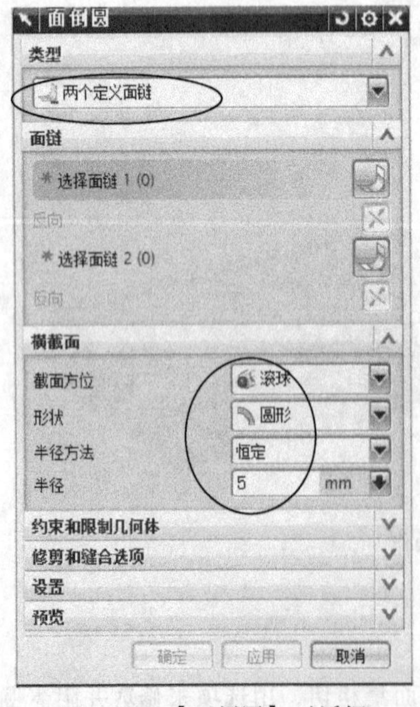

图 4-115 【面倒圆】对话框

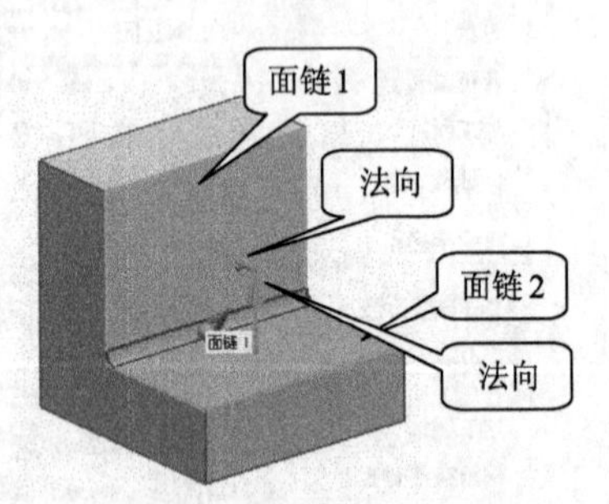

图 4-116 确定面链及法向

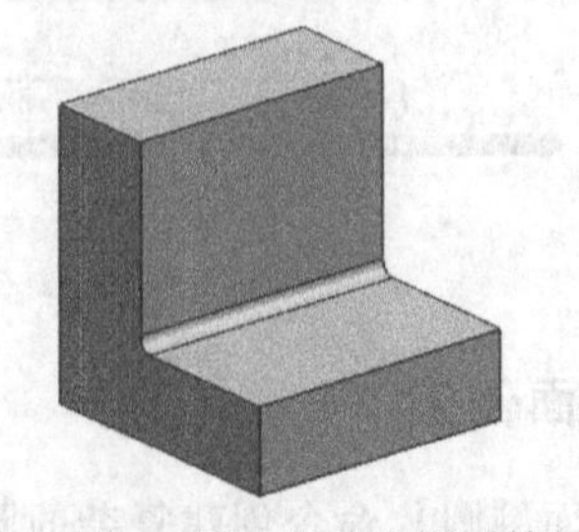

图 4-117 恒定半径边倒圆结果

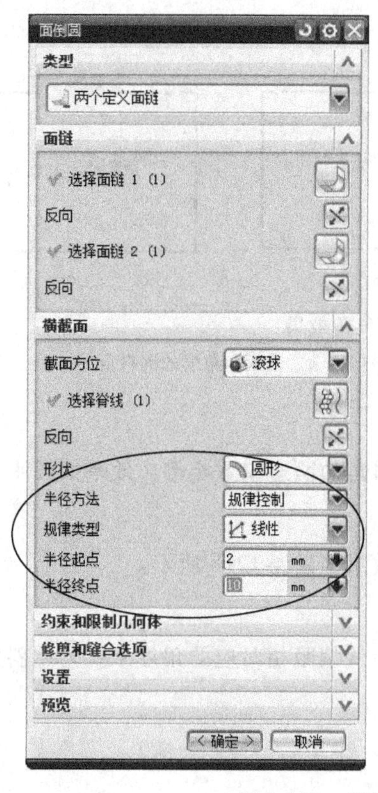

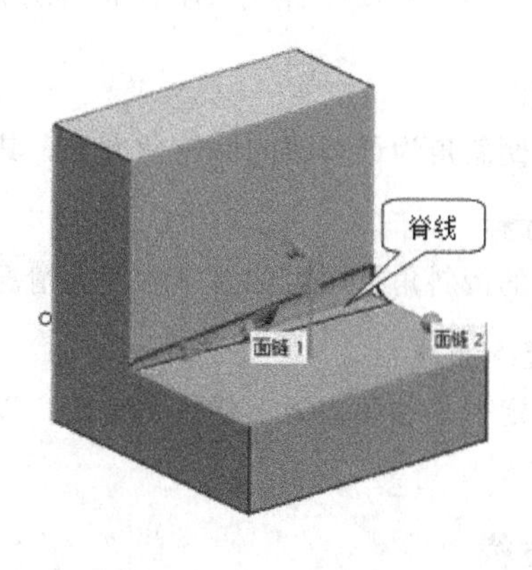

图 4-118　线性规律控制圆半径

4.9.3　倒斜角

执行【倒斜角】命令对实体的边进行倒斜角。根据实体的形状，倒斜角通过添加或减去材料来将边斜接。效果如图 4-119 所示。

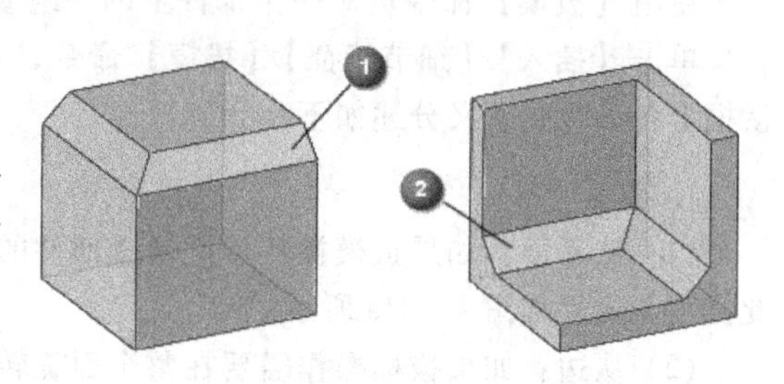

图 4-119　倒斜角效果
1—去除材料　2—添加材料

单击【插入】/【细节特征】/【倒斜角】命令，弹出如图 4-120 所示的【倒斜角】对话框。该对话框上提供了 3 种倒斜角的执行方式。下面分别予以介绍。

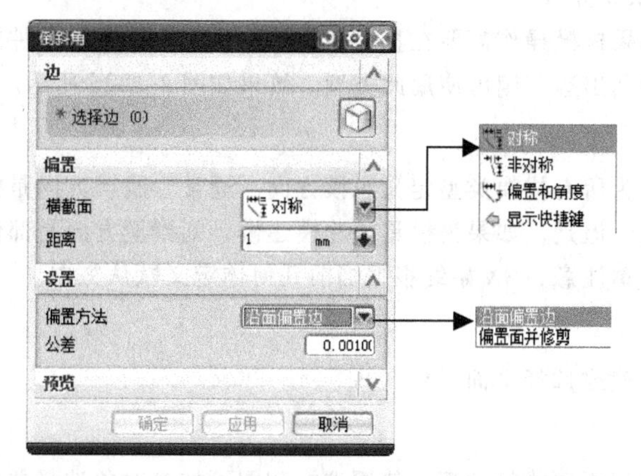

图 4-120　【倒斜角】对话框

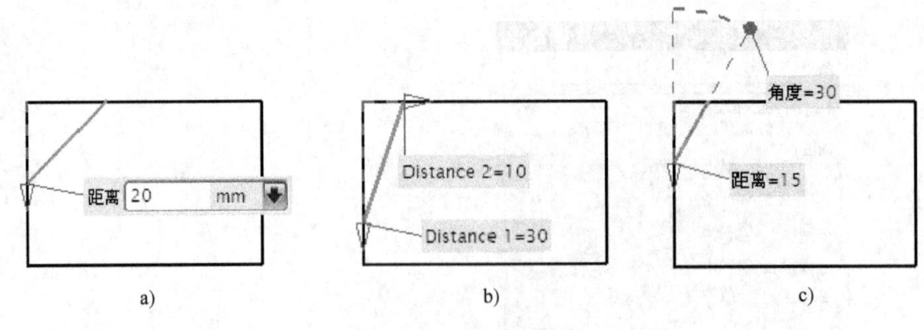

图 4-121 倒斜角效果

a）对称的倒斜角 b）非对称的倒斜角 c）偏置和角度的倒斜角

1. 对称

对称的倒斜角为最普通的倒斜角方式，其倒斜角的两边偏置相等。效果如图 4-121a 所示。

2. 非对称

非对称的倒斜角是两边偏置不相等的情况。效果如图 4-121b 所示。

3. 偏置和角度

通过指定一个相邻表面上的倒角偏距，以及与该偏距相对应的角度来执行倒斜角。效果如图 4-121c 所示。

4.9.4 拔模

使用【拔模】命令可对一个部件上的一组或多组面应用斜率（从指定的固定对象开始）。

单击【插入】/【细节特征】/【拔模】命令，系统弹出如图 4-122 所示的【拔模】对话框。对话框上各参数的意义分述如下：

1. 类型

(1) 从平面：如果拔模操作需要通过部件的横截面在整个面旋转过程中都是平的，则可使用此类型。效果如图 4-123a 所示。

(2) 从边：如果拔模操作需要在整个面旋转过程中保留目标面的边缘，则可使用此类型。这是在面中可以具有变化拔模角的唯一拔模类型。效果如图 4-123b 所示。

(3) 与面相切：如果拔模操作需要在拔模操作后保持要拔模的面与邻近面相切，则可使用此类型。效果如图 4-123c 所示。

(4) 至分型面：如果拔模操作需要在整个面旋转过程中保持通过部件的横截面是平的，并且要求在分型边缘处创建凸出边，则可使用此类型。效果如图 4-123d 所示。

2. 脱模方向

脱模方向选项用于为所有拔模类型定义脱模方向。通常，脱模方向是模具或冲模为了与部件分开而必须移动的方向。但是，如果为模具或冲模建模，则拔模方向是部件为了与模具或冲模分开而必须移动的方向。请注意，NX 始终根据当前几何体定义默认方向。

3. 固定面

固定面选项用于创建或选择平面对象。

4. 要拔模的面

(1) 选择面：用于选择要拔模的面。使用选择意图可加速对象选择并捕捉您的设计意图。

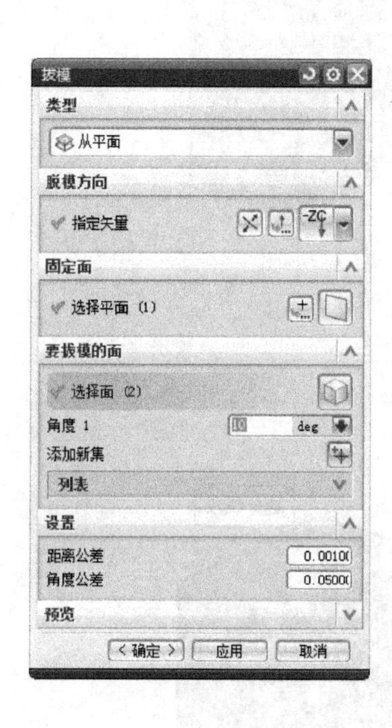

图 4-122 【拔模】对话框

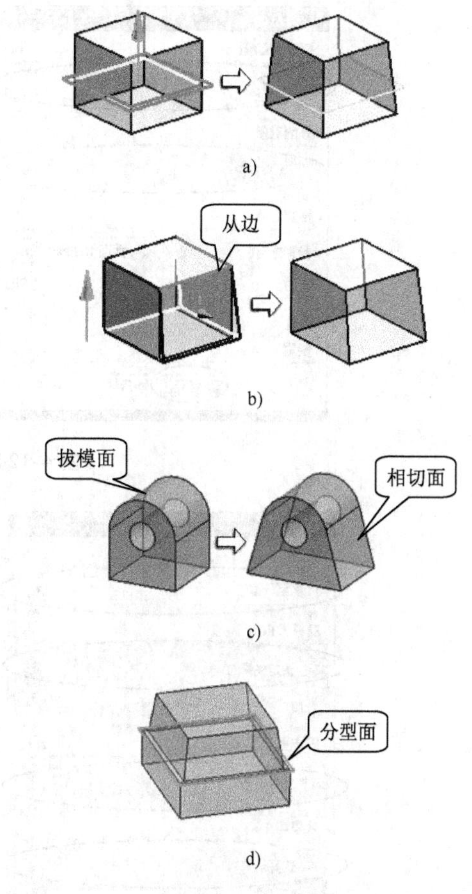

图 4-123 拔模类型

a）从平面拔模 b）从边拔模 c）与面相切拔模 d）至分型面拔模

（2）角度：为选取的每个面集指定拔模角。

【例 4-9】 至分型边方式拔模。

设计步骤

[1] 打开源文件中的部件文件：Examples/04/04-09.prt。单击【插入】/【修剪】/【分割面】命令，系统弹出【分割面】对话框。如图 4-124 所示选取要分割的面和分割对象（线段组），单击 确定 或 应用 按钮，即可将面分割为上下两个面。

[2] 单击【插入】/【细节特征】/【拔模】命令，系统弹出【拔模】对话框。

[3] 从【类型】下拉列表中选择 至分型边 选项。要接受默认脱模方向，请单击鼠标中键。NX 会根据脱模方向自动判断要拔模的面，在此情况下为侧面的上部。

[4] 选择基准平面作为“固定平面”。将分型边设置为“相连曲线”，并单击分割草图中的任何曲线。NX 预览该拔模，如图 4-125 所示。

[5] 单击 确定 或 应用 按钮，即可完成拔模操作。

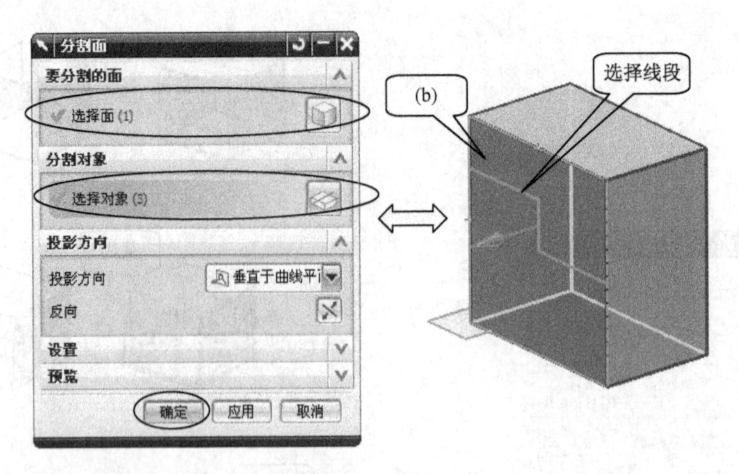

图 4-124　分割面

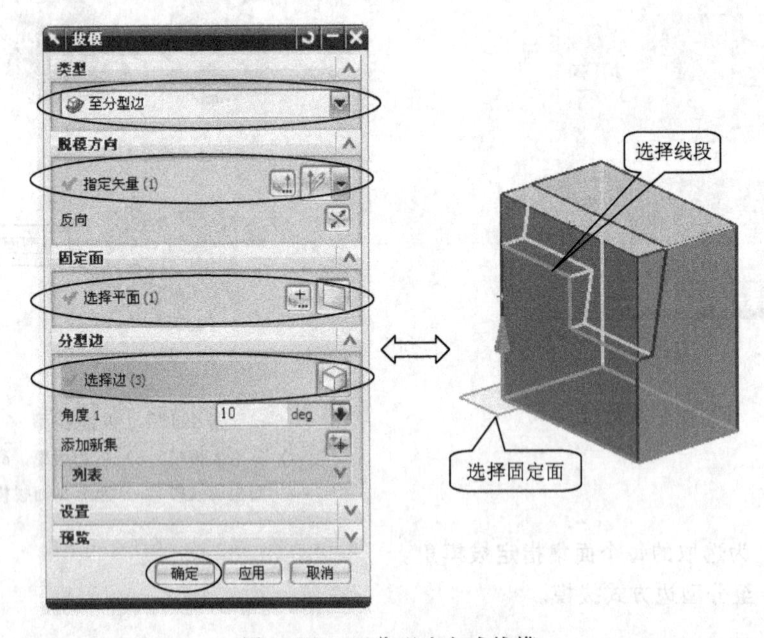

图 4-125　至分型边方式拔模

4.10　编辑特征

初步建立起来的实体模型不一定符合要求，有时还需要进一步调整和编辑。本节将介绍特征编辑的基本知识。

4.10.1　部件导航器

UG 向用户提供了一个功能强大、方便使用的编辑工具——部件导航器，如图 4-126 所示。它通过一个独立的窗口，以一种树形格式（特征树）可视化地显示模型中特征与特征之间的关系，并可以对各种特征实施各种编辑操作，其操作结果立即通过图形窗口中模型的更新显示出来。

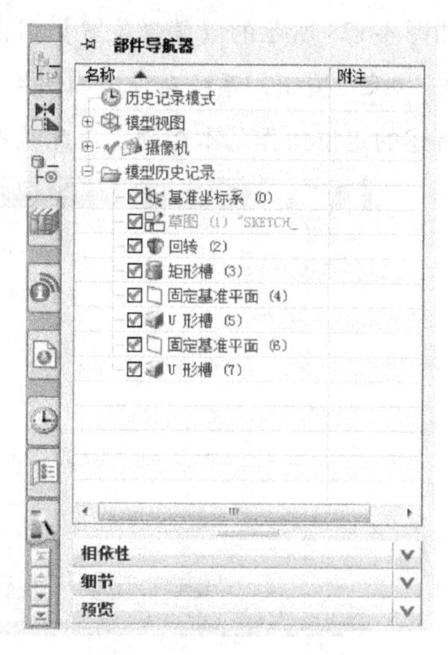

图 4-126　部件导航器

1. 特征树中的显示按钮

在特征树中，通过浅显易懂的按钮来描述特征。

（1）⊞/⊟：分别代表以折叠或展开方式显示特征。

（2）☑：表示在图形窗口中显示特征。

（3）□：表示在图形窗口中隐藏特征。

（4）：在每个特征名前面，以彩色图标形象地表明特征的类别。

2. 在特征树中选取特征

（1）选择单个特征：在特征名上单击鼠标左键。

（2）选择多个特征：选取连续的多个特征时，单击鼠标左键选取第一个特征，在最后一个特征上按 Shift 键的同时单击鼠标左键，或者选取第一个特征后，按 Shift 键的同时移动光标来选择连续的多个特征。选择非连续的多个特征时，单击鼠标左键选取第一个特征，按 Ctrl 键的同时在要选择的特征名上单击鼠标左键。该操作遵从于 Windows 基本操作风格。

（3）从选定的多个特征中排除特征：按 Ctrl 键的同时在要排除的特征名上单击鼠标左键。

3. 编辑操作快捷菜单

利用【部件导航器】编辑特征，主要是通过操作其快捷菜单来实现的。将光标放在要编辑的某特征名上面，单击鼠标右键，将弹出快捷菜单。该快捷菜单向用户提供了许多快捷编辑命令。需要说明的是，选择的特征类型不同，弹出的快捷菜单将略有不同。至于各编辑命令的使用，与以后各节讲解的基本编辑命令相同，在此就不赘述了。

4.10.2　编辑参数

执行【编辑参数】命令，将修改特征的形状参数。

单击【编辑】/【特征】/【编辑参数】命令，或单击【特征编辑】工具条上的按钮，系统弹出如图 4-127 所示的【编辑参数】对话框。此选项可以在创建特征时使用的方法和参数值的基础上编辑特征。用户交互取决于所选特征的类型。可以直接在图形窗口中选取要编辑的特征，也可以在编辑参数对话框上的列表框中选取。选定要编辑的特征后，单击 确定 按钮，系统会弹出原先创建特征的对话框，直接修改参数即可。

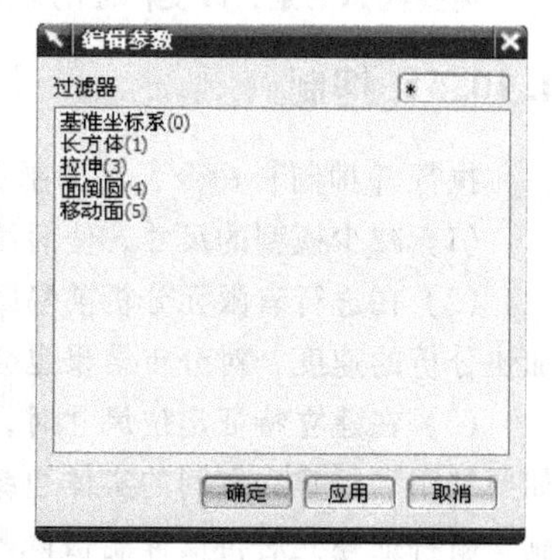

图 4-127　【编辑参数】对话框

4.10.3　编辑位置

执行【编辑位置】命令，将修改孔、凸台、凸垫、腔体、键槽、沟槽等特征的位置。可以进行的操作有添加尺寸、编辑尺寸值和删除尺寸。

单击【编辑】/【特征】/【编辑位置】命令，或单击【特征编辑】工具条上的按钮，弹出如图 4-128 所示的【编辑位置】对话框，提示用户选取要编辑的特征。选定要编辑的特征后，单击 确定 按钮，系统会弹出如图 4-129 所示的【编辑位置】对话框。其重新定位操作与前几章所述的定位操作基本相同，在此就不再赘述了。

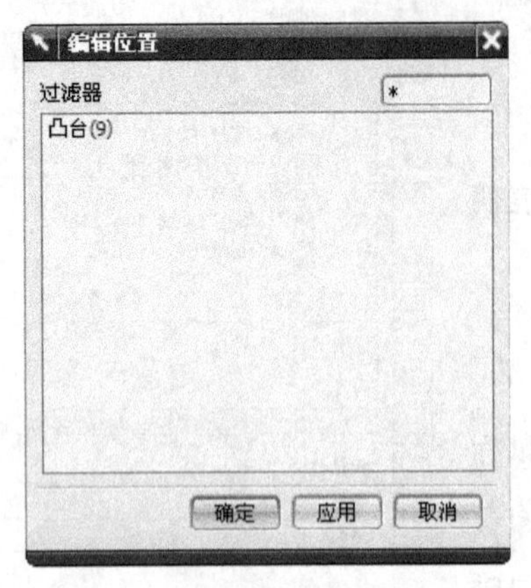

图 4-128 【编辑位置】对话框（一）

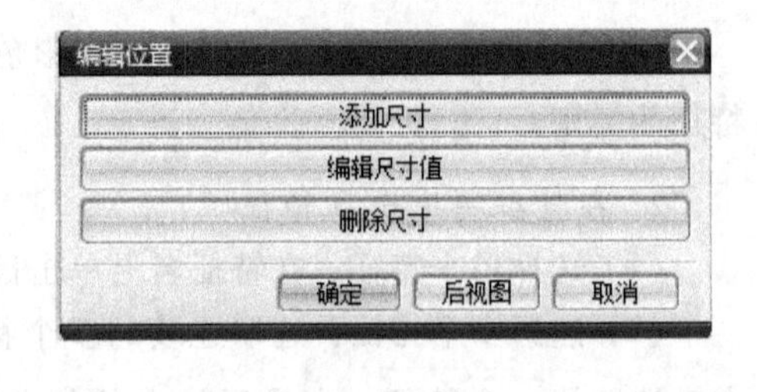

图 4-129 【编辑位置】对话框（二）

4.10.4 重排序

执行【重排序】命令，将调整特征的建立顺序，提前或者延后。

一般来说，在建立特征时，系统会根据特征的建立时间依次排定顺序，即在特征名称后的括号内显示其建立顺序号，也称为特征建立的时间标记，这在部件导航器的树状结构中有明确表示。一旦特征的建立顺序改变了，其相应的建立时间标记也随之改变。

特征重排序最便捷的方法是在部件导航器中选中特征以后，利用鼠标直接上下拖动。也可以单击【编辑】/【特征】/【重排序】命令，系统弹出【特征重排序】对话框，如图 4-130 所示。利用该对话框可进行特征重排序。

需要注意的是，改变特征的建立顺序可能会改变模型的形状，并可能出错。因此，应当慎重使用。

4.10.5 抑制

执行【抑制】命令，将抑制选取的特征，即暂时在图形窗口中不显示特征。这有如下好处：

（1）减少模型的尺寸，使后续的建模、对象选择、模型编辑和模型显示的速度更快。

（2）在进行有限元分析前隐藏一些次要特征以简化模型，被抑制的特征不进行网格划分，可加快分析的速度，对分析结果也会有多大的影响。

（3）在建立特征定位尺寸时，有时会与某些几何对象产生冲突，这时可利用特征抑制操作。如要利用已经建立倒圆的实体边缘线来定位一个特征，就不必删除倒圆特征，只需将倒圆特征抑制，新特征建立后再反抑制被隐藏的倒圆特征。一般情况下，存在隐藏的特征时不要建立新的特征。

单击【编辑】/【特征】/【抑制】命令，系统弹出【抑制特征】对话框，如图 4-131 所示。利用该对话框可抑制特征。

4.10.6 取消抑制

【取消抑制】命令是抑制特征命令的反操作，即释放被抑制了的特征，在图形窗口中重新显示出被抑制了的特征。

单击【编辑】/【特征】/【释放】命令，系统弹出【释放特征】对话框，选取要释放的特征，单击 确定 按钮即可。

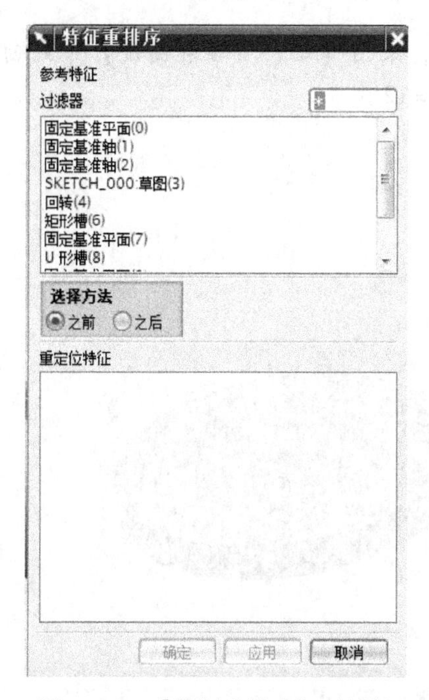

图 4-130 【特征重排序】对话框

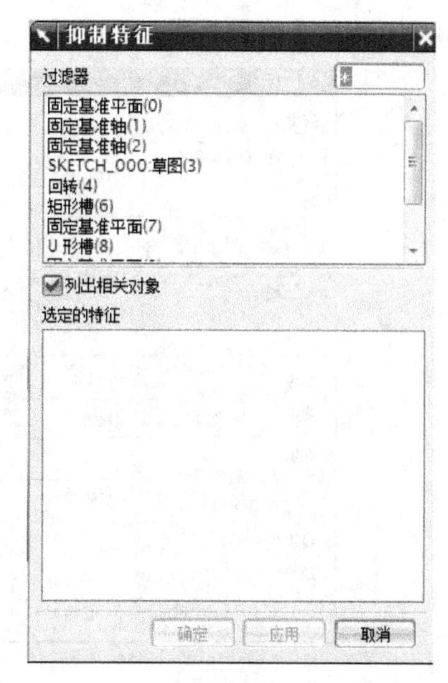

图 4-131 【抑制特征】对话框

4.11 综合实例——盘盖类的造型设计

轮盘类零件包括手轮、带轮、端盖、盘坐等。其主体一般也由直径不同的回转体组成，径向尺寸比轴向尺寸大。常有退刀槽、凸台、凹坑、倒角、圆角、轮齿、轮辐、筋板、螺孔、键槽和作为定位或连接用孔等结构。

设计要求

拟设计一端盖，具体尺寸如图 4-132 所示。其未注倒角为 1×45°，未注圆角为 *R*2。要求采用回转方式。

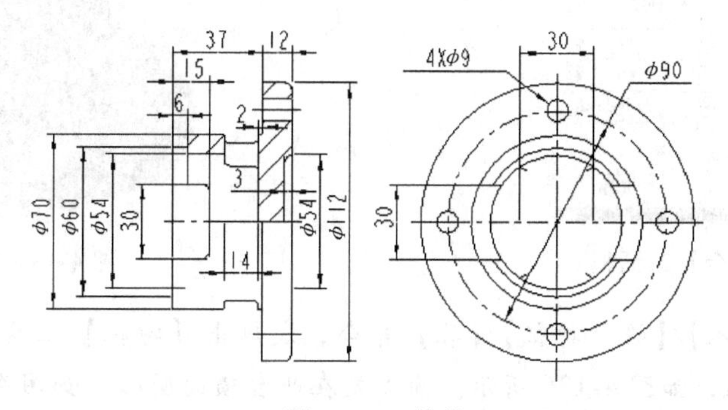

图 4-132 端盖

设计步骤

[1] 启动 UG 软件，新建一个名称为 DuanGai. prt 的部件文件，单击【起始】/【建模】命令，进入建模模块。

[2] 单击【插入】/【设计特征】/【圆柱体】命令，采用【轴、直径和高度】方式创建如图 4-133 所示的圆柱体。尺寸为：直径 =112，高度 =12。

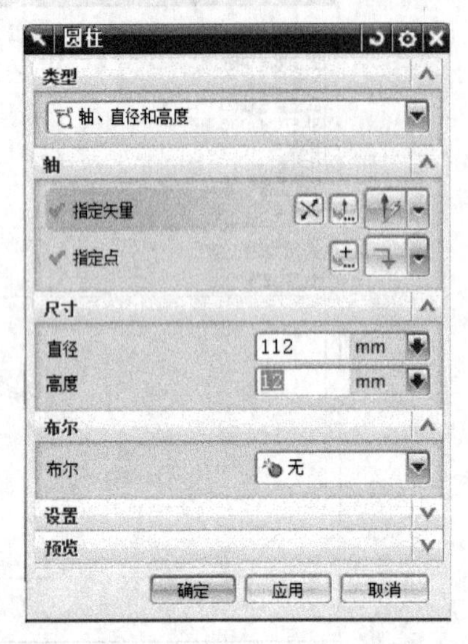

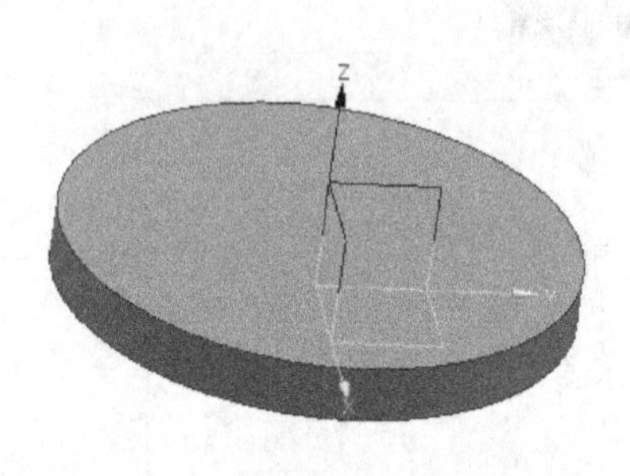

图 4-133 创建圆柱体

[3] 单击【插入】/【设计特征】/【凸台】命令，系统弹出【凸台】对话框，单击【凸台】对话框中【选择步骤】区域中的按钮，选取圆柱的上表面为放置面，设置参数：直径 =70，高度 =37，单击 应用 按钮，系统弹出【定位】对话框。在【定位】对话框中单击【向上】按钮，选取 X 轴为定位基准，再次单击按钮，选取 Y 轴为定位基准，单击 确定 按钮，完成凸台的定位，系统弹出【凸台】对话框，如图 4-134 所示。单击 确定 按钮，完成凸台的创建，如图 4-135 所示。

图 4-134 【凸台】对话框

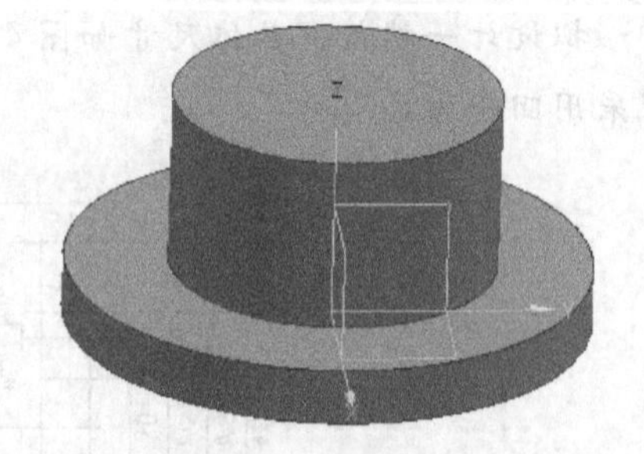

图 4-135 创建凸台

[4] 单击【插入】/【设计特征】/【孔】命令，或单击【特征】工具条上的按钮，系统弹出【孔】对话框，如图 4-136 所示。圆心处在凸台顶面圆心，如图 4-137 所示。在“类型”下拉列表中选择【常规孔】，在“形状和尺寸”选项区中的“成形”下拉列表中选择

“沉头”，设置沉头直径 = 0、沉头深度 = 6、孔直径 = 54，深度 = 37、顶锥角 = 0）。单击 确定 按钮，则创建相应的沉头孔。

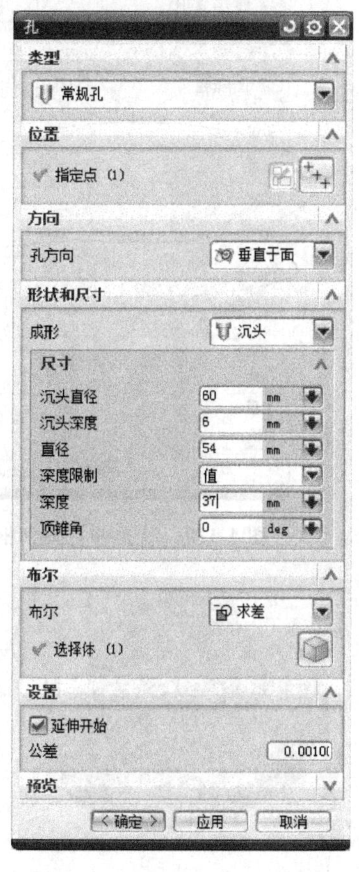

图 4-136　【孔】对话框

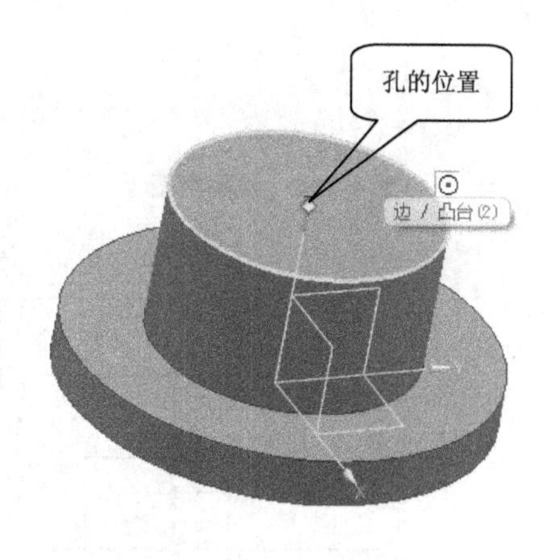

图 4-137　选取孔位置放置点

[5]　单击【插入】/【设计特征】/【拉伸】命令，或单击【成型特征】工具条上的按钮，系统弹出【拉伸】对话框。单击【拉伸】对话框中的【截面】按钮，系统弹出【创建草图】对话框。选择 ZC-YC 平面为草图放置平面，进入草图环境，绘制如图 4-138 所示的截面草图，单击 完成草图 按钮，退出草图环境。在【拉伸】对话框中设置相应的参数，如图 4-139 所示。在【极限】选项区中的【结束】下拉列表中选择 对称值 选项，设置距离为 37，在【布尔】下拉列表中选择【求差】选项。单击 确定 按钮，完成对拉伸特征的创建。

[6]　创建 ZC-XC 平面上的拉伸特征。截面草图如图 4-140a 所示，创建方法与第 5 步相同。拉伸结果如图 4-140b 所示。

[7]　应用【孔】命令创建底面凹槽。单击【插入】/【设计特征】/【孔】命令，或单击【特征】工具条上的按钮，系统弹出【孔】对话框。选取圆柱体的底面圆心为孔的放置点，如图 4-141 所示。在【类型】下拉列表中选择【常规孔】，在【形状和尺寸】中的【成形】下拉列表中选择【简单孔】，孔直径 = 54，深度 = 3、顶锥角 = 0。单击 确定 按钮，完成底面凹槽的创建如图 4-142 所示。

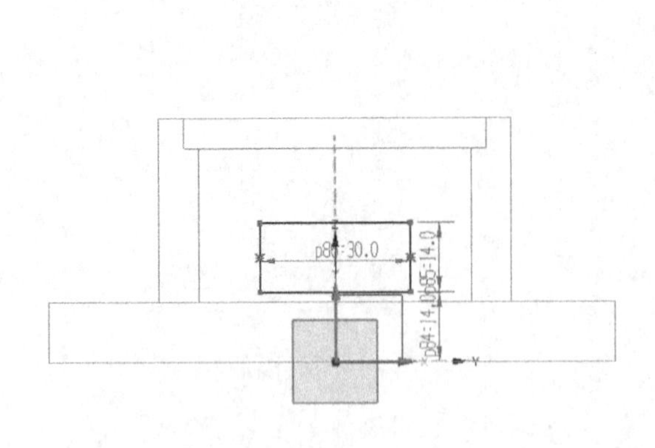

图 4-138 截面草图

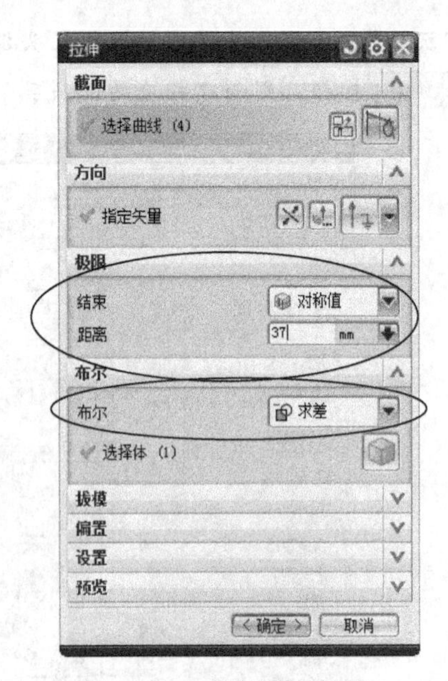

图 4-139 【拉伸】对话框

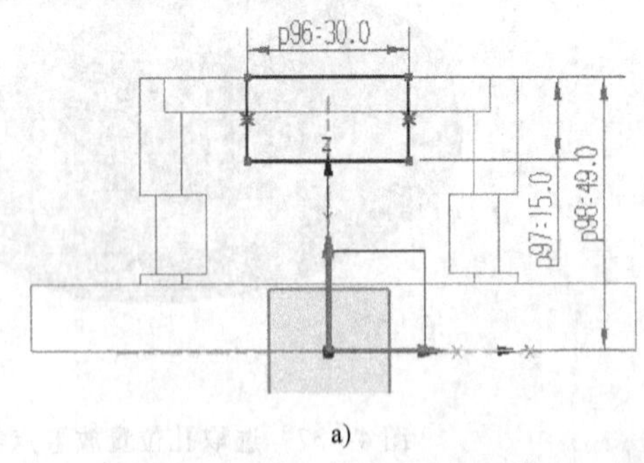

a)

b)

图 4-140 创建拉伸特征

a) 截面草图 b) 拉伸结果

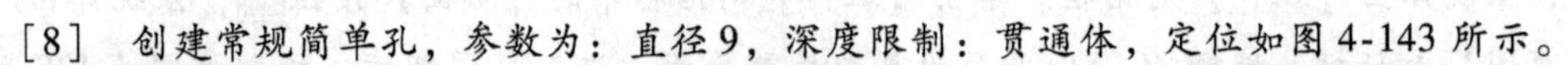

[8] 创建常规简单孔，参数为：直径 9，深度限制：贯通体，定位如图 4-143 所示。

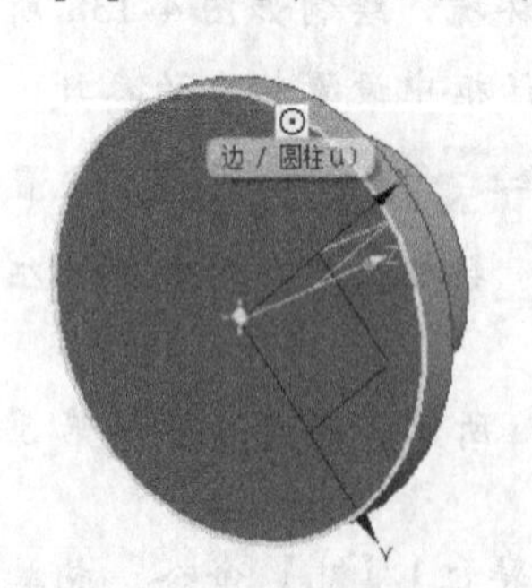

图 4-141 选取孔放置位置点

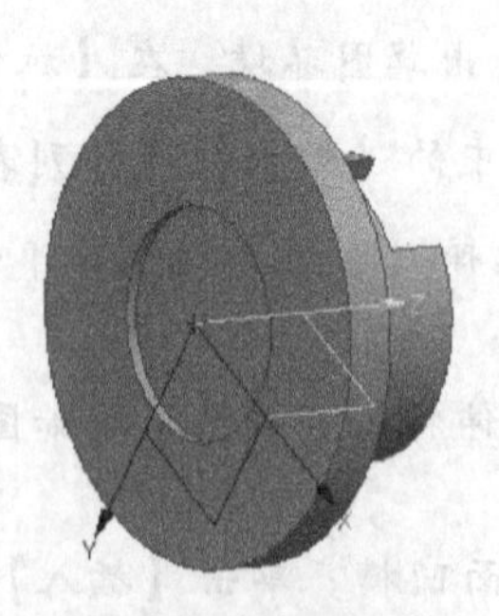

图 4-142 底面凹槽

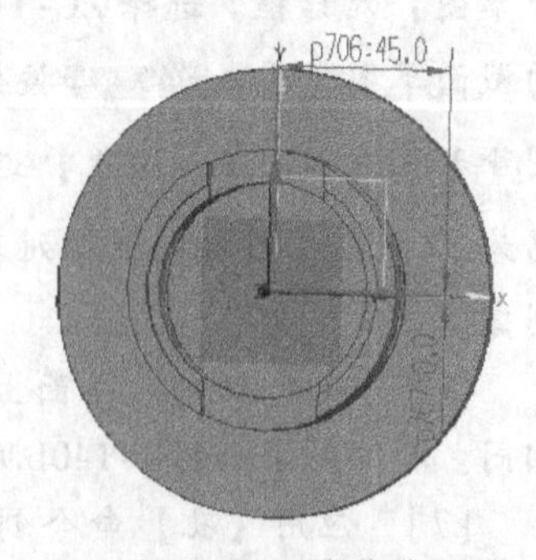

图 4-143 定位孔

[9] 单击【插入】/【关联复制】/【对特征形成图样】命令，系统弹出【对特征形成图样】对话框。选取刚刚创建的孔为要阵列的特征，在【布局】下拉列表中选择 圆形 选项。设置阵列参数，如图 4-144 所示。如图 4-145 所示指定旋转方向与基点，单击 确定 按钮，则生成相应

的环形阵列。阵列结果如图 4-146 所示。

图 4-144　设置环形阵列参数

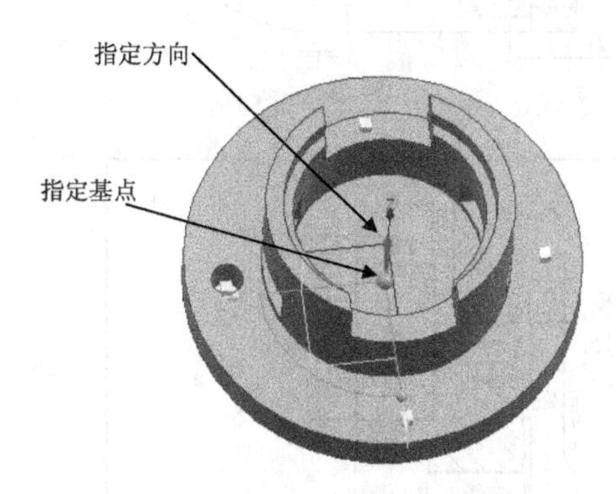

图 4-145　指定环形阵列的旋转轴与基点

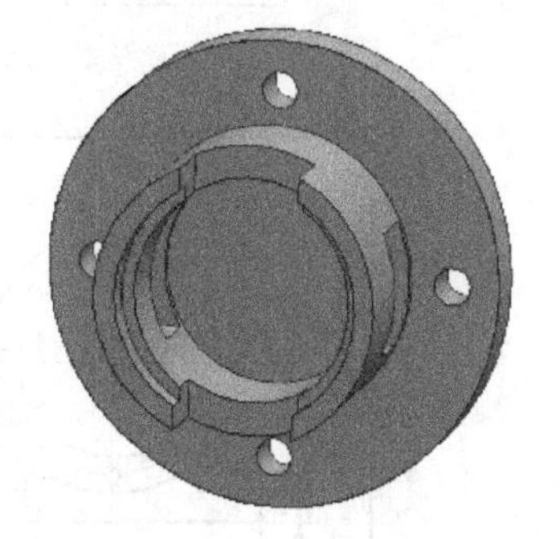

图 4-146　环形阵列孔

[10]　进行一些必要的圆角和倒角等细节处理（略）。至此，依据题意完成端盖的造型设计，保存文件。

4.12　本章小结

本章主要介绍了单体零件的建模方法，包括体素特征和成形特征，以及相应特征的操作和基准面的创建。在进行零件的实体建模之前应对零件的结构进行分析，确定建模方法后，再逐步创建零件。

4.13 习题

创建图 4-147 所示的各立体模型（无尺寸的，尺寸自定）。

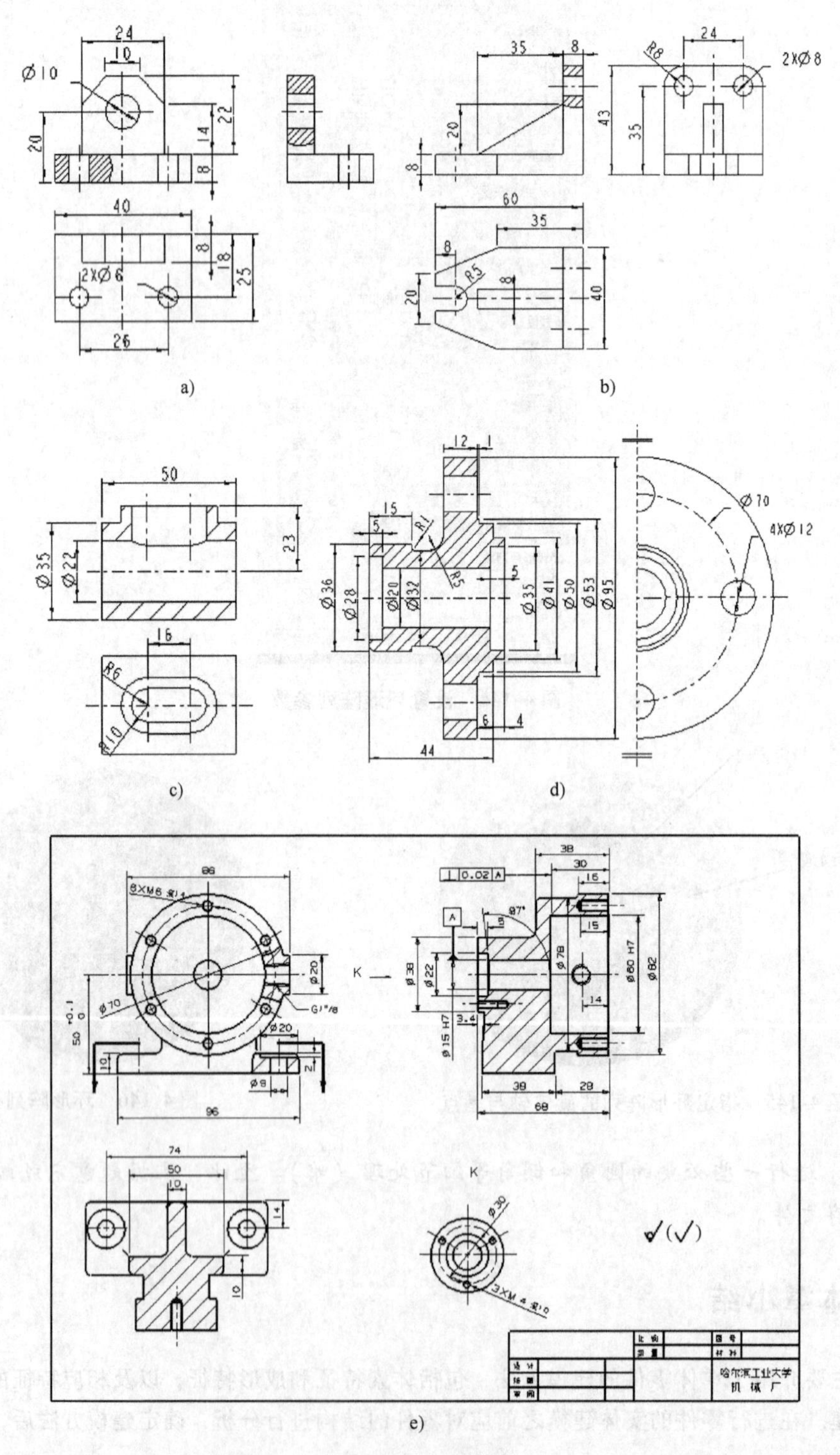

图 4-147 习题图

图 4-147　习题图（续）

第5章　典型非标准零件设计

通过前面几章的学习，读者已经可以创建简单的零件了。本章通过典型综合实例的讲解来具体说明某一类零件的造型设计，有利于读者学习掌握、借鉴使用。

【本章重点】

- 产品建模的一般过程。
- 连杆的造型设计。
- 带轮的造型设计。
- 泵体的造型设计。

拓展视频

中国创造：大跨径拱桥技术

5.1　产品建模的一般过程

在前面的章节中，集中学习了零件建模的各种方法。但是，针对产品的造型设计，并未点明其设计过程与方法的协调使用。一般地，接到设计任务后，应先研究产品的整体轮廓，然后再考虑细节，对整个产品进行统一的规划设计，尽可能使用全参数化的建模方法。

1. 特征（Feature）分解

分析零件的形状特点，然后把它分解成几个主要的特征区域，接着对每个区域再进行粗线条分解，直至在脑子里有一个总体的建模思路以及一个粗略的特征图，同时要辨别出难点、容易出问题的地方。

2. 基础特征（Base Feature）设计

用基本体素或扫掠特征建立零件的最原始形状。

3. 详细设计

详细设计应遵循以下原则：

(1) 先粗后细——先作粗略的形状，再逐步细化。

(2) 先大后小——先作大尺寸形状，再完成局部的细化。

(3) 先外后里——先作外表面形状，再细化内部形状。

4. 细节设计

用成形特征（如孔、凸台等）和特征操作（如倒圆角、倒斜角等）方法进行产品的细节设计。

5.2　连杆的造型设计

连杆机构是机械中的一种常见机构，主要用于运动方式的传递，如将转动转化为平移，将转动转化为摆动，将平移转化为转动，将摆动转化为转动。连杆机构传动的优点是可以传递复杂的运动。通过计算各个连杆的长度，可以实现比较精确的运动传递。该设计实例即向读者介绍采用计算机辅助设计软件UGNX进行连杆造型设计的一般方法与基本操作过程。

下面通过一个实例来具体说明利用UG软件设计连杆的方法与一般过程，希望读者对照书上的内容亲自做一边，细心体会其中的技巧。

设计要求

已知连杆的效果图如图5-1所示，结构尺寸如图5-2所示。制作连杆的实体模型。

图5-1　连杆的效果图

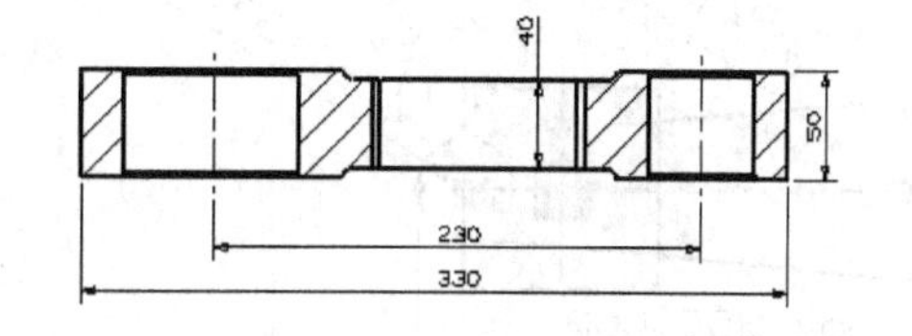

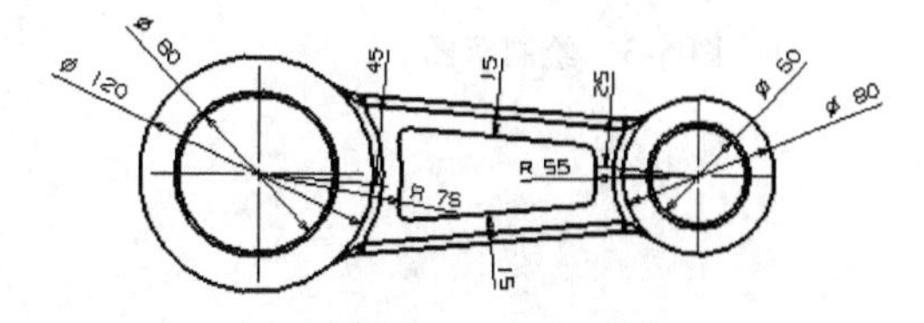

图5-2　连杆的结构尺寸

设计思路

(1) 通过拉伸截面草图创建连杆体。

(2) 通过拉伸截面草图创建连杆两头的圆柱体。

(3) 利用孔特征建立连杆两头的圆孔。

(4) 通过拉伸截面草图创建连杆中间的凹槽。

(5) 进行必要的边圆角和倒斜角处理，完成模型创建。

设计步骤

[1]　启动UG软件，新建一个名称为LianGan.prt的部件文件，单击【起始】/【建模】命令，进入建模模块。

[2]　单击【插入】/【草图】命令，以XC-YC坐标系平面为草图放置平面，绘制如图5-3所示的草图。退出草图绘制模式。

[3]　单击【插入】/【设计特征】/【拉伸】命令，或单击【特征】工具条上的按钮，系统弹出【拉伸】对话框，选取刚刚绘制的草图，设置参数如图5-4所示。单击 确定 按钮，则创建相应的拉伸体。

[4]　单击【插入】/【草图】命令，以XC-YC坐标系平面为草图放置平面，绘制如图5-5所示的草图。退出草图绘制模式。

[5]　单击【插入】/【设计特征】/【拉伸】命令，或单击【特征】工具条上的按钮，系统弹出【拉伸】对话框，选取刚刚绘制的草图，设置参数如图5-6所示。单击 确定 按钮，则创建相应的拉伸体。

[6]　单击【插入】/【设计特征】/【孔】命令，或单击【特征】工具条上的按钮，系统弹出【孔】对话框。选取孔的放置点（孔的圆心处在顶面圆心），如图5-7所示。在

【孔】对话框中设置参数，如图 5-8 所示。单击 确定 按钮，则创建相应的孔。

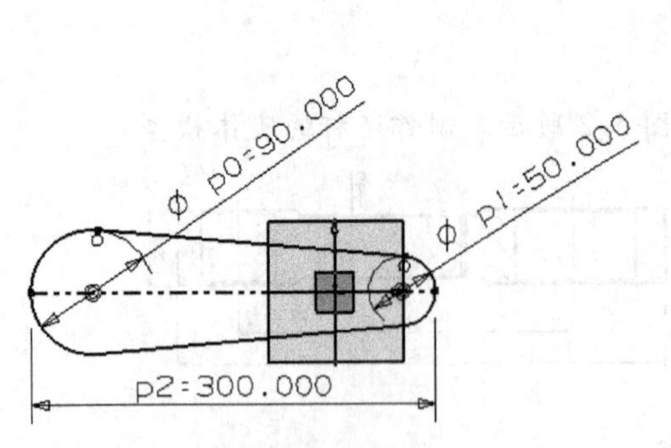

图 5-3 绘制草图

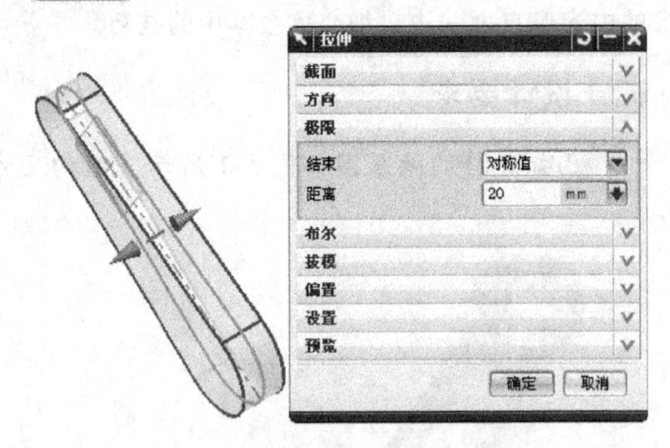

图 5-4 选取草图、设置拉伸参数

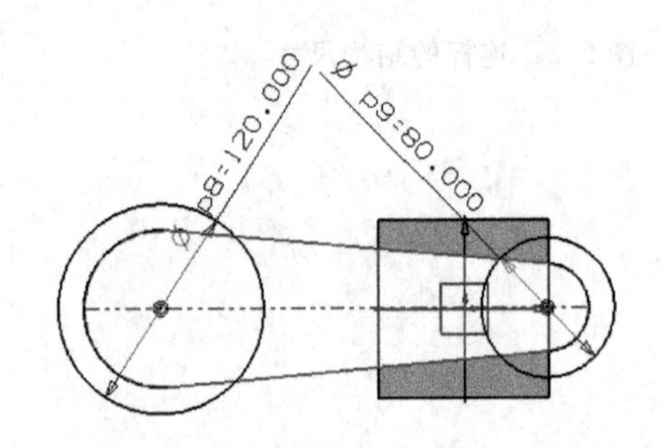

图 5-5 绘制草图

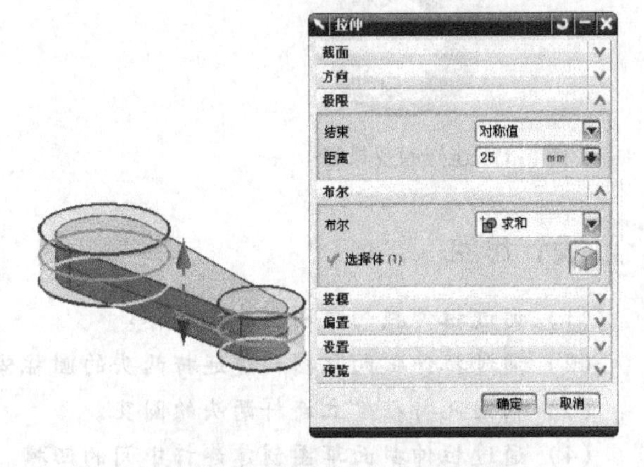

图 5-6 选取草图、设置拉伸参数

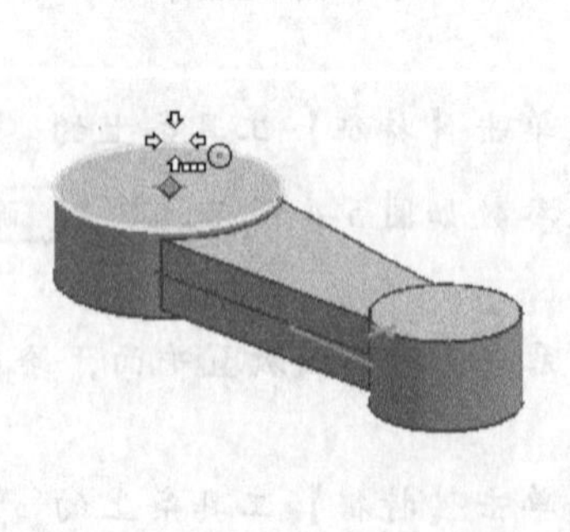

图 5-7 选取孔放置位置点

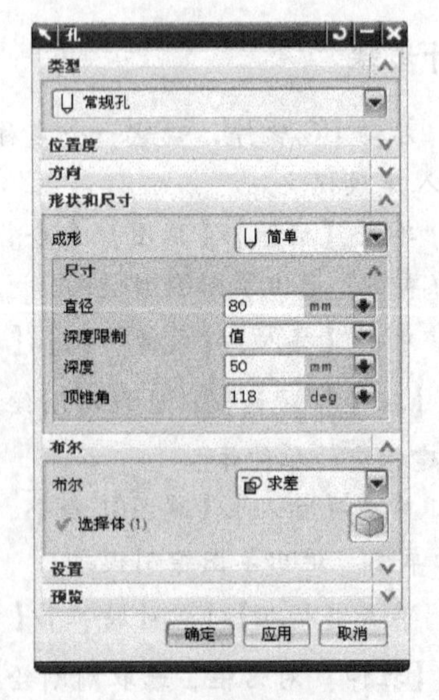

图 5-8 设置孔参数

[7] 同上一步操作，选取孔的放置位置，如图 5-9 所示。设置参数为直径 50、深度 50、尖角 118，使孔的圆心位于放置面圆心处，单击 确定 按钮，则创建相应的孔。

[8]　单击【插入】/【草图】命令，以 XC-YC 坐标系平面为草图放置平面，绘制如图 5-10 所示的草图。退出草图绘制模式。

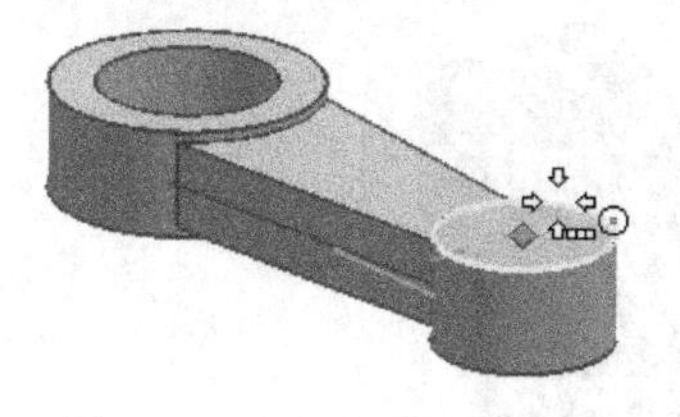

图 5-9　选取孔放置位置点

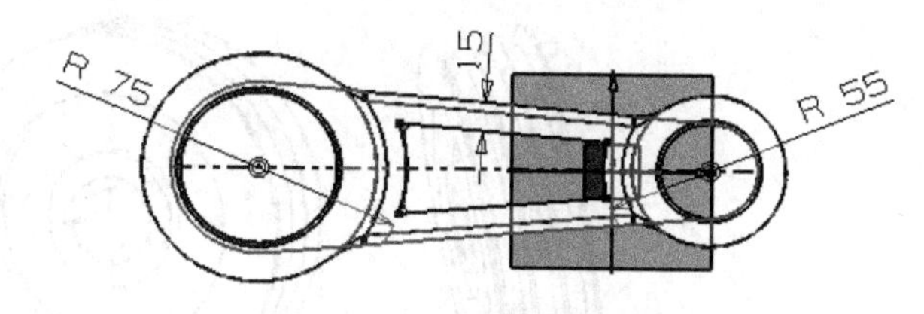

图 5-10　绘制草图

[9]　单击【插入】/【设计特征】/【拉伸】命令，或单击【特征】工具条上的按钮，系统弹出【拉伸】对话框，选取刚刚绘制的草图，设置参数，如图 5-11 所示。单击 确定 按钮，则创建相应的拉伸体。

[10]　进行必要的倒圆角和倒斜角操作（略），保存文件。至此，完成连杆的建模。

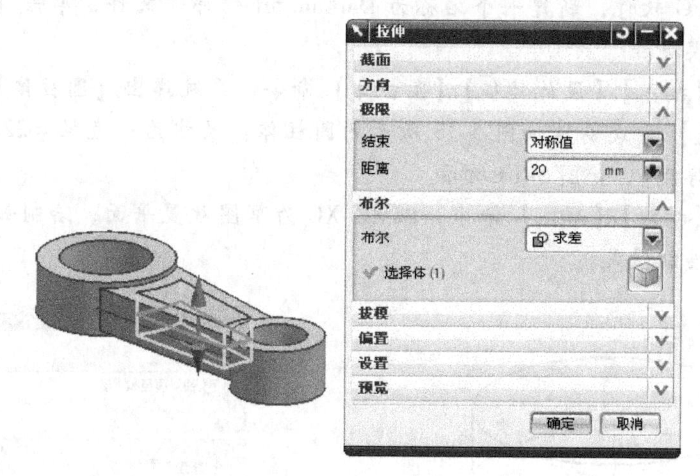

图 5-11　选取草图、设置拉伸参数

5.3　带轮的造型设计

在带传动中，常用的有平带传动、V 带传动、同步带传动等。相应带轮的形状也有区别，平带带轮柱面上没有凹槽，V 带带轮柱面上有梯形凹槽，同步带带轮柱面上有梯形齿。该节以典型的 V 带带轮为例介绍带轮的造型设计。

设计要求

已知 V 带带轮的效果图如图 5-12 所示，制作该 V 带带轮的实体模型。

设计思路

(1) 建立带轮轮体。
(2) 绘制单个轮槽截面曲线。
(3) 通过旋转轮槽截面曲线，切出单个轮槽。
(4) 阵列单个轮槽，完成其他轮槽的创建。

(5) 细化处理（如倒圆角、倒斜角等），完善模型。

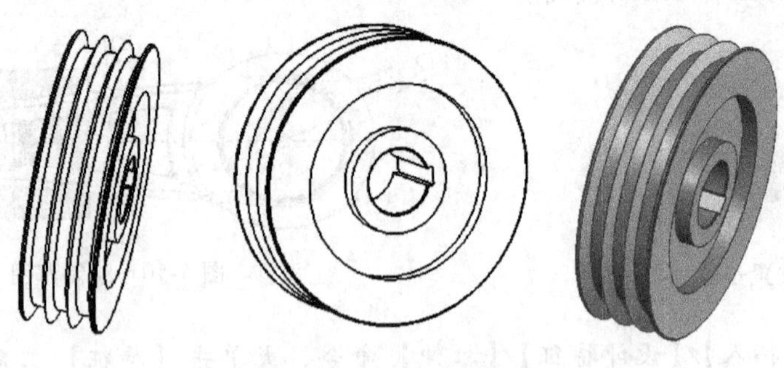

图 5-12 带轮的效果图

设计步骤

[1] 启动 UG 软件，新建一个名称为 DaiLun. prt 的部件文件，单击【起始】/【建模】命令，进入建模模块。

[2] 单击【插入】/【设计特征】/【圆柱体】命令，系统弹出【圆柱体】对话框，采用【轴、直径和高度】方式创建如图 5-13 所示的圆柱体。尺寸为：直径 = 220（带轮直径），高度 = 60（带轮厚度），如图 5-14 所示。

[3] 单击【插入】/【草图】命令，以 ZC-XC 为草图放置平面，绘制如图 5-15 所示的草图。退出草图绘制模式。

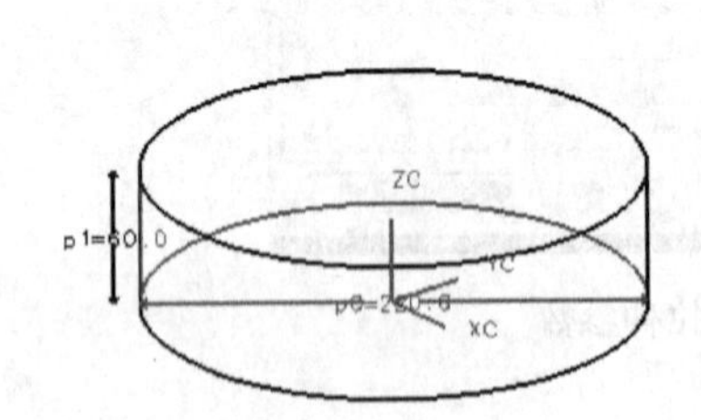

图 5-13 创建圆柱体

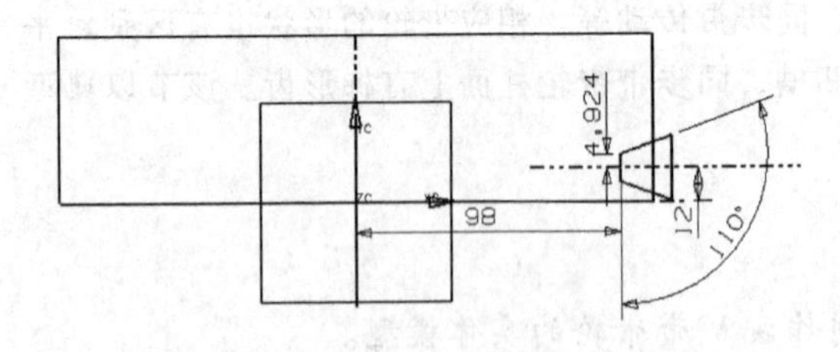

图 5-15 绘制草图

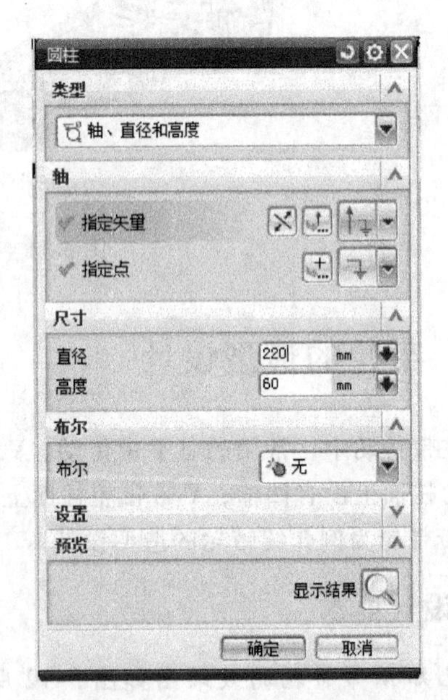

图 5-14 【圆柱】对话框

[4] 单击【插入】/【设计特征】/【回转】命令，或单击【特征】工具条上的按钮，系统弹出【回转】对话框，提示用户选取截面曲线。选取刚刚绘制的草图，指定 Z 轴为旋转轴的方向，指定点（0，0，0）为旋转轴的原点，如图 5-16 所示。在【回转】对话框中设置参数，单击 确定 按钮，则生成相应的回转体。

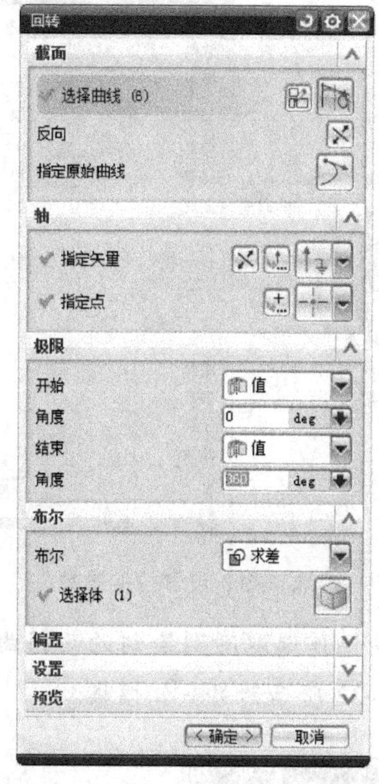

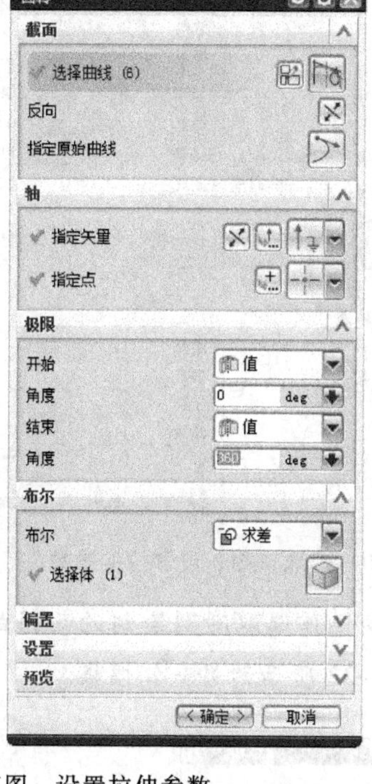

图 5-16　选取草图、设置拉伸参数

图 5-17　设置线性阵列参数

[5]　单击【插入】/【关联复制】/【对特征形成图样】命令，系统弹出【对特征形成图样】对话框。选取刚刚创建的回转体为要阵列的对象，在【布局】下拉列表中选择 线性 选项。设置阵列参数，如图 5-17 所示。单击 确定 按钮，完成对回转特征的的阵列，如图 5-18 所示。

[6]　单击【插入】/【曲线】/【弧/圆】命令，以圆柱体的上表面的圆心为中心绘制两个圆，半径分别为 75、40，如图 5-19 所示。

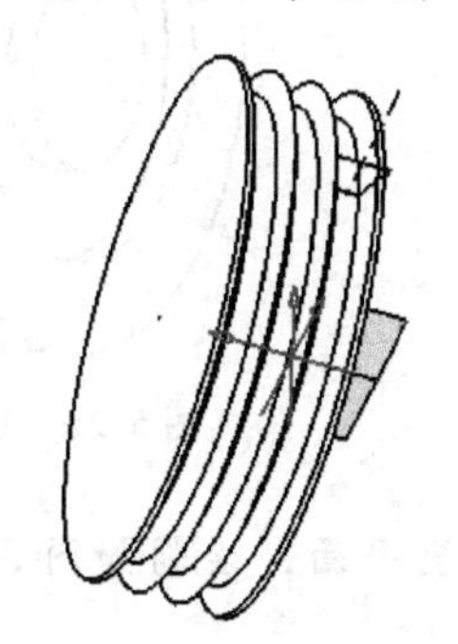

图 5-18　线性阵列特征

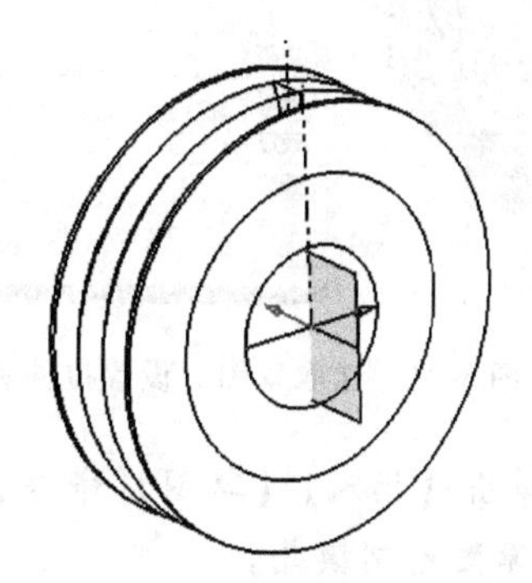

图 5-19　绘制两圆曲线

[7]　单击【插入】/【设计特征】/【拉伸】命令，或单击【特征】工具条上的按钮，系统弹出【拉伸】对话框，选取刚刚绘制的两圆曲线，设置参数，如图 5-20 所示。单击 确定 按钮，则切出相应的幅板。

[8]　单击【插入】/【设计特征】/【拉伸】命令，或单击【特征】工具条上的按钮，

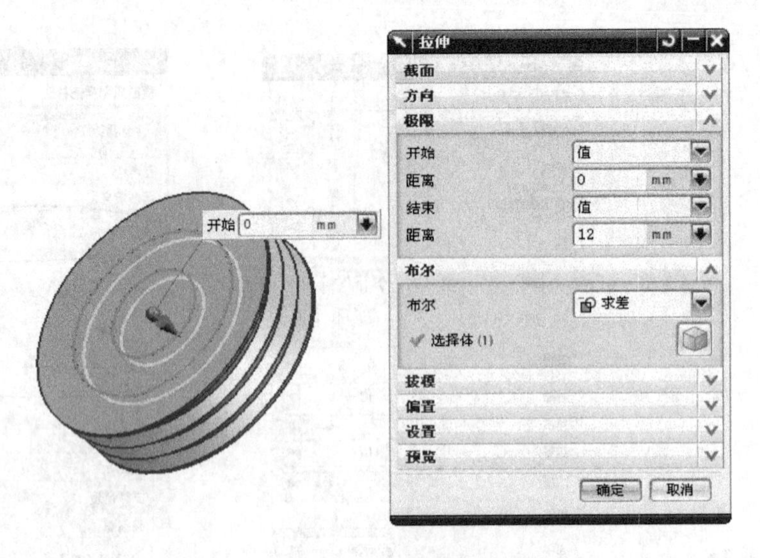

图 5-20　选取草图、设置拉伸参数

系统弹出【拉伸】对话框，同上一步操作选取刚刚绘制的两圆曲线，设置参数，如图 5-21 所示。单击 确定 按钮，切出如图 5-22 所示的另一侧幅板。

图 5-21　选取草图、设置拉伸参数

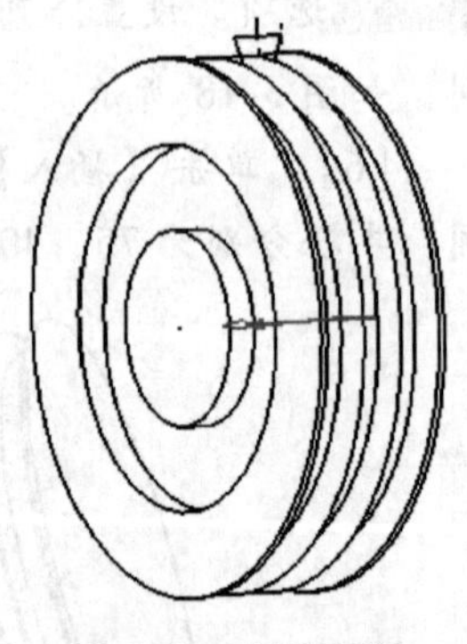

图 5-22　切出幅板

[9]　单击【插入】/【草图】命令，以 ZC-XC 为草图放置平面，绘制如图 5-23 所示的草图。退出草图绘制模式。

[10]　单击【插入】/【设计特征】/【拉伸】命令，或单击【特征】工具条上的按钮，系统弹出【拉伸】对话框，选取刚刚绘制的两圆曲线，设置参数，如图 5-24 所示。单击 确定 按钮，则切出轴孔、键槽。

[11]　进行必要的细化处理（略），结果如图 5-12 所示。至此，完成 V 带带轮的造型设计。

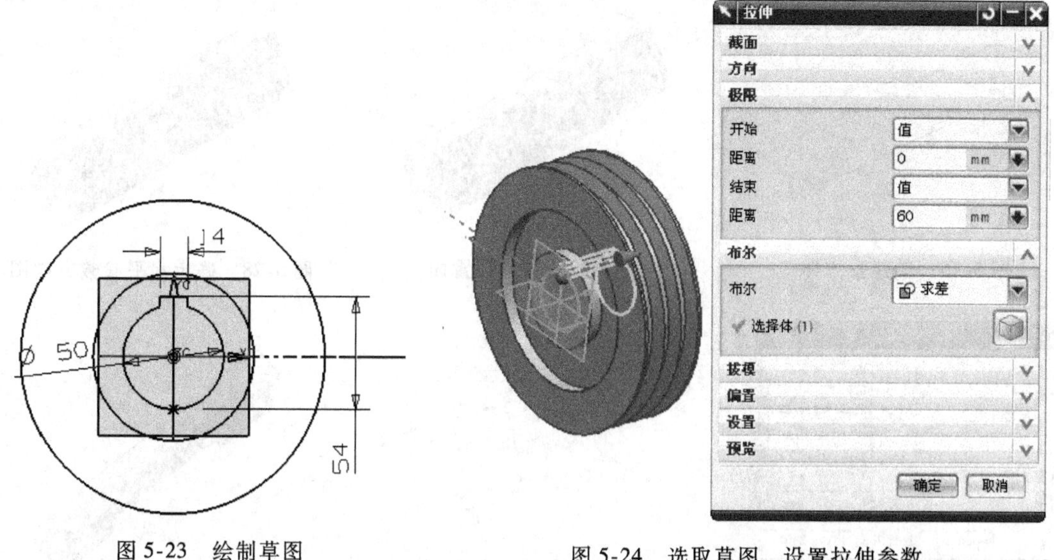

图 5-23　绘制草图

图 5-24　选取草图、设置拉伸参数

5.4　泵体的造型设计

泵体零件的结构一般比较特殊，即凸出结构和孔较多，有时曲面之间具有空间过渡。因此，从总体上讲，并没有比较统一的造型规律可循。但一般可以参考如下的设计思想：首先采用基本方法构建模型主体，然后对凸出特征采取草图截面拉伸或凸垫（或圆台）等特征创建。

设计要求

拟设计一齿轮油泵泵体，其三维结构图如图 5-25 所示。要求实现完全的参数化驱动。

图 5-25　齿轮油泵泵体效果图

造型设计步骤

[1]　启动 UG 程序后，新建一个名称为 ChiLunYouBeng. prt 的部件文件，其单位为 mm。单击【开始】/【建模】命令，进入建模模块。

[2]　单击【插入】/【设计特征】/【长方体】命令，弹出【长方体】对话框，单击□按钮。设置长方体的长、宽、高分别为 85、20、10。指定原点作为长方体的原点，单击 确定 按钮，则生成的长方体如图 5-26 所示。

[3]　单击【插入】/【设计特征】/【腔体】命令，系统弹出【腔体】对话框。单击对话框上的 矩形 按钮，弹出对话框，提示用户选取放置平面。如图 5-27 所示选取放置平面，接着弹出对话框，提示用户确定水平参考方向。选取立方体的一条边缘线作为水平参考方向，则图形显示如图 5-28 所示，并弹出对话框，提示用户设置腔体参数。

[4]　如图 5-29 所示设置腔体参数，单击 确定 按钮，系统弹出对话框，要求确定腔体位置。如图 5-30 所示确定腔体位置，则创建的相应矩形腔体如图 5-31 所示。

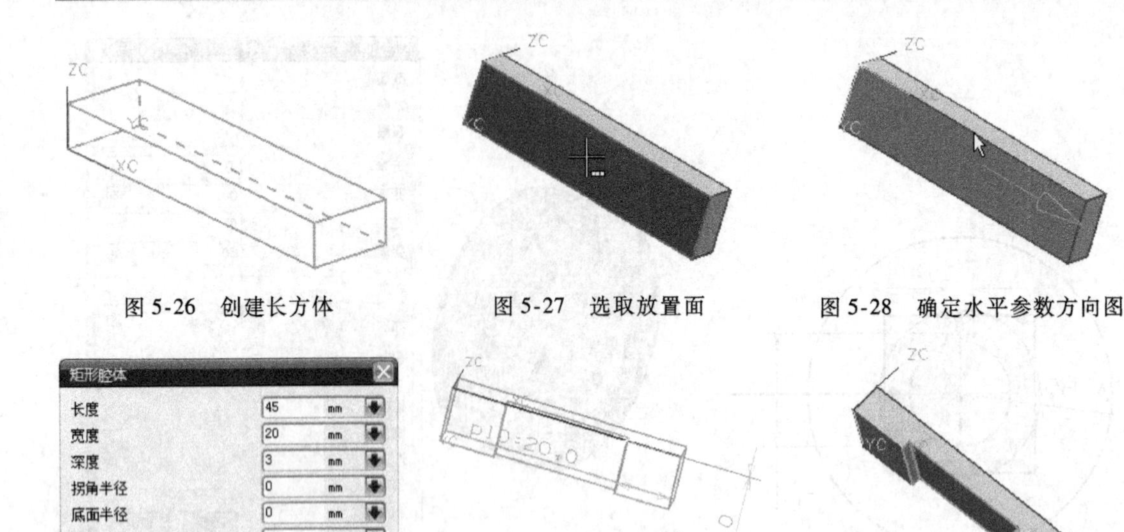

图 5-26　创建长方体　　图 5-27　选取放置面　　图 5-28　确定水平参数方向图

图 5-29　设置腔体参数　　图 5-30　定位腔体　　图 5-31　生成腔体

[5]　单击【插入】/【设计特征】/【孔】命令，系统弹出【孔】对话框，选取常规沉头孔，设置参数如图 5-32 所示。如图 5-33 所示选取孔的放置平面，如图 5-34 所示确定孔的位置。单击 确定 按钮，则创建相应的沉头孔如图 5-35 所示。

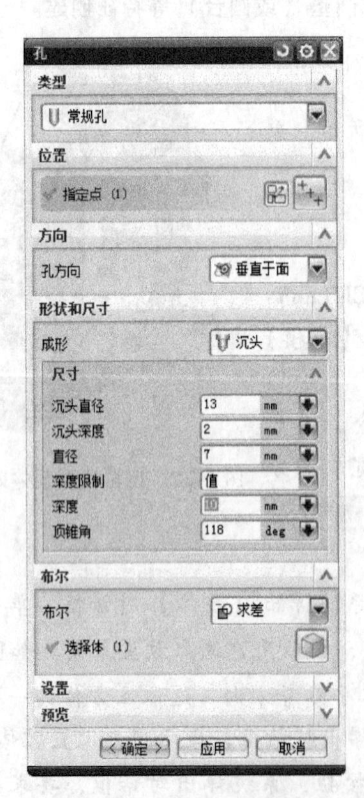

图 5-32　【孔】对话框

图 5-33　选取放置平面

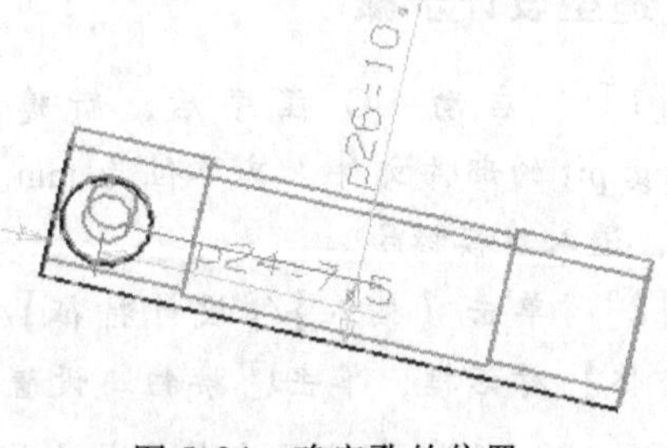

图 5-34　确定孔的位置

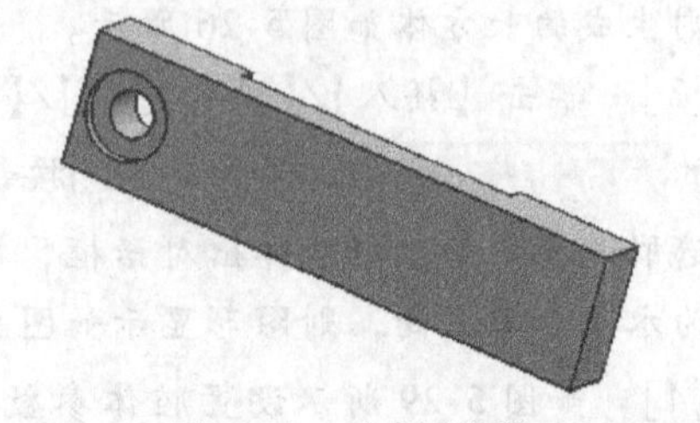

图 5-35　创建沉头孔

[6]　同上一步骤，在另一端创建相同的沉头孔，结果如图 5-36 所示。该步骤也可用“镜像”特征完成。

[7]　以坐标平面 ZC-XC 作为草图平面，绘制如图 5-37 所示的草图。

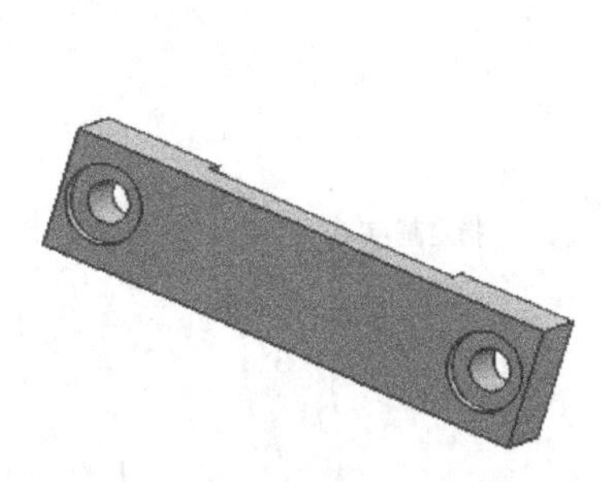

图 5-36　创建另一沉头孔

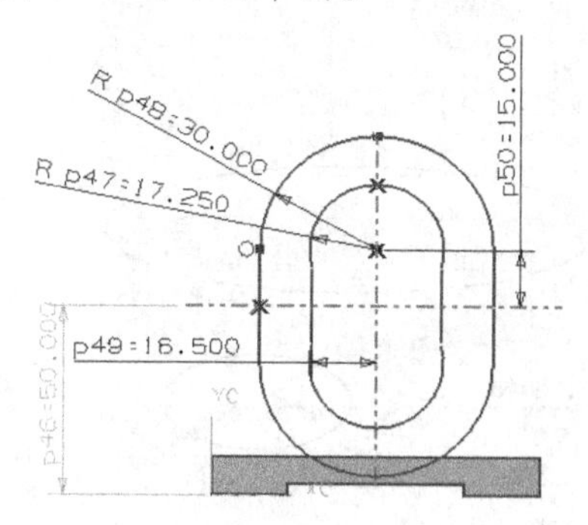

图 5-37　绘制草图

[8]　单击【插入】/【设计特征】/【拉伸】命令，系统弹出【拉伸】对话框。选取刚刚绘制的草图，设置参数如图 5-38 所示。单击 确定 按钮，则生成相应的拉伸体。

[9]　创建常规简单孔，参数为：直径 =6，深度 =20，尖角 =118。定位如图 5-39 所示。

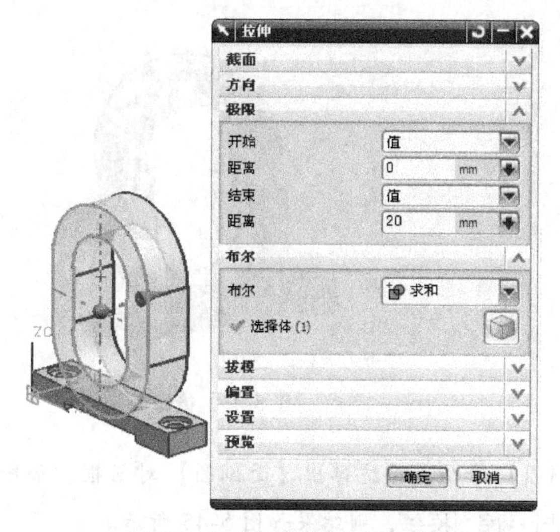

图 5-38　选取草图、设置参数

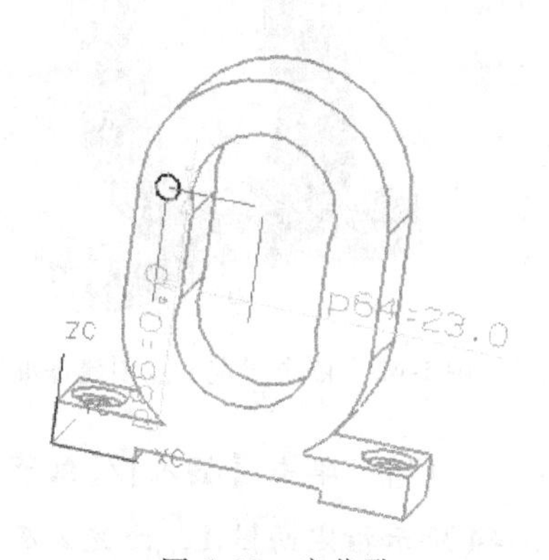

图 5-39　定位孔

[10]　单击【插入】/【关联复制】/【阵列面】命令，系统弹出【阵列面】对话框。选取刚刚创建的孔为要阵列的特征，在【类型】下拉列表中选择 圆形阵列 选项。如图 5-40 所示设置阵列参数，如图 5-41 所示指定旋转方向与基点，单击 确定 按钮，则生成相应的环形阵列。

[11]　单击【插入】/【基准/点】/【基准平面】命令，如图 5-42 所示依次指定 3 点（3 条边缘线的中点），则立即创建相应基准平面。

[12]　单击【插入】/【关联复制】/【阵列面】命令，弹出【阵列面】对话框，在【类型】下拉列表中选择 镜像 选项。选取 3 个横向孔为要进行镜像的对象，选取刚才创建的基准面为镜像平面。单击 确定 按钮，则结果如图 5-43 所示。

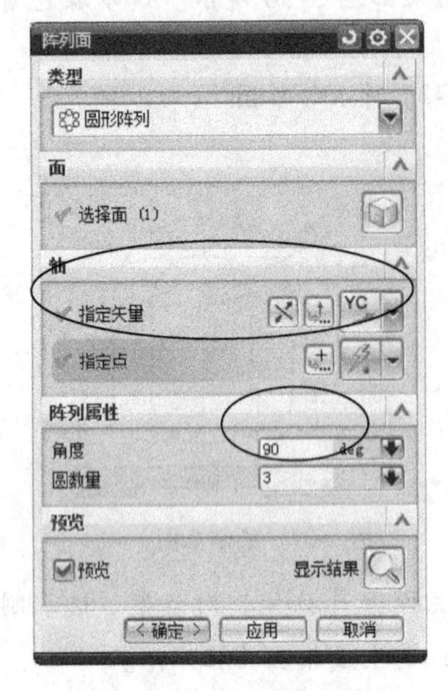

图 5-40 设置圆形阵列参数

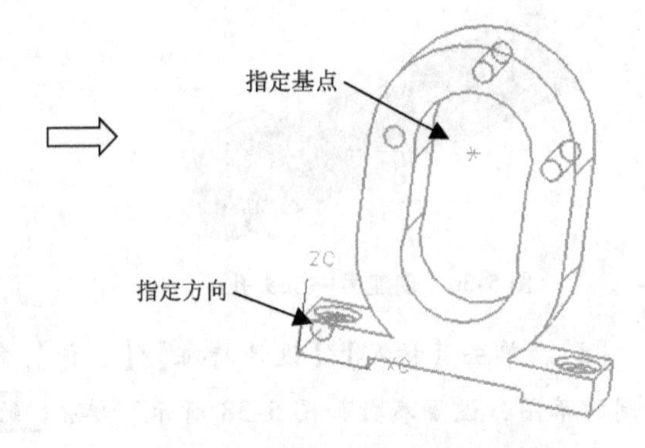

图 5-41 指定圆形阵列的旋转轴与基点

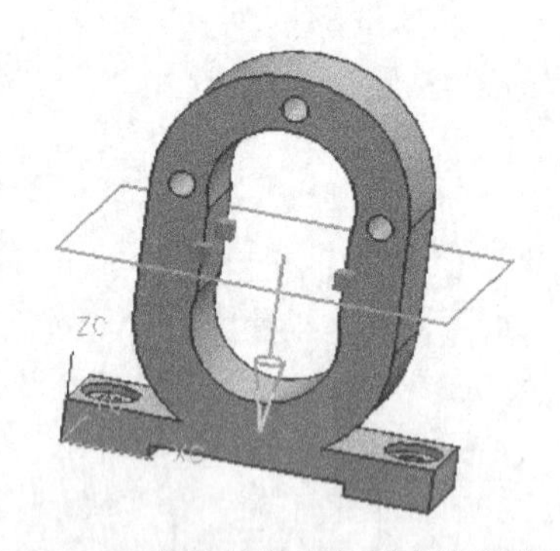

图 5-42 依次指定 3 点创建基准平面

图 5-43 镜像面

[13] 单击【插入】/【细节特征】/【面倒圆】命令，系统弹出【面倒圆】对话框。如图 5-44 所示指定面链 1、面链 2 及其法向，单击 确定 按钮，则结果如图 5-45 所示。

[14] 重复上一步骤，生成另一面倒角，如图 5-46 所示。

[15] 单击【插入】/【设计特征】/【凸台】命令，系统弹出【凸台】对话框。设置参数为：直径 =18，高度 =10，拔模角 =0。如图 5-47 所示选取圆台的放置面，如图 5-48 所示定位圆台。单击 确定 按钮，则创建相应的圆台。

[16] 在刚创建的圆台上创建常规简单孔，参数为：直径 =10，深度 =25，尖角 =118。如图 5-49 所示选取孔的放置面，使孔的圆心与圆台的圆心重合。单击 确定 按钮，则创建相应孔。

[17] 重复步骤 [15] ~ [16]，创建对称结构的圆台与孔，结果如图 5-50 所示。

[18] 进行一些必要的圆角和倒角处理（略）。至此，依据题意完成齿轮油泵的造型设计。

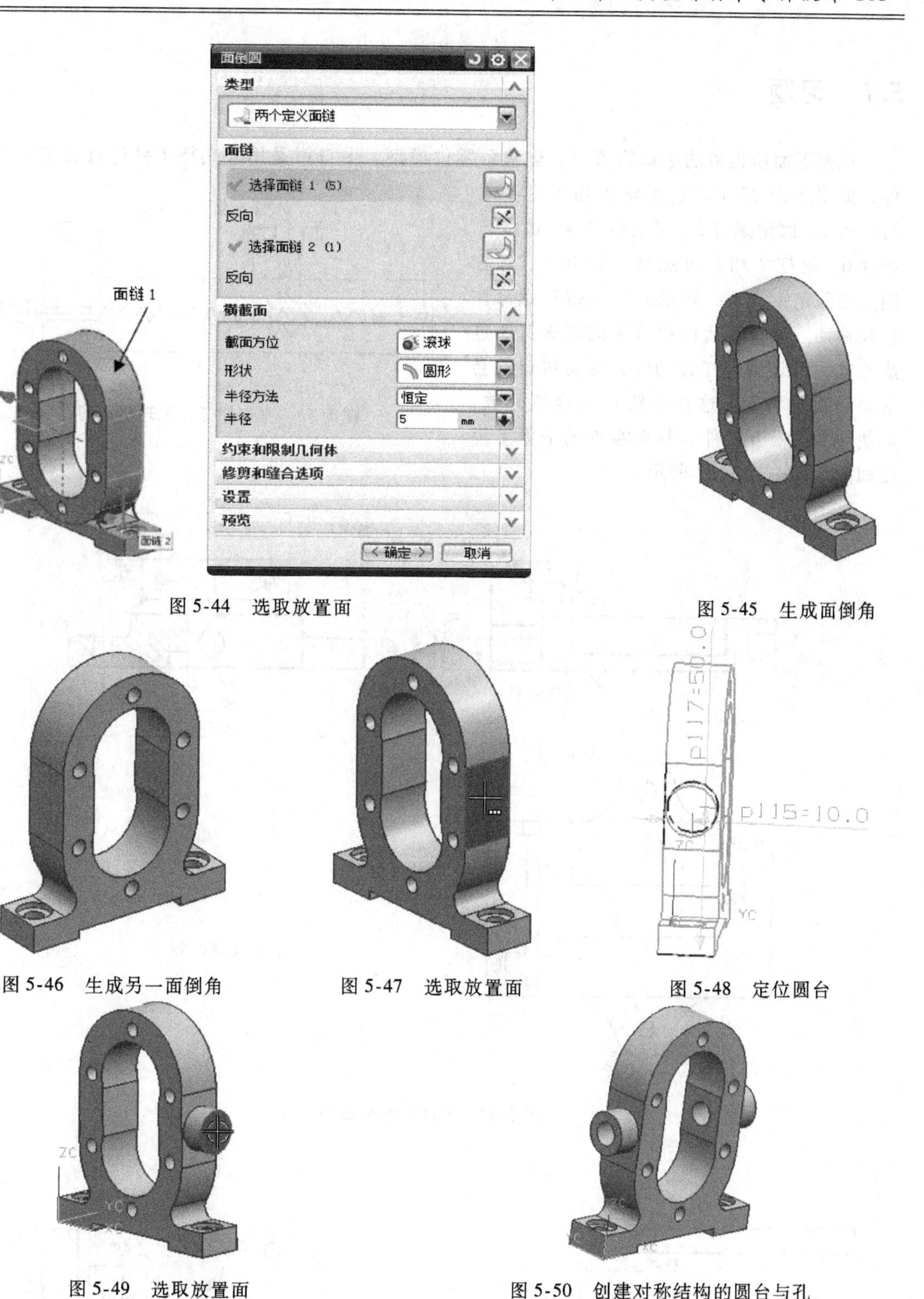

图 5-44　选取放置面

图 5-45　生成面倒角

图 5-46　生成另一面倒角

图 5-47　选取放置面

图 5-48　定位圆台

图 5-49　选取放置面

图 5-50　创建对称结构的圆台与孔

5.5　本章小结

本章以一些常见的零件为例，说明了一般普通零件的创建方法，为读者的零件建模提供相应的参考。

5.6 习题

依据下面所提供的平口钳资料，创建各零件模型。平口钳是用来夹持工件进行加工用的部件，如图 5-51 所示。它主要由固定钳身 1、钳口板 2、固定螺钉 3、活动钳口 4、螺母 5、垫片 6、丝杠 7 和方块螺母 8 等组成。丝杠固定在固定钳身上，转动丝杠可带动螺母作直线移动。螺母与活动钳口用固定螺钉 3 连成整体，因此当丝杠转动时，活动钳口就会沿固定钳身移动。这样使钳口闭合或开放，以便加紧或松开工件。其各零件的平面工程图如图 5-52 ~ 图 5-57 所示。

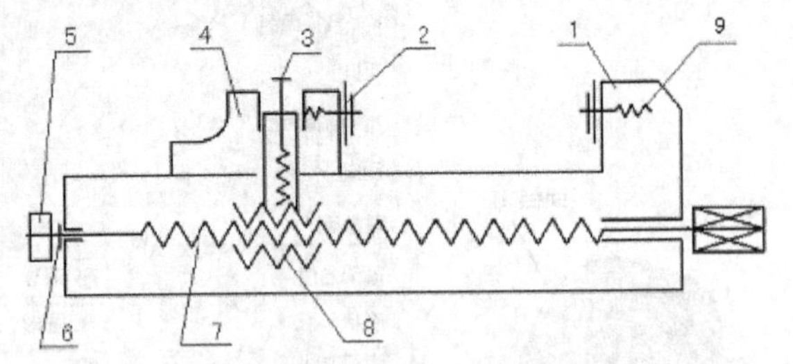

图 5-51　平口钳工作原理示意图

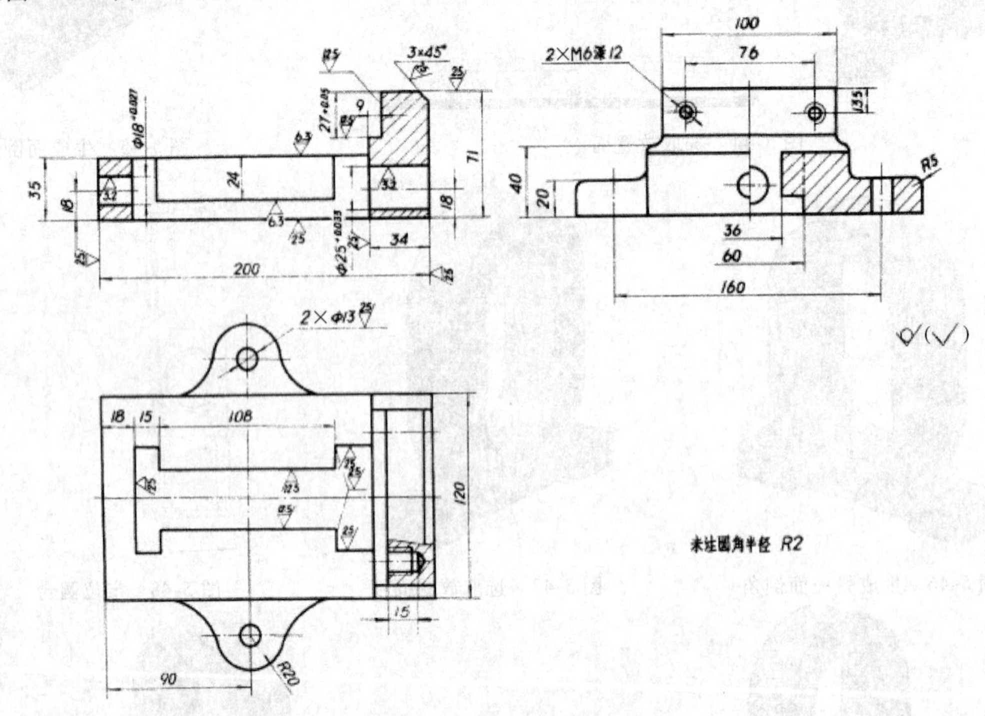

图 5-52　零件 1 的平面图

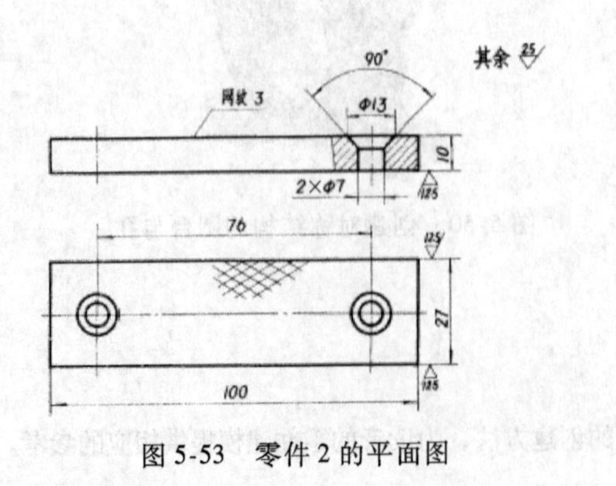

图 5-53　零件 2 的平面图

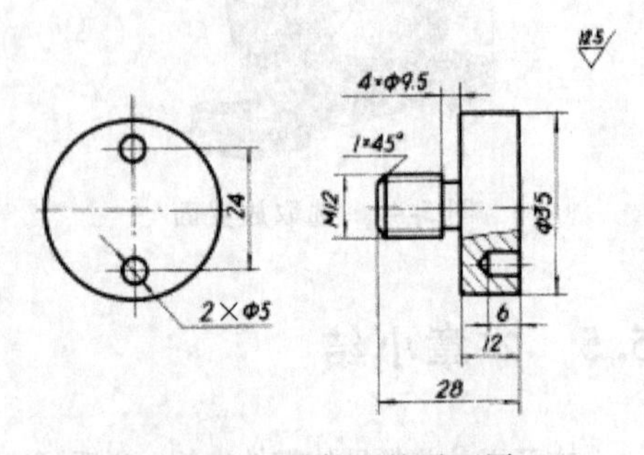

图 5-54　零件 3 的平面图

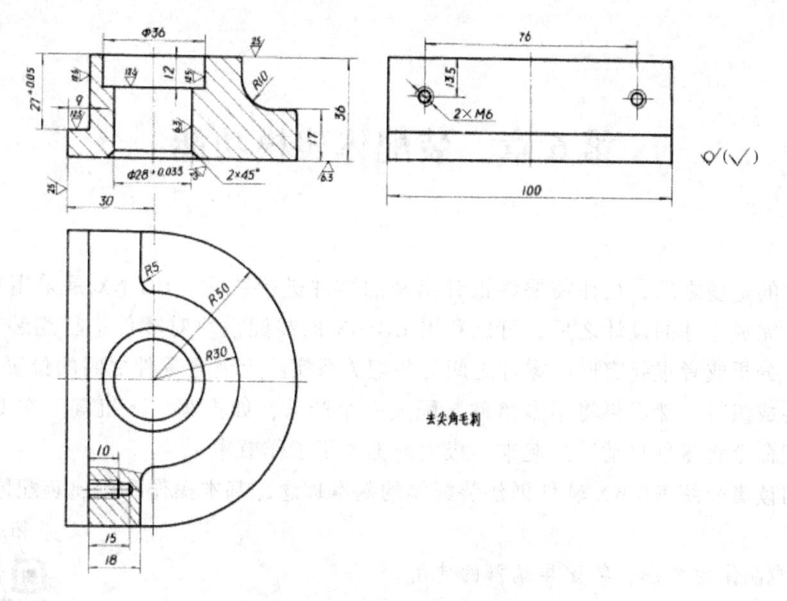

图 5-55　零件 4 的平面图

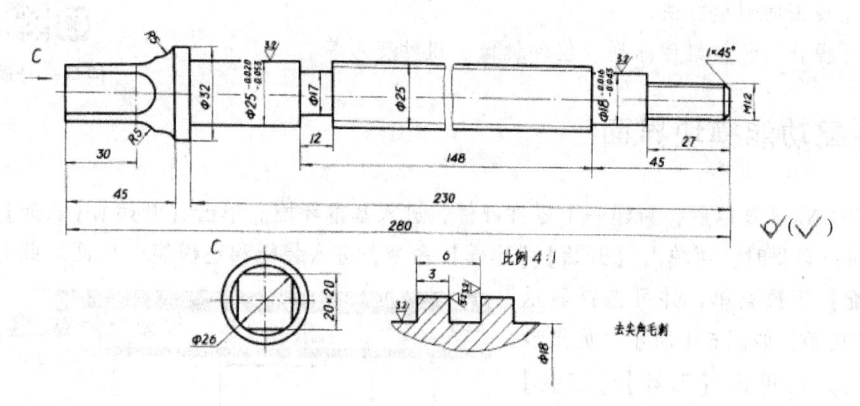

图 5-56　零件 7 的平面图

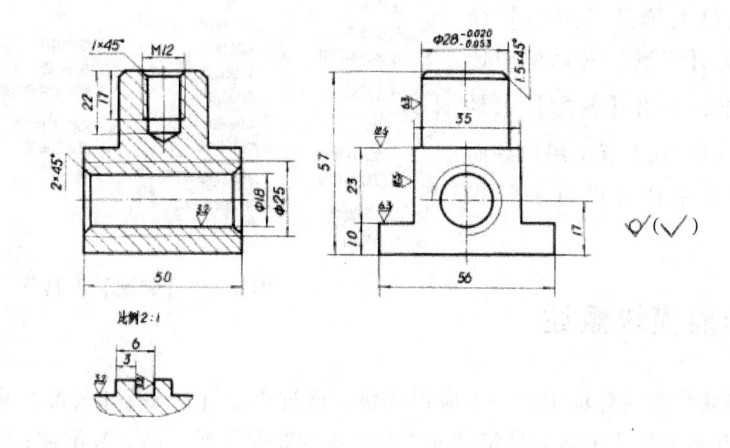

图 5-57　零件 8 的平面图

第 6 章　装配体建模功能

完成零件的造型之后，往往需要将设计出来的零件进行装配。UG NX 是采用单一数据库的设计，因此在完成零件的设计之后，可以利用 UG NX 的装配模块对零件进行组装，然后对该组件进行修改、分析或者重新定向。零件之间的装配关系实际上就是零件之间的位置约束关系，可以将零件组装成组件，然后再将很多组件装配成一个产品，如汽车、飞机等。在 UG NX 中，通过一系列装配命令将零件自动装配起来，极大地提高了工作效率。

本章将向读者介绍 UG NX 软件创建装配体的基本理念、基本操作和创建装配体的一般方法。

【本章重点】

拓展视频

神舟一号返回舱

- 创建装配体的方法、装配导航器的使用。
- 装配配对方法。
- 爆炸视图的创建方法。
- 组件操作，包括组件阵列、组件镜像、组件变形等。

6.1　装配功能模块界面

启动 UG NX 8.0 以后，新建一个零件部件，进入基本环境。单击【开始】/【装配】命令，进入装配界面；必要时，再单击【开始】/【建模】命令，进入装配和建模组合界面。此时，界面中多了【装配】下拉菜单，并可选择显示【装配】工具条，如图 6-1 所示。如果没有显示，用户可单击【工具】/【定制】命令，或者在已经存在的工具条上右击，在弹出的快捷菜单上选择【定制】命令，在系统弹出的【定制】对话框中选中✔装配复选框，调出【装配】工具条，具体操作可参照 10.1 节中用户界面调整的内容。接下来即可进行装配操作了。

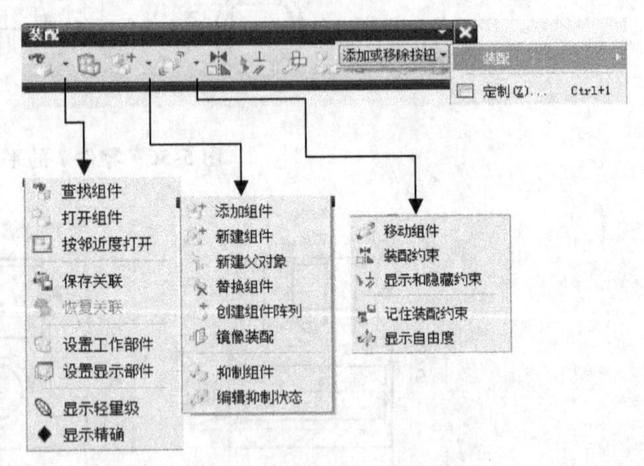

图 6-1　【装配】工具条

6.2　装配功能模块概述

UG 的装配模块是集成环境中的一个应用模块，通过单击【开始】/【装配】命令进入，其作用是：一方面将基本零件或子装配体组装成更高一级的装配体或产品总装配体；另一方面可以先设计产品总装配体，然后再拆成子装配体和单个可以直接用于加工的零件。在装配模块中，可以轻松地将各零部件通过相互之间的定位关系装配在一起，可以创建产品的总体结构、绘制装配图，可以检查零部件之间的干涉情况以及装配体的运动情况是否符合设计的要求，还可以通过系统提供的爆炸视图功能直观地显示所有零件相互之间的位置关系。

6.2.1　装配术语

为了便于读者学习后续内容，下面解释几种有关的装配术语。

1. 装配

装配是指零件和子装配的集合，用来表示一个产品。在 UG 中，装配是指包含组件的一个 Part 文件，称为装配部件。

2. 组件

组件是指装配中所引用到的部件，它有特定的位置与方位。一个组件可以是由其他下层组件所构成的一个“子装配”。装配中的每一组件只包含一个指向其“部件主文件”的指针。一旦修改组件的几何对象，利用同一部件主文件的所有其他组件，都会自动更新以反映其改变。组件有时也称为“装配件”。

3. 组件部件

组件部件是指装配中被某一组件所指向的一个“部件主文件”。该文件中保存组件的实际几何对象，在装配中只是引用而不是复制这些对象。

4. 组件成员

组件成员是指装配中显示的“组件部件”中的几何对象。若利用了“引用集”，则组件成员可能只是组件部件中的所有几何对象的一个子集。组件成员也被称为“组件几何”。

5. 引用集

引用集是指部件中已命名的几何体集合，可用于在较高级别的装配中简化组件部件的图形显示。

6. 配对条件

配对条件是指单个组件的约束集。尽管一个配对条件可以与多个其他组件存在关系，但装配中的每一组件只能有这样的一个配对条件。

7. 上下文设计

上下文设计是指直接修改装配中所显示的“几何组件”的能力。可利用其他组件中的几何对象来帮助建模。

8. 关联设计

关联设计是指按照组件几何体在装配中的显示对它直接进行编辑的功能。可选择其他组件中的几何体来帮助建模，也称为就地编辑。

9. 显示部件

显示部件是指当前显示在图形窗口中的部件文件。

10. 工作部件

工作部件是指可以建立和编辑几何对象的部件文件。工作部件可以是显示部件，也可以是装配显示部件中任何组件的“部件主文件”。若显示的不是一个装配部件，而是一个零件部件，则工作部件总是与其显示部件一致。

11. 已加载部件

已加载部件是指任何一个当前在内存中被打开的部件文件。部件文件可以用下拉菜单

【文件】/【打开】显式打开，也可以在打开一个装配部件（当该装配中引用了该部件）时隐式打开。

6.2.2 创建装配体的方法

根据装配体与零件之间的引用关系，可以有以下 3 种创建装配体的方法：

1. 自顶向下装配

自顶向下装配是指首先设计完成装配体，并在装配级中创建零部件模型，然后再将其中的子装配体模型或单个可以直接用于加工的零件模型另外存储。

2. 自底向上装配

自底向上装配是指首先创建零部件模型，再组合成子装配，最后生成装配部件的装配方法。

3. 混合装配

混合装配是指将自顶向下装配和自底向上装配结合在一起的装配方法。例如，首先创建几个主要部件模型，再将其装配在一起，然后在装配中设计其他部件。在实际设计中，可根据需要在两种模式下切换。

6.2.3 装配导航器

为了方便用户管理装配组件，UG NX 8.0 专门以独立窗口形式提供了装配导航器，如图 6-2 所示。该窗口以树结构的图形方式显示了装配结构，用户在它的内部可以进行改变工作部件、改变显示部件、隐藏组件、删除组件、编辑装配配对关系等操作。

在装备导航器窗口中，第一个节点表示基本装配部件，其下方的每一个节点均表示装配中的一个组件部件，显示出的信息有部件名称、文件属性（如只读）、修改情况、位置、数量、引用集名称等。

每一个节点前，均有一个检查框标志 ☑。单击该标志可以隐藏指定组件或重新显示组件。检查框后面的图标表示组件是单个零件（□）还是子装配（□）。双击节点按钮或部件名，可以将指定部件设定为“工作部件”。

下面介绍与装配导航器有关的常用操作。

1. 编辑组件

如图 6-2 所示，在【装备导航器】窗口中通过双击组件名称（如 Qian-02），使其成为当前“工作部件”，并以高亮颜色显示。此时，可以编辑该组件。编辑的结果将保存到其部件文件中。退出编辑组件状态的方法是双击第一个节点的基本装配部件，如 QJD-asm。

2. 组件操作快捷菜单

把光标放到组件节点上右击，将弹出组件操作快捷菜单，如图 6-3a 所示。利用该快捷菜单，用户可以很方便地管理组件。

3. 立即菜单

把光标放在【装配导航器】内的空白区域右击，将弹出立即菜单，如图 6-3b 所示。利用该立即菜单，用户可以对【装配导航器】进行管理。

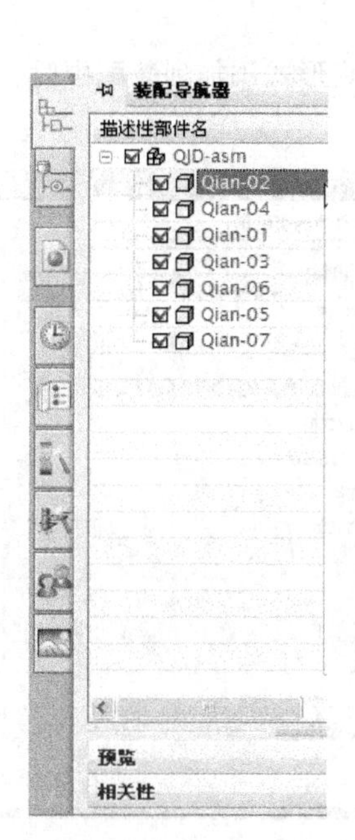

图 6-2　装配导航器

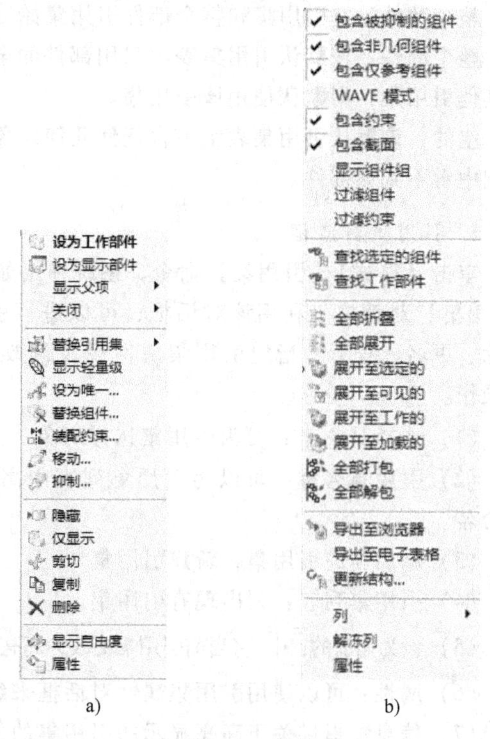

图 6-3　菜单
a）快捷菜单　b）立即菜单

4. 下拉菜单

单击【工具】/【装配导航器】命令，系统弹出下拉菜单。该下拉菜单与立即菜单有许多相似之处。利用该下拉菜单，用户同样可以对【装配导航器】进行管理。

6.2.4　引用集

在装配的过程中，由于各部件含有草图、基准平面以及其他辅助图形数据，所以在显示各部件和子装配的所有数据时，视图区各类对象错综复杂，给操作带来不便，同时有些辅助图形对象在装配中是没有利用价值的，这就造成了内存空间的大量浪费，引用集就是针对这类问题而产生的。引用集有两种：NX 管理的自动引用集和用户定义的引用集。

1. 引用集的概念

引用集是用户在零部件中定义的部分几何对象，它替代相应的零部件参与装配。利用引用集，在装配中可以只显示某一组件中指定引用集的那部分对象，而其他对象不显示在装配模型中。这样，在不改变实际装配结构或修改组件模型的情况下，可以大大简化装配模型中某些部分对象的显示，甚至可以完全不显示某些部分的对象。

引用集必须在各自的装配组件中定义，同一个部件模型中可以定义多个引用集。例如，一个引用集只包含实体模型；另一个引用集只包含线框轮廓，而不含模型的任何细节；第三个引用集不含任何几何对象（即空引用集）；也可以利用引用集来表示零件模型的不同制造阶段。

2. NX 管理的自动引用集

UG NX 8.0 最多自动管理 7 个引用集：DRAWING、MATE、SIMPLIFIED、BODY、MODEL、

空、整个部件。空引用集和整个部件引用集始终存在。

整个部件：该默认引用集表示引用部件的全部几何数据。在添加部件到装配中时，如果不选择其他引用集，则默认使用该引用集。

空的：该默认引用集表示不含任何几何对象，当部件以空的引用集形式添加到装配中时，在装配中看不到该部件。

3. 引用集对话框

单击【格式】/【引用集】命令，系统弹出如图 6-4 所示的【引用集】对话框。利用该对话框，可以进行引用集的建立、删除、更名、查看、指定引用集属性以及修改引用集的内容等操作。

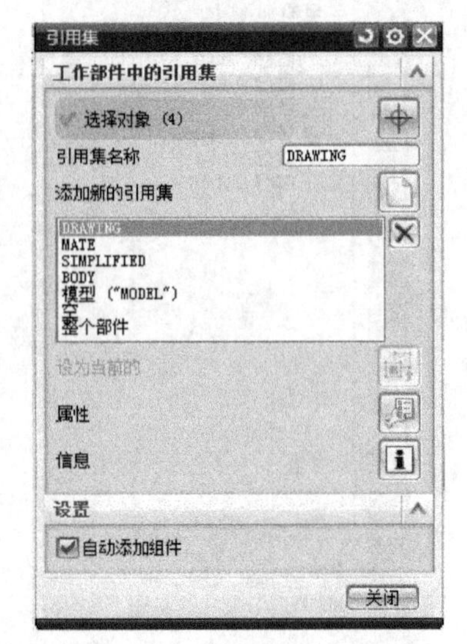

图 6-4 【引用集】对话框

（1）选择对象：可为引用集选择对象。

（2）引用集名称：可以为引用集列表中高亮显示的引用集命名。

（3）添加新的引用集：新建引用集。

（4）引用集列表：列出现有引用集。

（5）设为当前的：将当前引用集更改为高亮显示的引用集。

（6）属性：可以使用引用集属性对话框来编辑引用集。

（7）信息：提供关于高亮显示的引用集的信息。

（8）自动添加组件：指定是否将新建的组件自动添加到高亮显示的引用集中。同样，新建引用集时，该复选框控制是否将现有组件自动添加到新引用集中。

6.3 组件

【组件】菜单中提供用于创建和编辑装配组件的命令。

6.3.1 添加组件

通过单击【装配】/【组件】/【添加组件】命令，或单击【装配】工具栏上的按钮，系统弹出如图 6-5 所示的【添加组件】对话框。利用该对话框可以向装配环境中引入一个部件作为装配组件。该种创建装配模型的方法即是前面所说的“自底向上”方法。

6.3.2 创建新组件

通过单击【装配】/【组件】/【新建】命令，或单击【装配】工具栏上的按钮，可以将在装配环境中建立的独立模型选存为组件文件。该种创建装配模型的方法即是前面所说的“自顶向下”方法。

在操作中会弹出如图 6-6 所示的【新建组件】对话框，其中各参数的说明如下：

1. 对象

（1）选择对象：可选项，允许用户选择要添加到新组件中的对象。

（2）添加定义对象：指定定义对象（如基准平面）是否包括在用户选择的对象之内。如果没有选中【添加定义对象】复选框，则用户选择的基于未选择定义对象的对象将不计入新组件；

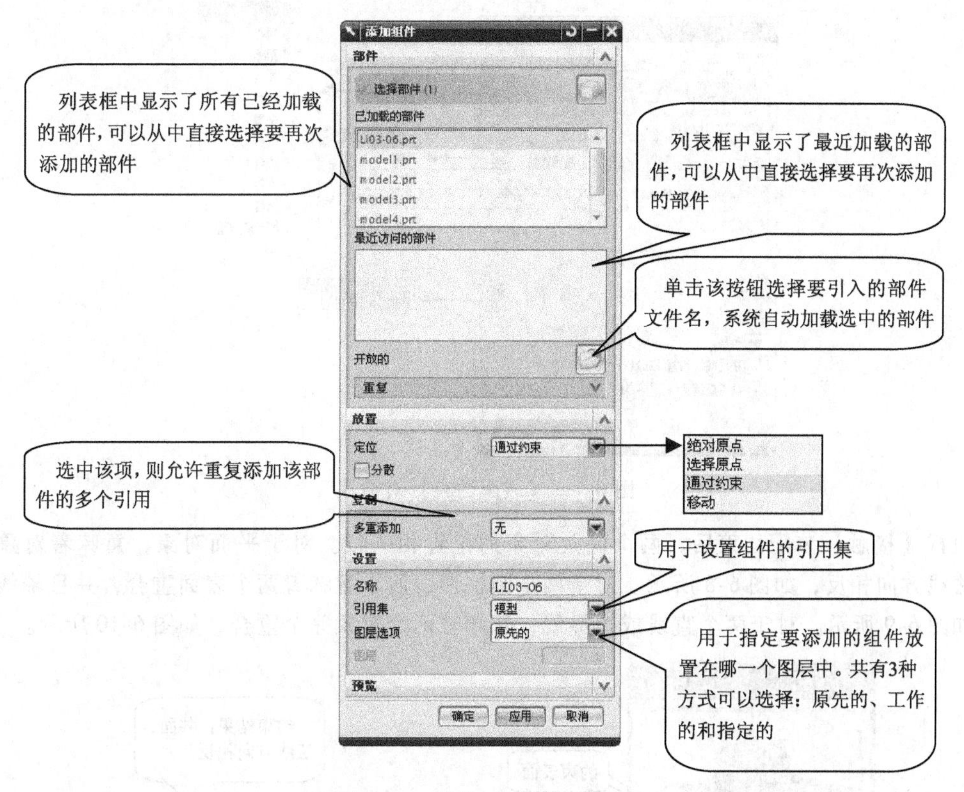

图 6-5　【添加组件】对话框

否则，所有选定的几何体和定义对象都将被复制到新组件中。

图 6-6　【新建组件】对话框

2. 设置

（1）组件名：指定要创建的组件的文件名。

（2）引用集：为新组件指定引用集。

（3）图层选项：指定将组件几何体放置于原始图层、工作图层，还是用户指定的图层上。

（4）组件原点：指定组件的定位原点，即组件中绝对坐标系的原点。系统提供了两种选择：WCS，采用当前工作坐标系的原点及其方位；绝对，采用当前绝对坐标系的原点与方位。

（5）删除原对象：选中该复选框，创建新的组件以后，则将选定的对象从当前装配中删除，装配环境中仅保留新创建的组件。

6.3.3　装配约束

添加或创建组件到装配体后，还要确定各组件之间的约束关系，以确定组件的装配位置。单击【装配】/【组件位置】/【装配约束】命令，或单击【装配】工具条上的按钮，系统弹出如图 6-7 所示的【装配约束】对话框。利用该对话框可以建立 10 种组件之间的约束关系。

1. 接触对齐

【接触对齐】约束可约束两个组件，使其彼此【接触】或【对齐】。这是最常用的约束。

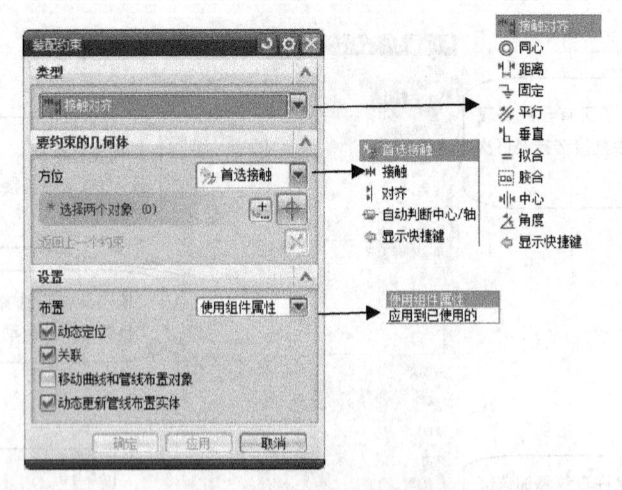

图 6-7　【装配约束】对话框

执行【接触】装配约束后，两个同类对象的位置相一致。对于平面对象，意味着对象共面并且法线方向相反，如图 6-8 所示。对于两个圆柱形表面，意味着两个表面重合，并且轴线相一致，如图 6-9 所示。对于两个直线或边界线，意味着两个对象完全重合，如图 6-10 所示。

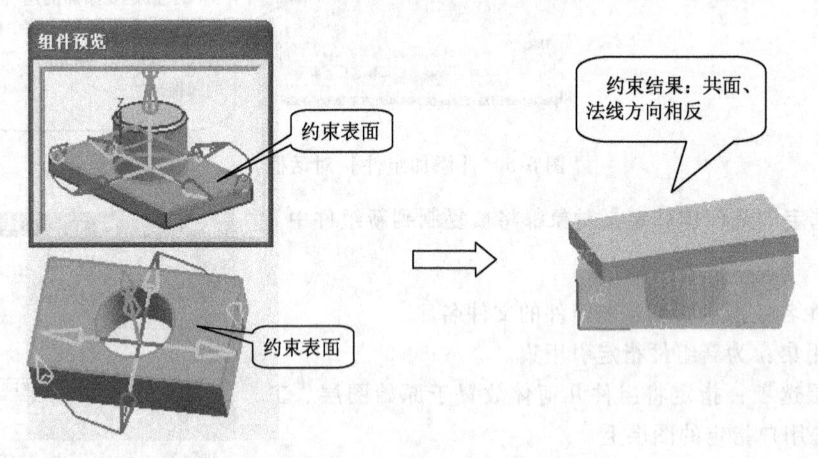

图 6-8　两平面【接触】约束示例

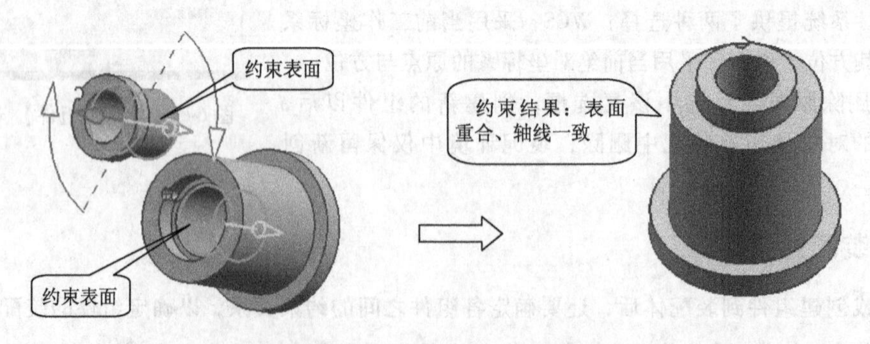

图 6-9　两圆柱面【接触】约束示例

执行【对齐】装配约束后，两个同类对象的位置相一致，法线或轴线对齐。对于平面对象，意味着共面并且法线方向相同，如图 6-11 所示。对于两个圆柱形表面、两条直线或两条边界线，其意义与【接触】装配约束一致。

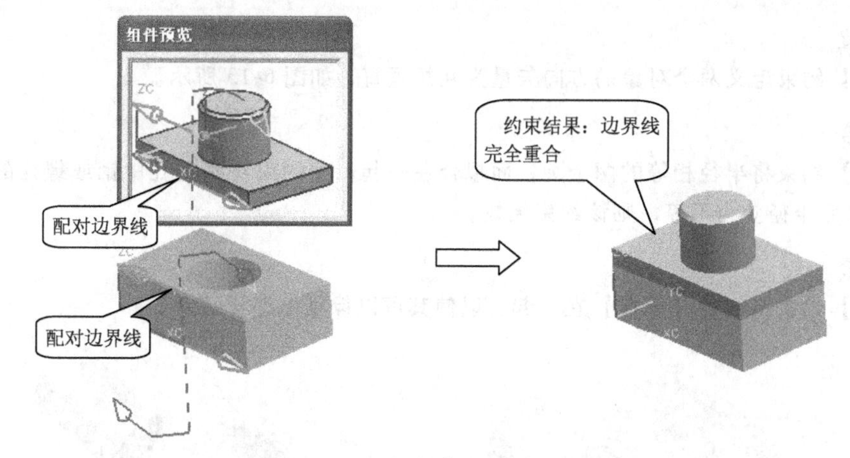

图 6-10　两边界线【接触】约束示例

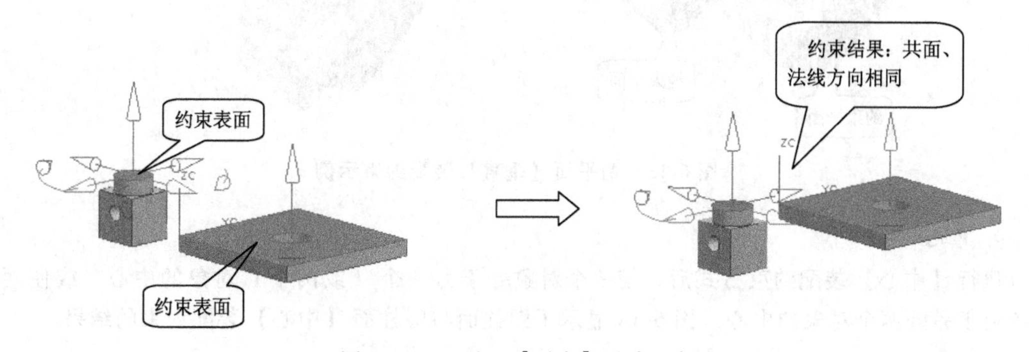

图 6-11　两平面【对齐】约束示例

2. 同心

【同心】约束两个组件的圆形边界或椭圆边界，以使中心重合，并使边界的面共面。如果选择接受公差曲线装配首选项，则也可选择接近圆形的对象（在距离公差范围内）。

3. 距离

【距离】约束指定两个对象之间的最小 3D 距离。

4. 固定

【固定】约束将组件固定在其当前位置。要确保组件停留在适当位置且根据其约束其他组件时，此约束很有用。

5. 平行

【平行】约束定义两个对象的方向矢量为互相平行，如图 6-12 所示。

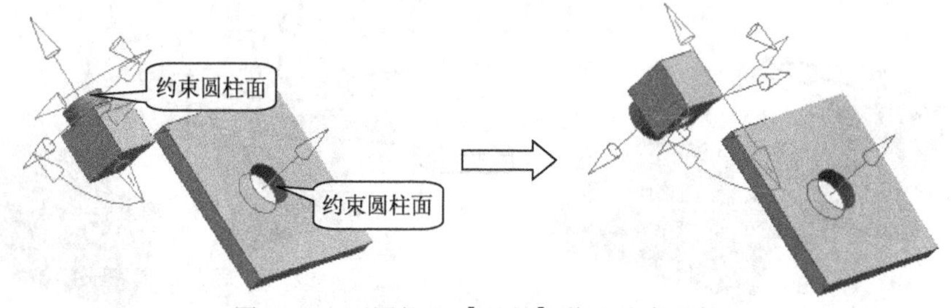

图 6-12　两圆柱面【平行】装配约束示例

6. 垂直

【垂直】约束定义两个对象的方向矢量为互相垂直，如图 6-13 所示。

7. 拟合

【拟合】约束将半径相等的两个圆柱面拟合在一起。此约束对确定孔中销或螺栓的位置很有用。如果以后半径变为不等，则该约束无效。

8. 胶合

【胶合】约束将组件【焊接】在一起，以使其可以像刚体那样移动。

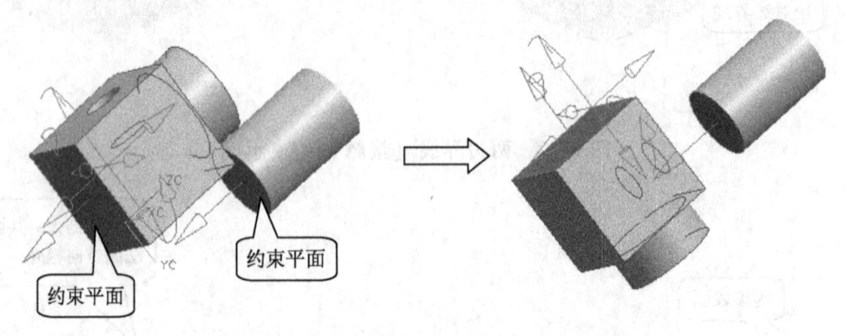

图 6-13　两平面【垂直】装配约束示例

9. 中心

执行【中心】装配约束方式后，使一个对象处于另一个（或两个）对象的中心，或使两个对象处于另外两个对象的中心。图 6-14 显示了圆柱面与圆柱面【中心】装配约束的结果。

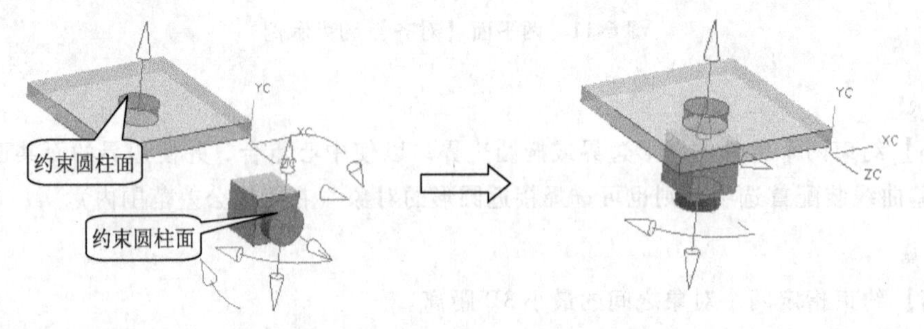

图 6-14　【中心】装配约束示例

10. 角度

执行【角度】装配约束方式后，定义两个具有方向矢量的对象之间的夹角大小。图 6-15 显示了两圆柱面矢量之间约束角度为 30°的情况。

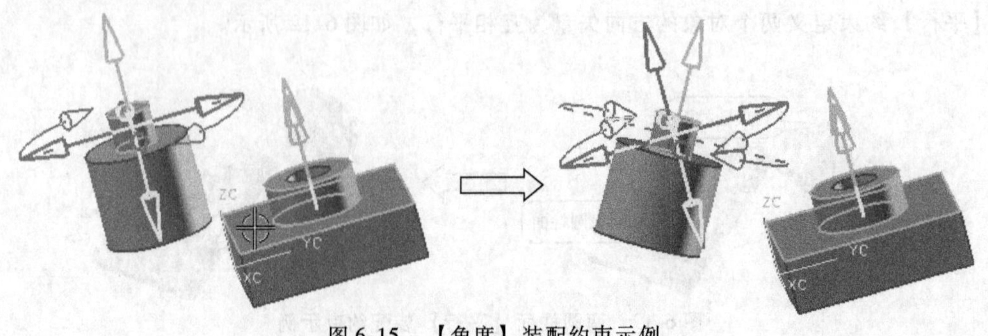

图 6-15　【角度】装配约束示例

6.3.4　镜像装配

对于对称结构产品的造型设计，用户只需要建立产品一侧的装配，然后利用 UG 的镜像装配向导提供的功能建立另一侧装配即可。

很多用 NX 创建的装配实际上是对称程度相当高的大型装配的一侧。使用镜像装配功能，用户仅需创建装配的一侧。随后可创建镜像版本以形成装配的另一侧。用户可以对一整个装配进行镜像，也可以选择个别组件进行镜像，还可指定要从镜像的装配中排除的组件。

镜像装配向导共有 5 步，对应 5 个对话框。

（1）选择【装配】/【组件】/【镜像装配】命令，系统弹出图 6-16 所示的【镜像装配向导】对话框。该对话框为欢迎对话框，用于介绍镜像装配向导。

（2）单击 下一步 > 按钮，系统弹出如图 6-17 所示的对话框。利用该对话框可以选取要镜像的组件。

（3）单击 下一步 > 按钮，系统弹出如图 6-18 所示的对话框。该对话框用于选取或建立镜像平面。

（4）单击 下一步 > 按钮，系统弹出如图 6-19 所示的对话框。利用该对话框可以定义哪些组件被用做重定位，哪些组件用于镜像操作，哪些组件不参与镜像。

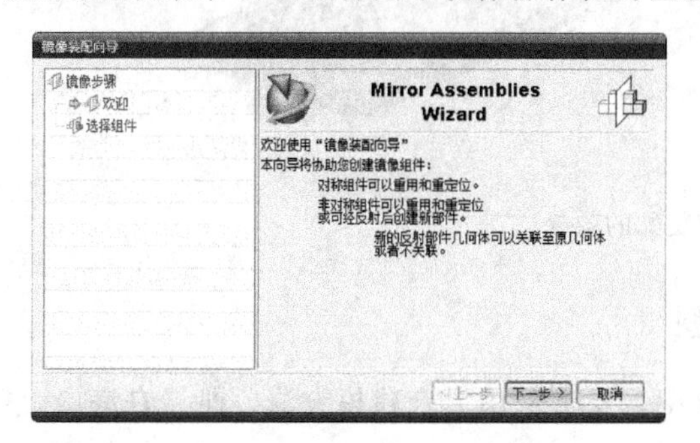

图 6-16　【镜像装配向导】对话框（第一步）

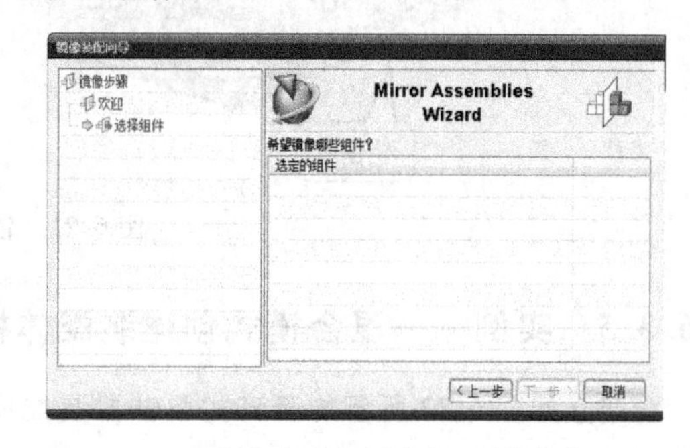

图 6-17　【镜像装配向导】对话框（第二步）

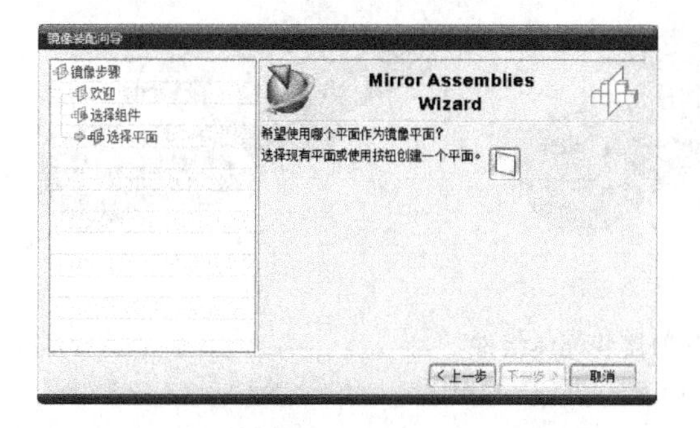

图 6-18　【镜像装配向导】对话框（第三步）

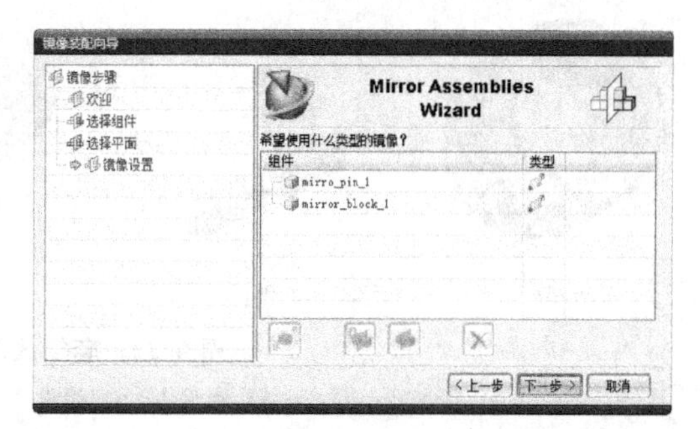

图 6-19　【镜像装配向导】对话框（第四步）

（5）单击 下一步 > 按钮，系统弹出如图 6-20 所示的对话框。该对话框用于镜像复审。可以修改在前几步中定义的任意默认操作。此时，单击 完成 按钮，即可执行镜像装配操作。

镜像装配的效果如图 6-21 所示。

图 6-20　【镜像装配向导】对话框（第五步）

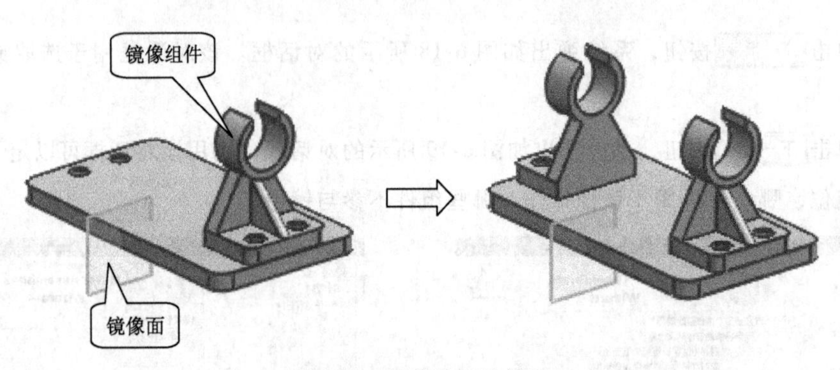

图 6-21　镜像装配的效果

6.3.5　实例——混合模式创建装配体模型

建立如图 6-22 所示的套筒式联轴器装配体模型，要求采用混合建模方法，即“自底向上”和“自顶向下”相结合的方式。

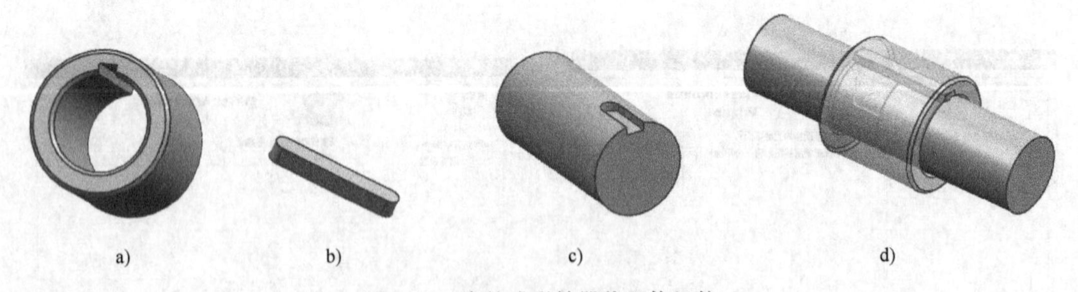

图 6-22　套筒式联轴器装配体组件

a）组件 1　b）组件 2　c）组件 3　d）装配体

设计步骤

1. 组件 2 的建模

（1）　启动 UG NX 8.0，新建一个文件 Lian-02. prt，单位为 mm，进入建模模块。

（2）单击【插入】/【设计特征】/【长方体】命令，或者单击【特征】工具栏上的按钮，系统弹出【块】对话框，设置参数为：长度 = 70、宽度 = 10、高度 = 10。单击 确定 按钮，则创建长方体，如图 6-23 所示。

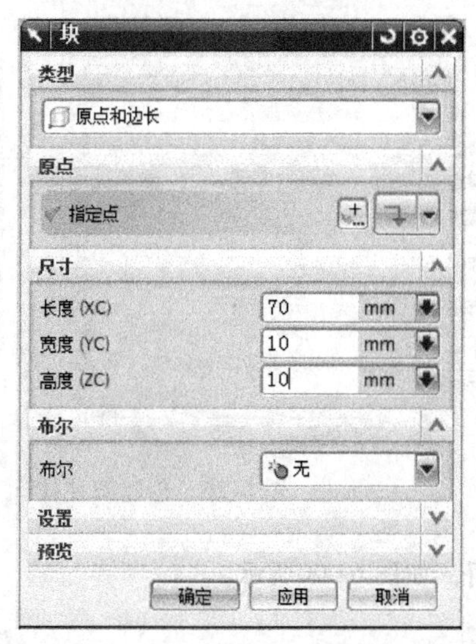

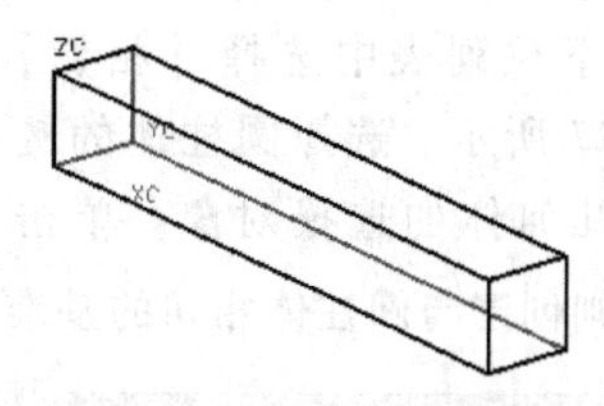

图 6-23　创建长方体

（3）单击【插入】/【细节特征】/【边倒圆】命令，或者单击【特征操作】工具栏上的按钮，系统弹出【边倒圆】对话框，选取边，设置倒圆半径为 5，如图 6-24 所示。单击 确定 按钮，则结果如图 6-25 所示。

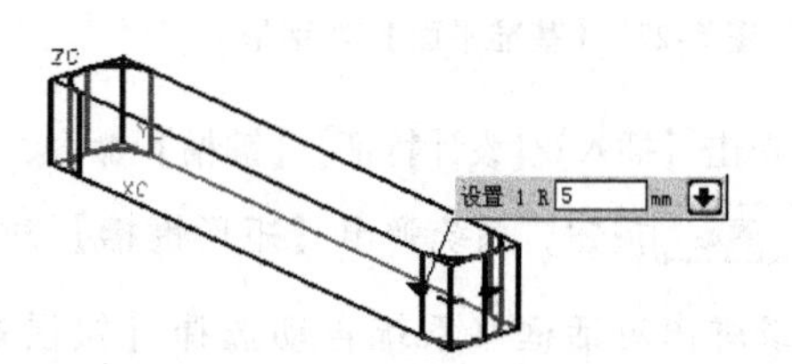

图 6-24　【边倒圆】对话框

（4）至此，完成了组件 2 的建模。

2. 组件 3 的建模

（1）启动 UG NX 8.0，新建一个文件 Lian-03. prt，单位为 mm，进入建模模块。

（2）单击【插入】/【设计特征】/【圆柱体】命令，或者单击【特

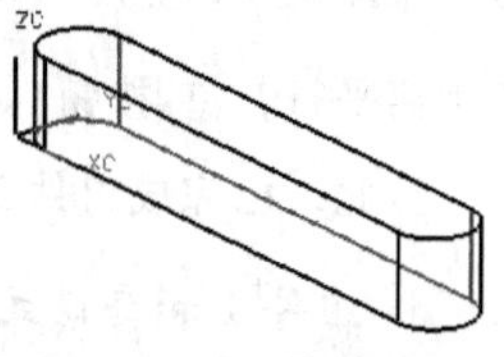

图 6-25　边倒圆结果

征】工具栏上的按钮，系统弹出【圆柱】对话框，在【类型】下拉列表中选择 轴、直径和高度 选项，设置矢量为 Z 轴正向（默认方向），直径为 50，高度为 100，基点为坐标原点。单击 确定 按钮，则创建相应的圆柱体，如图 6-26 所示。

图 6-26　创建圆柱体

（3）单击【插入】/【基准/点】/【基准平面】命令，系统弹出【基准平面】对话框。在【类型】下拉列表中选择【相切】选项，在【相切子类型】选项区中的【子类型】下拉列表中选择【相切】选项，如图 6-27 所示。选择圆柱体的圆柱面作为参考几何体的选择对象。单击 确定 按钮，则创建与圆柱体相切的基准平面，如图 6-28 所示。

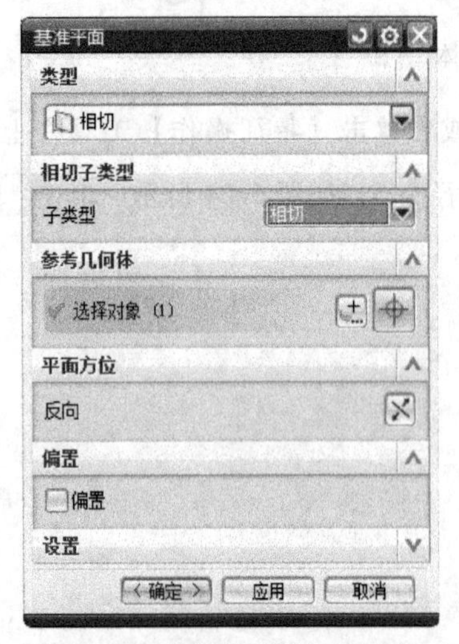

图 6-27　【基准平面】对话框

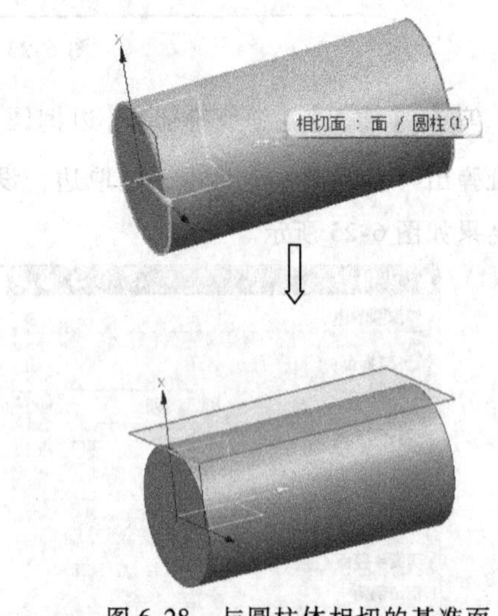

图 6-28　与圆柱体相切的基准面

（4）单击【插入】/【设计特征】/【键槽】命令，系统弹出【键槽】对话框，选中 矩形槽 单选按钮，单击 确定 按钮，系统弹出【矩形键槽】对话框。选取刚创建的基准平面作为键槽的放置平面，系统弹出对话框（系统自动选择【接受默认边】选项），单击 确定 按钮，系统弹出【水平参考】对话框，选择 ZC 轴作为水平参考。系统弹出【矩形键槽】对话框。设置键槽参数为：长度 =70，宽度 =10，深度 =5，单击 确定 按钮，系统弹出【定位】对话框，单击【按一定距离平行】按钮，对键槽进行定位，如图 6-29 所示。结果如图6-30所示。

至此，已完成组件 3 的建模。

3. 组件 1 和套筒式联轴器装配体的建模

（1）启动 UG NX 8.0，新建一个文件 Lian-asm.prt，单位为 mm，进入装配模块，并启动建模模块。

（2）单击【插入】/【草图】命令，以XC-YC平面为草图放置平面，绘制如图6-31所示的草图，退出草图绘制模式。

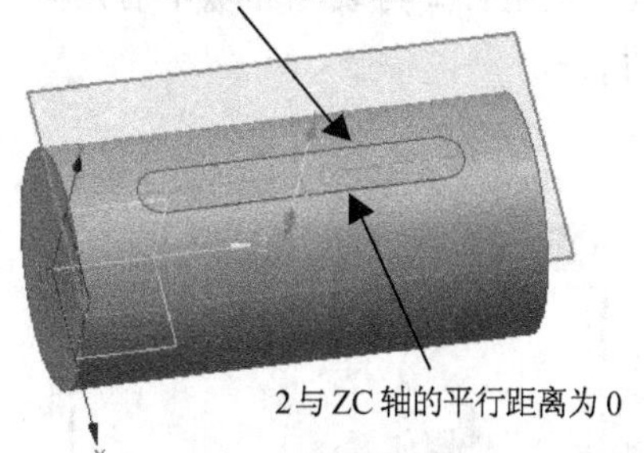

图6-29　键槽的定位

图6-30　创建的键槽

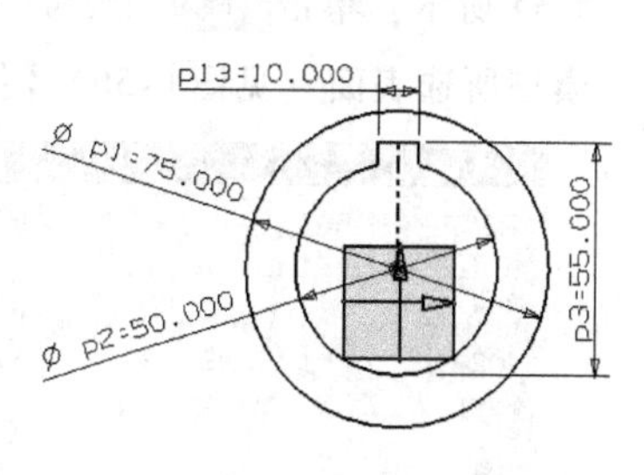

图6-31　绘制草图

（3）单击【插入】/【设计特征】/【拉伸】命令，系统弹出【拉伸】对话框。选取刚绘制的草图，设置拉伸参数，如图6-32所示。单击 确定 按钮，则创建相应的拉伸体。

（4）单击【插入】/【细节特征】/【倒斜角】命令，或者单击【特征操作】工具栏上的按钮，系统弹出如图6-33所示的对话框。选取边，设置倒角参数，单击 确定 按钮，则结果如图6-34所示。

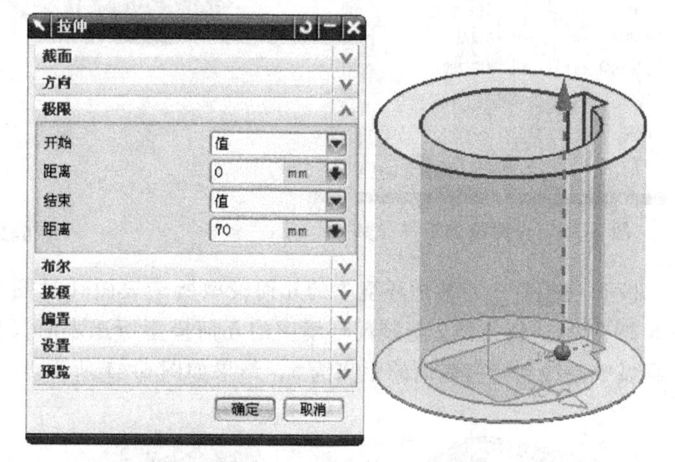

图6-32　设置拉伸参数

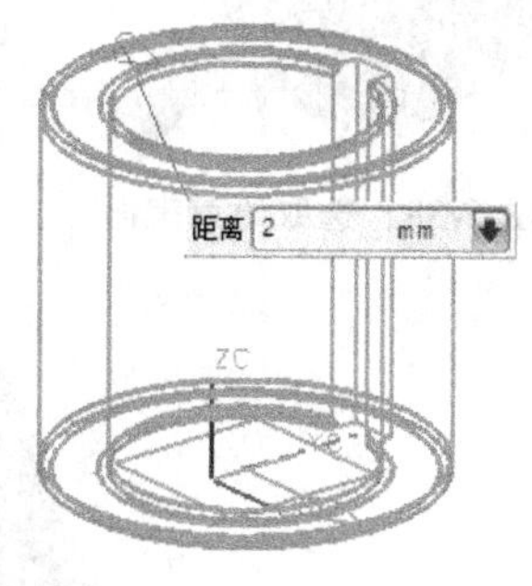

图6-33　选取倒角边及设置参数

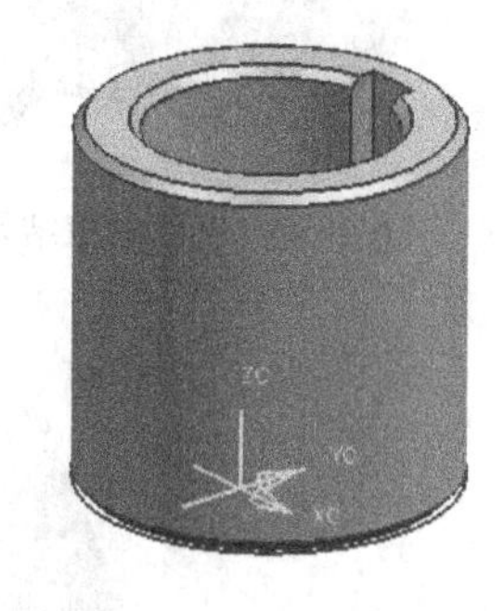

图6-34　边倒角结果

（5）单击【装配】/【组件】/【新建组件】命令，或者单击【装配】工具栏上的按钮，系统弹出【新组件文件】对话框。在文件名文本框内输入Lian-01. prt，指定文件存放路径，单击 确定 按钮，系统弹出【创建新的组件】对话框，选取装配环境中的几何模型，接受默认参数设置，单击 确定 按钮，则创建组件1。

至此，完成了组件1的建模。

(6) 单击【装配】/【组件】/【添加组件】命令，或者单击【装配】工具栏上的按钮，选取前面建立的模型文件 Lian-02. prt（组件 2），系统弹出【添加组件】对话框，设置参数，如图 6-35 所示。单击 确定 按钮，系统又弹出【装配约束】对话框。使组件 2 与装配环境中的几何模型所选表面（见图 6-36）【接触】装配约束，结果如图 6-37 所示。

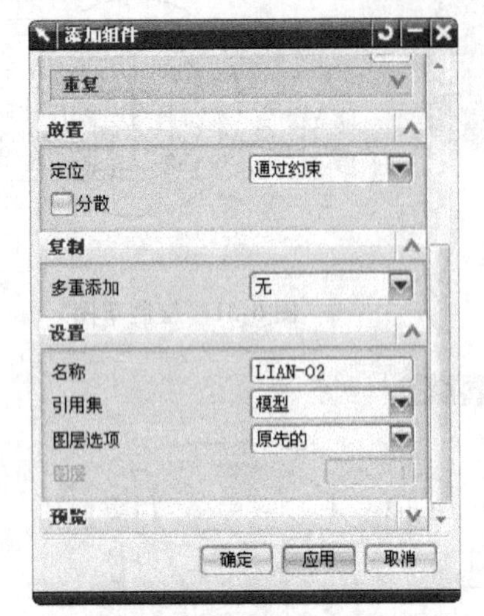

图 6-35　设置添加组件参数

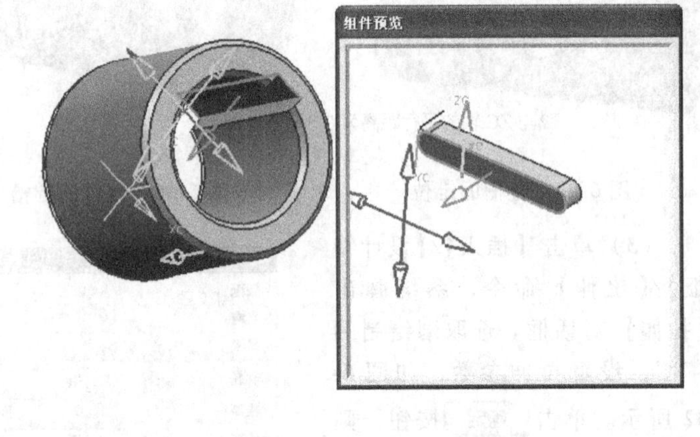

图 6-36　选取约束表面

(7) 使组件 2 与装配环境中的几何模型所选表面（见图 6-38）【接触】装配约束，结果如图 6-39 所示。使组件 2 与装配环境中的几何模型所选表面（见图 6-40）按距离约束，组件 2 中的圆弧中心线到套筒表面的距离为 5，结果如图 6-41 所示。

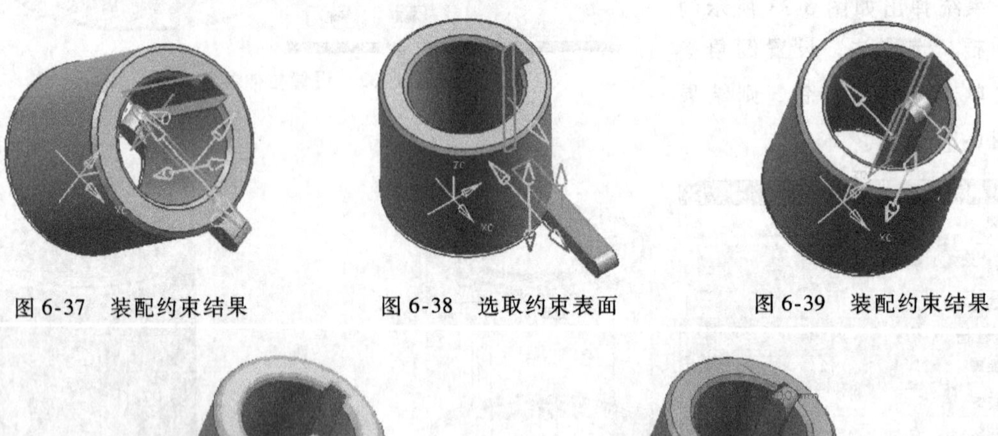

图 6-37　装配约束结果　　图 6-38　选取约束表面　　图 6-39　装配约束结果

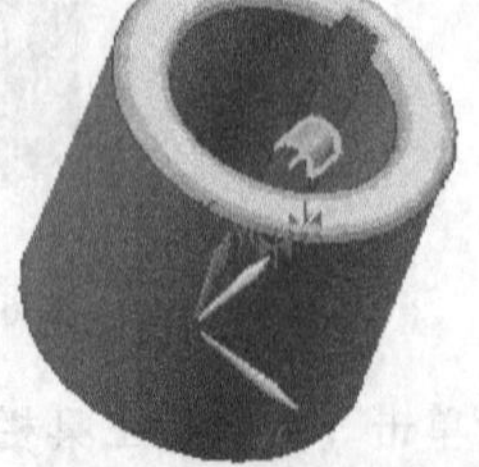

图 6-40　选取约束表面及圆弧中心线

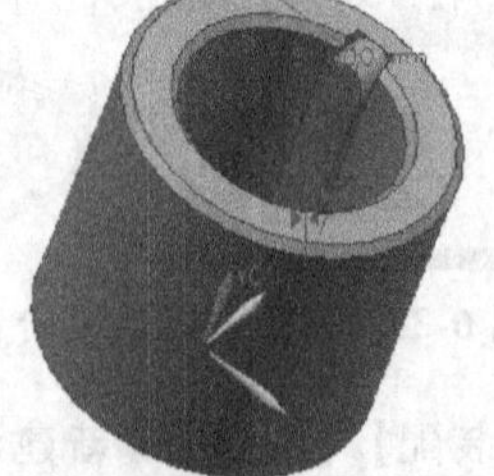

图 6-41　装配约束结果

(8) 将前面建立的模型文件 Lian-03. prt（组件 3）添加到装配体中，设置定位方式为通过约束，其他参数默认。使组件 3 与装配环境中的几何模型所选表面（见图 6-42）【接触】约束，结果如图 6-43 所示。

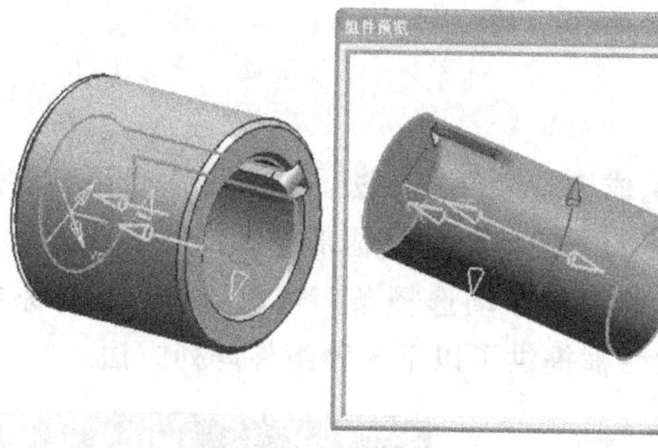

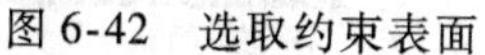

图 6-42　选取约束表面

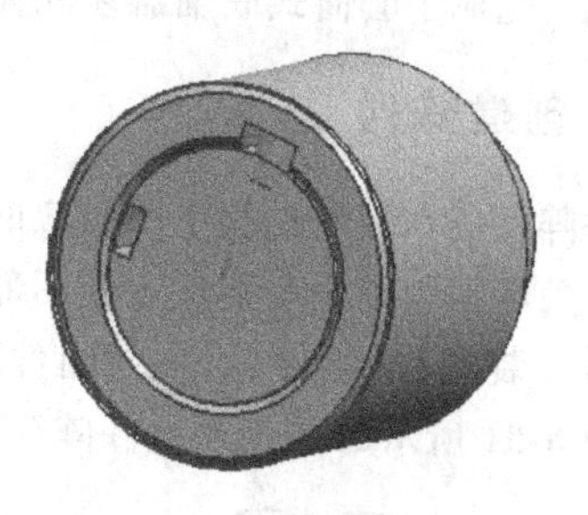

图 6-43　装配约束结果

（9）使组件3与组件2所选表面（见图6-44）【接触】约束，结果如图6-45所示。

（10）使组件3与装配环境中的几何模型距离约束，距离为－35，结果如图6-46所示。

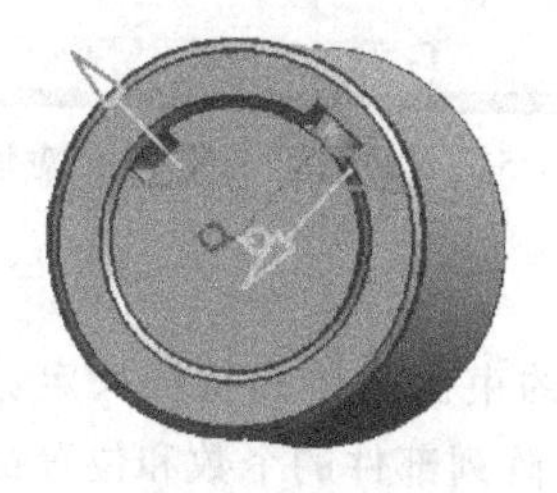

图 6-44　选取约束表面

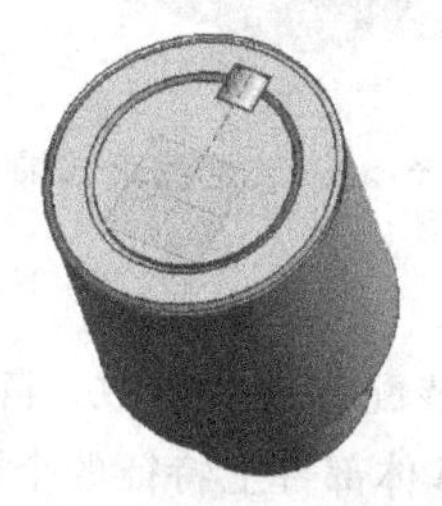

图 6-45　装配约束结果

图 6-46　距离装配约束结果

（11）单击【装配】/【组件】/【镜像装配】命令，或单击【装配】工具栏上的按钮，系统弹出【镜像装配向导】对话框。单击 下一步 > 按钮，系统更新对话框，提示"希望镜像哪个组件"。在工作环境中选定组件3，单击 下一步 > 按钮，系统更新对话框，要求指定镜像平面。单击按钮，系统弹出【平面】对话框，单击其上的按钮通过对象，选取对象平面作为镜像平面，如图6-47所示。单击 下一步 > 按钮，系统更新对话框，再次单击 下一步 > 按钮，系统临时显示镜像组件的结果，此时单击 完成 按钮，完成组件3的镜像，结果如图6-48所示。

说明：采用镜像组件命令得到的组件，其定位方式只能是重定位，即创建完成以后，需要逐步完成配对。

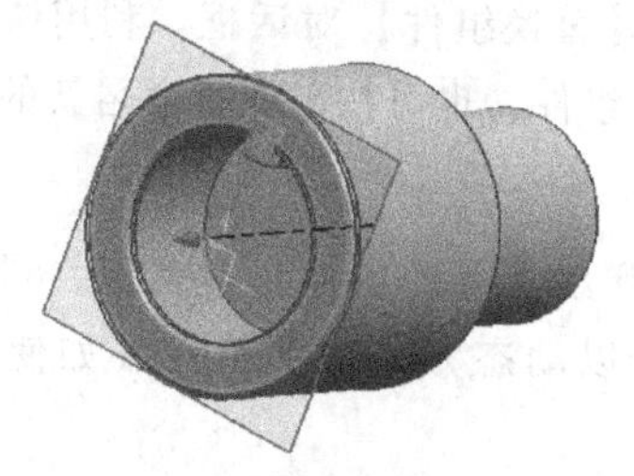

图 6-47　选取镜像平面

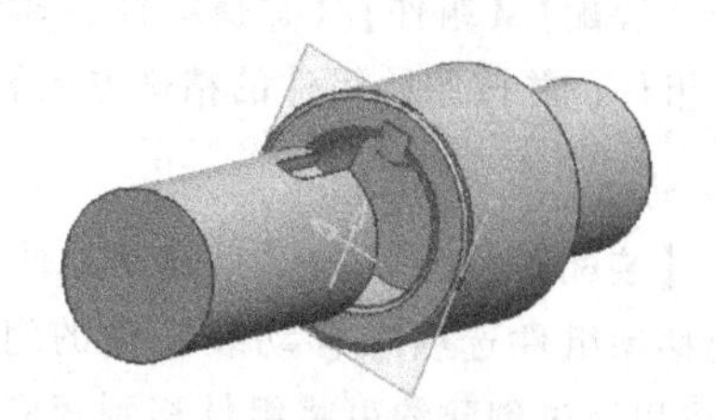

图 6-48　镜像装配结果

（12）单击【装配】/【组件】/【装配约束】命令，或者单击【装配】工具栏上的按钮，系统弹出【装配约束】对话框。使镜像得到组件3与组件2所选表面（见图6-49）【接触】装配约束，则结果如图6-50所示。

至此，完成了套筒式联轴器装配体的建模。

6.3.6 创建阵列

部件阵列是在装配过程中用对应的关联条件快速生成多个组件的方法。在装配多个同参数的部件时，关联地装配一个部件，使用部件阵列可以快速而方便地装配其他部件。

单击【装配】/【组件】/【创建组件阵列】命令，系统弹出浮动选择条，选取组件以后，系统弹出如图 6-51 所示的【创建组件阵列】对话框。该对话框提供了以下 3 种组件阵列方法：

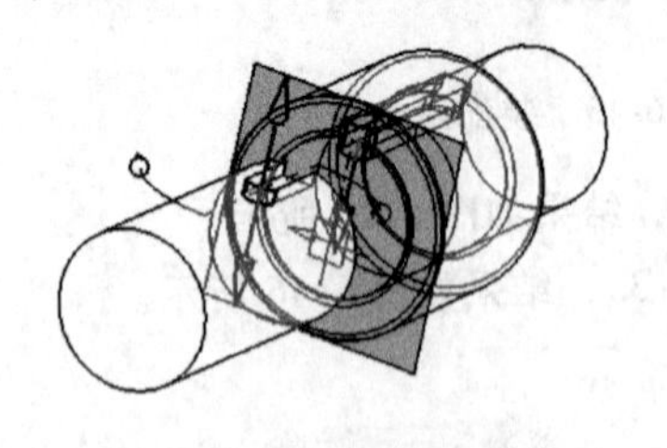

图 6-49 选取约束表面

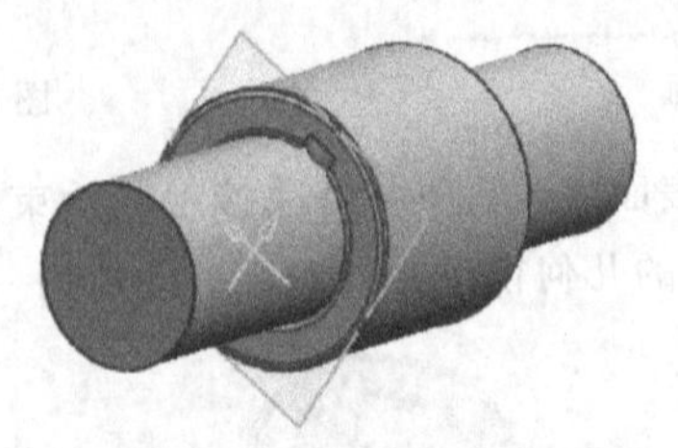

图 6-50 装配约束结果

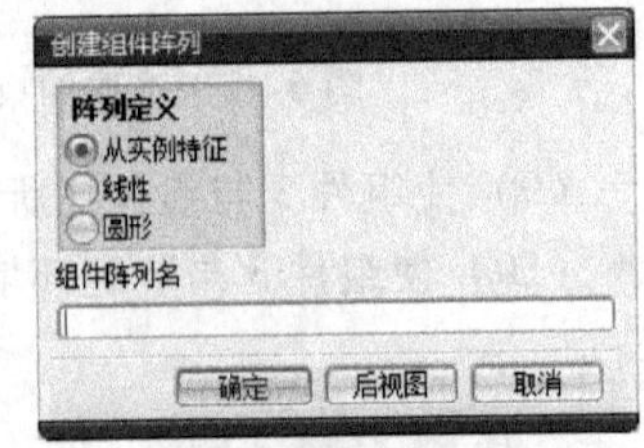

图 6-51 【创建组件阵列】对话框

1. 从实例特征

选中【从实例特征】单选按钮，装配部件的个数、阵列形状和约束由基体的特征决定。所阵列的部件与基体具有相关性。改变基体部件上特征的个数和位置，阵列部件的个数和位置都会做相应的改变。由于该方式难于控制，所以较少使用。

2. 线性

选中【线性】单选按钮后，单击 确定 按钮，系统弹出【创建线性阵列】对话框。对话框中的【方向定义】选项用于设置阵列的 XC 和 YC 方向，共提供了 4 种方法：面的法向、基准平面法向、边和基准轴。

3. 圆形

选中【圆形】单选按钮后，单击 确定 按钮，系统弹出【创建圆形阵列】对话框。该对话框提供了 3 种定义旋转轴的方法：圆柱面、边和基准轴。

6.3.7 组件编辑

1. 替换组件

单击【装配】/【组件】/【替换组件】命令，系统弹出【替换组件】对话框。利用该对话框可移除现有组件，并按原始组件的精确方向和位置添加其他组件，也可按需要重命名新的组件。

2. 移动组件

单击【装配】/【组件位置】/【移动组件】命令，系统弹出【移动组件】对话框。利用该对话框可使用移动组件选项来移动装配中的组件。可以选择以动态方式移动组件（如使用拖动手柄），也可以通过创建约束将组件移到相应位置上。

3. 编辑组件阵列

单击【装配】/【组件】/【编辑组件阵列】命令，系统弹出如图 6-52 所示的【编辑组件阵列】对话框。利用该对话框中的功能选项，可以实现编辑名称、编辑模板、替换组件、编辑阵列参数、删除阵列、全部删除等操作。

6.3.8　变形部件

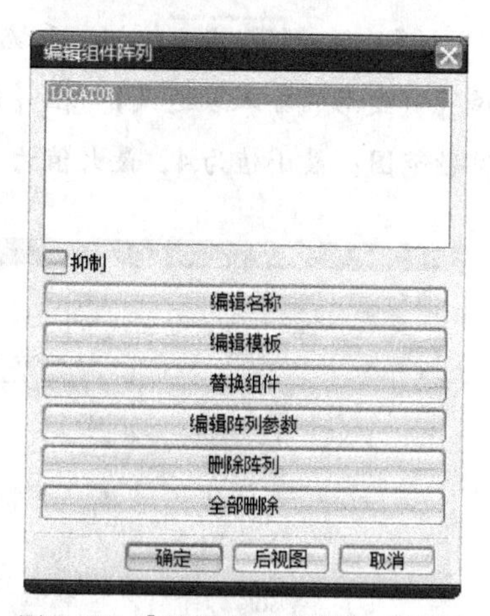

图 6-52 【编辑组件阵列】对话框

在实际机械加工装配过程中，当某些部件添加到装配中时，其形状是可变化的。如弹簧、软管等，它们在装配中的不同位置会有不同的形状。当装配中有变形组件时，可以通过控制变形部件的关键参数，对其形状进行控制，可以考查不同参数情况下组件的形状及在装配中的位置。要使用能变形的组件，需要进行以下两阶段工作：

1. 定义可变形部件

该阶段定义组件变形后的形状。用户必须具有对部件文件的写权限（或进行“另存为”操作以将其保存到可写入的文件）。

2. 变形部件选择一种特定用途的形状

用户必须具有对发生变形的装配的写权限，但是不需要对部件本身的写权限。

两个阶段可在不同的时间或由不同的设计者完成。在某些情况下，用户必须进行上述两种操作；在其他情况下，用户可为其他人的装配中使用的部件提供可变形部件，或可使用由其他设计者提供变形定义的部件来创建装配。

【例 6-1】　创建可变形的弹簧。

要求：创建普通弹簧的三维模型，该弹簧可以根据实际需要变形。

设计步骤

1. 变形组件的定义

（1）打开源文件中的部件文件 Examples \ 06 \ Li-03-Spring. prt。

（2）在【装配导航器】中双击 Li-03-Spring。

（3）单击【工具】/【定义可变形部件】命令，系统弹出如图 6-53 所示的对话框，在【名称】文本框中定义变形组件名称。

（4）单击 下一步 > 按钮，系统弹出如图 6-54 所示的【定义可变形部件】对话框。从【部件中的特征】列表中，单击【可变形部件中的特征】，也可反向选取。

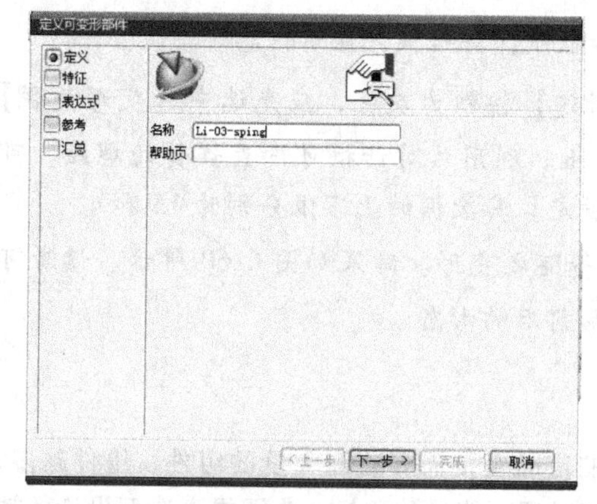

图 6-53　定义页

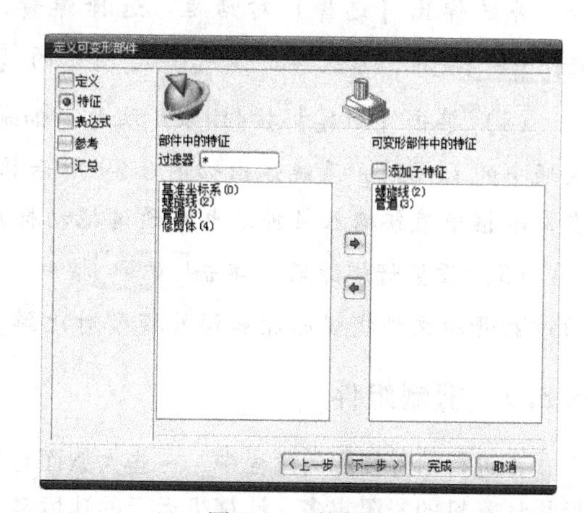

图 6-54　特征页

(5) 单击 下一步 > 按钮，系统弹出如图 6-55 所示的对话框。从【可用表达式】列表中，选择【可变形的输入表达式】。在【表达式规则】选项区中，选中【按整数范围】单选按钮。定义整数范围：最小值为 4，最大值为 15。单击 下一步 > 按钮，系统弹出如图 6-56 所示的对话框。

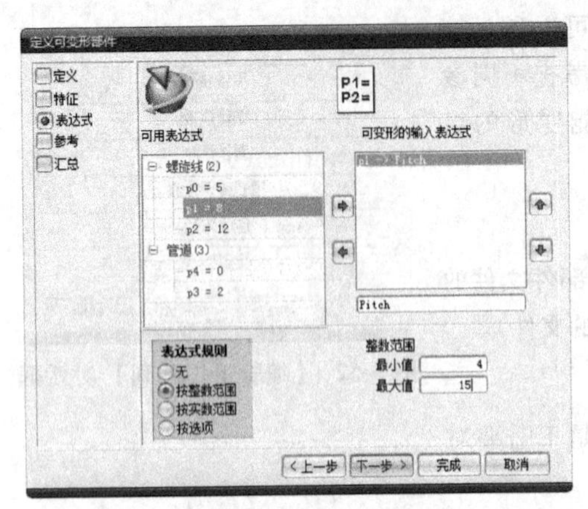

图 6-55 表达式页

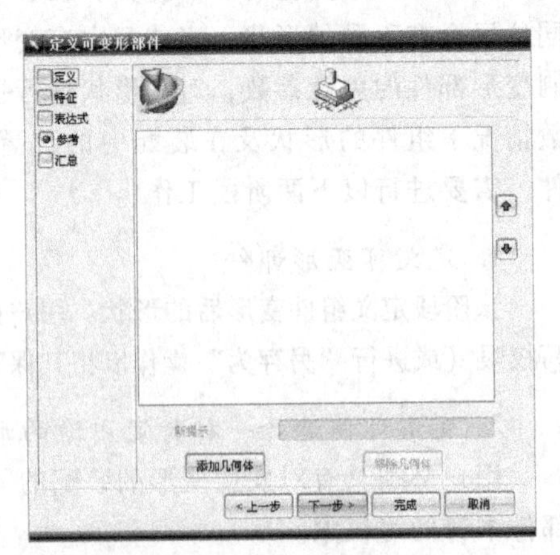

图 6-56 参考页

(6) 在对话框中直接单击【下一步】按钮，系统弹出如图 6-57 所示的对话框。汇总页中汇总了可变形部件的当前定义，包括部件名、帮助文档、特征编号（和名称）、输入参数的编号（加上名称和已定义的范围），以及参考的名称和编号。单击 完成 按钮，则结束变形组件的定义。

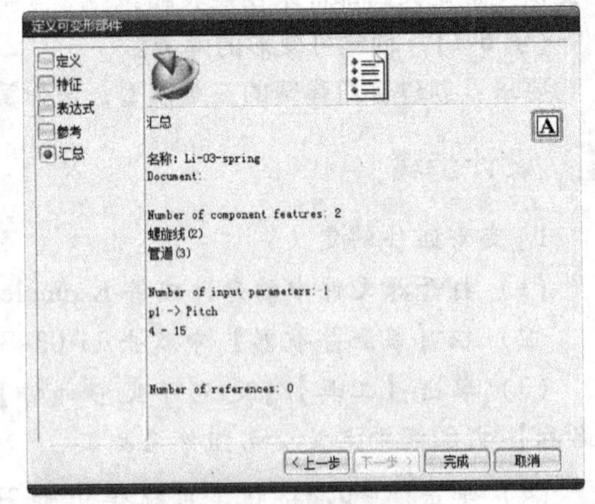

图 6-57 汇总页

2. 组件的变形

(1) 打开源文件中的部件文件 Examples \ 06 \ Li-03. prt。

(2) 在【装配导航器】中双击 Li-03-spring。

(3) 单击【装配】/【组件】/【变形组件】命令，系统弹出【选择】对话框。选择弹簧，单击 确定 按钮，系统弹出如图 6-58 所示的【变形组件】对话框，显示信息。

(4) 单击【新建】按钮 （注意：如果【新建】按钮为灰色，应先选中【变形关联】区域中的 Li-03)，系统弹出如图 6-59 所示的对话框。利用该对话框可设置弹簧的螺距，可在文本框中直接输入数据，也可通过拖动标尺来设定。其数据的上下限分别为 15 和 4。

(5) 设置好螺距后，单击 确定 按钮，则弹簧随之变形。结果如图 6-60 所示。读者可通过打开源文件提供的原始弹簧模型对比弹簧变形前后的形态。

6.3.9 抑制组件

在进行组件装配的过程中，一些大型而且复杂的产品经常需要装配大量的组件，组件越多，耗用计算机的资源越多，计算机运行的速度越慢，有时还可能导致死机。为了提高造型设计的效

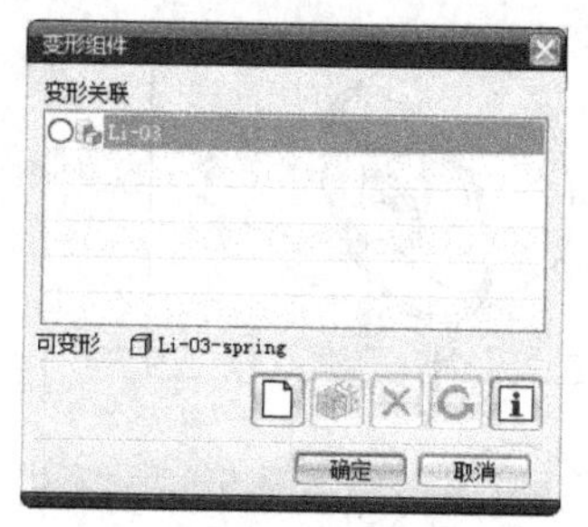

图 6-58　变形组件信息

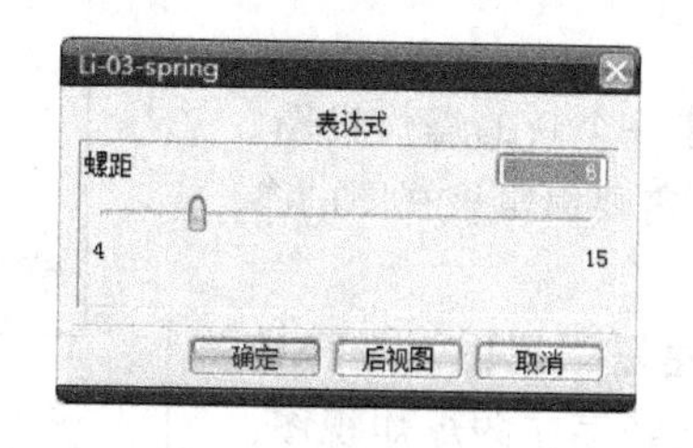

图 6-59　设置变形组件变形量

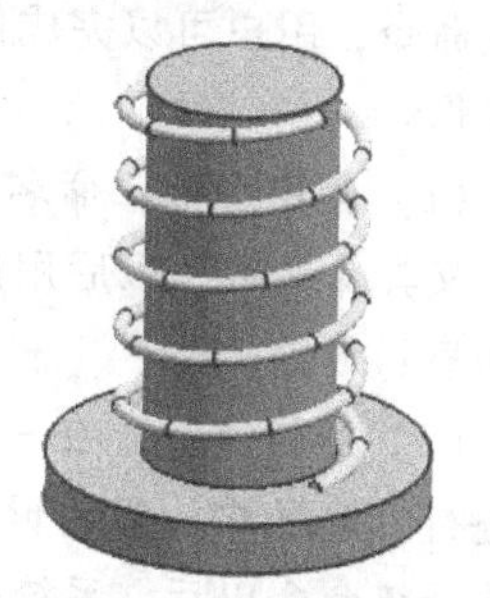

图 6-60　组件变形结果

率，可以暂时将某些不影响操作的组件隐藏起来，即抑制组件。

单击【装配】/【组件】/【抑制组件】命令，或单击【装配】工具条上的按钮，系统弹出【类选择】对话框。选择需要抑制的组件后，单击【确定】按钮，系统隐藏自动选中的组件。

另一种方法是，在【装配导航器】中选中需要抑制的组件，右击，系统弹出快捷菜单，选择【抑制组件】命令则同样将选中的组件隐藏。

6.3.10　取消抑制组件

【取消抑制组件】命令为【抑制组件】命令的反操作命令，用于显示抑制的组件。

单击【装配】/【组件】/【取消抑制组件】命令，或者单击【装配】工具条上的按钮，系统弹出【选取被抑制的组件】对话框，选取抑制的组件后，单击 确定 按钮，系统自动显示抑制的组件。

6.3.11　设为工作部件

在 UG 装配模块中，只能对工作部件进行编辑操作。并且，在同一时刻内，只能有一个工作部件。

将一个部件转换为工作部件有以下几种方法：

（1）在绘图区域直接双击部件。

（2）在绘图区域选中部件，然后单击【装配】工具条上的按钮。

（3）在绘图区域选中部件，右击，系统弹出快捷菜单，选择【转为工作部件】命令。

（4）在【装配导航器】中选中部件，然后双击即可。

6.4　爆炸图

爆炸视图是装配结构的一种图示说明。在这个视图上，各个组件或一组组件分散显示，就像各自从装配件的位置爆炸出来一样，用一条命令又能装配起来。利用装配爆炸视图可以清楚地显示装配或者子装配中各个组件的装配关系，以及所包含的组件数量。爆炸视图广泛应用到设计、制造、销售和服务等产品生命周期的各个阶段。其中，在说明书中用于说明某一部分或者某一子装配的装配结构，最为常见。

在一个爆炸图内，指定的部件或子装配已从其实际（模型）位置中移出，如图 6-61 所示。这些组件仅在爆炸视图中重定位，其在真实装配中的位置不受影响。

进入装配模块，单击【装配】/【爆炸图】命令，系统展开相应的子菜单，执行该子菜单上的相应命令，用户可以完成创建、编辑、删除爆炸视图等操作。

(1) 创建爆炸：命名并创建一个新的爆炸视图，不定义具体参数，以后用户根据需要编辑该视图的参数和显示效果。

(2) 编辑爆炸：在一个新建爆炸视图上选择组件进行分解爆炸，即编辑一个已经存在的爆炸视图。当选择该命令以后，系统弹出动态坐标系，与定位组件相似，用户在爆炸视图上通过拖动动态坐标系的手柄移动组件，从而编辑爆炸视图（爆炸时最好沿着装配干线爆炸）。

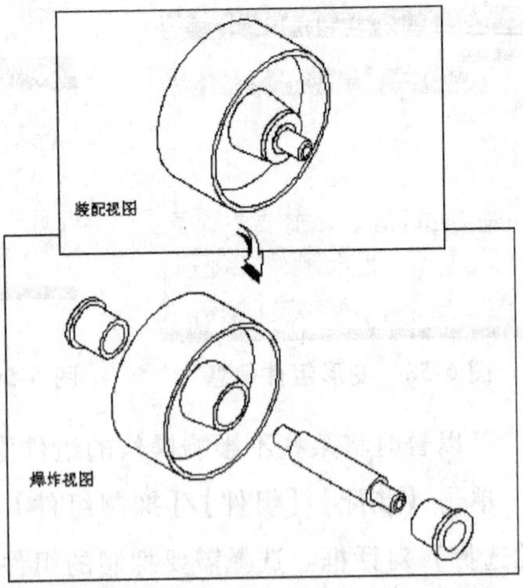

图 6-61 装配视图与爆炸视图的比较

(3) 自动爆炸组件：根据配对条件由系统自动爆炸并分解所选择的组件。

(4) 组件不爆炸：使已经爆炸的组件返回原有的装配位置。

(5) 删除爆炸图：删除当前爆炸视图的显示。

(6) 显示爆炸：显示一个爆炸视图。如果在所选择的环境中存在不止一个爆炸视图，系统会弹出对话框提示用户选择一个爆炸视图作为工作视图。

(7) 隐藏组件：隐藏爆炸视图中的选定组件。

(8) 显示组件：显示被隐藏的组件。

(9) 显示工具条：使爆炸视图工具条显示在图形工作界面上。

【例 6-2】 建立装配爆炸视图。

综合运用本节所学知识，建立如图 6-62 所示的套筒式联轴器装配爆炸视图。

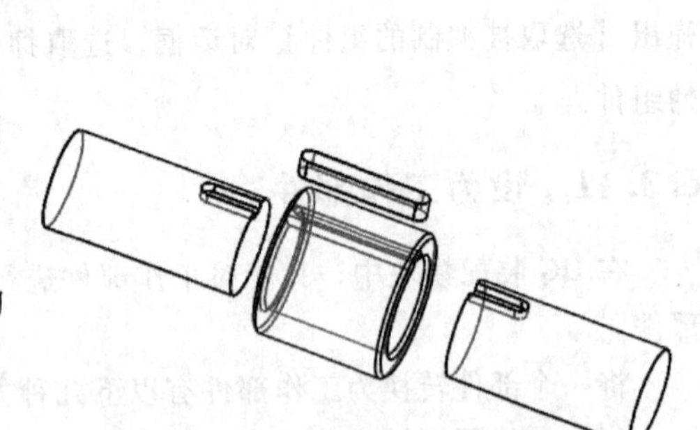
图 6-62 套筒式联轴器装配爆炸视图

设计步骤

[1] 打开 6.3.5 节实例中所创建的部件文件 Lian-asm. prt，并进入装配模块。

[2] 选择【装配】/【爆炸图】/【新建爆炸图】命令，接受默认爆炸视图名称“Explosion 1”，单击 确定 按钮，则建立爆炸视图。

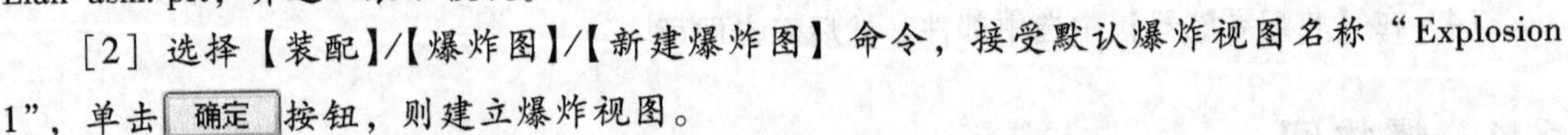

说明：此时，装配中各组件位置还没有发生变化，仅仅是依据当前视图创建了一个爆炸视图，还需要利用编辑爆炸视图命令来指定各装配组件的爆炸位置。

[3] 选择【装配】/【爆炸图】/【编辑爆炸图】命令，系统弹出如图 6-63 所示的【编辑爆炸图】对话框。

[4] 选中组件 3（见图 6-64），选中图 6-63 中的 移动对象 单选按钮，此时模型显示如图 6-65 所示，即允许用户将选定组件拖动到视图中的任何位置。在模型的工作坐标系上选中 ZC 轴，对话框更新为如图 6-66 所示，此时可以通过在【距离】文本框中输入数据，实现沿着 ZC 轴移动组件的目的。用鼠标拖动组件，结果如图 6-67 所示。

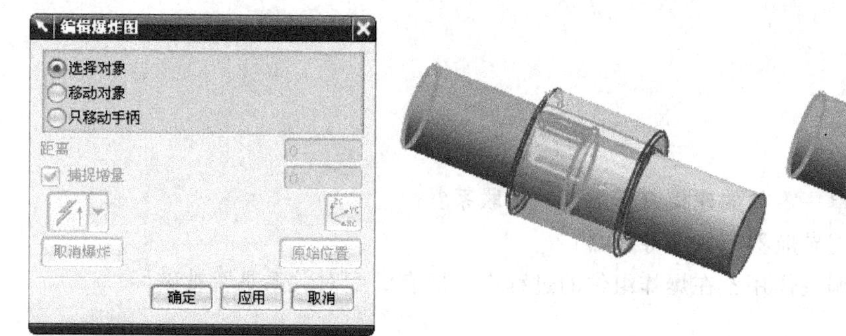

图 6-63 【编辑爆炸图】对话框　　图 6-64　选中组件 3

图 6-65　模型临时显示

图 6-66　对话框更新显示

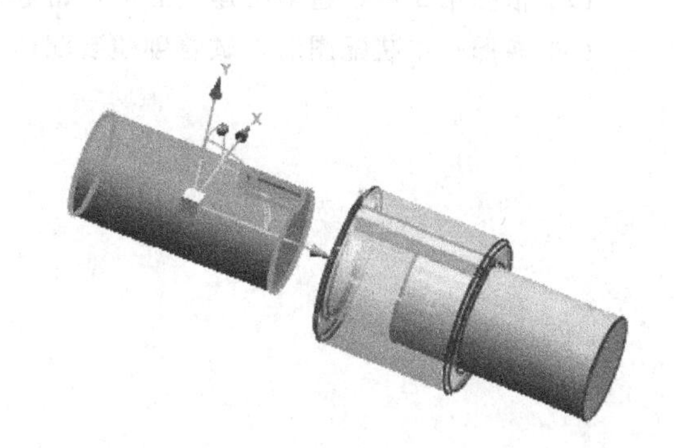

图 6-67　沿 ZC 轴移动组件 3

[5] 沿 ZC 轴移动另一组件 3，如图 6-68 所示。沿 YC 轴移动组件 2（见图 6-69），则结果如图 6-62 所示。此时，如果单击【装配】/【爆炸图】/【隐藏爆炸】命令，则爆炸效果不显示，模型恢复到装配模式。同样，如果单击【装配】/【爆炸图】/【显示爆炸】命令，则显示组件的爆炸状态。

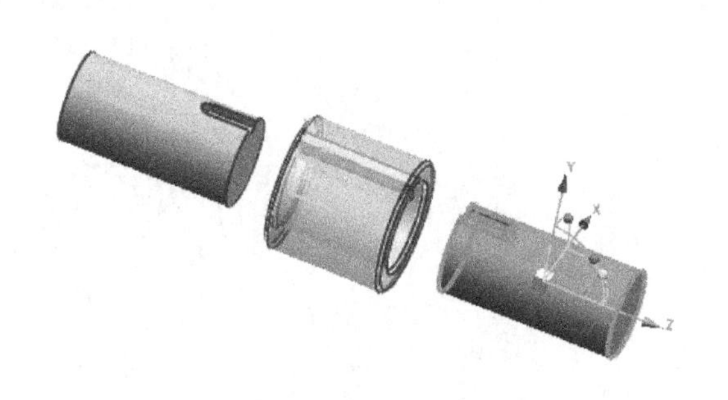

图 6-68　沿 ZC 轴移动另一组件 3

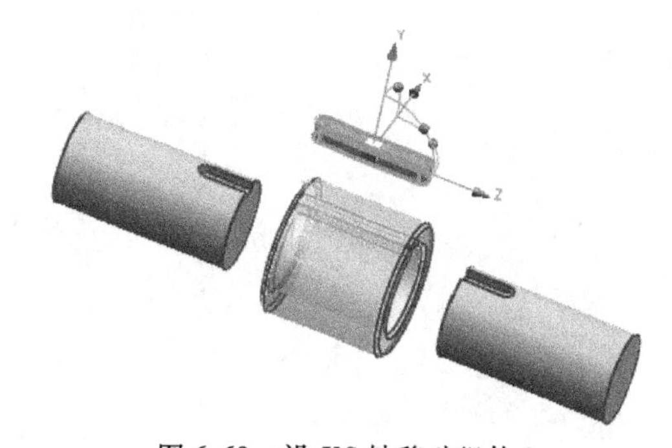

图 6-69　沿 YC 轴移动组件 2

6.5　本章小结

本章主要介绍了装配体的建模方法，涉及装配体装配的基本概念、部件导航器的使用、组件的基本操作、装配的约束等。通过本章的学习，读者应对使用 UG NX 8.0 进行装配设计的方法有了较深的了解，在掌握操作方法的同时，还应重点理解装配的设计思路和技巧。

6.6 习题

1. 概念题

(1) 装配体的建模与单一零件的建模有什么区别与联系?

(2) 如何配合使用装配导航器和建模导航器?

(3) 装配爆炸视图有哪些作用? 在爆炸组件的过程中, 原有的配对关系是否被破坏?

2. 操作题

(1) 针对 13 种装配约束方式, 建立模型, 反复测试, 以体会配对效果。

(2) 依据第 5 章习题中所建造的平口钳零部件模型, 组建平口钳装配体。

(3) 参照一本装配图册, 试着创建装配体。

第7章　装配体造型典型实例

前面章节介绍的造型设计方法都是基于某一特定CAD功能展开的，如零件造型、装配等。为了更好、更全面地介绍产品的造型设计，本章以两个非常经典的实例（一级齿轮减速器和二级齿轮减速器造型设计），向读者展示自底向上和自顶向下方法进行产品造型设计的全过程，希望读者能够反复练习、深入领会。

【本章重点】

- 部件内零件的预先装配及部件到装配体的装配。
- 重复零件的装配。
- 控制模型的使用。
- 一级减速器的造型设计。
- 二级减速器的造型设计。

拓展视频

中国创造：蛟龙号

7.1　一级直齿圆柱齿轮减速器的造型设计

7.1.1　减速器概述

减速器是原动机和工作机之间的独立的闭式传动装置，用来降低转速和增大转矩，以满足工作需要。在某些场合也用来增速，称为增速器。

一级直齿圆柱齿轮减速器的结构如图7-1所示。

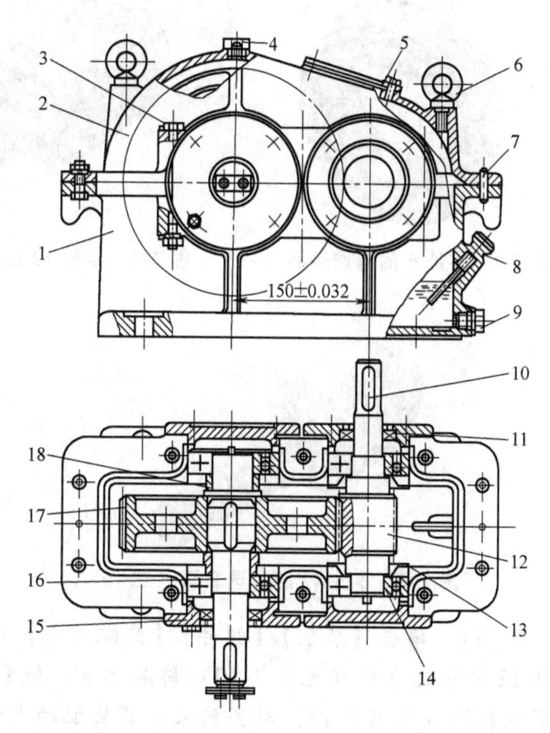

图7-1　一级直齿圆柱齿轮减速器基本结构图

1—箱体　2—箱盖　3—螺栓　4—通气孔　5—窥视孔盖　6—起吊钩　7—圆锥销　8—油标　9—螺塞　10—键　11—密封圈　12—齿轮轴　13—挡圈　14—滚动轴承　15—端盖　16—从动轴　17—齿轮　18—套筒

由减速器结构分析可知，进行减速器的造型设计可参考如图7-2所示的步骤。

本实例事先将创建装配所需的零件。

7.1.2　高速轴系子装配体的建立

设计步骤

[1]　启动UG NX 8.0程序，新建一个名称为GaoSuZhou.prt的部件文件，其单位为mm。

[2]　单击【应用】/【装配】命令，进入装配模块。设置背景颜色为白色。

[3]　单击【装配】/【组件】/【添加已存在的】命令，将零部件JianSuQi-012.prt

添加到当前装配模块中（坐标：X = 0，Y = 0，Z = 0），并作为固定零部件。

[4] 将零部件 JianSuQi-006. prt、JianSuQi-011. prt 添加到当前装配模块中。结果如图 7-3 所示。

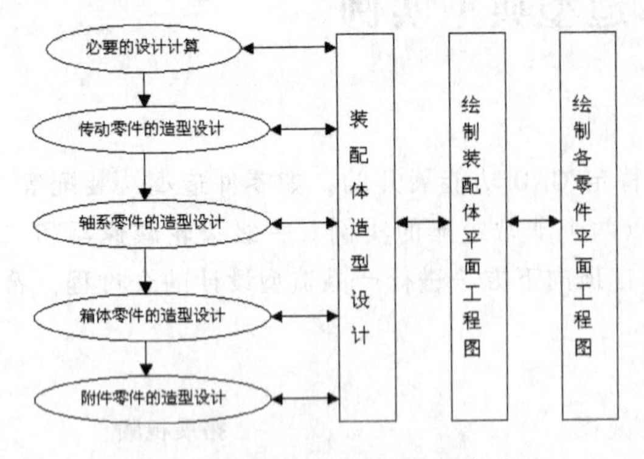

图 7-2 减速器造型设计的通常步骤

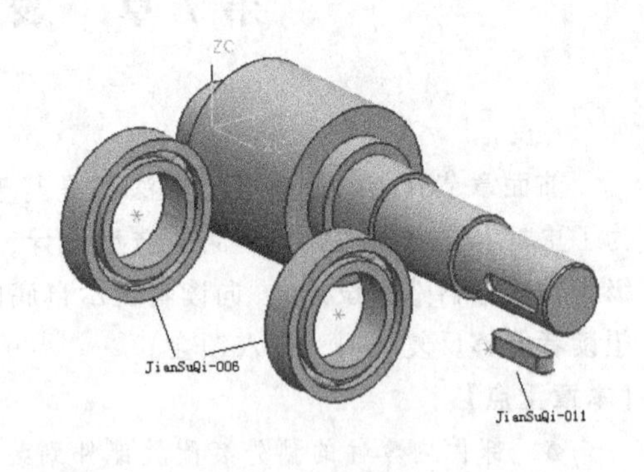

图 7-3 添加零部件

[5] 单击【装配】/【组件】/【装配约束】命令，使零件 6 的所选表面（见图 7-4）与零件 12 的所选表面（见图 7-5）接触约束。使零件 6 的所选表面（见图 7-6）与零件 12 的所选表面（见图 7-7）对齐约束。其装配约束结果如图 7-8 所示。

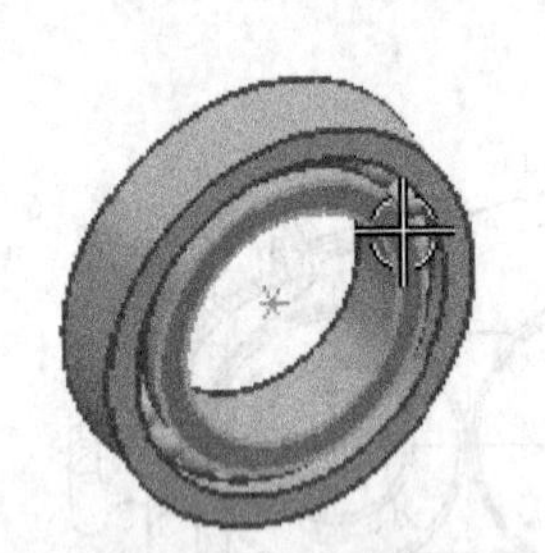

图 7-4 零件 6 的所选表面（一）

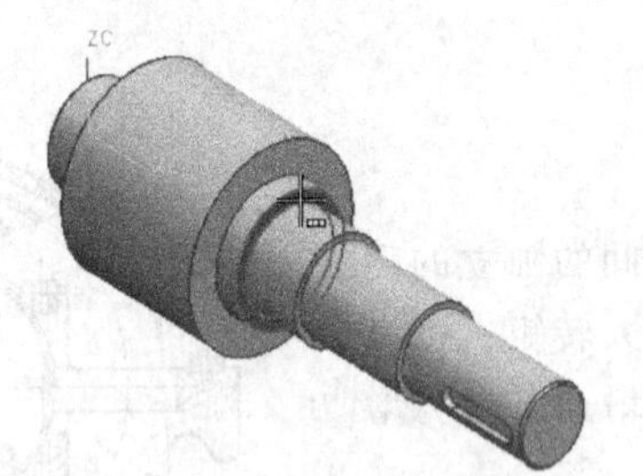

图 7-5 零件 12 的所选表面（一）

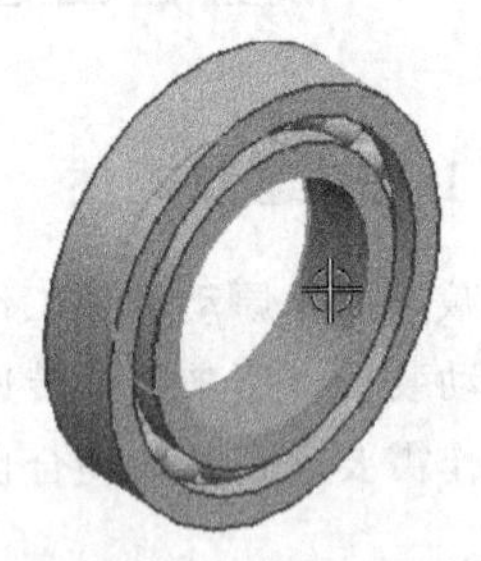

图 7-6 零件 6 的所选表面（二）

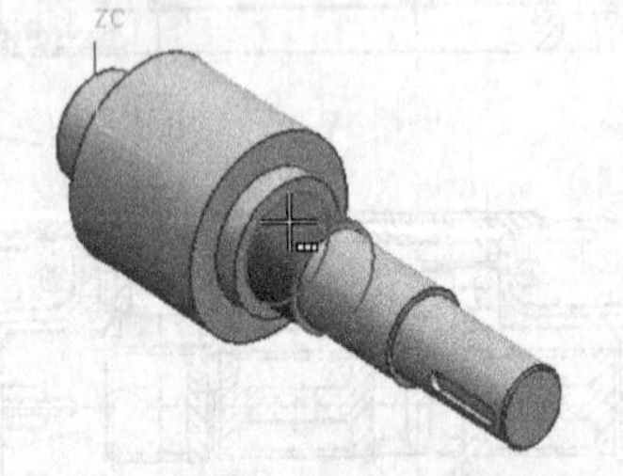

图 7-7 零件 12 的所选表面（二）

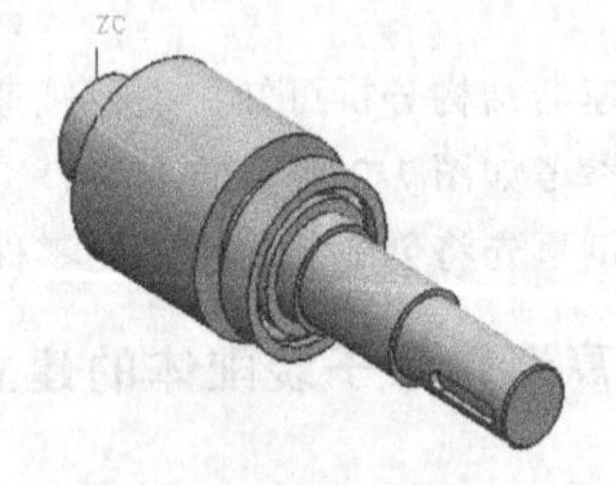

图 7-8 装配约束结果（一）

[6] 单击【装配】/【组件】/【装配约束】命令，使零件 6 的所选表面（见图 7-9）与零件 12 的所选表面（见图 7-10）接触约束。使零件 6 的所选表面（见图 7-11）与零件 12 的所选表面（见图 7-12）对齐约束。其装配约束结果如图 7-13 所示。

[7] 单击【装配】/【组件】/【装配约束】命令，使零件 6 的所选表面（见图 7-14）与零件 12 的所选表面（见图 7-15）接触约束。使零件 6 的所选表面（见图 7-16）与零件 12 的所选表面（见图 7-17）对齐约束。其装配约束结果如图 7-18 所示。至此，完成高速轴系子装配体的创建。

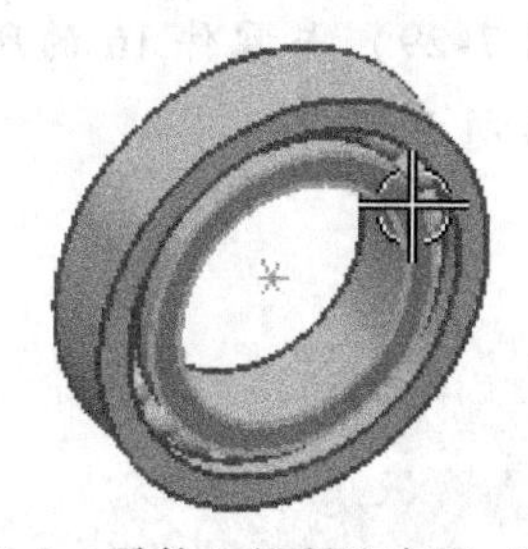

图 7-9　零件 6 的所选表面（三）

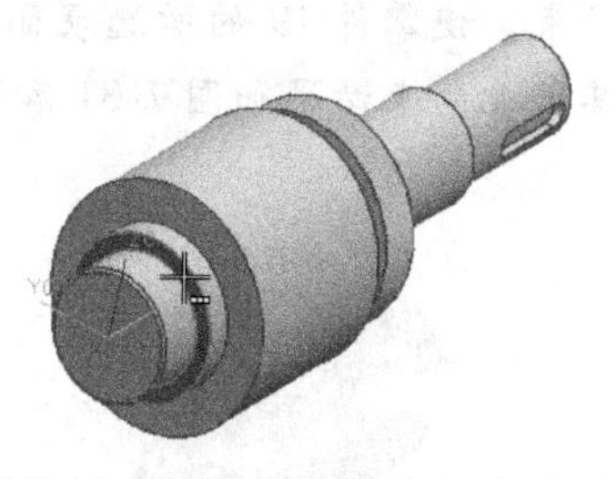

图 7-10　零件 12 的所选表面（三）

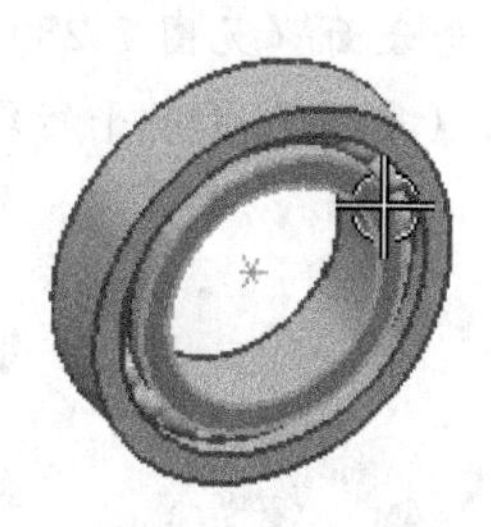

图 7-11　零件 6 的所选表面（四）

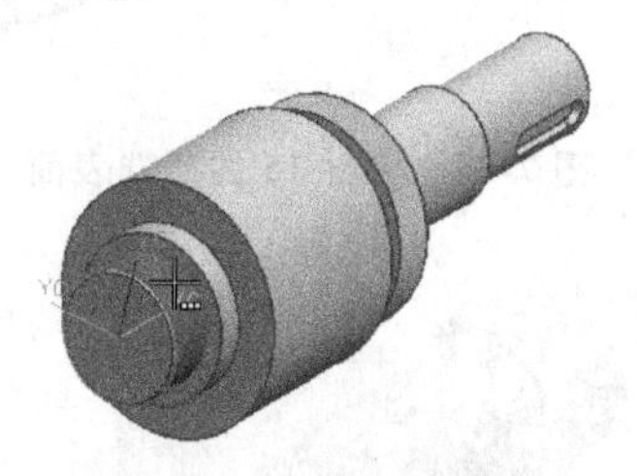

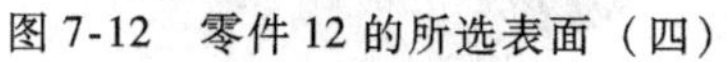

图 7-12　零件 12 的所选表面（四）

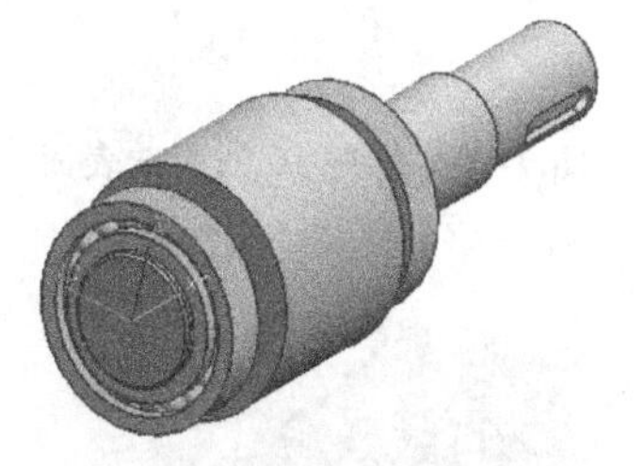

图 7-13　装配约束结果（二）

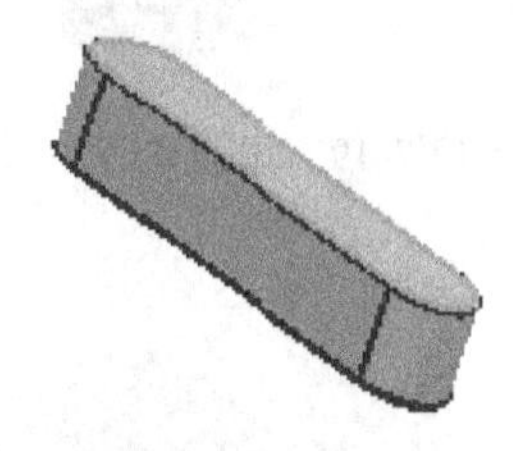

图 7-14　零件 6 的所选表面（五）

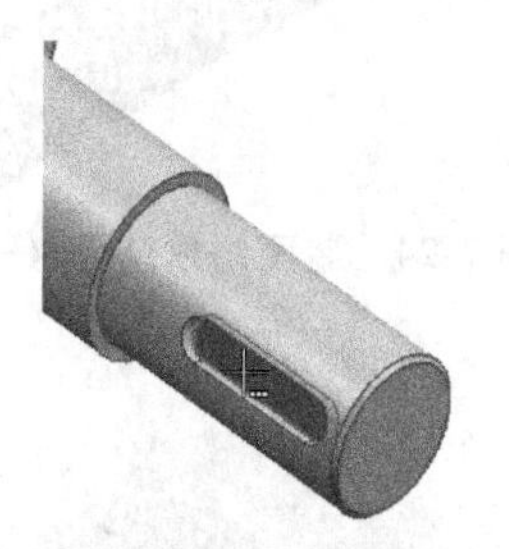

图 7-15　零件 12 的所选表面（五）

图 7-16　零件 6 的所选表面（六）

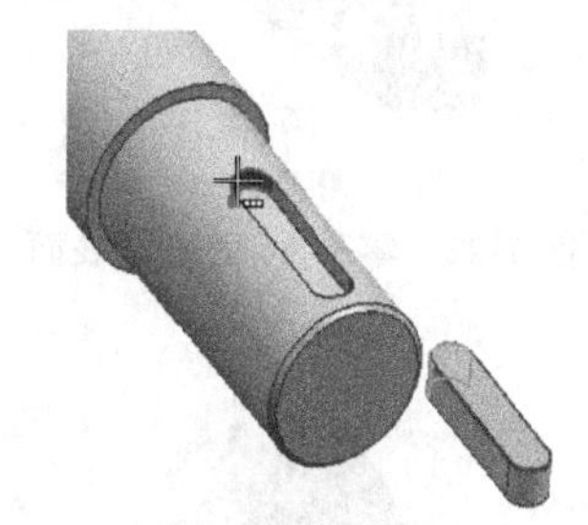

图 7-17　零件 12 的所选表面（六）

7.1.3　低速轴系子装配体的建立

设计步骤

图 7-18　装配约束结果（三）

[1]　启动 UG NX 8.0 程序，新建一个名称为 DiSuZhou. prt 的部件文件，其单位为 mm。

[2]　单击【应用】/【装配】命令，进入装配模块。

[3]　单击【装配】/【组件】/【添加已存在的】命令，将零部件 JianSuQi-015. prt 添加到当前装配模块中（坐标：X = 0，Y = 0，Z = 0），并作为固定零部件。

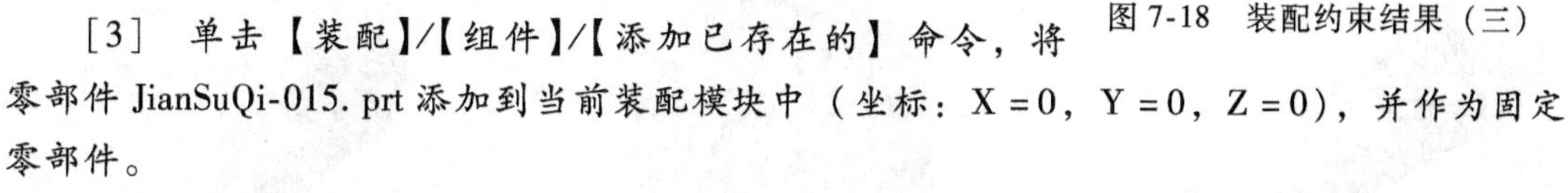

[4]　将零部件 JianSuQi-003. prt、JianSuQi-016. prt、JianSuQi-017. prt、JianSuQi-020. prt 添加到当前装配模块中。结果如图 7-19 所示。

[5]　单击【装配】/【组件】/【装配约束】命令，使零件 16 的所选表面（见图 7-20）与零件 15 的所选表面（见图 7-21）接触约束。使零件 16 的所选表面（见图 7-22）与零件 15 的所选表面（见图 7-23）对齐约束。其装配约束结果如图 7-24 所示。

[6]　单击【装配】/【组件】/【装配约束】命令，使零件 19 的所选表面（见图 7-25）与零件 15 的所选表面（见图 7-26）接触约束。使零件 19 的所选表面（见图 7-27）与零件 15

的所选表面（见图 7-28）对齐约束。使零件 19 的所选表面（见图 7-29）与零件 16 的所选表面（见图 7-30）平行约束。其装配约束结果如图 7-31 和图 7-32 所示。

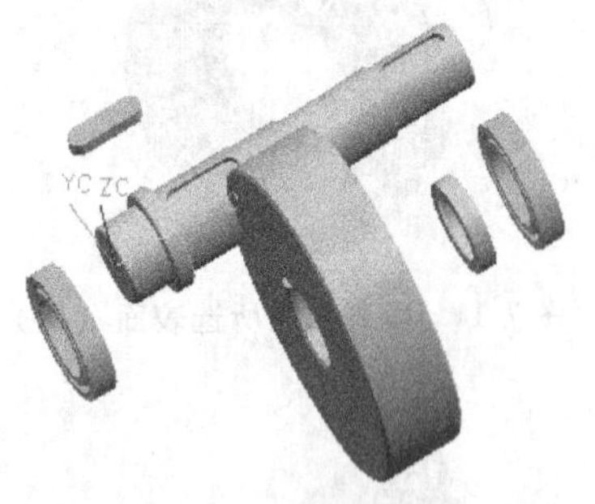

图 7-19　添加零部件

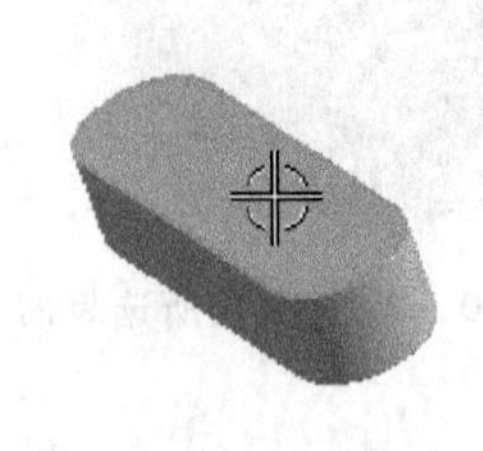
图 7-20　零件 16 的所选表面

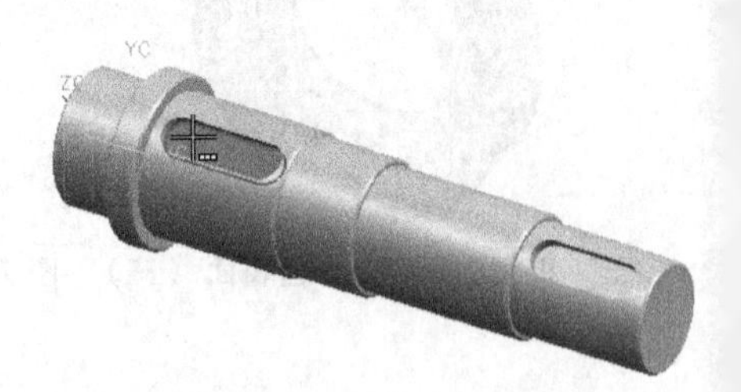

图 7-21　零件 15 的所选表面

图 7-22　零件 16 的所选表面

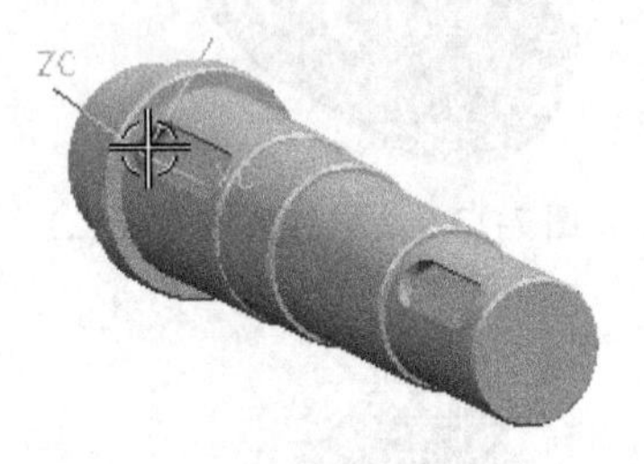

图 7-23　零件 15 的所选表面

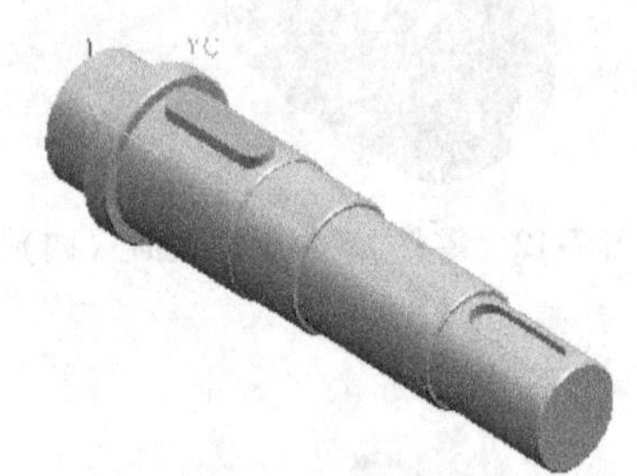

图 7-24　装配约束结果（一）

图 7-25　零件 19 的所选表面

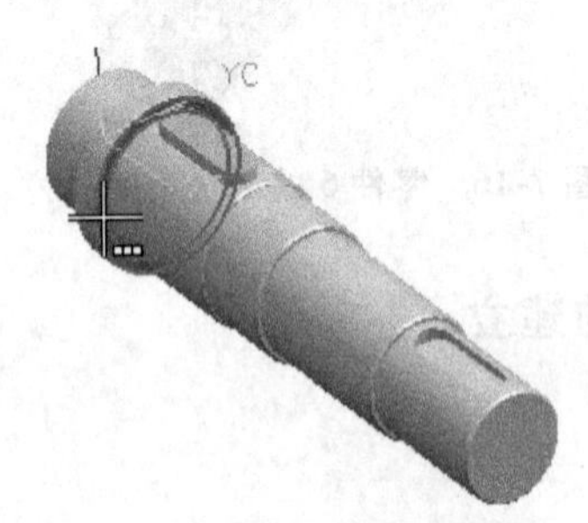

图 7-26　零件 15 的所选表面

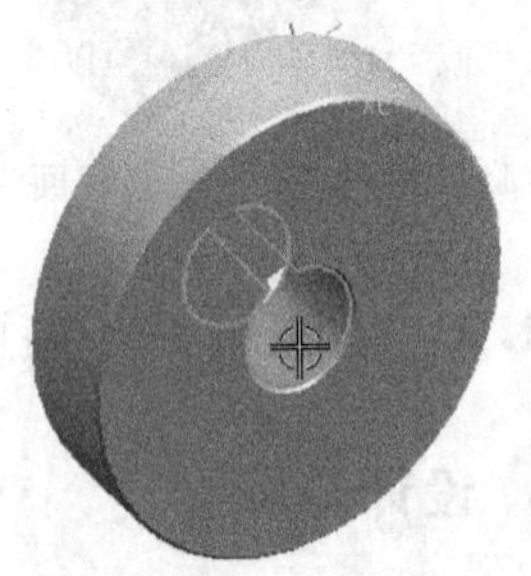
图 7-27　零件 19 的所选表面

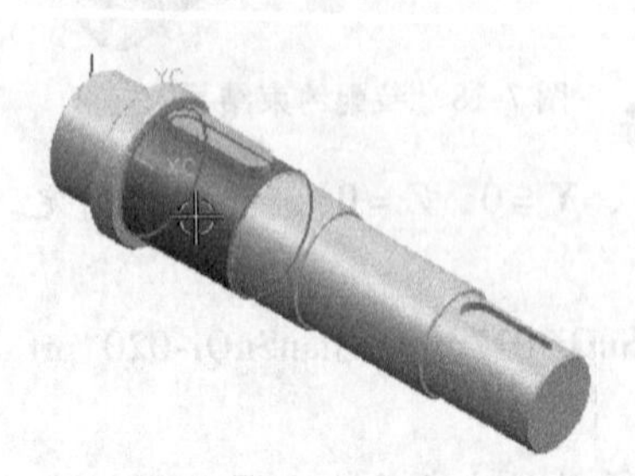

图 7-28　零件 15 的所选表面

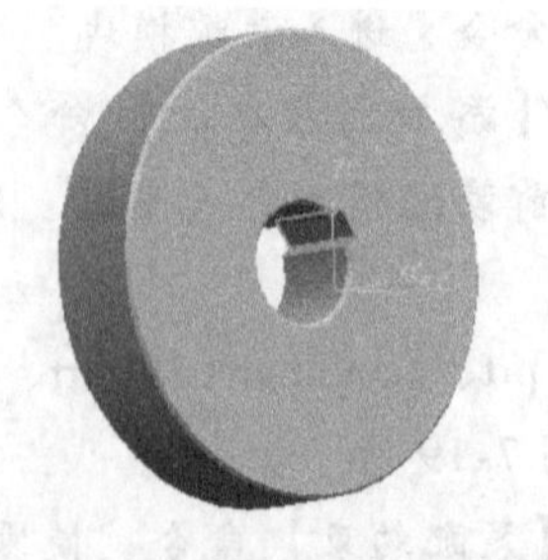
图 7-29　零件 19 的所选表面

图 7-30　零件 16 的所选表面

[7]　单击【装配】/【组件】/【装配约束】命令，使零件 3 的所选表面（见图 7-33）与零件 19 的所选表面（见图 7-34）接触约束。使零件 3 的所选表面（见图 7-35）与零件 15 的所选表面（见图 7-36）对齐约束。其装配约束结果如图 7-37 所示。

图 7-31　装配约束结果（二）

图 7-32　装配约束结果（三）

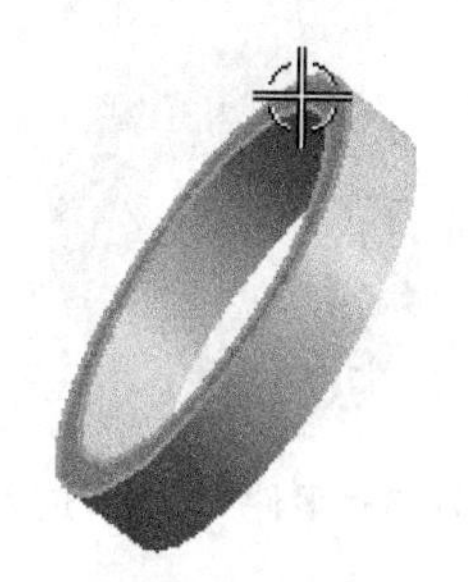

图 7-33　零件 3 的所选表面

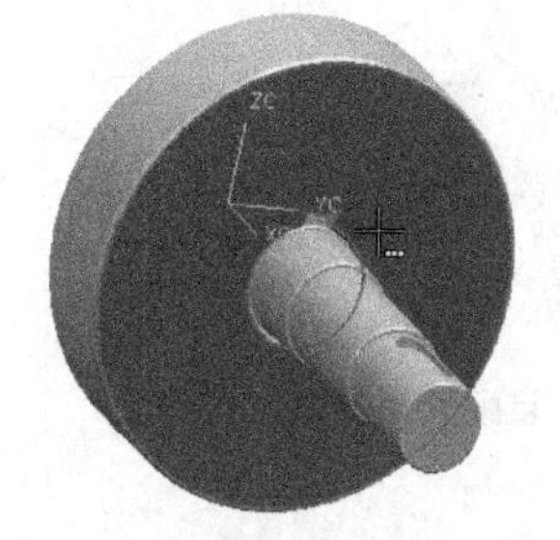

图 7-34　零件 19 的所选表面

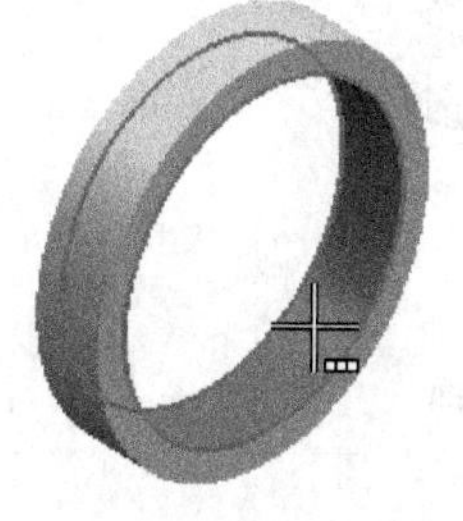

图 7-35　零件 3 的所选表面

图 7-36　零件 15 的所选表面

［8］　单击【装配】/【组件】/【装配约束】命令，使零件 17 的所选表面（见图 7-38）与零件 3 的所选表面（见图 7-39）接触约束。使零件 17 的所选表面（见图 7-40）与零件 15 的所选表面（见图 7-41）对齐约束。其装配约束结果如图 7-42 所示。

图 7-37　装配约束结果（四）

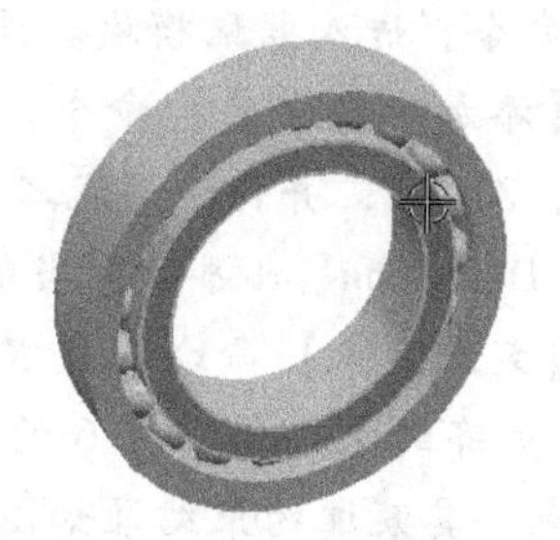

图 7-38　零件 17 的所选表面

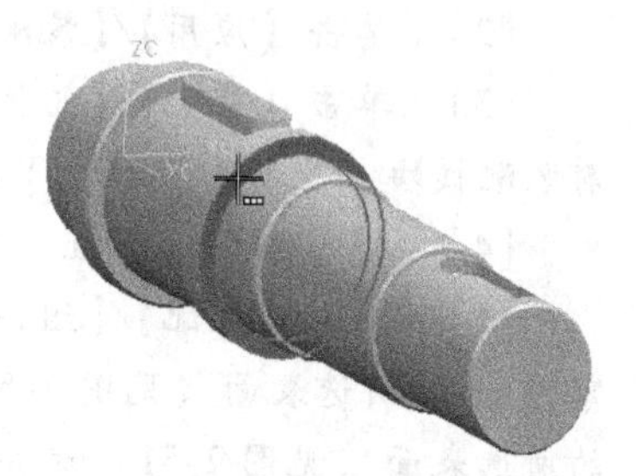

图 7-39　零件 3 的所选表面

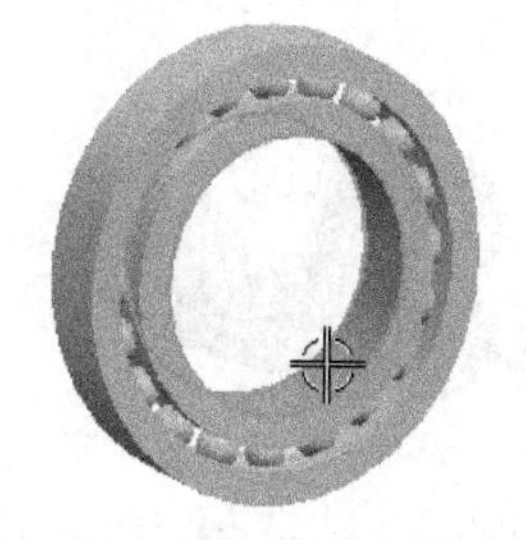

图 7-40　零件 17 的所选表面

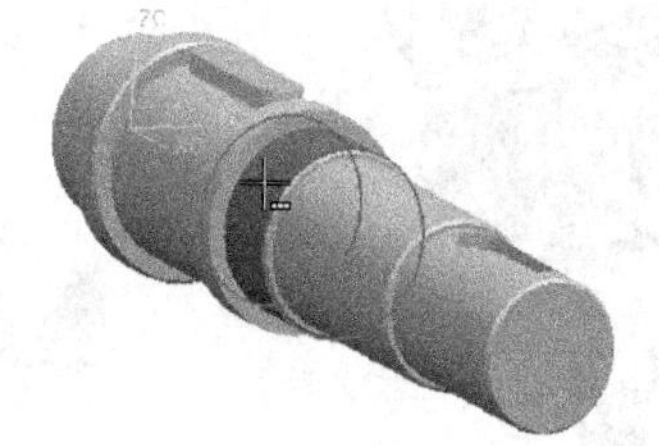

图 7-41　零件 15 的所选表面

图 7-42　装配约束结果（五）

［9］　单击【装配】/【组件】/【装配约束】命令，使零件 17 的所选表面（见图 7-43）与零件 15 的所选表面（见图 7-44）接触约束。使零件 17 的所选表面（见图 7-45）与零件 15 的所选表面（见图 7-46）对齐约束。其装配约束结果如图 7-47 所示。至此，完成低速轴系子装配体的创建。

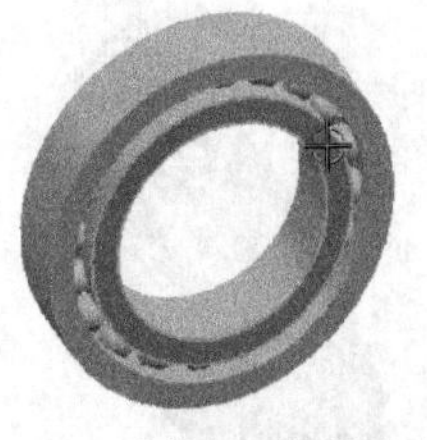

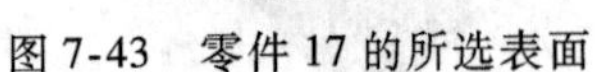

图 7-43　零件 17 的所选表面

图 7-44　零件 15 的所选表面

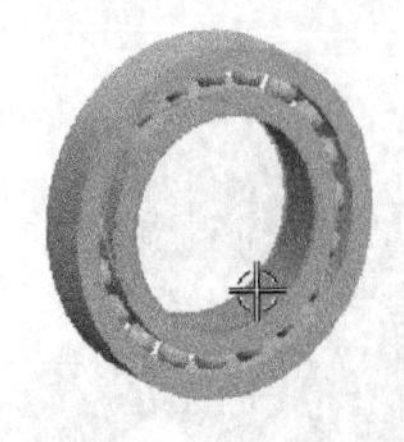

图 7-45　零件 17 的所选表面

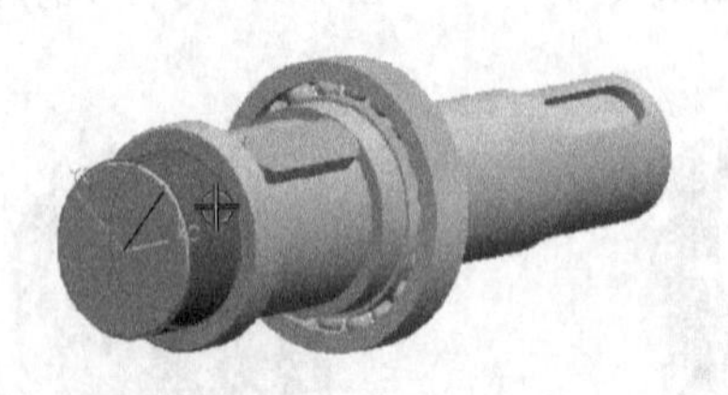

图 7-46　零件 15 的所选表面

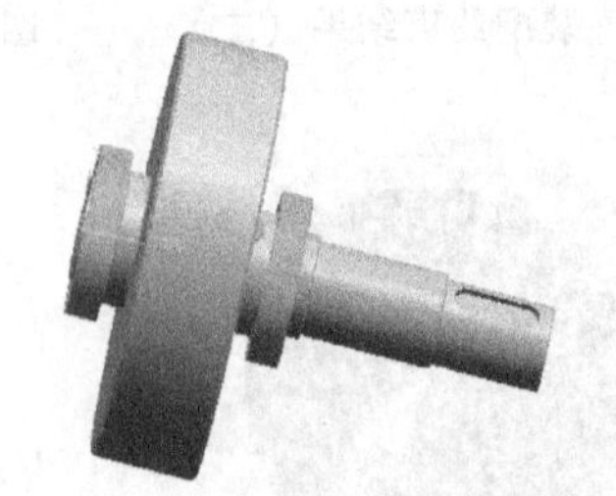

图 7-47　装配约束结果（六）

7.1.4　两轴系与机座的装配

设计步骤

[1]　启动 UG NX 8.0 程序，新建一个名称为 JianSuQi-asm. prt 的部件文件，其单位为 mm。

[2]　单击【应用】/【装配】命令，进入装配模块。设置背景颜色为白色。

[3]　单击【装配】/【组件】/【添加已存在的】命令，将部件 JianSuQi-023. prt 添加到当前装配模块（坐标：X = 0，Y = 0，Z = 0），并作为固定零部件。

[4]　将部件 GaoSuZhou. prt、DiSuZhou. prt 添加到当前装配模块。结果如图 7-48 所示。

[5]　单击【装配】/【组件】/【装配约束】命令，使零件 6 的所选表面（见图 7-49）与零件 23 的所选表面（见图 7-50）对齐约束。使零件 6 的所选表面（见图 7-51）与零件 23 的所选表面（见图 7-51）对齐约束。其装配约束结果如图 7-52 所示。

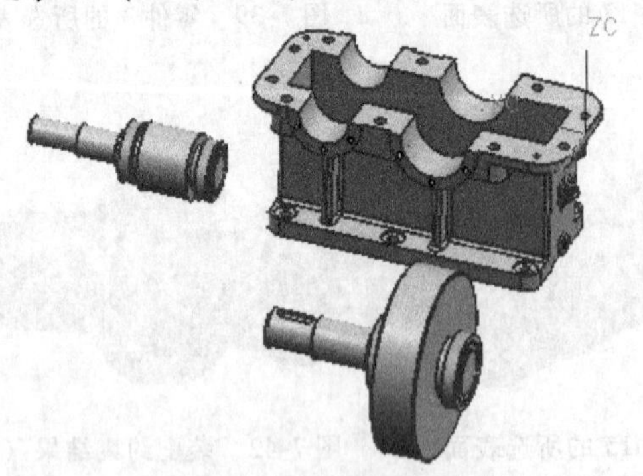

图 7-48　添加零部件

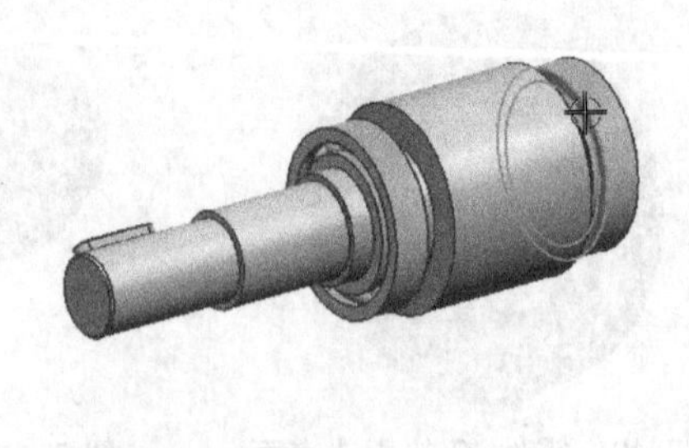

图 7-49　零件 6 的所选表面

[6]　暂时将大齿轮即零件 19 隐藏。单击【装配】/【组件】/【装配约束】命令，使零件 17 的所选表面（见图 7-53）与零件 23 的所选表面（见图 7-54）对齐约束。使零件 17 的所选表面与零件 23 的所选表面（见图 7-55）对齐约束。其装配约束结果如图 7-56 所示。

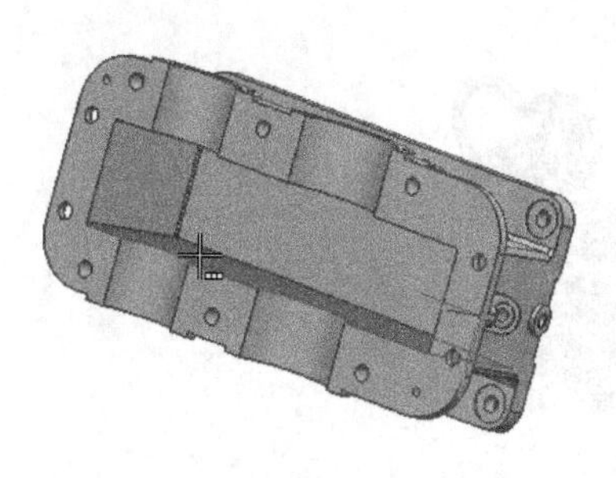

图 7-50　零件 23 的所选表面

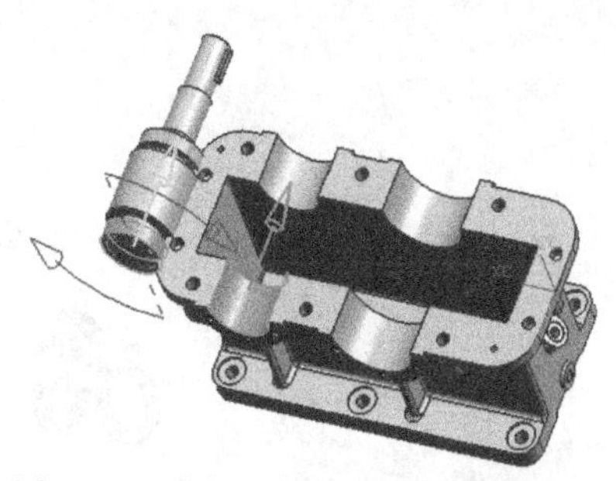

图 7-51　零件 6 与零件 23 的所选表面

[7]　至此，完成两轴系与机座的装配。

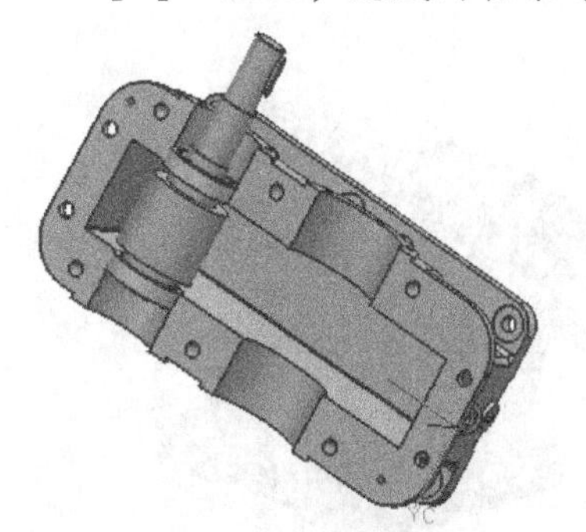

图 7-52　装配约束结果

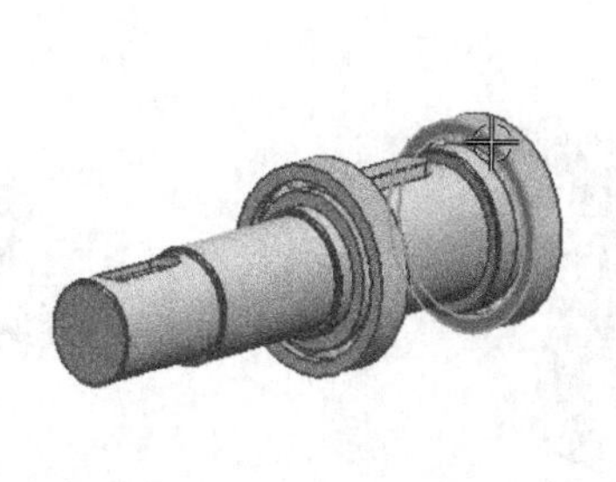

图 7-53　零件 17 的所选表面

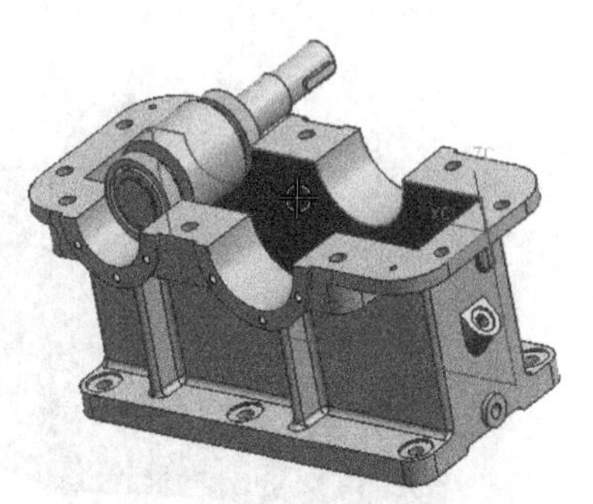

图 7-54　零件 23 的所选表面

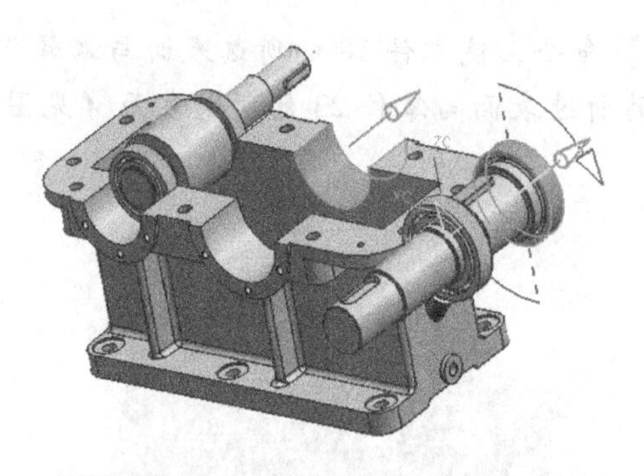

图 7-55　零件 17 与零件 23 的所选表面

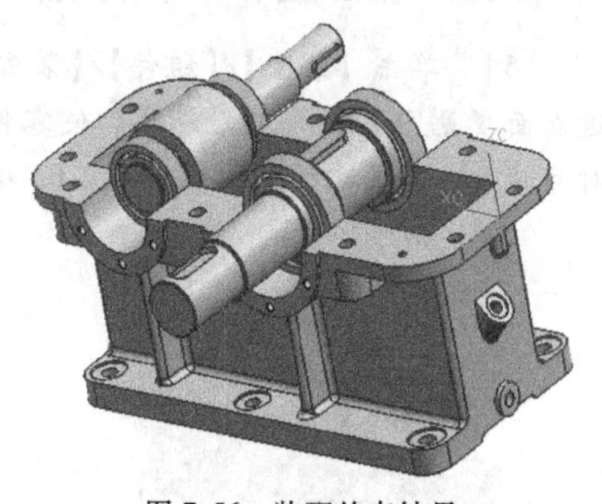

图 7-56　装配约束结果

7.1.5　端盖的装配

设计步骤

[1]　打开部件 JianSuQi-asm. prt，单击【应用】/【装配】命令，进入装配模块。

[2]　将部件 JianSuQi-002. prt、JianSuQi-005. prt、JianSuQi-007. prt、JianSuQi-008. prt、JianSuQi-009. prt、JianSuQi-013. prt、JianSuQi-014. prt、JianSuQi-018. prt 添加到当前装配模块中。结果如图 7-57 所示。

[3]　暂时将不配对的零部件隐藏。

[4]　单击【装配】/【组件】/【装配约束】命令，使零件 13 的所选表面与零件 17 的所选表面（见图 7-58）接触约束。使零件 13 的所选表面与零件 15 的所选表面（见图 7-59）对齐约束。其装配约束结果如图 7-60 所示。

图 7-57　添加零部件

图 7-58　零件 13 与零件 17 的所选表面

图 7-59　零件 13 与零件 15 的所选表面

[5]　单击【装配】/【组件】/【装配约束】命令，使零件 18 的所选表面与零件 23 的所选表面（见图 7-61）接触约束。使零件 18 的所选表面与零件 23 的所选表面（见图 7-62）对齐约束。其装配约束结果如图 7-63 所示。

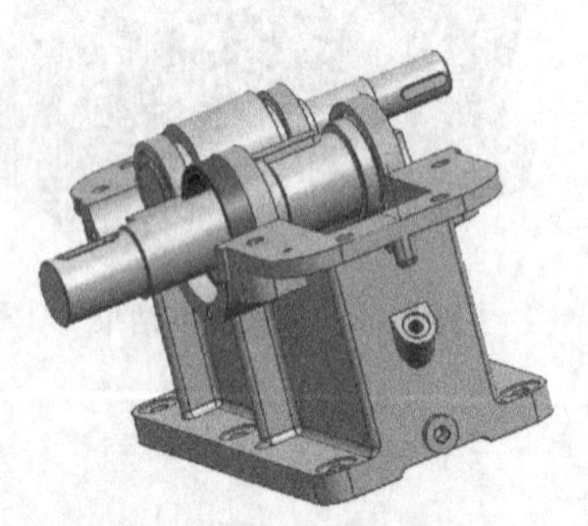

图 7-60　装配约束结果（一）

图 7-61　零件 18 与零件 23 的所选表面接触约束

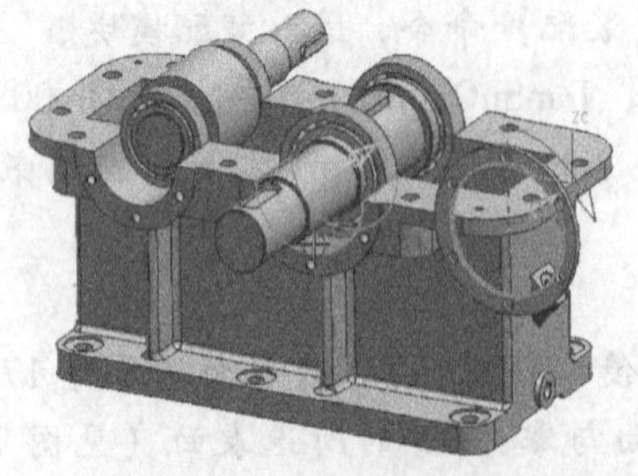

图 7-62　零件 18 与零件 23 的所选表面对齐约束

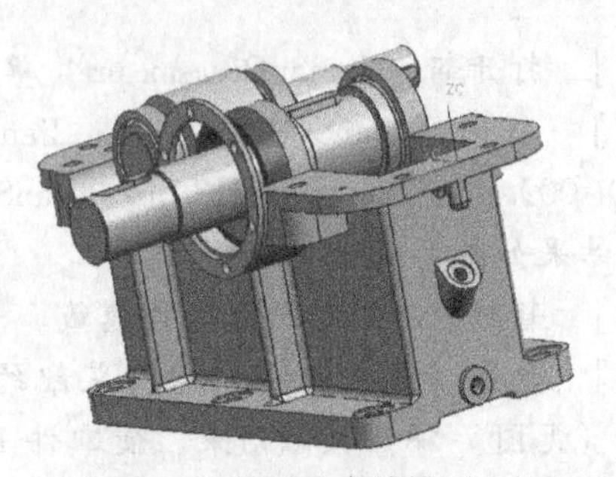

图 7-63　装配约束结果（二）

[6]　单击【装配】/【组件】/【装配约束】命令，使零件2的所选表面与零件18的所选表面（见图7-64）接触约束。使零件2的所选表面与零件15的所选表面（见图7-65）对齐约束。使零件2的所选表面（见图7-66）与零件23的所选表面（见图7-67）对齐约束。其装配约束结果如图7-68所示。

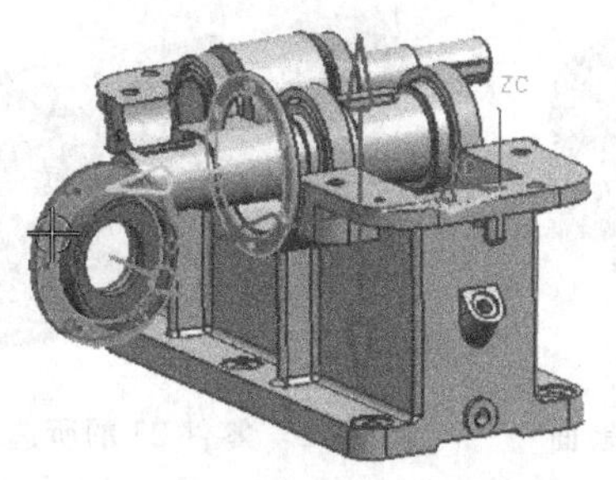

图7-64　零件2与零件18的所选表面

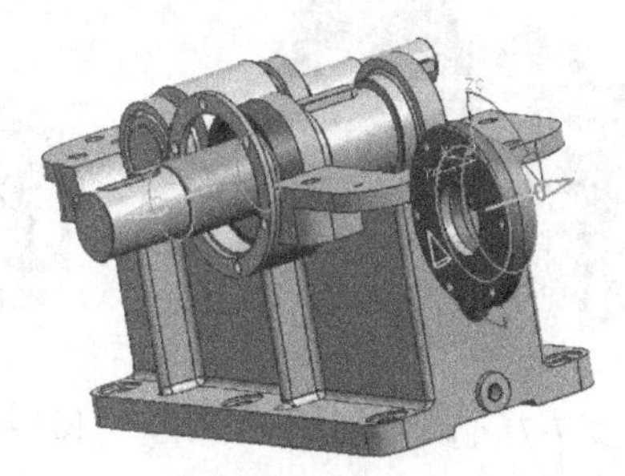

图7-65　零件2与零件15的所选表面

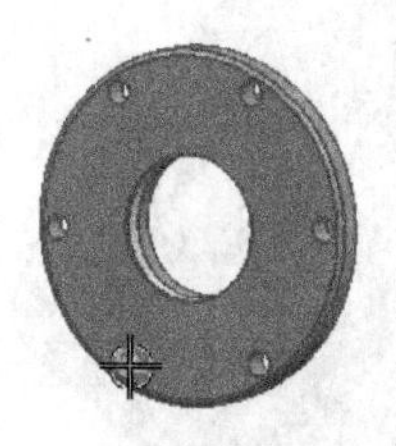

图7-66　零件2的所选表面

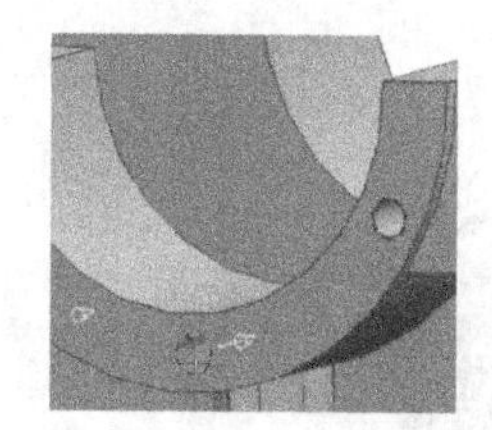

图7-67　零件23的所选表面

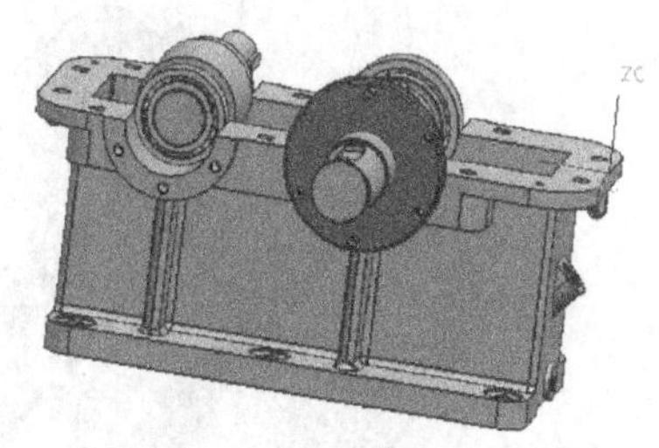

图7-68　装配约束结果（三）

[7]　参照步骤4~6，将其他轴套、调整垫片及端盖装配到机座上。结果如图7-69所示。旋转零件11并将所有零部件显示，结果如图7-70所示。至此，完成端盖的装配。

图7-69　装配约束结果（四）

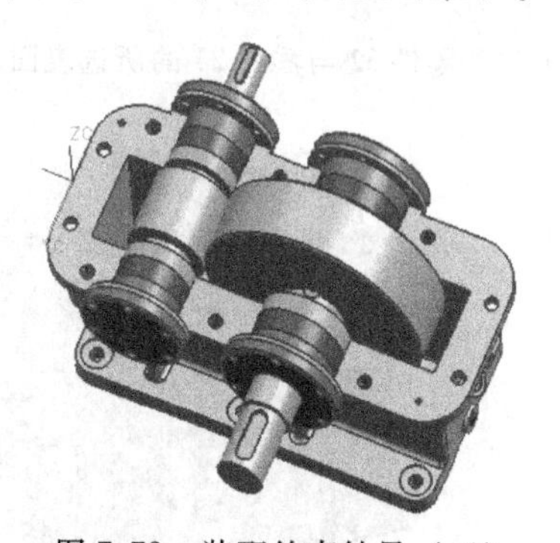

图7-70　装配约束结果（五）

7.1.6　机盖与机座的装配

设计步骤

[1]　打开部件 JianSuQi-asm. prt，单击【应用】/【装配】命令，进入装配模块。

[2]　将零部件 JianSuQi-032. prt 添加到当前装配模块中，结果如图7-71所示。

[3]　除零件23、32之外，其他零部件全部隐藏。

[4]　单击【装配】/【组件】/【装配约束】命令，使零件32的所选表面（见图7-72）与零件23的所选表面（见图7-73）接触约束。使零件32的所选表面与零件23的所选表面

（见图 7-74）对齐约束。使零件 32 的所选表面与零件 23 的所选表面（见图7-75）对齐约束。其装配约束结果如图 7-76 所示。将所有零部件显示出来，结果如图 7-77 所示。至此，完成机盖与机座的装配。

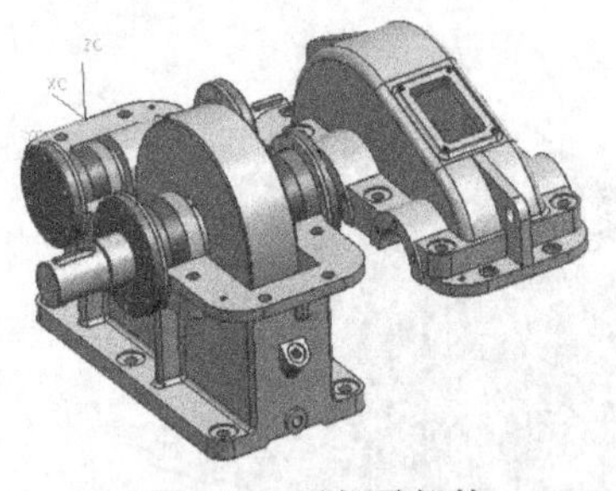

图 7-71 添加零部件

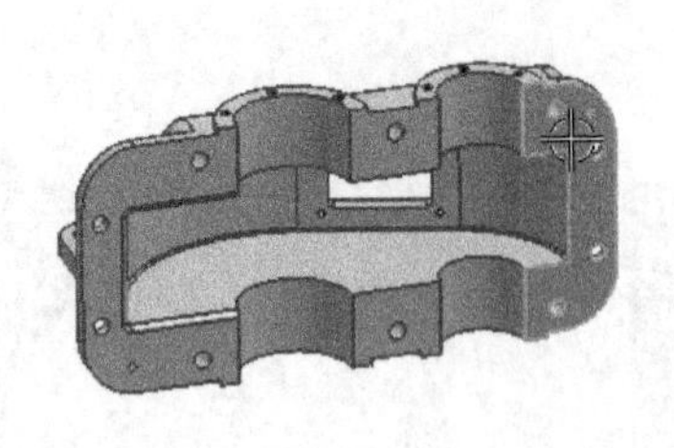

图 7-72 零件 32 的所选表面

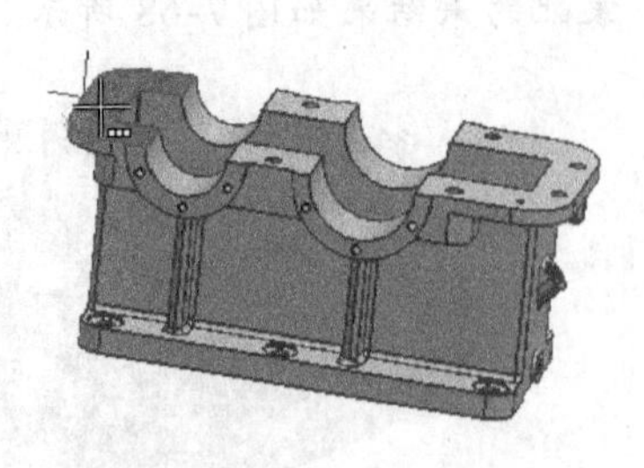

图 7-73 零件 23 的所选表面

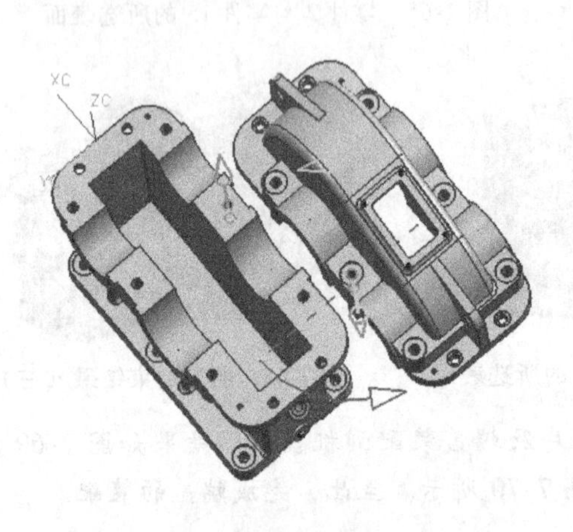

图 7-74 零件 32 与零件 23 的所选表面对齐约束

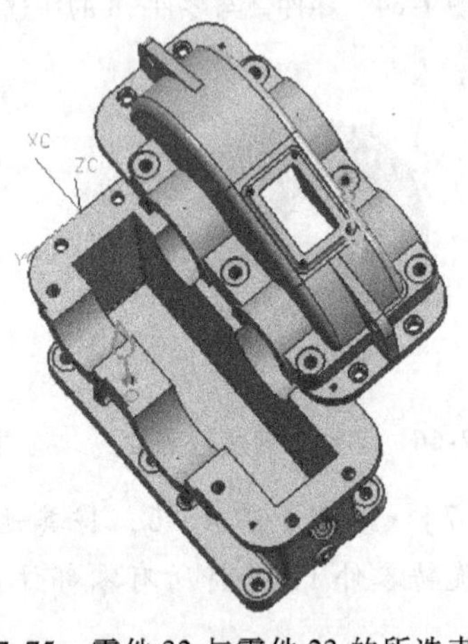

图 7-75 零件 32 与零件 23 的所选表面

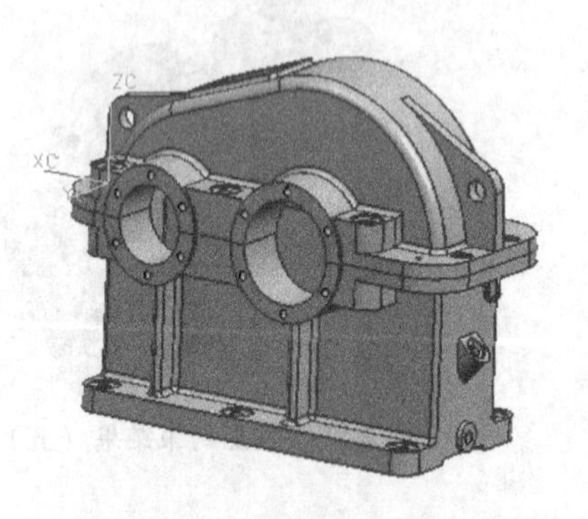

图 7-76 装配约束结果（一）

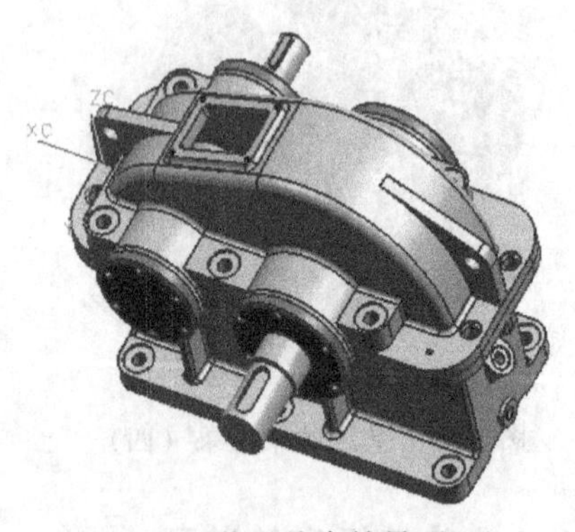

图 7-77 装配约束结果（二）

7.1.7 附件的装配

设计步骤

所谓附件，此处是指螺栓等联结件、油标、油塞、观察窗及通气器等零部件。由于装配步骤大致相似，因此，这里仅对螺栓联结件的装配予以介绍。

[1] 打开部件 JianSuQi-asm. prt，单击【应用】/【装配】命令，进入装配模块。

[2] 将零部件JianSuQi-028. prt、JianSuQi-029. prt、JianSuQi-030. prt、JianSuQi-031. prt添加到当前装配模块中。结果如图7-78所示。

[3] 单击【装配】/【组件】/【装配约束】命令，使零件30的所选表面与零件31的所选表面（见图7-79）接触约束。使零件30的所选表面与零件31的所选表面（见图7-80）对齐约束。

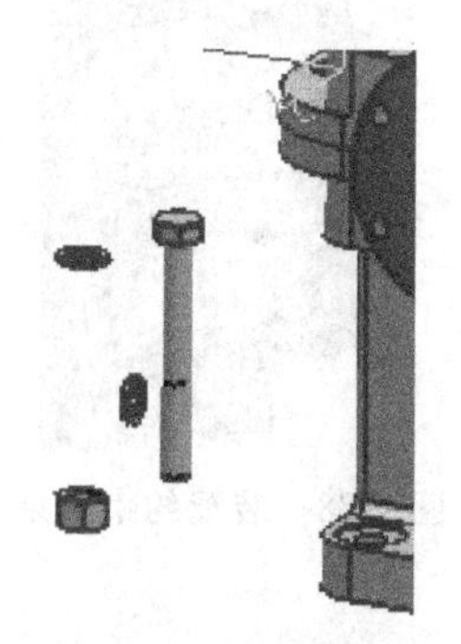

图7-78 添加零部件

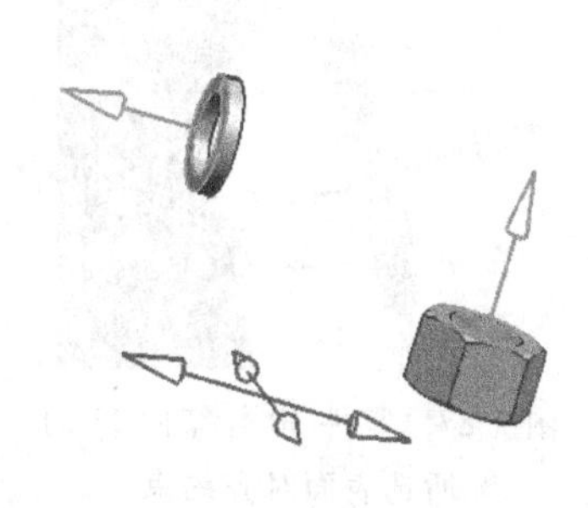

图7-79 零件30与零件31的所选表面接触约束

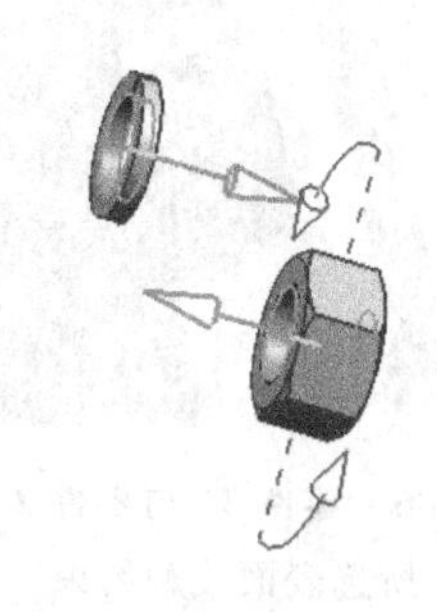

图7-80 零件30与零件31的所选表面对齐约束

[4] 单击【装配】/【组件】/【装配约束】命令，使零件31的所选表面（见图7-81）与零件23的所选表面（见图7-82）接触约束。使零件31的所选表面与零件23的所选表面（见图7-83）对齐约束。

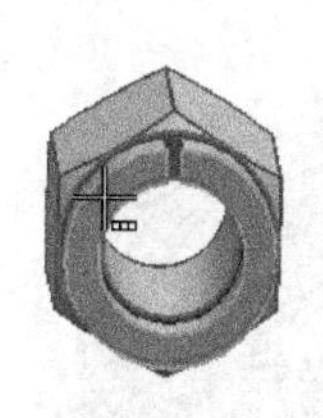

图7-81 零件31的所选表面

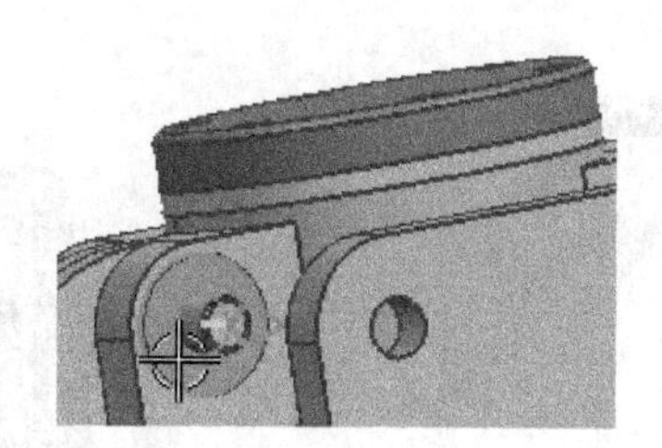

图7-82 零件23的所选表面

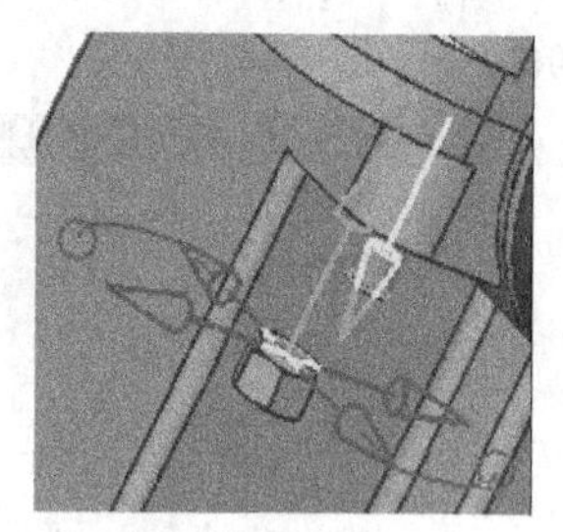

图7-83 零件31与零件23的所选表面

[5] 单击【装配】/【组件】/【装配约束】命令，使零件28的所选表面与零件29的所选表面（见图7-84）接触约束。使零件28的所选表面与零件29的所选表面（见图7-85）对齐约束。

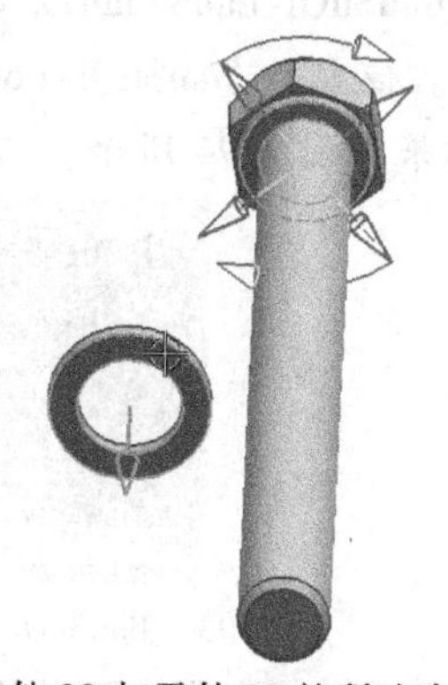

图7-84 零件28与零件29的所选表面接触约束

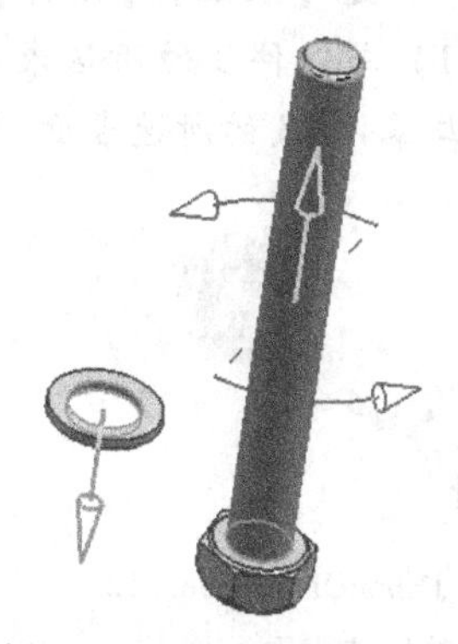

图7-85 零件28与零件29的所选表面对齐约束

[6] 单击【装配】/【组件】/【装配约束】命令，使零件31的所选表面与零件23的所选表面（见图7-86）接触约束。使零件30的所选表面与零件23的所选表面（见图7-87）对齐约束。装配约束结果如图7-88所示。

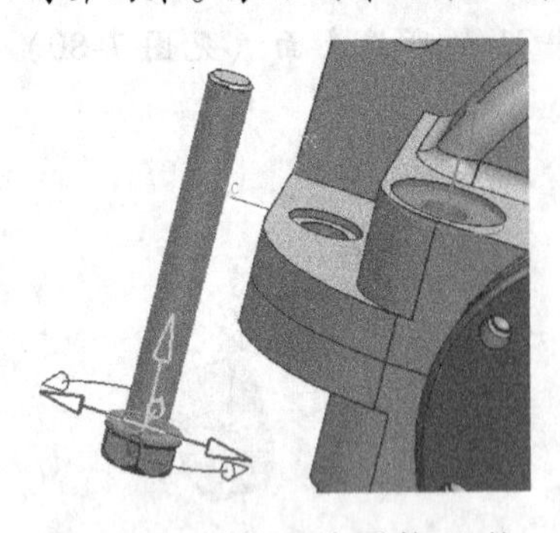

图7-86 零件31与零件23的所选表面接触约束

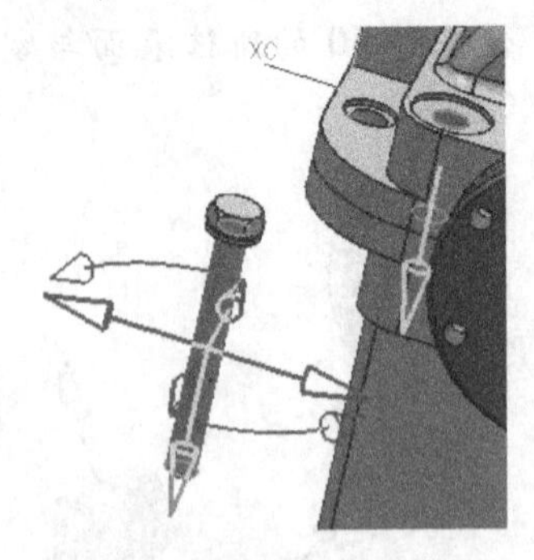

图7-87 零件30与零件23的所选表面对齐约束

图7-88 装配约束结果

[7] 单击【装配】/【组件】/【创建新的】命令，系统弹出【创建新部件】对话框，输入部件名称，设定路径，单击按钮 确定 ，系统弹出【新建组件】对话框，如图7-89所示。选取零部件28、29、30、31，单击 确定 按钮，则创建新的组件。以后即可利用该组件代替零部件28、29、30、31。

[8] 将零部件 JianSuQi-LuoShuan12.prt 重复5次添加到当前装配模块中。结果如图7-90所示。

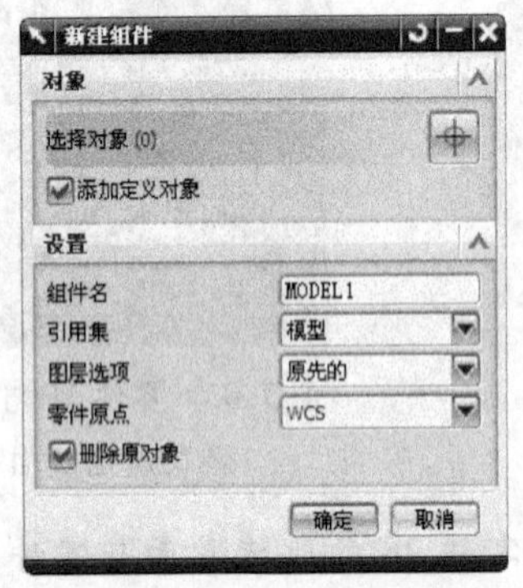

图7-89 【新建组件】对话框

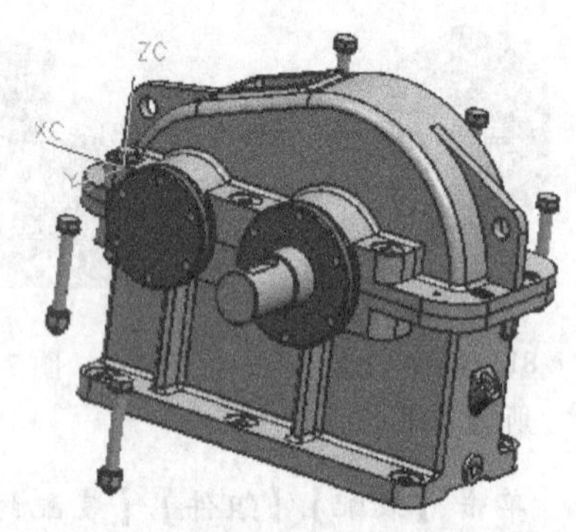

图7-90 添加零部件

[9] 单击【装配】/【组件】/【配对组件】命令，使 JianSuQi-LuoShuan12 的所选表面（见图7-91）与零件3的所选表面（见图7-92）装配配对。使零件 JianSuQi-LuoShuan12 的所选表面与零件23的所选表面（见图7-93）对齐配对。结果如图7-94所示。

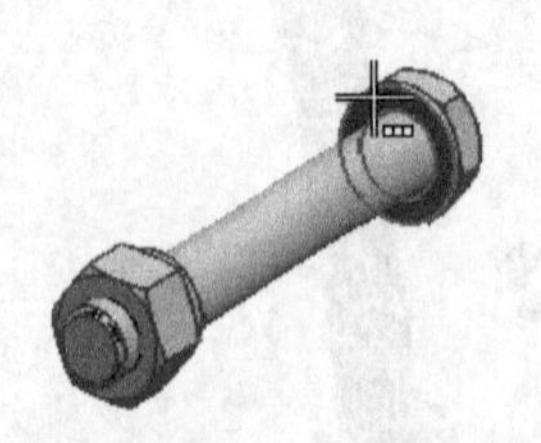

图7-91 JianSuQi-LuoShuan12 的所选表面

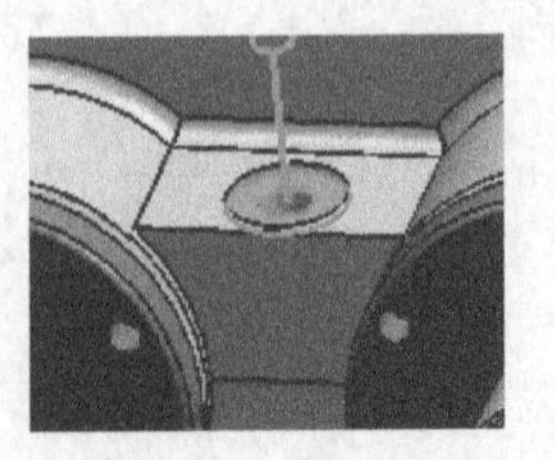

图7-92 零件3的所选表面

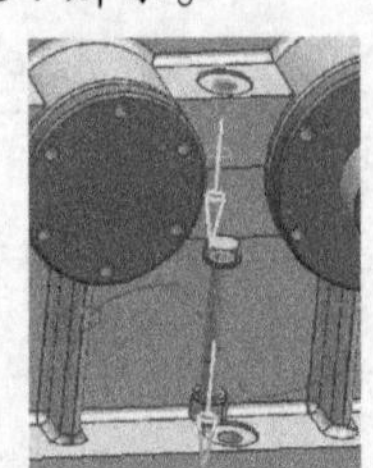

图7-93 JianSuQi-LuoShuan12 与零件23的所选表面

[10]　重复上一步骤，将其他零部件 JianSuQi-LuoShuan12 与机座配对。结果如图 7-95 和图 7-96 所示。

[11]　采用类似的方法，将其他所有附件装配，结果如图 7-97 和图 7-98 所示。

[12]　至此，完成整个减速器的装配，即完成了减速器三维模型的创建。

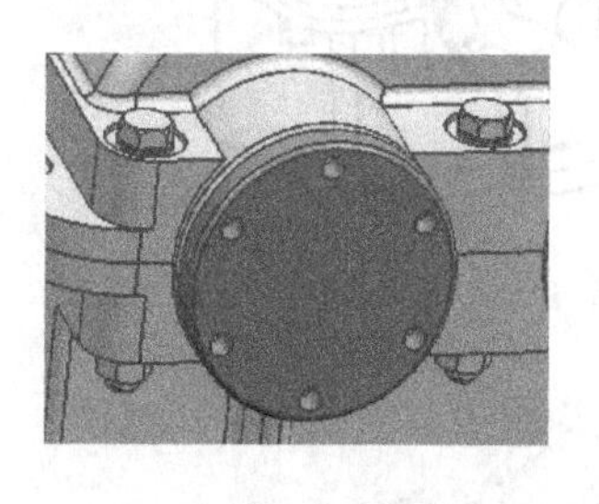

图 7-94　装配约束结果

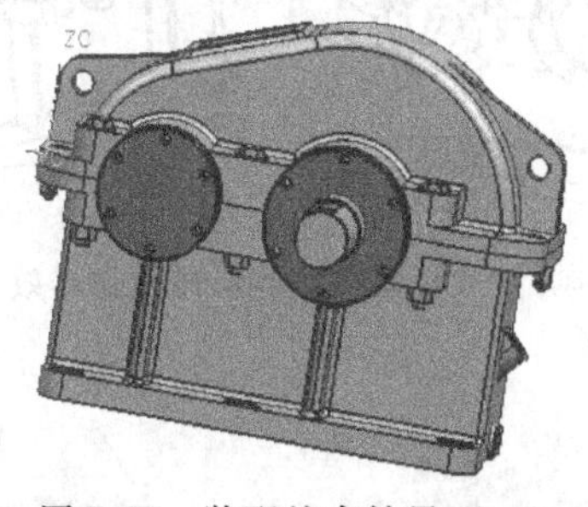

图 7-95　装配约束结果（一）

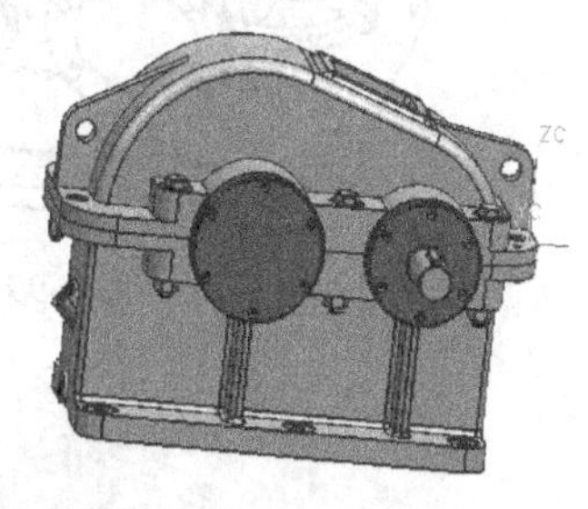

图 7-96　装配约束结果（二）

图 7-97　减速器三维模型（一）

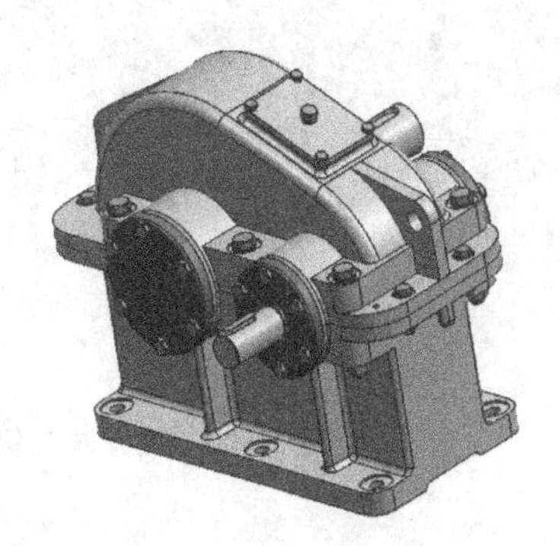

图 7-98　减速器三维模型（二）

7.2　二级直齿圆柱齿轮减速器的造型设计——顶级装配驱动下游设计

本节通过一个实例——二级直齿圆柱齿轮减速器造型设计，详细介绍 UG 在产品设计中的具体应用。此处综合运用了自顶向下 WAVE 几何链接设计（顶级装配驱动下游设计）、装配克隆、部件阵列、镜像装配等高级装配造型技术（或者称为产品设计技术），读者应反复演练，细心体会其中的技巧，以求举一反三、学以致用。

设计要求

已知某二级直齿圆柱齿轮减速器有关参数如下所述，其外形效果图如图 7-99 和图 7-100 所示，制作该展开式减速器的实体模型。

其中，低速轴的参数为：齿轮模数 =3，传动比 =4，小齿轮齿数 =19，大齿轮齿数 =76，中心距 =142.5，小齿轮宽度 =95，大齿轮宽度 =90；高速轴的参数为：齿轮模数 =5，传动比 =2.5，小齿轮齿数 =20，大齿轮齿数 =50，中心距 =175，小齿轮宽度 =95，大齿轮宽度 =90。

设计思路

(1) 参数计算（确定传动零件的主要尺寸，初步选定轴承，确定轴的尺寸），绘制装配

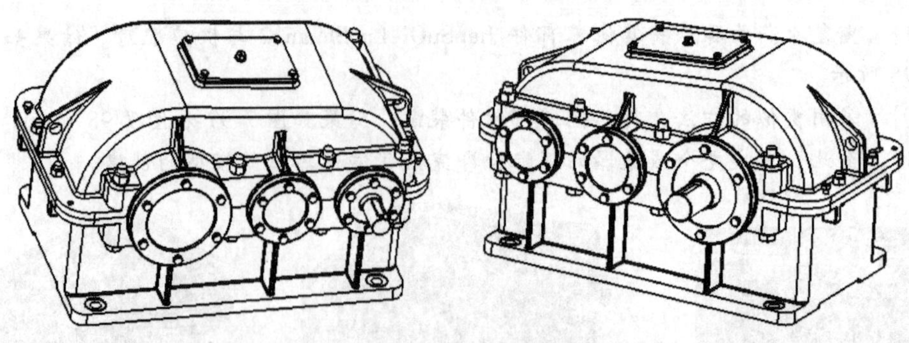

图 7-99　展开式二级直齿圆柱齿轮减速器效果图（一）

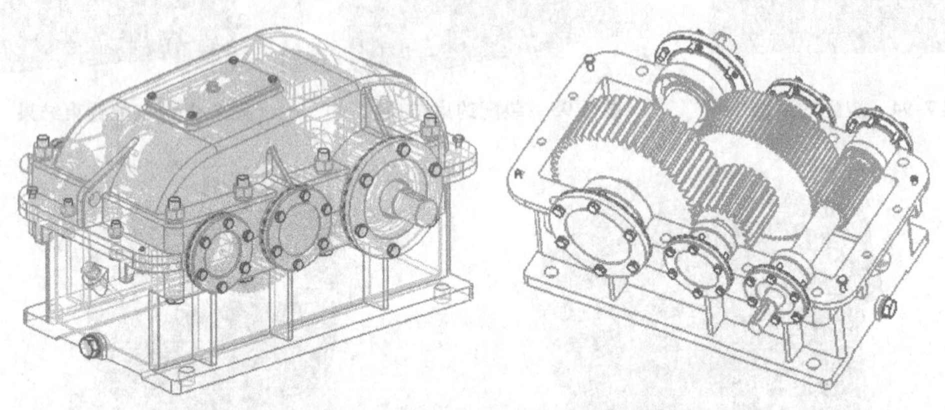

图 7-100　展开式二级直齿圆柱齿轮减速器效果图（二）

参考草图。

（2）确定机座结构尺寸，绘制截面草图，初步建立机座模型。

（3）初步建立传动零件（齿轮、轴、轴承、轴套）模型。

（4）初步装配减速器。

（5）完善机座模型。

（6）依据机座，建立机盖模型。

（7）建立轴承端盖系列及其他附件零件模型。

（8）组装装配体。

7.2.1　参数计算、绘制装配参考草图

设计步骤

[1]　启动 UG NX 8.0 软件，新建一个名称为 JianSuQi-asm. prt（减速器装配体）的部件文件，选择【开始】/【装配】命令，进入装配模块，同时运行建模模块。

[2]　单击【装配】/【组件】/【创建新的】命令，或者单击【装配】工具栏上的按钮，系统弹出【创建新部件】对话框，输入部件名称，设定路径，单击按钮 确定 ，系统弹出【新建组件】对话框。不选择任何特征，接受默认参数设置，单击 确定 按钮，则创建相应组件。保存文件，此时组件为空，即没有任何特征实体。

[3]　依据提供的齿轮传动数据与手册参考图（见图 7-101），计算传动零件的主要尺

寸，初步选定轴承、确定轴的尺寸。其中，所选定的轴承分别为：高速轴轴承 6207，中间轴轴承 6208，低速轴轴承 6311。

[4]　在装配导航器中双击 JianSuQi-001，使其成为当前工作部件。单击【插入】/【草图】命令，以 XC-YC 坐标系平面为草图放置平面，绘制如图 7-102 所示的装配参考草图（隐藏尺寸，具体尺寸请参见源文件）。退出草图绘制模式。保存文件，关闭部件。

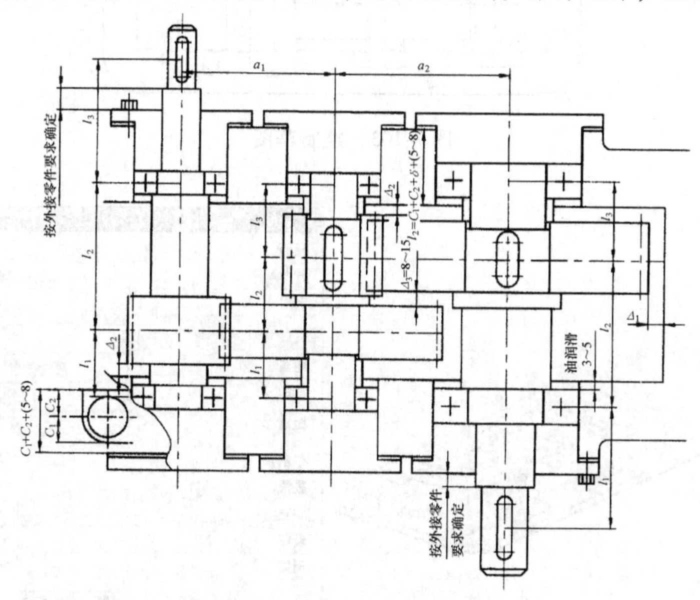

图 7-101　二级圆柱齿轮减速器参考草图（摘自机械手册）

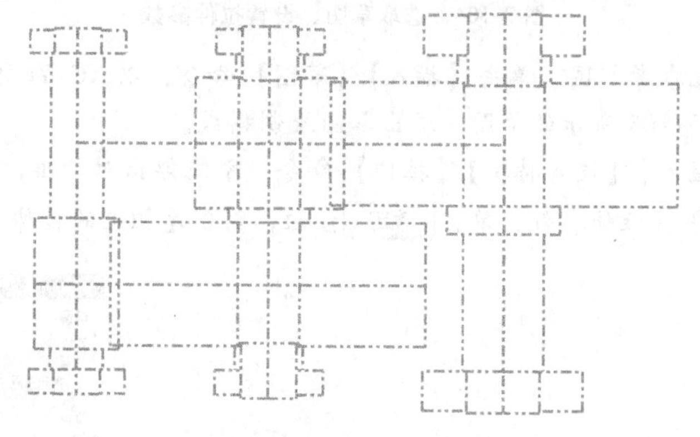

图 7-102　绘制装配参考草图

7.2.2　初步建立机座模型

设计步骤

[1]　打开部件 JianSuQi-001. prt。

[2]　单击【插入】/【草图】命令，以 XC-YC 坐标系平面为草图放置平面，绘制如图 7-103所示的草图。退出草图绘制模式。

[3]　单击【插入】/【设计特征】/【拉伸】命令，系统弹出对话框，选取刚绘制的草图，如图 7-104 所示。设置拉伸参数，单击 确定 按钮，则创建相应的拉伸体。

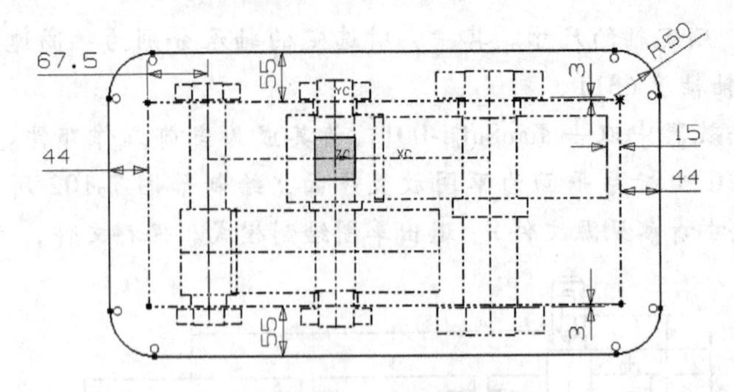

图 7-103　绘制草图

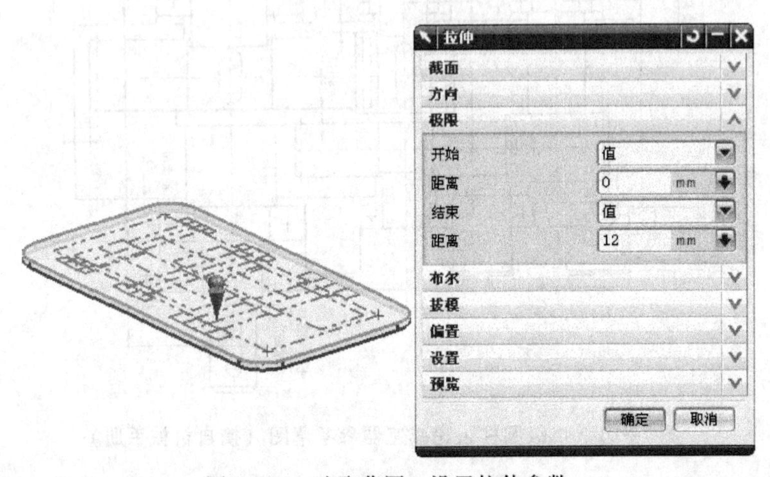

图 7-104　选取草图、设置拉伸参数

[4]　隐藏装配参考草图。单击【插入】/【草图】命令，以 XC-YC 坐标系平面为草图放置平面，绘制如图 7-105 所示的草图。退出草图绘制模式。

[5]　单击【插入】/【设计特征】/【拉伸】命令，系统弹出对话框，选取刚绘制的草图，如图 7-106 所示。设置拉伸参数，单击 确定 按钮，则创建相应的拉伸体。

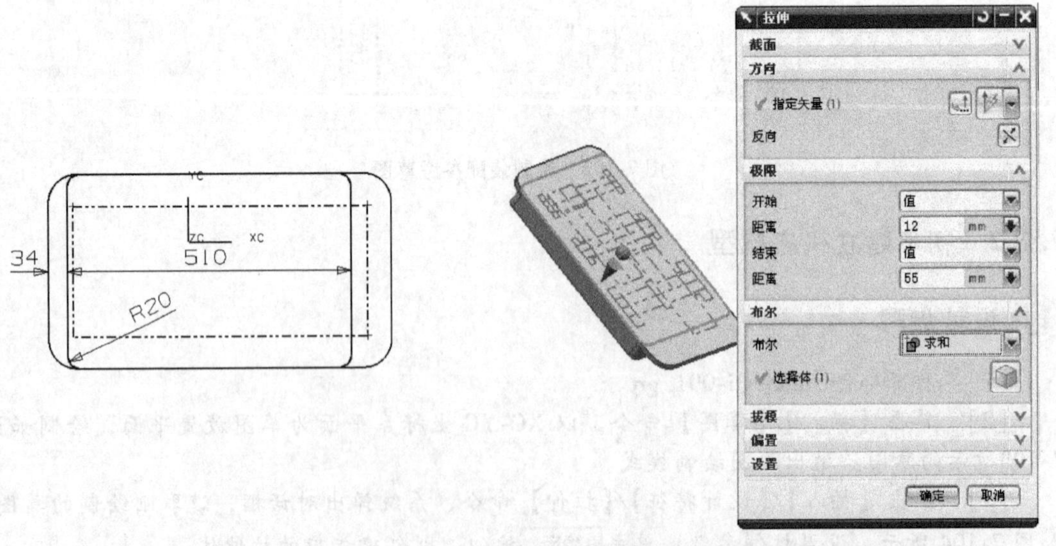

图 7-105　绘制草图　　　　图 7-106　选取草图、设置拉伸参数

[6]　单击【插入】/【草图】命令，以 XC-YC 坐标系平面为草图放置平面，绘制如图 7-107所示的草图。退出草图绘制模式。

[7]　单击【插入】/【设计特征】/【拉伸】命令，系统弹出对话框，选取刚绘制的草图，如图 7-108 所示。设置拉伸参数，单击 确定 按钮，则创建相应的拉伸体。

[8]　单击【插入】/【草图】命令，以拉伸体的底面为草图放置平面，绘制如图 7-109 所示的草图。退出草图绘制模式。

[9]　单击【插入】/【设计特征】/【拉伸】命令，系统弹出对话框，选取刚绘制的草图，如图 7-110 所示。设置拉伸参数，单击 确定 按钮，则创建相应的拉伸体。

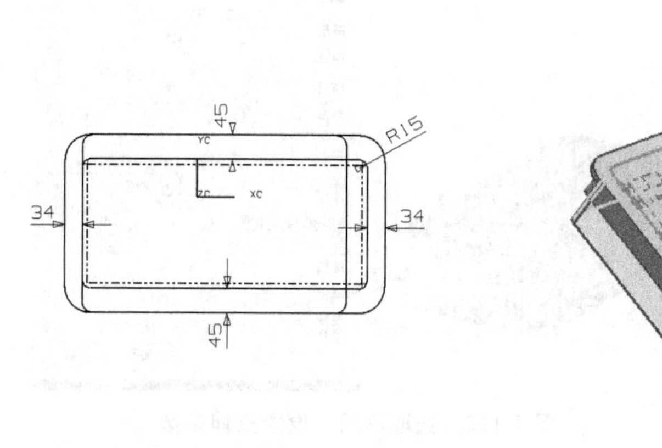

图 7-107　绘制草图

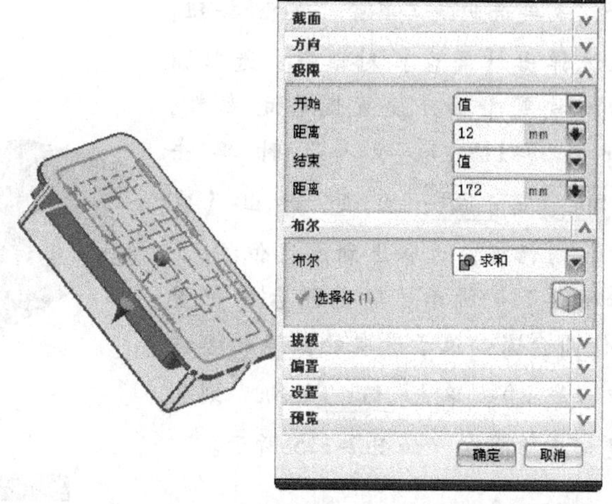

图 7-108　选取草图、设置拉伸参数

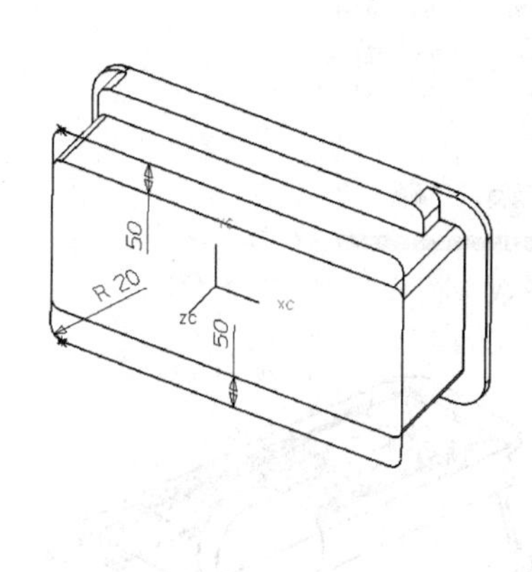

图 7-109　绘制草图

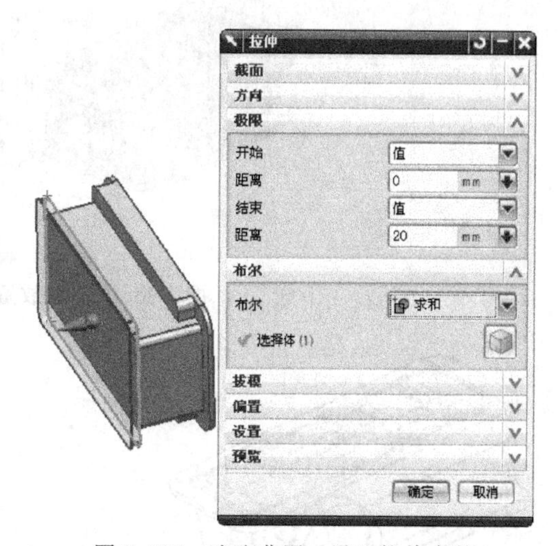

图 7-110　选取草图、设置拉伸参数

[10]　单击【插入】/【草图】命令，以 XC-YC 坐标系平面为草图放置平面，绘制如图 7-111 所示的草图（与左图中的参考曲线重合）。退出草图绘制模式。

[11]　单击【插入】/【设计特征】/【拉伸】命令，系统弹出对话框，选取刚绘制的草图，如图 7-112 所示。设置拉伸参数，单击 确定 按钮，则创建相应的腔体。

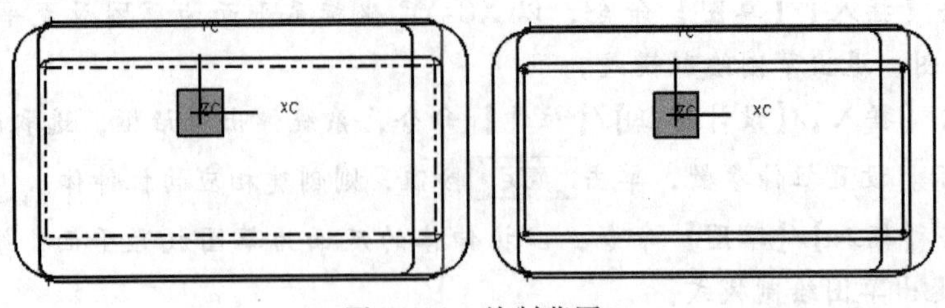

图 7-111　绘制草图

[12]　显示装配参考草图。单击【插入】/【设计特征】/【圆台】命令，或单击曲线工具条上的按钮，系统弹出【圆台】对话框。选取圆台的放置平面，设置圆台的参数，如图 7-113 所示。此时单击 确定 或 应用 按钮，弹出【定位】对话框，选取点到点定位方式，如图 7-114 所示。确定圆台的位置(使圆台圆心位于选取的低速轴参考中心线上)，单击 确定 按钮，则创建相应的圆台，如图 7-115 所示。

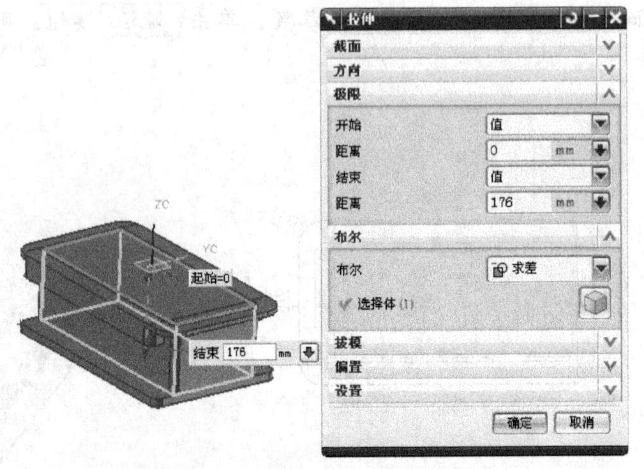

图 7-112　选取草图、设置拉伸参数

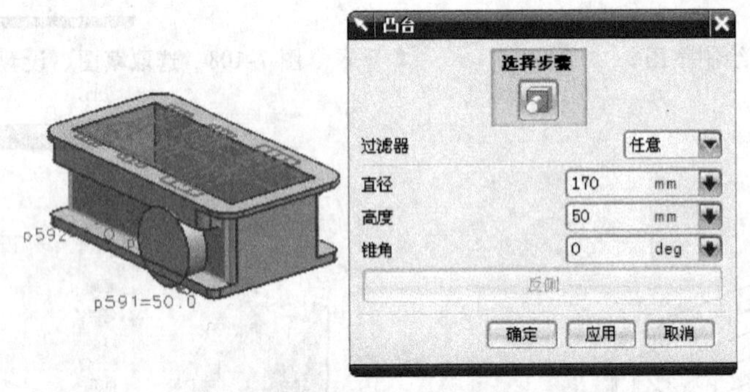

图 7-113　选取放置平面、设置圆台参数

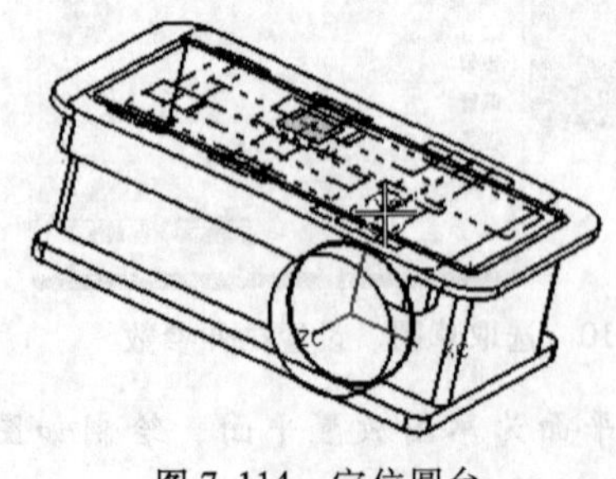

图 7-114　定位圆台

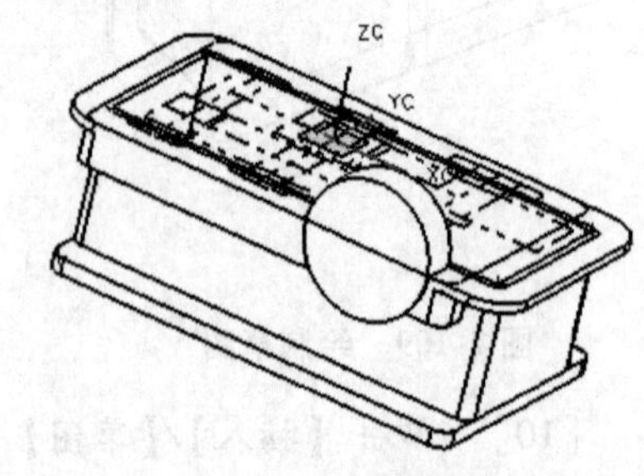

图 7-115　创建圆台

[13]　按照一步操作，创建另外两个相似的圆台。需要修改的参数分别为高速轴圆台直径 110、中间轴圆台直径 120。分别定位于高速轴参考中心线、中间轴参考中心线，结果

如图 7-116 所示。

[14]　单击【插入】/【设计特征】/【孔】命令，或单击【特征】工具条上的按钮，系统弹出【孔】对话框，选取刚才创建的低速轴圆台顶面为孔的放置平面，设置参数为：直径 = 120、深度 = 60、尖角 = 118，使孔的圆心位于圆台的圆心上，单击 确定 按钮，则创建相应的孔。

[15]　类似上一步操作，在另外两个圆台上创建简单孔。需要修改的参数分别为高速轴圆台孔直径 72、中间轴圆台孔直径 80，结果如图 7-117 所示。

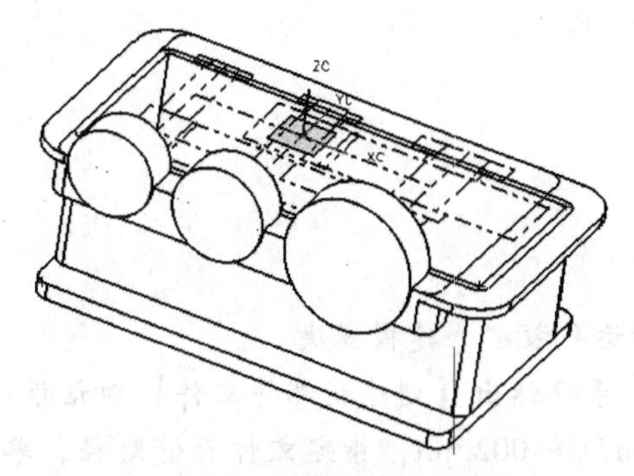

图 7-116　创建另外两个圆台

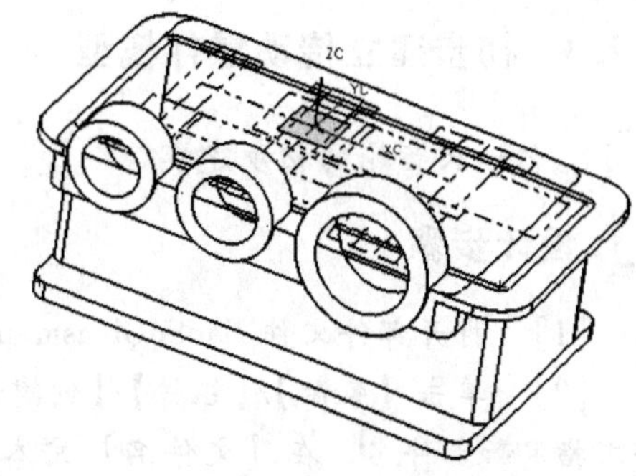

图 7-117　创建 3 个轴承孔

[16]　隐藏装配参考草图。单击【插入】/【修剪】/【修剪体】命令，系统弹出对话框，如图 7-118 所示。选取机座实体，指定对象平面为修剪依据平面，单击 确定 按钮，则将机座实体修剪为如图 7-119 所示。

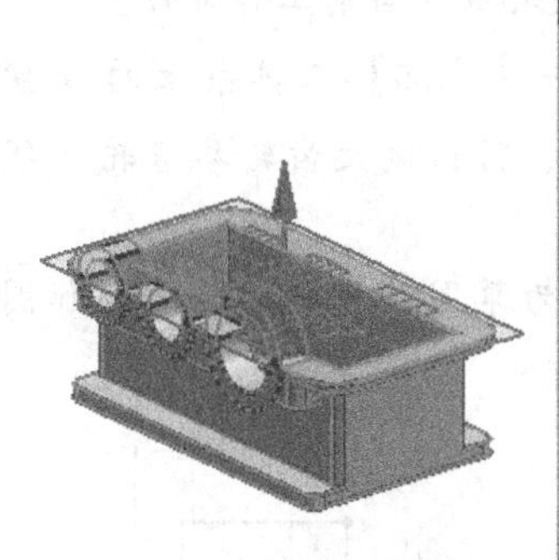

图 7-118　选取修剪体、选取修剪依据平面

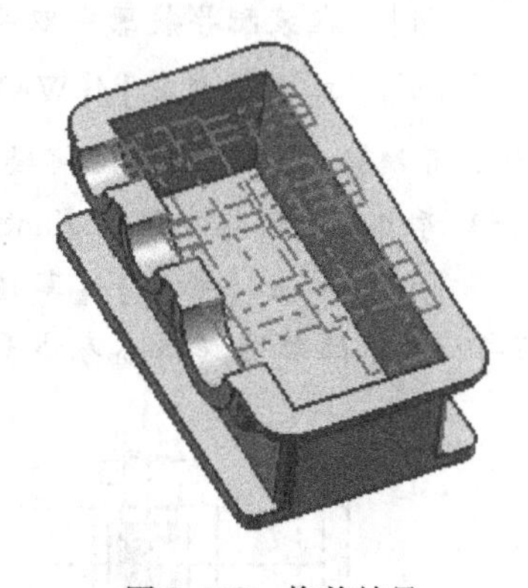

图 7-119　修剪结果

[17]　单击【插入】/【基准/点】/【基准平面】命令，以边缘线中点为基点，创建基准平面，如图 7-120 所示。

[18]　单击【插入】/【关联复制】/【镜像特征】命令，系统弹出【镜像特征】对话框。选取前面创建的 3 个圆台、3 个轴承孔及修剪特征，以刚创建的基准平面为对称面，生成镜像结构，如图 7-121 所示。

[19]　保存文件，关闭部件文件。

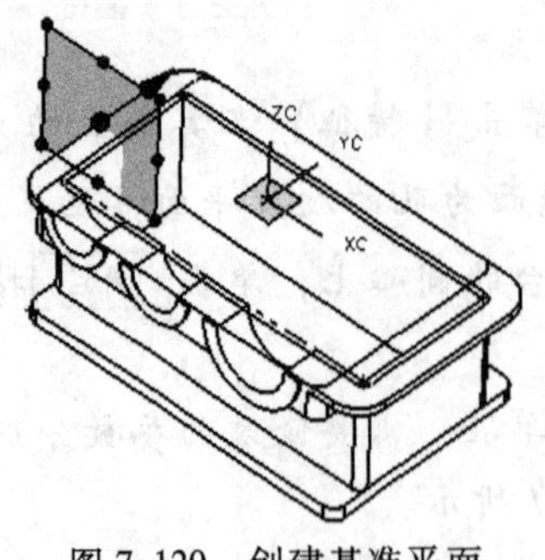

图 7-120 创建基准平面

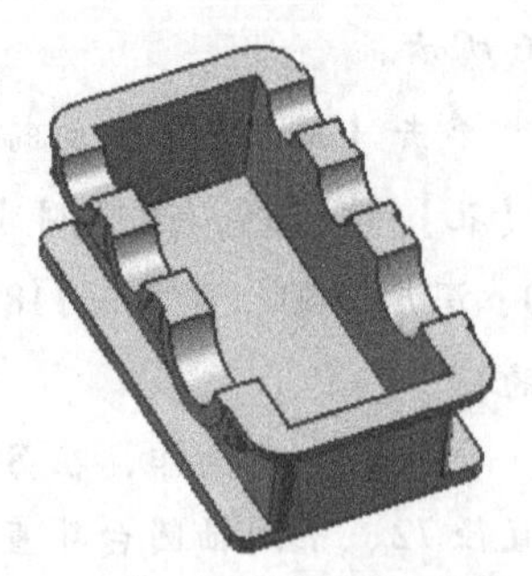
图 7-121 镜像特征

7.2.3 初步建立传动零件模型

1. 低速大齿轮的初步建模

设计步骤

[1] 打开部件文件 JianSuQi-asm. prt，确保同时运行装配、建模模块。

[2] 单击【装配】/【组件】/【创建新的】命令，系统弹出【创建新部件文件】对话框，要求指定新部件名，在【文件名】文本框内输入 JianSuQi-002. prt，指定文件存储路径，单击 确定 按钮，系统弹出【创建新的组件】对话框。不选择任何特征，接受默认参数设置(图层为原先的、坐标为绝对的)，单击 确定 按钮，则创建相应组件。保存文件，此时组件为空，即没有任何特征实体。

[3] 在装配导航器中双击 JianSuQi-001，使其成为当前工作部件，显示装配参考草图，隐藏其他草图及其实体特征。

[4] 在装配导航器中双击 JianSuQi-002（低速大齿轮），使其成为当前工作部件。

[5] 单击【装配】/【WAVE 几何链接器】命令，或者单击【装配】工具条上的按钮，系统弹出【WAVE 几何链接器】对话框。如图 7-122 所示，将低速大齿轮参考轮廓线和参考中心线链接到组件 JianSuQi-002 中。

[6] 单击【插入】/【草图】命令，以 XC-YC 坐标系平面为草图放置平面，绘制如图 7-123所示的草图（与参考线重合）。退出草图绘制模式。

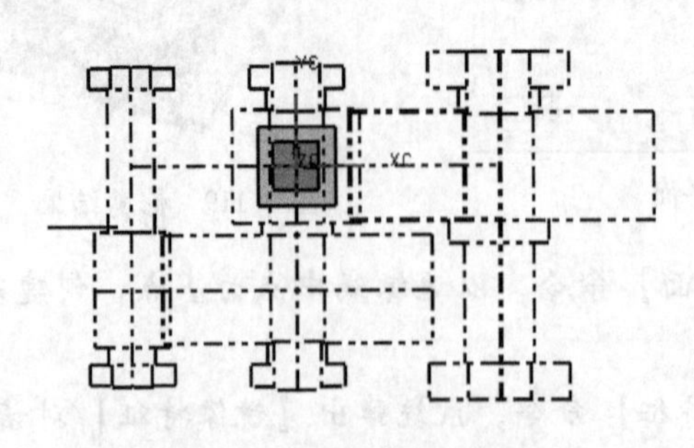

图 7-122 链接曲线到部件

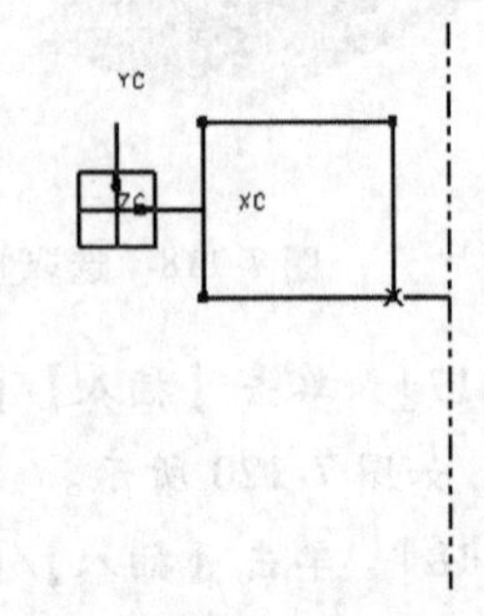

图 7-123 绘制草图

[7] 单击【插入】/【设计特征】/【回转】命令，或单击【特征】工具条上的按钮，系统弹出【回转】对话框，如图 7-124 所示。选取刚刚绘制的草图，指定参考中心线为旋转

轴，设置参数，单击 确定 按钮，则生成相应的回转体，即低速大齿轮轮胚。

［8］ 利用装配导航器隐藏组件 JianSuQi-002，显示组件 JianSuQi-001，双击 JianSuQi-asm，使总装配部件为当前工作部件。

［9］ 保存文件。至此，完成低速大齿轮的初步建模。

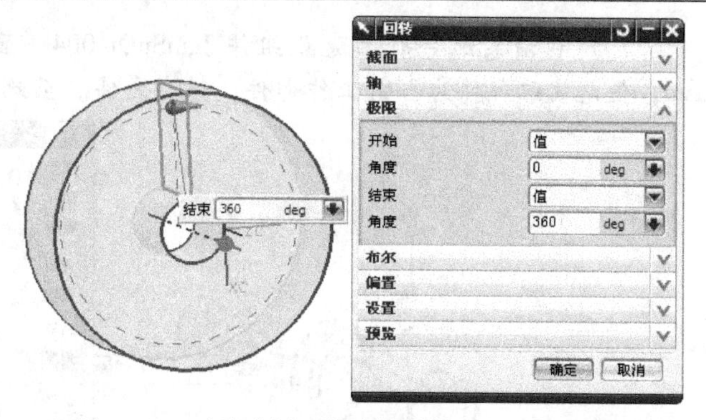

图 7-124 选取草图、指定旋转轴、设置回转参数

2. 低速小齿轮和高速大齿轮的初步建模

类似低速大齿轮建模的操作步骤，完成低速小齿轮（JianSuQi-022）、高速大齿轮（JianSuQi-020）的初步建模。

3. 低速轴的初步建模

设计步骤

［1］ 单击【装配】/【组件】/【创建新的】命令，系统弹出【创建新部件文件】对话框，在【文件名】文本框内输入 JianSuQi-004. prt（低速轴），指定文件存储路径，单击 确定 按钮，系统弹出【创建新的组件】对话框。不选择任何特征，接受默认参数设置（图层为原先的、坐标为绝对的），单击 确定 按钮，则创建相应的组件。保存文件，此时组件为空，即没有任何特征实体。

［2］ 在装配导航器中双击 JianSuQi-001，使其成为当前工作部件，显示装配参考草图。

［3］ 在装配导航器中双击 JianSuQi-004（低速轴），使其成为当前工作部件。

［4］ 选择【装配】/【WAVE 几何链接器】命令，或者单击【装配】工具条上的 按钮，系统弹出【WAVE 几何链接器】对话框。如图 7-125 所示，将低速轴参考轮廓线和参考中心线链接到组件 JianSuQi-004 中。

［5］ 单击【插入】/【草图】命令，以 XC-YC 坐标系平面为草图放置平面，绘制如图 7-126 所示的草图（与参考线重合）。退出草图绘制模式。

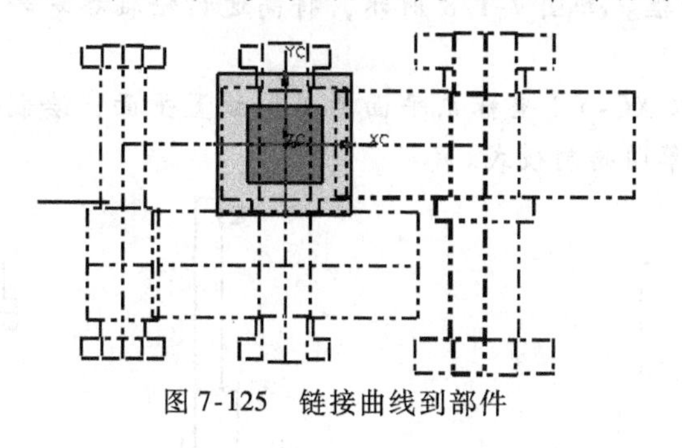

图 7-125 链接曲线到部件

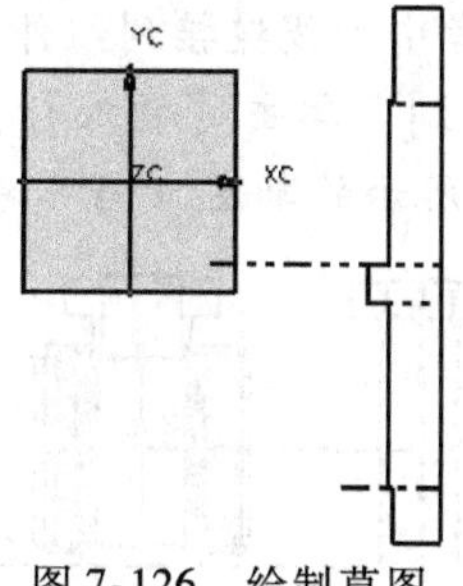

图 7-126 绘制草图

［6］ 单击【插入】/【设计特征】/【回转】命令，系统弹出【回转】对话框，如图 7-127 所示。选取刚绘制的草图，指定参考中心线为旋转轴，设置参数，单击 确定 按钮，则生成回转体，即低速轴。

[7] 利用装配导航器隐藏组件 JianSuQi-004，显示组件 JianSuQi-001，双击 JianSuQi-asm，使总装配部件为当前工作部件，保存文件。至此，完成低速轴的初步建模。

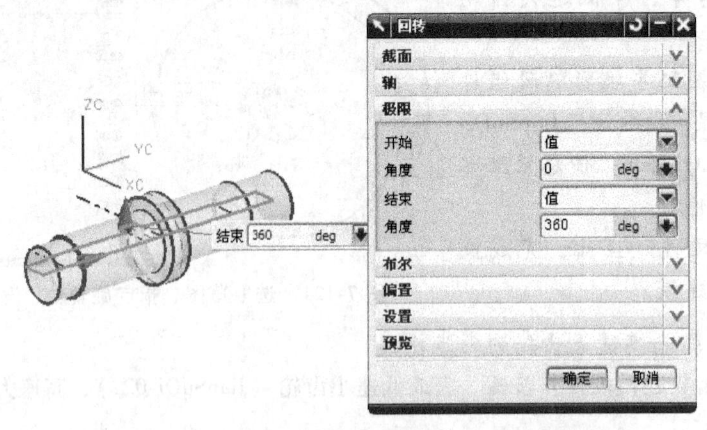

图 7-127 选取草图、指定旋转轴、设置回转参数

4. 中间轴、中间轴轴套、低速轴轴套的初步建模

类似低速轴建模的操作步骤，完成中间轴（JianSuQi-029）、中间轴轴套（JianSuQi-014）、低速轴轴套（JianSuQi-031）的初步建模。

5. 高速齿轮轴的初步建模

设计步骤

[1] 单击【装配】/【组件】/【创建新的】命令，系统弹出【创建新部件文件】对话框，在【文件名】文本框内输入 JianSuQi-019. prt（高速齿轮轴），指定文件存储路径，单击 确定 按钮，系统弹出【创建新的组件】对话框。不选择任何特征，接受默认参数设置（图层为原先的、坐标为绝对的），单击 确定 按钮，则创建相应的组件。保存文件，此时组件为空，即没有任何特征实体。

[2] 在装配导航器中双击 JianSuQi-001，使其成为当前工作部件，显示装配参考草图。

[3] 在装配导航器中双击 JianSuQi-019（高速齿轮轴），使其成为当前工作部件。

[4] 单击【装配】/【WAVE 几何链接器】命令，或者单击【装配】工具条上的 按钮，系统弹出【WAVE 几何链接器】对话框。如图 7-128 所示，将高速齿轮轴参考轮廓线和参考中心线链接到组件 JianSuQi-019 中。

[5] 单击【插入】/【草图】命令，以 XC-YC 坐标系平面为草图放置平面，绘制如图 7-129所示的草图（与参考线重合）。退出草图绘制模式。

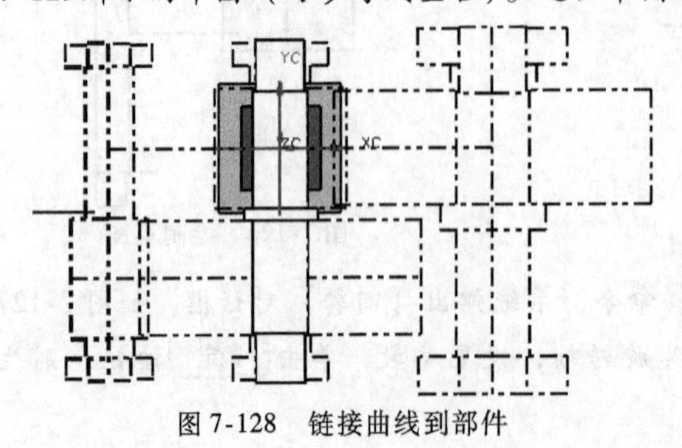

图 7-128 链接曲线到部件

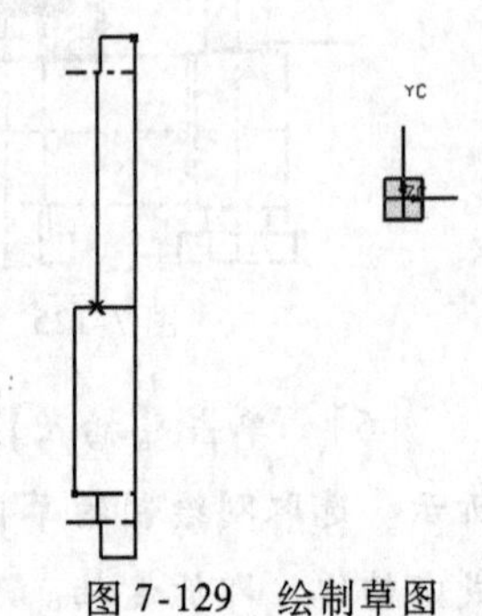

图 7-129 绘制草图

[6]　单击【插入】/【设计特征】/【回转】命令，或单击【曲线】工具条上的按钮，系统弹出【回转】对话框，如图 7-130 所示。选取刚绘制的草图，指定参考中心线为旋转轴，设置参数，单击 确定 按钮，则生成相应的回转体，即高速齿轮轴。

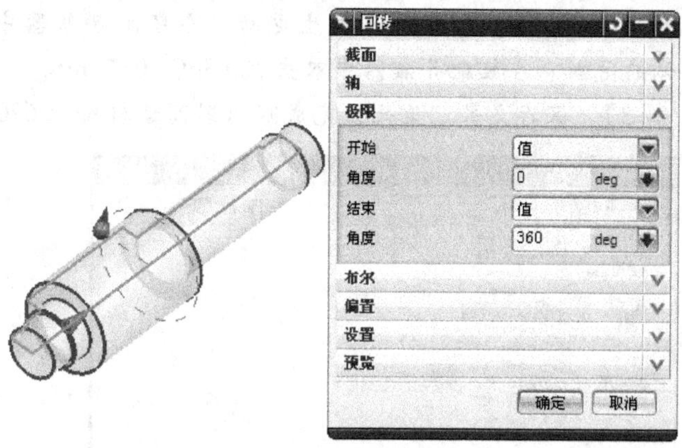

图 7-130　选取草图、指定旋转轴、设置回转参数

[7]　利用装配导航器隐藏组件 JianSuQi-019，显示组件 JianSuQi-001，双击 JianSuQi-asm，使总装配部件为当前工作部件。

[8]　保存文件。至此，完成高速齿轮轴的初步建模。

6. 高速轴轴承的初步建模

设计步骤

[1]　单击【装配】/【克隆】/【创建克隆装配】命令，系统弹出【克隆装配】对话框。单击对话框上的 添加装配 按钮，系统弹出对话框，如图 7-131 所示。单击 异常 按钮，设置克隆方式（全为克隆，即新拷贝建立的部件与父部件之间不相关联），如图 7-132 所示。单击 执行 按钮，系统弹出对话框，要求指定部件 NeiQuan-WaiQuan. prt 的克隆部件的名称。如图 7-133 所示，将保存目录设置为 JianSuQi，输入新的名称为 JianSuQi-017-1. prt，单击 确定 按钮，系统再次弹出对话框，要求指定部件 GunDongTi. prt 的克隆部件的名称。输入新的名称为 JianSuQi-017-2. prt，单击 确定 按钮，系统再次弹出对话框，要求指定部件 ShenGouQiuZhouCheng. prt 的克隆部件的名称。输入新的名称为 JianSuQi-017. prt（减速器高速轴轴承 6207），单击 确定 按钮，系统弹出克隆装配信息窗口。

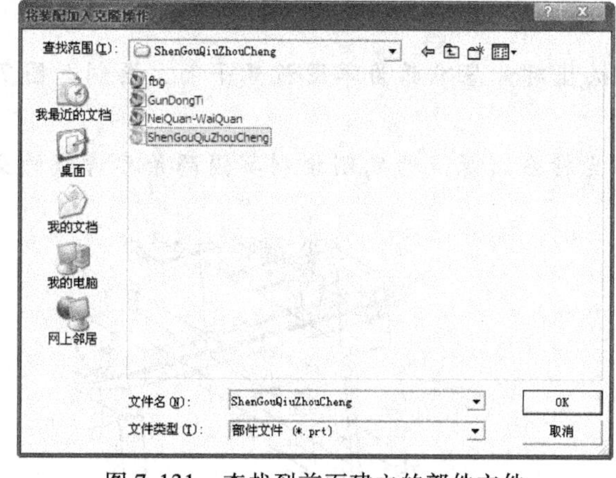

图 7-131　查找到前面建立的部件文件

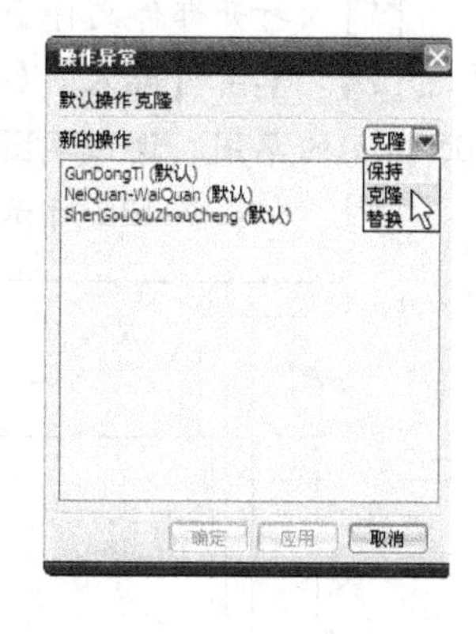

图 7-132　设置克隆方式

[2]　打开部件 JianSuQi-017. prt，在装配导航器中双击 JianSuQi-017-1. prt，单击【工具】/【表达式】命令，修改表达式的值，如图 7-134 所示。单击 确定 按钮，系统更新轴承

内外圈模型，但滚动体并不发生更新。在装配导航器中双击 JianSuQi-017-2. prt，则完成滚动体的更新。在装配导航器中双击 JianSuQi-017. prt。

[3] 保存文件。至此，完成减速器高速轴轴承 6207 的造型设计。

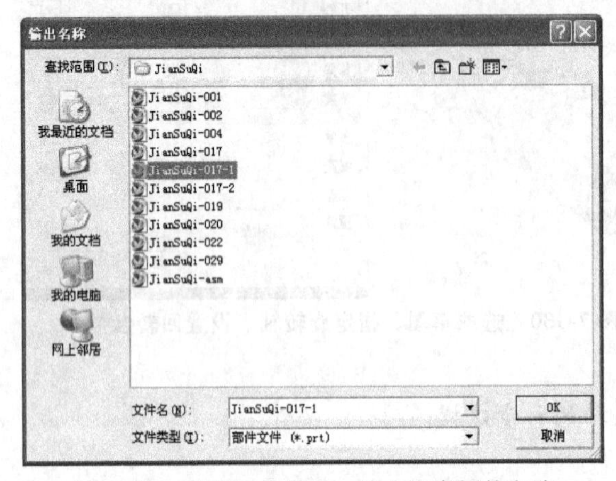

图 7-133 设置输出目录、输入克隆部件名称

图 7-134 修改表达式

7. 中间轴轴承、低速轴轴承的初步建模

类似高速轴轴承的建模操作步骤，完成中间轴轴承 6208、低速轴轴承 6311 的初步建模。

7.2.4 初步装配减速器

在此，将前面建立的传动零件模型添加到减速器装配部件中。对于那些由几何链接器创建的模型，由于已经唯一确定了位置，所以不必也无法进行装配。此处的装配仅涉及轴套和轴承。

具体操作略，结果参见源文件。

7.2.5 完善机座模型

设计步骤

[1] 打开部件文件 JianSuQi-001. prt。

[2] 单击【插入】/【草图】命令，以机座对称基准面为草图放置平面，绘制如图 7-135 所示的草图。退出草图绘制模式。

[3] 如图 7-136 所示，调整当前工作坐标系（原点为刚刚绘制草图两条参考线的交

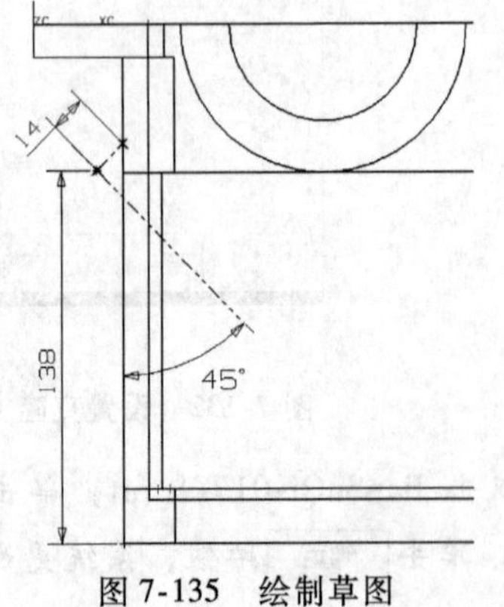

图 7-135 绘制草图

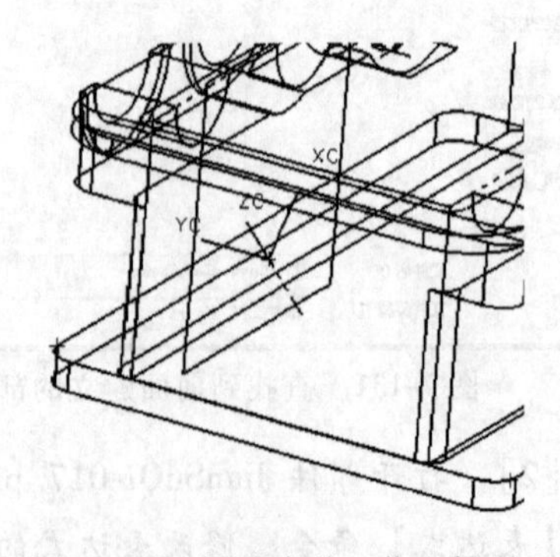

图 7-136 调整当前工作坐标系

点，XC 轴、ZC 轴分别为两条参考线）。

［4］ 单击【插入】/【草图】命令，以 XC-YC 为草图放置平面，绘制如图 7-137 所示的草图。退出草图绘制模式。

［5］ 单击【插入】/【设计特征】/【拉伸】命令，系统弹出对话框，选取刚绘制的草图，如图 7-138 所示。设置拉伸参数，单击 确定 按钮，则创建相应的拉伸体。

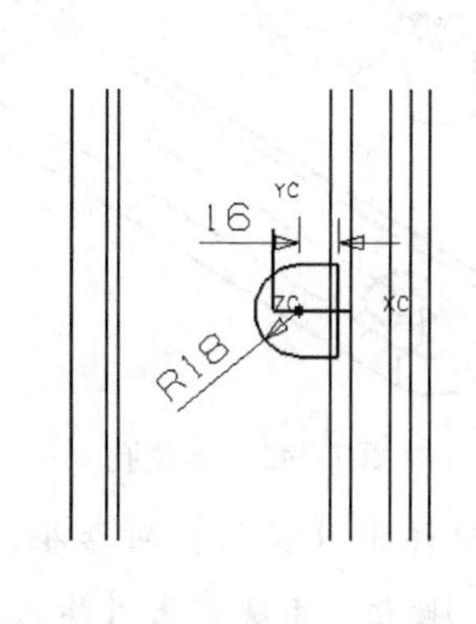

图 7-137 绘制草图

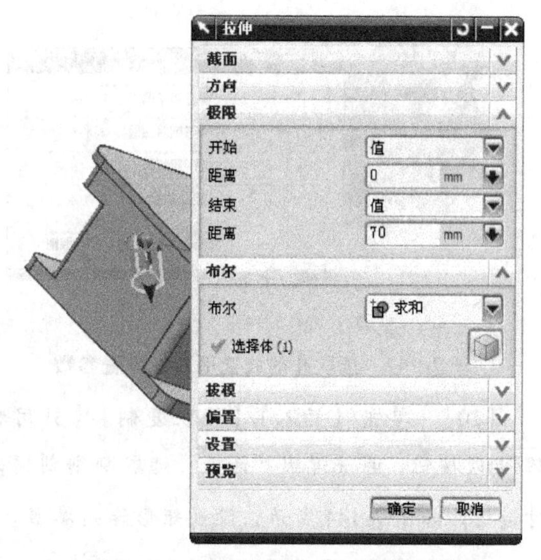

图 7-138 选取草图、设置拉伸参数

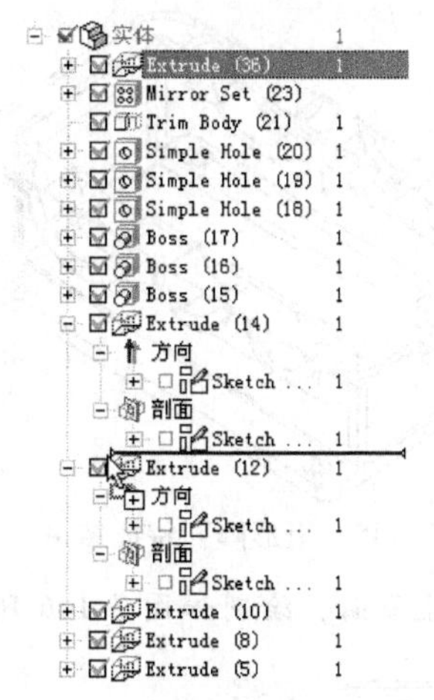

图 7-139 调整特征创建顺序

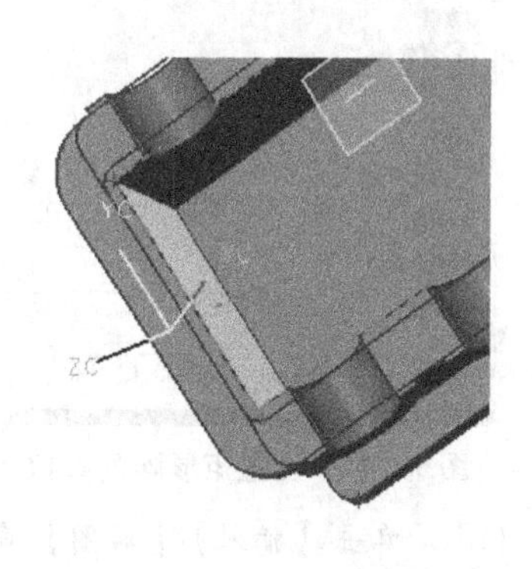

图 7-140 调整特征创建顺序后的结果

［6］ 如图 7-139 所示，打开部件导航器，利用鼠标拖动，调整上一步操作所生成拉伸体的时间标记（即创建顺序），使其位于机座中间腔体之前，结果如图 7-140 所示。

［7］ 单击【插入】/【设计特征】/【孔】命令，系统弹出对话框如图 7-141

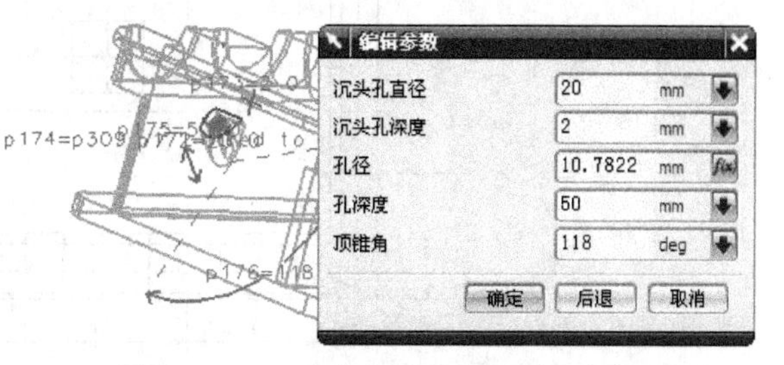

图 7-141 选取孔的放置面、设置参数

所示。选取常规简单孔的放置平面，设置参数，使孔的圆心位于放置面圆心处，单击 确定 按钮，则创建相应的孔。

[8] 恢复绝对坐标系为当前工作坐标系。

[9] 单击【插入】/【设计特征】/【孔】命令，如图 7-142 所示。选取孔的放置平面、设置参数，如图 7-143 所示定位孔，单击 确定 按钮，则创建相应的孔。

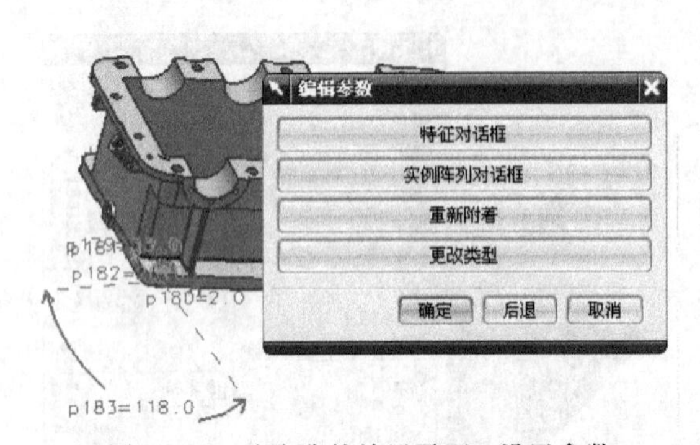

图 7-142 选取孔的放置平面、设置参数

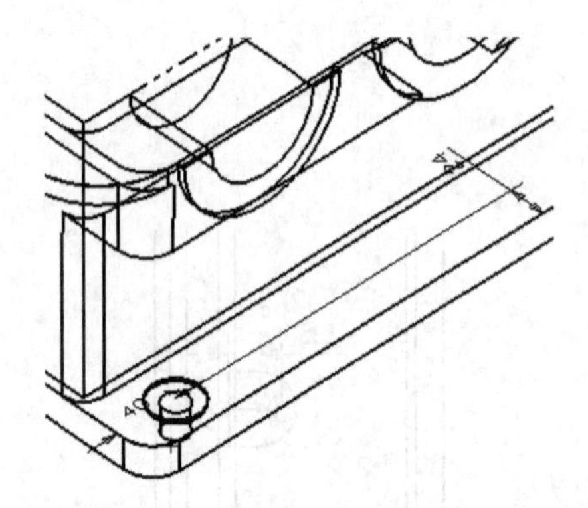

图 7-143 定位孔

[10] 单击【插入】/【关联复制】/【引用特征】命令，系统弹出【实例】对话框。单击 矩形阵列 按钮，系统弹出对话框，选取刚刚创建的孔，单击 确定 按钮，系统弹出【输入参数】对话框。如图 7-144 所示，设置矩形阵列参数。单击 确定 按钮，系统弹出对话框，提示用户是否确定生成特征复制引用。单击 是 按钮，矩形复制特征如图 7-145 所示。

图 7-144 设置矩形阵列参数

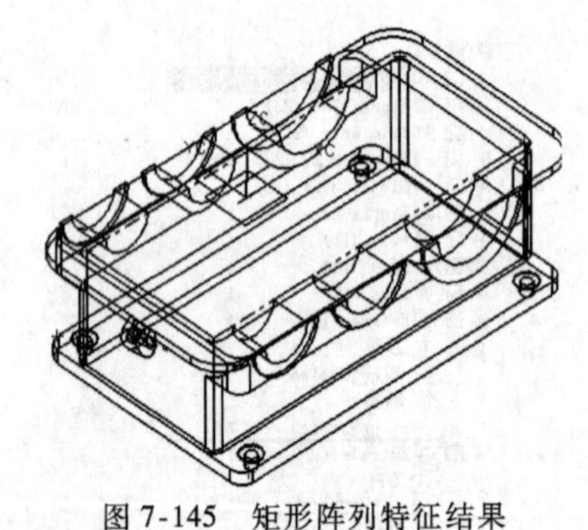

图 7-145 矩形阵列特征结果

[11] 单击【插入】/【草图】命令，以 XC-YC 为草图放置平面，绘制如图 7-146 所示的草

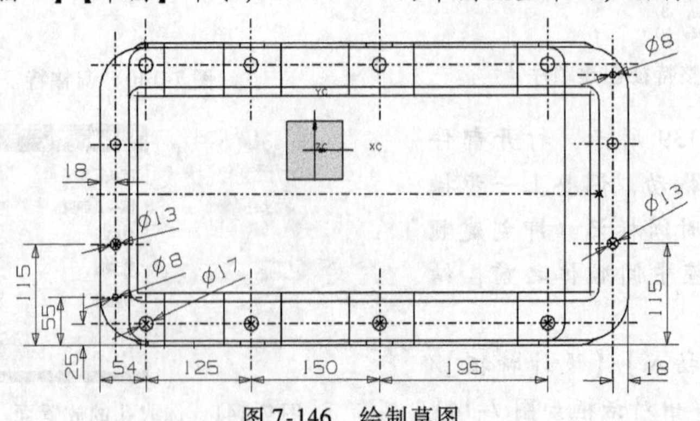

图 7-146 绘制草图

图。退出草图绘制模式。

[12]　单击【插入】/【设计特征】/【拉伸】命令，系统弹出对话框，如图 7-147 所示。选取刚绘制的草图，设置拉伸参数，单击 确定 按钮，则创建面上所有的螺栓连接孔。

[13]　单击【插入】/【设计特征】/【凸垫】命令，系统弹出【凸垫】对话框。单击 矩形 按钮，系统弹出对话框，如图 7-148 所示。选定放置平面，指定水平参考，设置凸垫的参数，如图 7-149 所示。

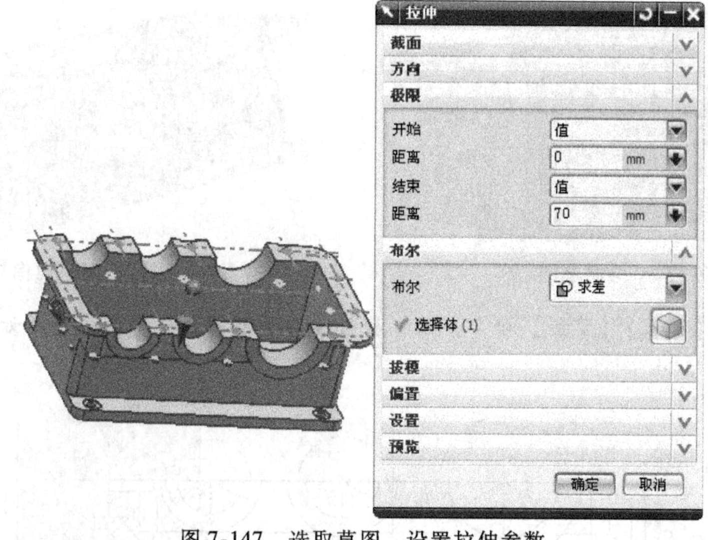

图 7-147　选取草图、设置拉伸参数

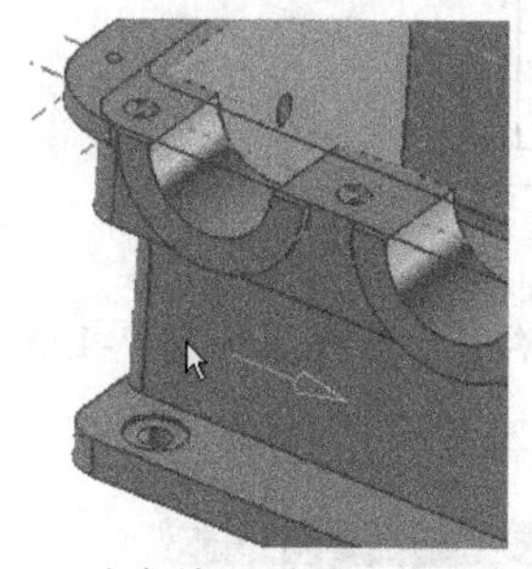

图 7-148　选定放置平面，指定水平参考

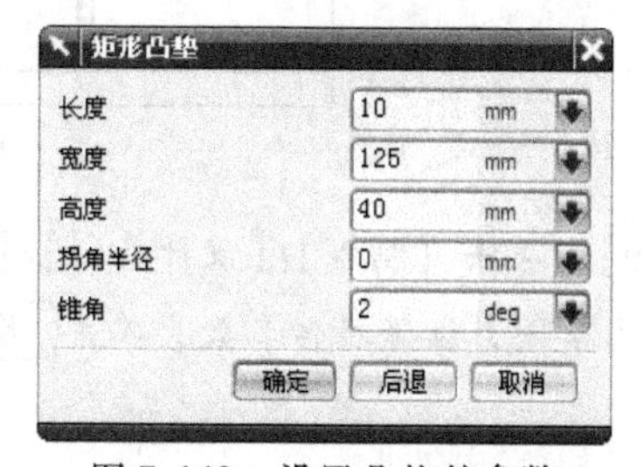

图 7-149　设置凸垫的参数

[14]　单击 确定 或 应用 按钮，弹出【定位】对话框。如图 7-150 所示，确定凸垫的位置（0，18），单击 确定 按钮，则创建相应的凸垫，即加强筋。

[15]　类似上一步操作，创建另外两个凸垫，即加强筋，结果如图 7-151 所示。

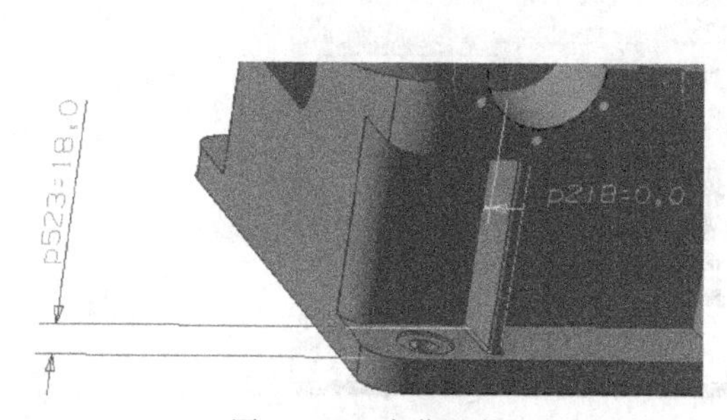

图 7-150　定位凸垫

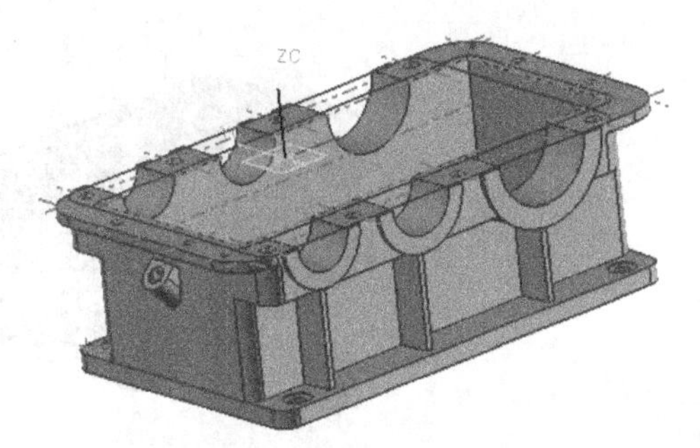

图 7-151　创建凸垫（加强筋）

[16] 单击【插入】/【设计特征】/【孔】命令，创建轴承座端面上的螺栓安装孔，如图 7-152 所示（具体尺寸及其定位请参见源文件）。

[17] 单击【插入】/【关联复制】/【实例】命令，系统弹出【实例】对话框。单击 镜像特征 按钮，选取前面创建的 3 个凸垫（加强筋）、轴承座端面上的孔，以机座对称面为镜像平面，生成对称结构，如图 7-153 所示。

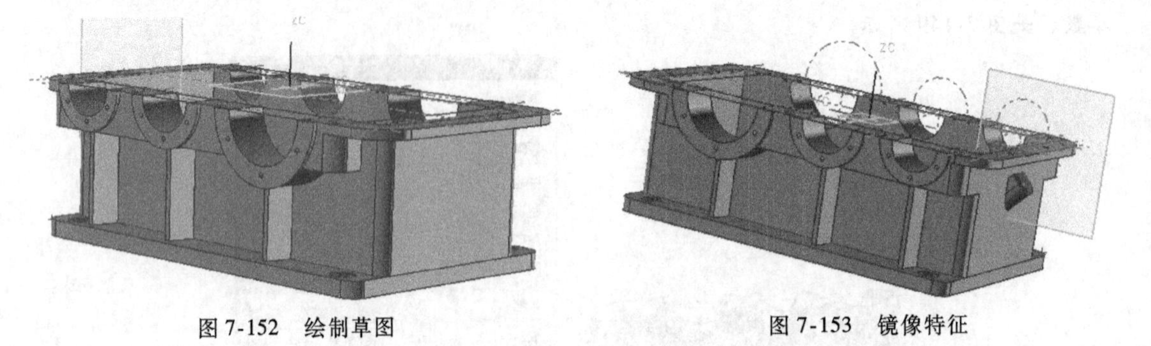

图 7-152 绘制草图　　图 7-153 镜像特征

[18] 单击【插入】/【草图】命令，以机座对称面为草图放置平面，绘制如图 7-154 所示的草图。

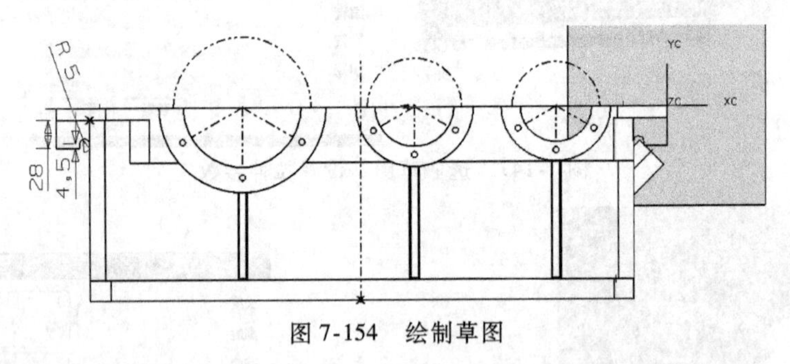

图 7-154 绘制草图

[19] 单击【插入】/【设计特征】/【拉伸】命令，系统弹出对话框，如图 7-155 所示。选取刚绘制的草图，设置拉伸参数，单击 确定 按钮，则创建机座两端的吊钩。

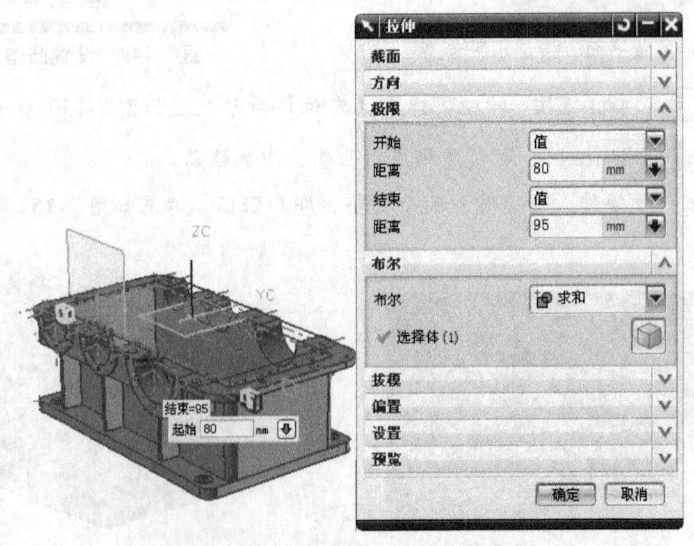

图 7-155 选取草图、设置拉伸参数

[20]　单击【插入】/【设计特征】/【拉伸】命令，系统弹出对话框，如图 7-156 所示。选取刚刚绘制的草图，设置拉伸参数，单击 确定 按钮，则创建机座两端的另外两个吊钩。

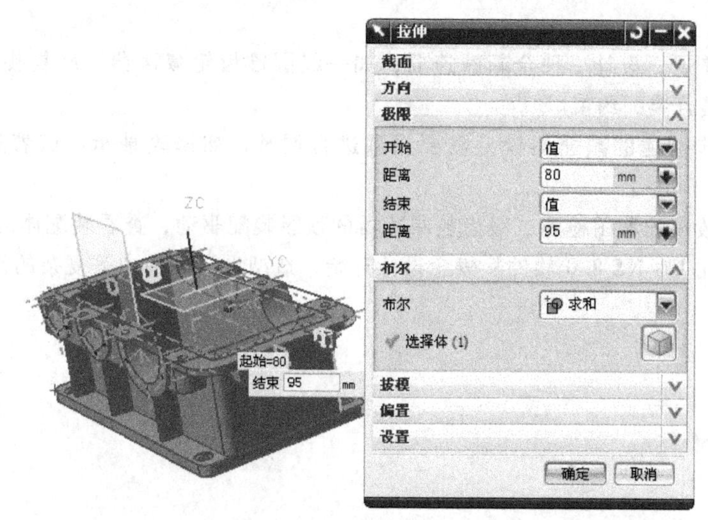

图 7-156　选取草图、设置拉伸参数

[21]　创建其他局部细节，包括轴承座端面螺栓安装孔、倒圆角、倒斜角等操作（请参见源文件）。

[22]　建立符号螺纹（请参见源文件）。

[23]　保存文件。至此，完成了机座模型的造型设计。

7.2.6　完善其他零部件

具体操作略，参见源文件。

至此，完成了二级圆柱直齿齿轮减速器的产品设计。

如果用户需要更改设计尺寸，通过修改装配草图的尺寸，即可做到各部件之间自动相关更改。从这个意义上来说，UG 真正实现了计算机辅助设计，而不是单纯的辅助绘图、辅助造型。

7.3　本章小结

本章以减速器的造型设计为实例，详细介绍了装配体自底向上和自顶向下的两种装配方法。其中自顶向下的设计方法是基础，必须熟练掌握和灵活应用。通过本章的学习，读者应对使用 UG NX8.0 进行机械设计的方法有较深入的了解，为以后从事三维设计工作奠定良好的基础。

7.4　习题

1. 概念题

（1）利用 UG NX 8.0 设计复杂设备的通常思路是什么？

（2）通过学习本章减速器造型设计实例，有哪些体会？哪些技术还可以进一步改进？

（3）在没有原始图册可以参考的情况下，如何利用 UG NX 8.0 软件实现从概念设计到详细造型设计？

(4) 分级装配在造型设计中有哪些优势?

(5) 讨论 UG NX 8.0 软件是如何实现成千上万个零件的大装配的。

2. 操作题

(1) 借一本图册，设计一种全新减速器，如一级圆锥齿轮减速器，反复装配几次，并实现两个齿轮之间的啮合装配约束。

(2) 假设初步创建的减速器模型需要局部进行调整，如修改轴承。试着进行整体参数化修改。

(3) 通过修改装配草图检验二级齿轮减速器的顶级装配驱动，查看装配体的参数化改变。

(4) 试着利用 UG NX 8.0 软件从概念设计开始，造型设计一种中等复杂的设备。

第 8 章　平面工程图绘制功能

绘制产品的平面工程图是从模型设计到加工制造的重要环节，也是从概念设计到真实产品的一座桥梁。因此，在完成产品的零部件建模和装配建模之后，一般还要绘制平面工程图。

UG 软件的主模型设计思想实现了三维模型与二维工程图之间的关联，为产品的并行工程提供了有力保证。只要用户建立了产品的三维模型，即可利用制图功能轻松绘制产品的平面工程图。本章将介绍 UG NX 8.0 制图模块的操作使用。

【本章重点】

- 符合国家标准的参数设置。
- 工程视图的建立，特别是剖视图的建立。
- 图样的标注方法。
- 明细表与装配爆炸视图的创建。

8.1　概述

与建模功能比较起来，UG 制图功能同样强大，使用也比较方便。由于所绘制的平面工程图与三维实体模型具有关联性，所以用户不必担心因产品零件结构的改变而需要重新绘制图样的问题。

单击【新建】按钮，在系统弹出的【新建】对话框中单击【图纸】选项卡，如图 8-1 所示。单击图纸的大小，在“名称”文本框中输入文件的名称，在“文件夹”文本框中输入文件的目录，单击 确定 按钮，进入工程图界面。

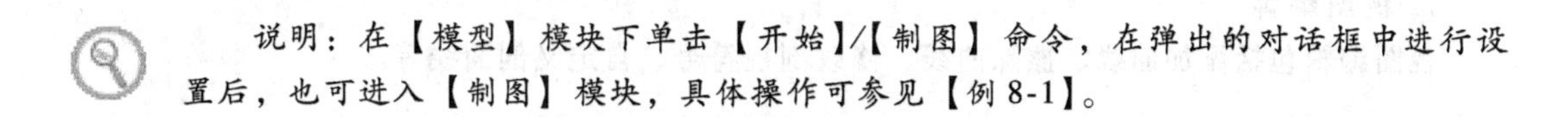

说明：在【模型】模块下单击【开始】/【制图】命令，在弹出的对话框中进行设置后，也可进入【制图】模块，具体操作可参见【例 8-1】。

一般地，利用 UG NX 8.0 建立平面工程图可以参照以下步骤：

1. 设定图纸

设定图纸包括设置图纸的尺寸、比例，以及投影角等参数。

2. 设置首选项

UG NX 8.0 软件的通用性比较强，其默认的制图格式不一定满足用户的需要，在绘制平面工程图之前，需要根据制图标准设置绘图环境。对应 UG NX 8.0 软件的操作命令，则为设置首选项。

3. 导入图纸格式

导入事先绘制好的符合国家标准、企业标准，或者适合特定标准的图纸格式。

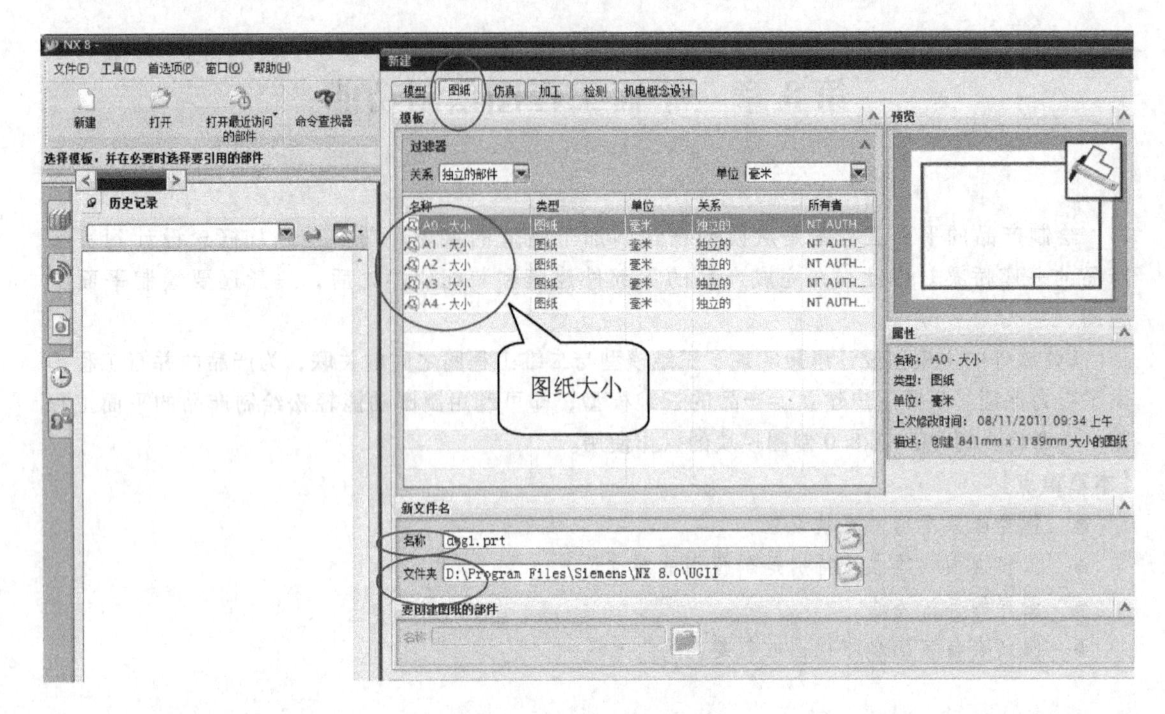

图 8-1 进入工程图界面

4. 添加基本视图

添加基本视图，如主视图、俯视图、左视图等。

5. 添加其他视图

添加其他视图，如正投影视图、辅助视图、局部放大视图、剖视图等。

6. 视图布局

视图布局包括移动、复制、对齐、删除，以及定义视图边界等。

7. 视图编辑

视图编辑包括添加曲线、擦除曲线、修改剖视符号、自定义剖面线等。

8. 插入制图符号

插入制图符号包括插入各种中心线、偏置点、交叉符号等。

9. 标注图纸

标注图纸包括标注尺寸、公差、表面粗糙度、文字注释以及建立明细表和标题栏等。

8.2 首选项

制图模块首选项主要应用于制图中一些默认控制参数的设置，由于 UG NX 8.0 的默认设置是国际通用的制图标准，其中很多选项不符合我国国家标准，所以在创建工程图之前，一般要对工程图进行参数预设置，通过工程图的预设置可以控制箭头的大小、线条的粗细、隐藏线的显示与否、标注字体和大小。

进入如图 8-2 所示的视图模块后，单击【首选项】/【制图】命令，系统弹出【制图首选项】对话框。该对话框上共有 6 个属性页：常规、预览、图纸页、视图、注释和断开视图。单击不同的选项卡，可完成相应参数的设置。具体设置可参见第 10 章系统设置中的制图首选项内容，在此不做详细介绍。

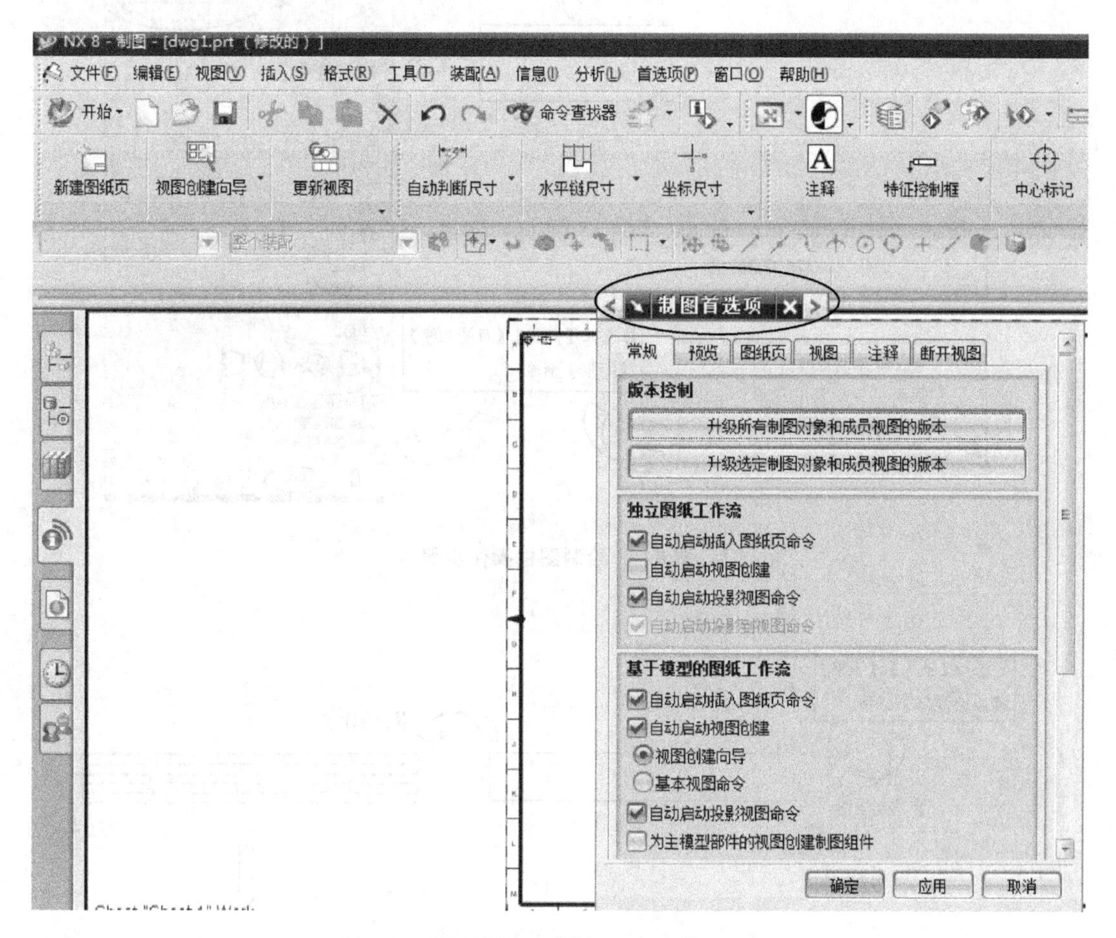

图 8-2　制图界面及【制图首选项】对话框

8.3　图框与标题栏

在制作工程图的过程中一般都要设计图框与标题栏，以符合国家的制图标准。

为了快捷方便地建立图框与标题栏，一般是先建立独立的含有标准图框与标题栏的图样文件，在需要时，直接将其插入到工程图中即可。

【例 8-1】 制作图样文件——GB_A3_templet. prt。

［1］　绘制图框。具体操作步骤如图 8-3 所示。

［2］　绘制标题栏。具体操作步骤如图 8-4 所示。

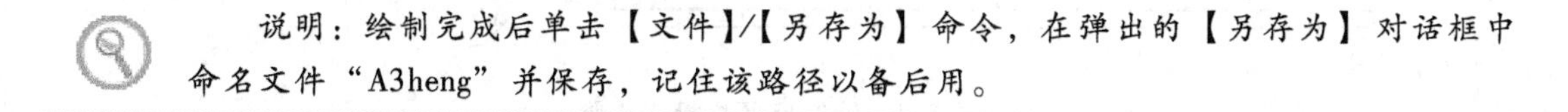

说明：绘制完成后单击【文件】/【另存为】命令，在弹出的【另存为】对话框中命名文件“A3heng”并保存，记住该路径以备后用。

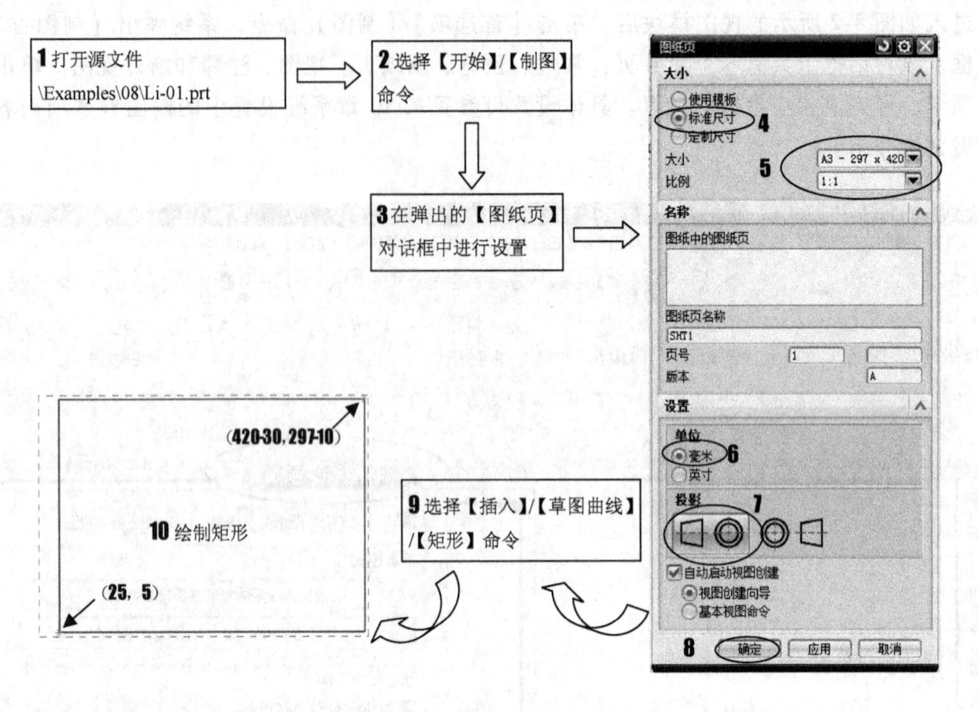

图 8-3 绘制图框操作步骤

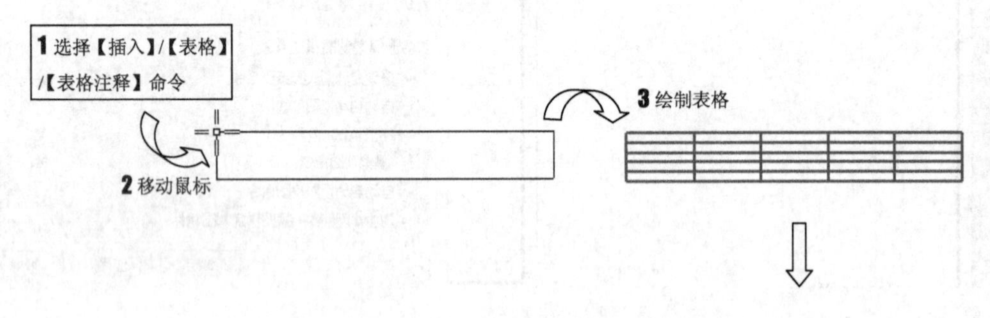

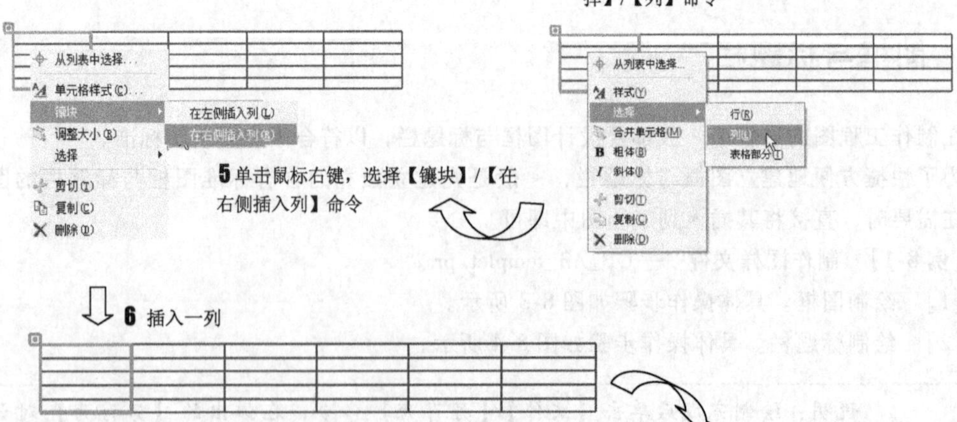

图 8-4 绘制标题栏操作步骤

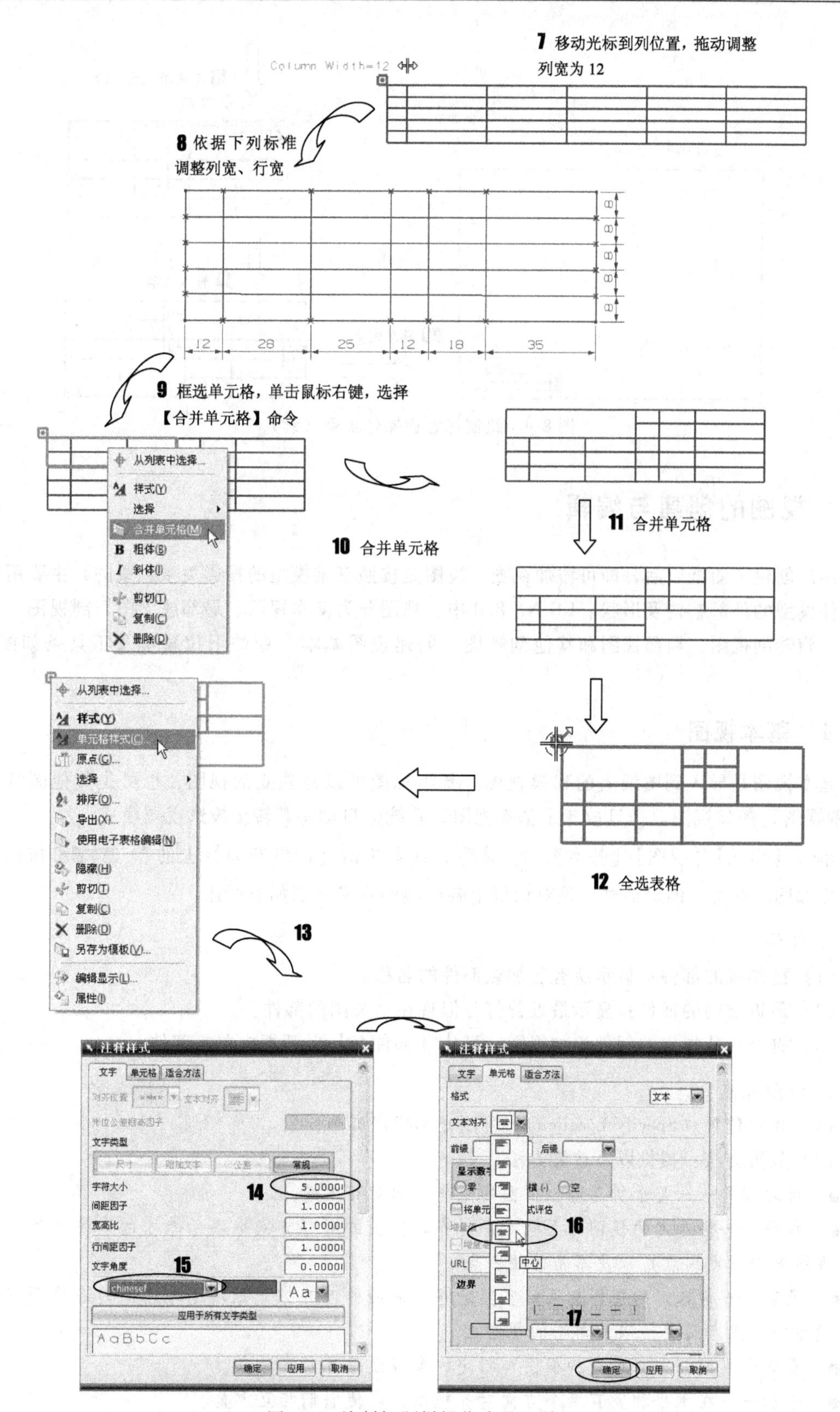

图 8-4　绘制标题栏操作步骤（续）

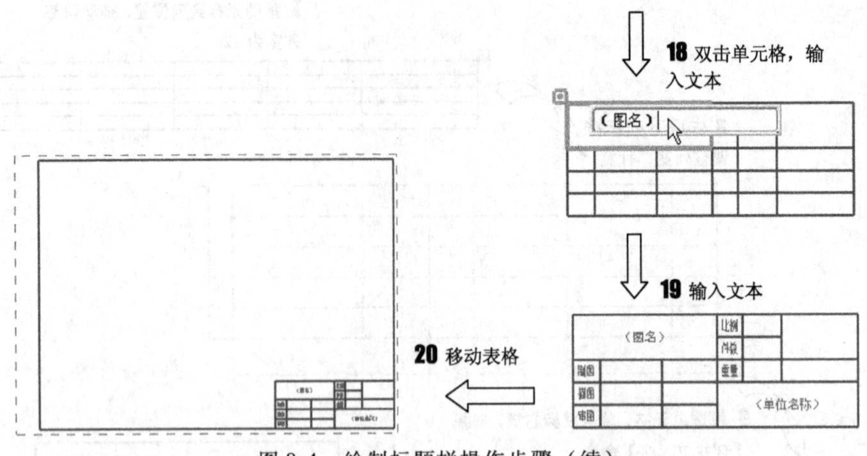

图 8-4　绘制标题栏操作步骤（续）

8.4　视图的创建与编辑

用户创建了图纸以后，即可添加视图。视图是按照三维模型的投影关系生成的，主要用来表达部件模型的外部结构及形状。UG NX 8.0 中，视图分为基本视图、局部放大图、剖视图、半剖视图、旋转剖视图、局部视图和其他剖视图。创建视图基本命令的下拉菜单及工具条如图 8-5 所示。

8.4.1　基本视图

基本视图是导入到图纸上的建模视图。基本视图可以是独立的视图，也可是其他图纸类型（如剖视图）的父视图。一旦放置了基本视图，系统会自动将其转至投影视图模式。

单击【插入】/【视图】/【基本视图】命令，或者单击【图纸布局】上的 基本视图 按钮，系统弹出如图 8-6 所示的对话框。该对话框上各选项的意义分别如下所述。

1. 部件

（1）已加载的部件：显示所有已加载部件的名称。

（2）最近访问的部件：显示最近曾打开但现在已关闭的部件。

（3）打开：从指定的部件添加视图。可从【部件名】对话框中单击部件。

2. 视图原点

（1）指定位置（Specify Location）：可用光标指定屏幕位置。

（2）放置方法：提供以下放置方法。

- 自动判断——基于所选静止视图的矩阵方向对齐视图。
- 水平——将选定的视图相互间水平对齐。视图的对齐方式取决于单击的对齐选项（模型点、视图中心或点到点）以及单击的视图点。
- 竖直——将选定的视图相互间竖直对齐。视图的对齐方式取决于单击的对齐选项（模型点、视图中心或点到点）以及单击的视图点。
- 垂直于直线——将选定的视图与指定的参考线垂直对齐。
- 叠加——在水平和竖直两个方向对齐视图，以使它们相互重叠。

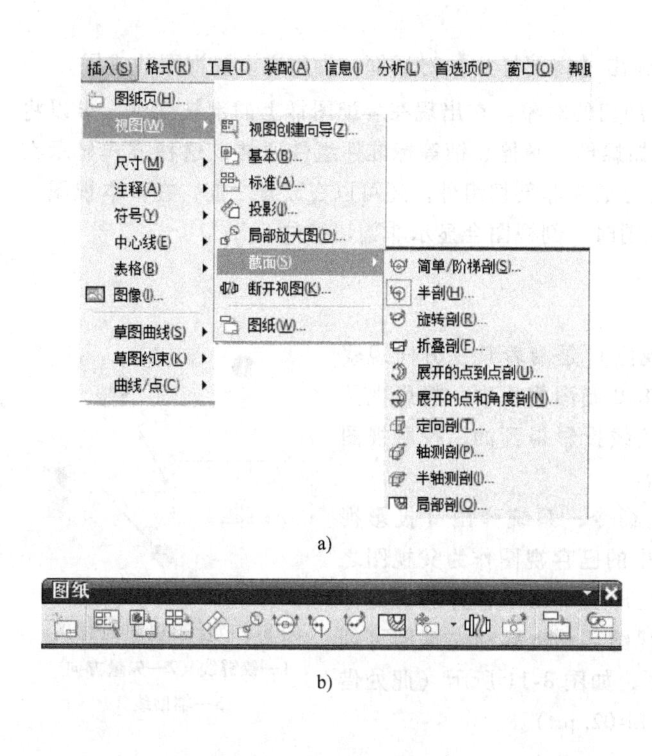

a)

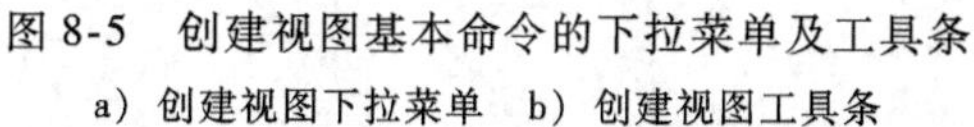

b)

图 8-5　创建视图基本命令的下拉菜单及工具条

a）创建视图下拉菜单　b）创建视图工具条

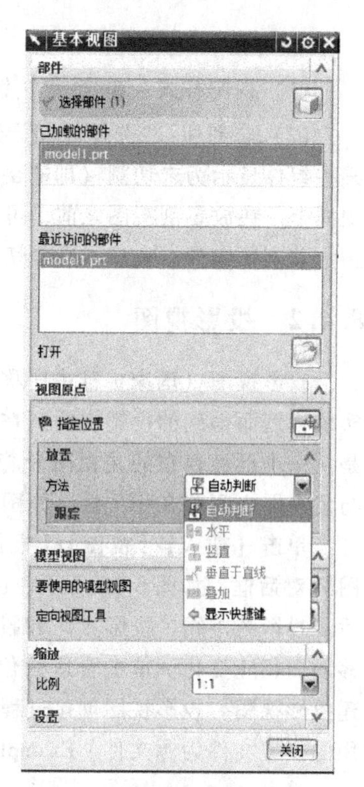

图 8-6 【基本视图】对话框

（3）跟踪：单击“光标跟踪”将打开 XC 和 YC 跟踪。XC 和 YC 设置视图中心和 WCS 原点之间的距离。如果没有指定任何值，则偏置于坐标框会在移动光标时跟踪视图。

3. 模型视图

（1）要使用的模型视图（Model View to Use）：通过单击输入视图选项右侧的下拉箭头，系统弹出下拉列表。从该列表可以看出，可以输入的视图有俯视图、前视图、右视图、后视图、仰视图、左视图、正等测视图和正二测视图 8 种视图。其中，系统默认为俯视图，如图 8-7 所示。

（2）定向视图工具：用于视图定向。

4. 缩放

单击【比例】选项右侧的下拉箭头，系统弹出下拉列表。该列表用于设置要添加的视图的比例。在默认情况下，该比例与新建图纸时设置的比例相同。用户可以在【比例】文本框内输入需要的视图比例，也可以利用表达式来设置视图的比例，如图 8-8 所示。

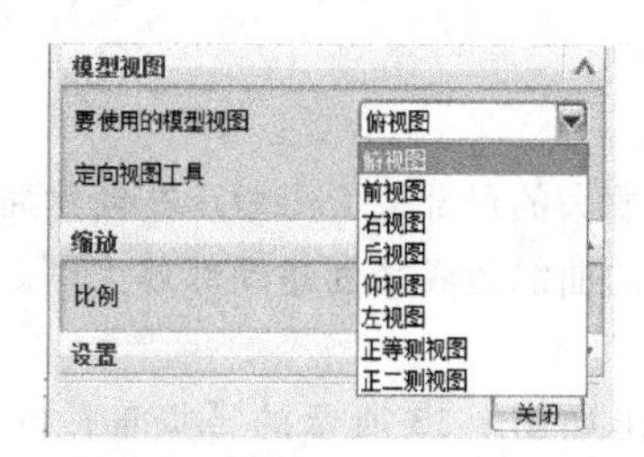

图 8-7 【模型视图】选项

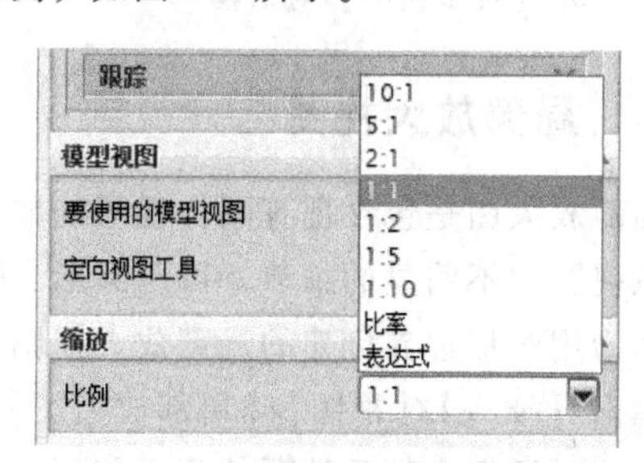

图 8-8 【缩放视图】选项

5. 设置

(1) 视图样式：单击按钮，系统弹出【视图样式】对话框，供用户设置视图的式样。

(2) 非剖切："选择对象"选择为非剖切的对象。在出现在装配图样上的剖视图中，可以将某些组件显示为未切割（即非剖切）。诸如螺母、螺栓、销等标准件组件通常以这种方式显示在图样上。在放置剖视图之前，可以单击使之成为非剖切组件。还可以在放置之前，在基本视图上指定非剖切组件。稍后，当剖切该基本视图时，剖视图会显示非剖切组件。

8.4.2 投影视图

投影视图（国家标准中所称作的向视图）是沿着某一方向观察实体模型而得到的投影视图。在 UG NX 8.0 制图模块中，投影视图是从一个已经存在的父视图沿着一条链接线投影得到的，投影视图与父视图之间存在相关性，如图 8-9 所示。

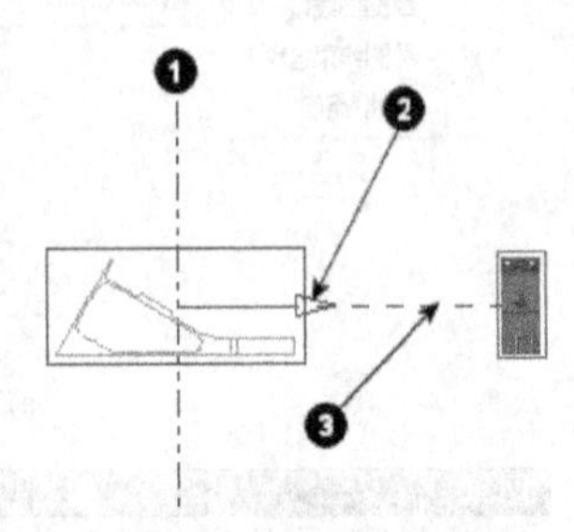

图 8-9 投影视图的意义
1—铰链线 2—矢量方向
3—辅助线

单击【插入】/【视图】/【投影视图】命令，系统弹出【投影视图】对话框，如图 8-10 所示。选择图样中的已存视图作为父视图之后，投影链接线、投影方向和投影视图立即显示出来，并随着光标移动而相应变化。单击合适的位置放置视图。单击鼠标左键即可创建投影视图。投影视图创建过程的示意图，如图 8-11 所示（此处借用的模型文件为源文件 \ Examples \ 08 \ Li-02. prt）。

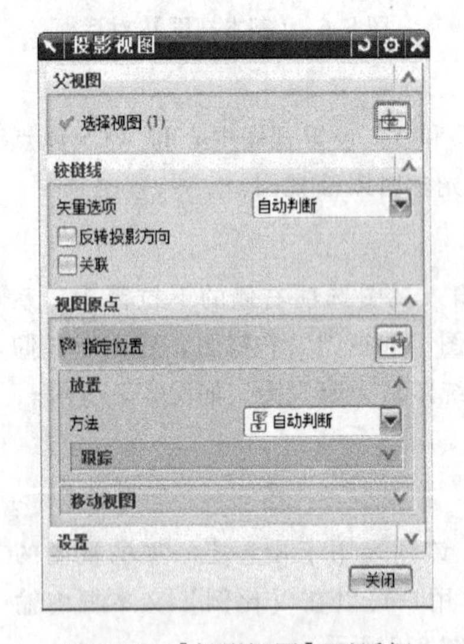

图 8-10 【投影视图】对话框

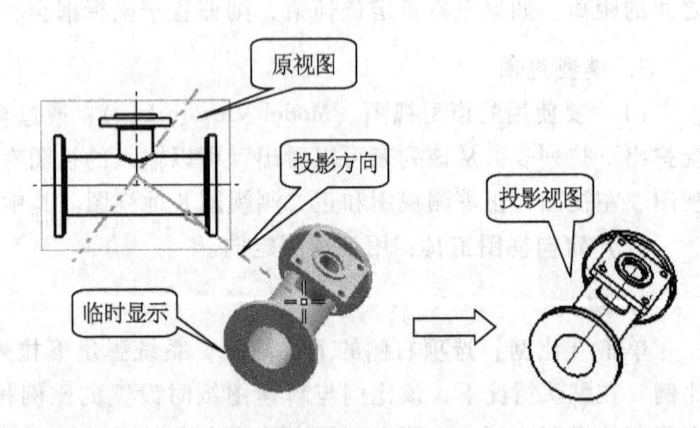

图 8-11 投影视图创建过程的示意图

8.4.3 局部放大视图

局部放大图是包含现有图样视图的放大部分的视图。放大的局部放大图显示在创建局部放大图的原视图中不明显的细节。可用圆形、矩形或用户定义的曲线边界来创建局部放大图。图8-12 所示即为用圆形边界创建的局部放大视图。

单击【插入】/【视图】/【局部放大图】命令，系统弹出如图 8-13 所示的【局部放大图】对话框。该对话框上特殊选项的意义如下：

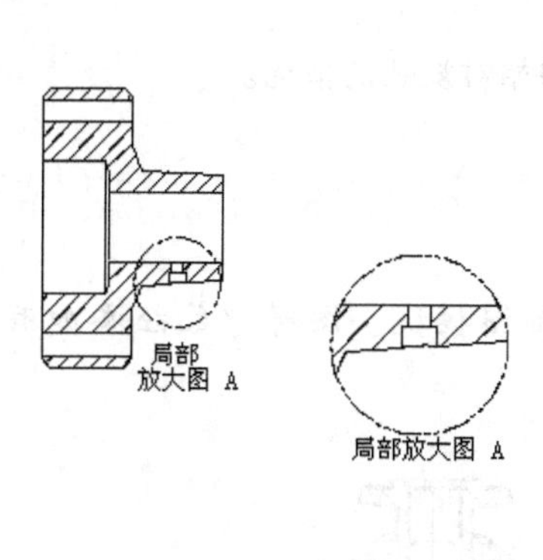

图 8-12　局部放大视图示例

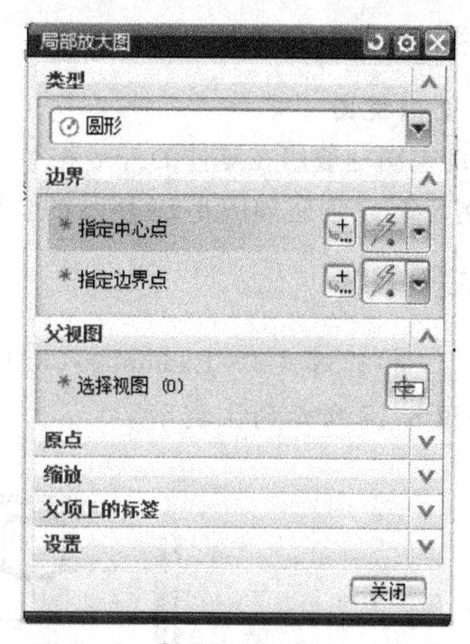

图 8-13　【局部放大图】对话框

1. 类型

(1) 圆形：创建有圆形边界的局部放大图。

(2) 按拐角绘制矩形：创建有矩形边界的局部放大图。

(3) 按中心和拐角绘制矩形：创建有矩形边界的局部放大图。

2. 边界

(1) 指定中心点：定义圆形边界的中心。

(2) 指定边界点：定义圆形边界的半径。

(3) 指定拐角点 1：定义矩形边界的第一个拐角点。

(4) 指定拐角点 2：定义矩形边界的第二个拐角点。

【例 8-2】　建立局部放大图。

设计步骤

[1]　打开源文件/Examples/08/Li-02.prt，图样中已经添加有基本视图，如图 8-14 所示。

[2]　单击【插入】/【视图】/【局部放大图】命令，系统弹出动态对话工具条。依次指定圆形局部放大图的中心位置和圆形边界，局部放大图立即显示出来，并随着光标移动而相应变化，如图 8-15 所示。

[3]　单击合适的位置，单击鼠标即可建立局部放大图，结果如图 8-16 所示。

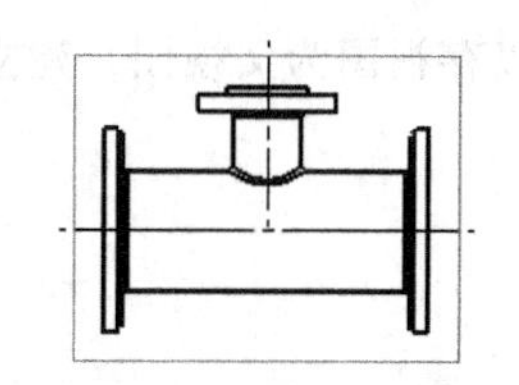

图 8-14　图样中已存视图

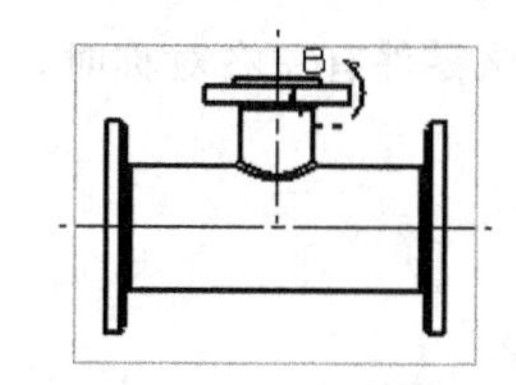

图 8-15　指定局部放大图的中心、边界

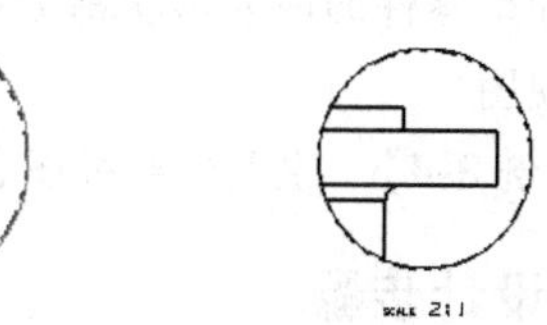

图 8-16　完成局部放大图

8.4.4　剖视图

剖视图功能利用一个剖切面剖开模型建立剖视图，以清楚表达视图的内部结构。剖视图一般

有全剖视图、半剖视图和局部剖视图。

1. 全剖视图

全剖视图一般用在零件的外形相对简单，而内部结构相对复杂的情况。

【例 8-3】 创建如图 8-17 所示的全剖的侧视图。

设计步骤

[1] 打开源文件/Examples/08/Li-03. prt，进入制图模块。图样中已经添加有基本视图，如图 8-17 所示的主视图。

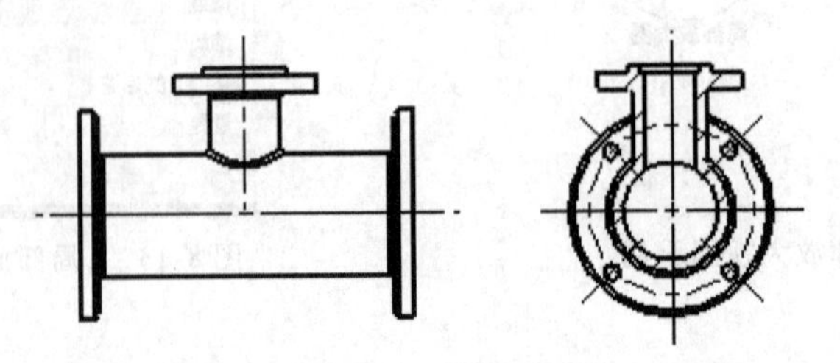

图 8-17 全剖视图

[2] 设置截面线及制图首选项（略）。

[3] 单击【插入】/【视图】/【截面】/【简单/阶梯剖】命令，系统弹出【剖视图】对话框，提示用户选取父视图。选取图样中已存视图，则剖切线与剖切方向立即显示，并随光标移动，系统提示指定剖切位置，如图 8-18 所示。

[4] 指定中心点为剖切位置，向右移动鼠标指针到合适的位置，如图 8-19 所示。单击鼠标，即可建立剖视图，如图 8-17 所示。

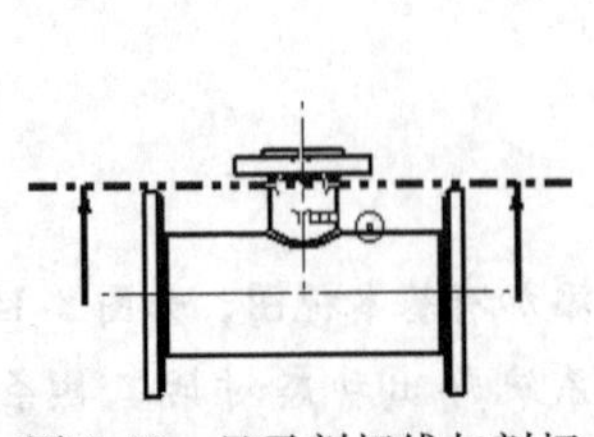

图 8-18 显示剖切线与剖切方向及可能的剖切位置点

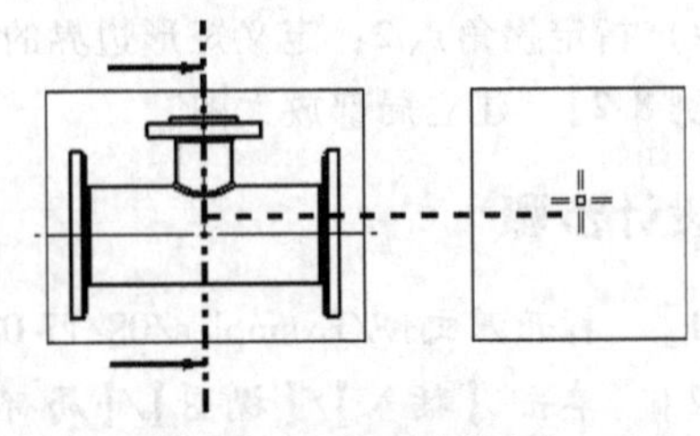

图 8-19 拖动剖视图

2. 半剖视图

如果零件的内外形状都需要表示，同时该零件有左右对称时，可以以存视图为父视图，建立半剖视图。

【例 8-4】 建立半剖视图，如图 8-20 所示。

设计步骤

[1] 打开源文件/Examples/08/Li-04. prt，进入制图模块。图样中已经添加有基本视图，如图 8-20 所示。

[2] 单击【插入】/【视图】/【截面】/【半剖】命令，系统弹出【半剖视图】对话框。选取图样中已存视图，则剖切线与剖切方向立即显示，并随光标移动，系统提示指定剖切

位置。

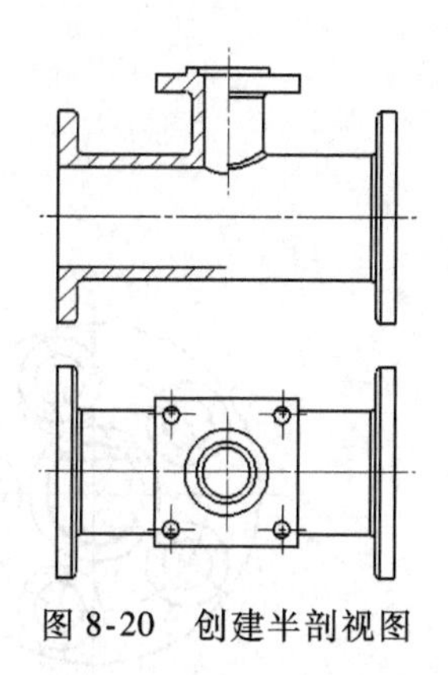

图 8-20 创建半剖视图

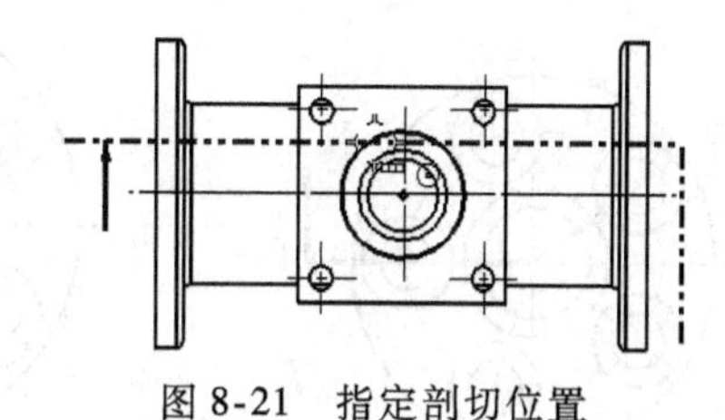

图 8-21 指定剖切位置

[3] 指定中心点为剖切位置，系统接着提示指定弯折位置，如图 8-21 所示。指定边缘线的中点为弯折位置，如图 8-22 所示。

[4] 向上移动光标到合适的位置，如图 8-23 所示。单击鼠标后，即可创建半剖视图。当然，此时所创建的半剖视图还不符合制图标准，以后再具体说明完善方法。

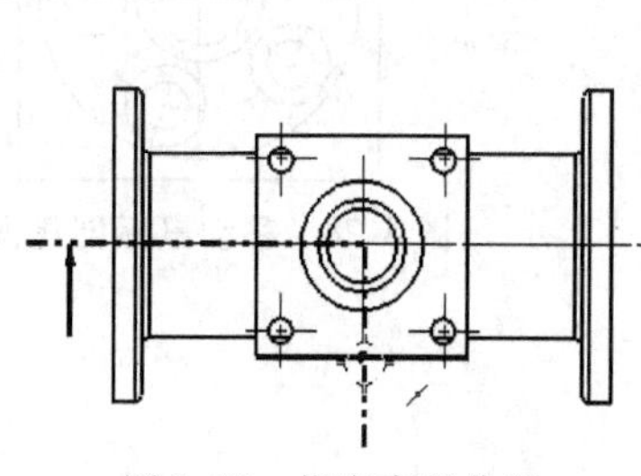

图 8-22 指定弯折位置

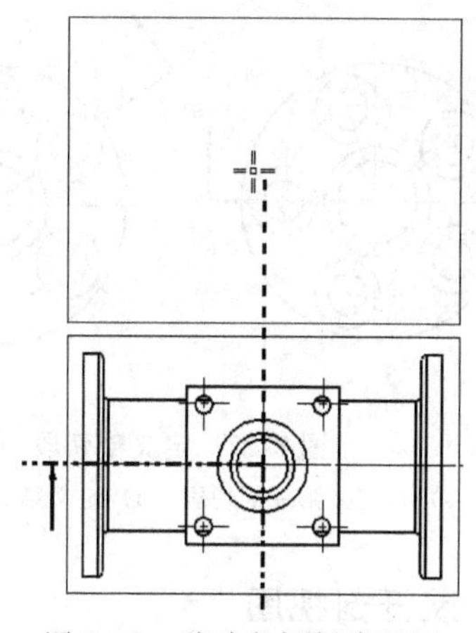

图 8-23 移动鼠标创建视图

8.4.5 旋转剖视图

可以利用已存在的视图为父视图，建立旋转剖视图。

【例 8-5】 建立旋转剖视图，如图 8-24 所示。

设计步骤

[1] 打开源文件/Examples/08/Li-05. prt，进入制图模块。图样中已经添加有基本视图，如图 8-25 所示。

[2] 单击【插入】/【视图】/【截面】/【旋转剖】命令，系统弹出【旋转剖视图】对话框，提示用户选取父视图。选取图样中已存视图，系统提示指定旋转点。指定中心点为旋转点，如图 8-26 所示。紧接着定义第一剖切段的方位和第二剖切段的方位，如图 8-27 所示。

[3] 向上移动鼠标到合适的位置，如图 8-28 所示。单击鼠标后，即可创建旋转剖视图。

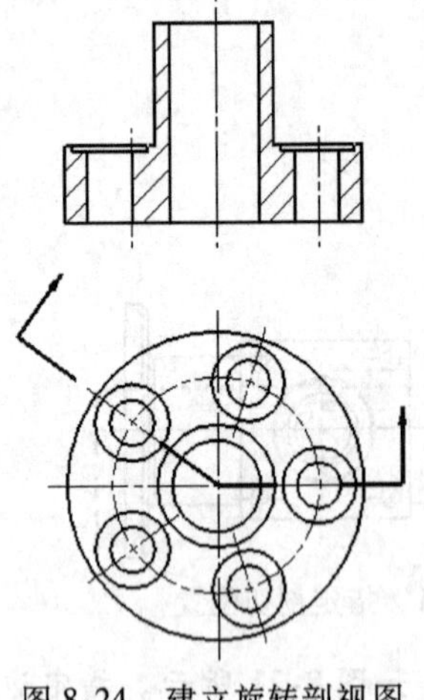

图 8-24 建立旋转剖视图

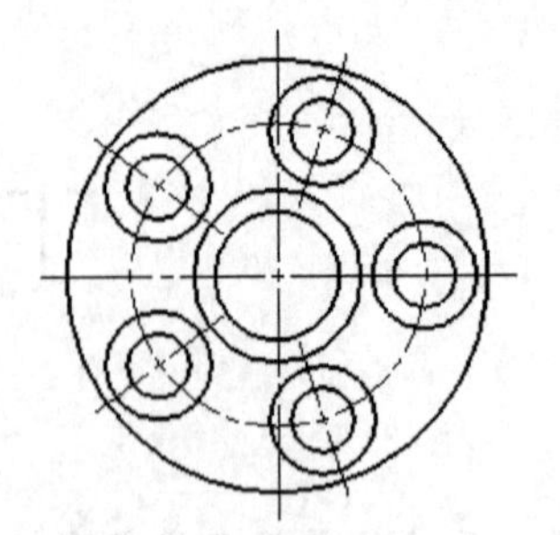

图 8-25 图样中已存视图

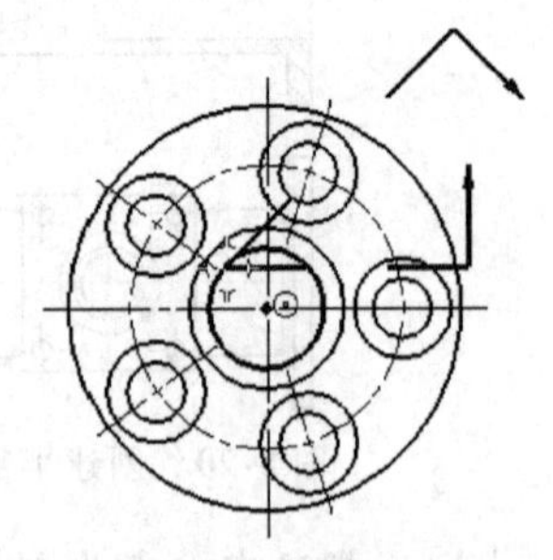

图 8-26 指定旋转点

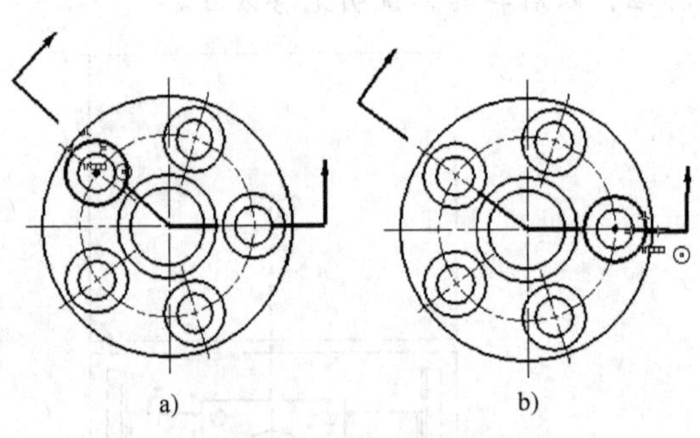

a) b)

图 8-27 定义剖切段

a) 定义第一剖切段 b) 定义第二剖切段

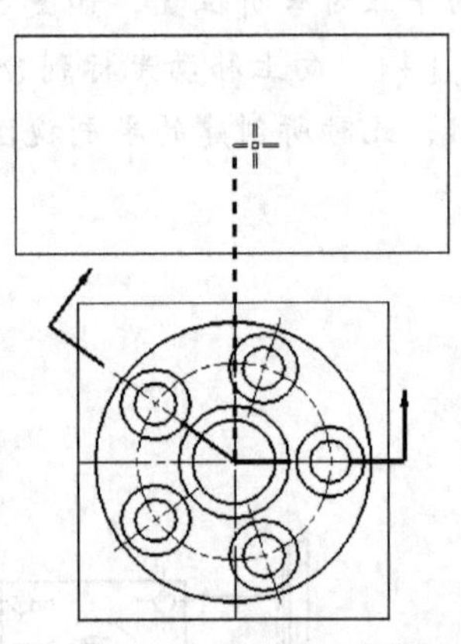

图 8-28 移动鼠标创建视图

8.4.6 展开剖视图

单击【插入】/【视图】/【截面】/【展开的点到点剖】命令，系统弹出【展开的点到点剖视图】对话框。利用该对话框，可创建有对应剖切线的展开剖视图，该剖切线包括多个无折弯段的剖切段。各剖切段是在与铰链线平行的面上展开的。下图举例说明一个带有关联父视图和剖切线的展开剖视图。

【例 8-6】 建立展开剖视图，如图 8-29 所示。

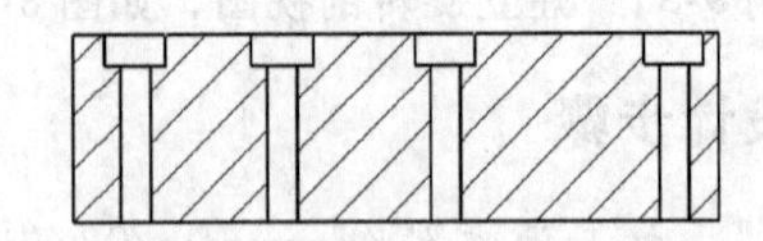

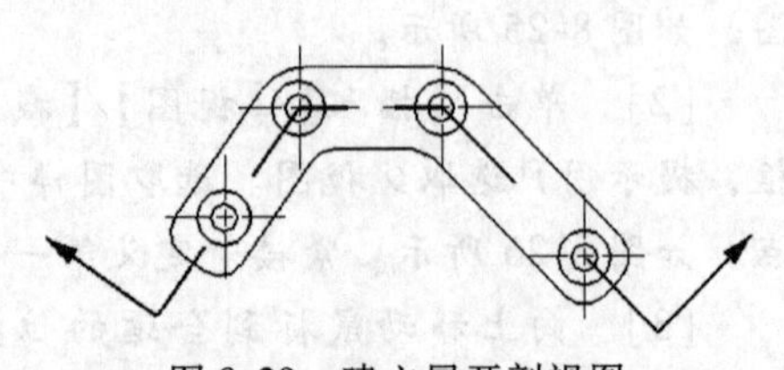

图 8-29 建立展开剖视图

设计步骤

[1] 打开源文件/Examples/08/Li-06. prt，进入制图模块。图样中已经添加有基本视图，如图 8-30 所示。

[2] 单击【插入】/【视图】/【截面】/【展开的点到点剖】命令，系统弹出【展开的点到点剖视图】对话框，如图 8-31 所示。单击图样中已存视图为父视

图，如图 8-32 所示，定义铰链线。

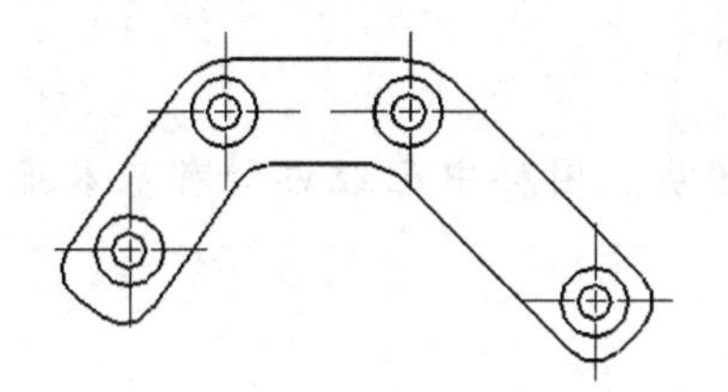

图 8-30　图样中已有视图

图 8-31　【展开的点到点剖视图】对话框

[3]　创建剖切线，如图 8-33 所示。

[4]　单击【放置视图】按钮，向上移动光标到合适的位置，如图 8-34 所示。单击鼠标后，即可创建展开剖视图。此时，展开剖视图的位置并不符合制图标准，可以利用后面章节介绍的内容进行视图对齐。

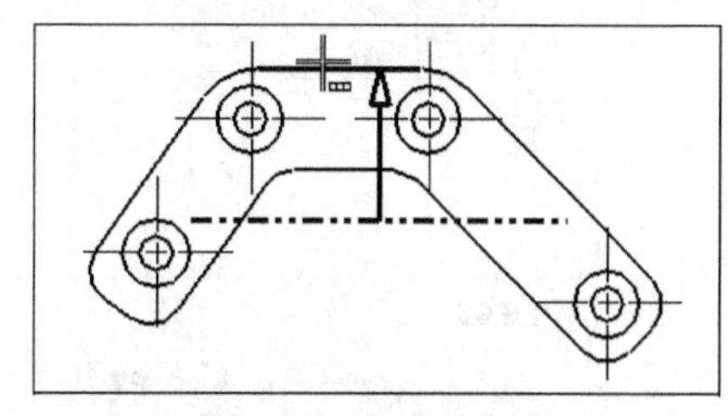

图 8-32　定义铰链线

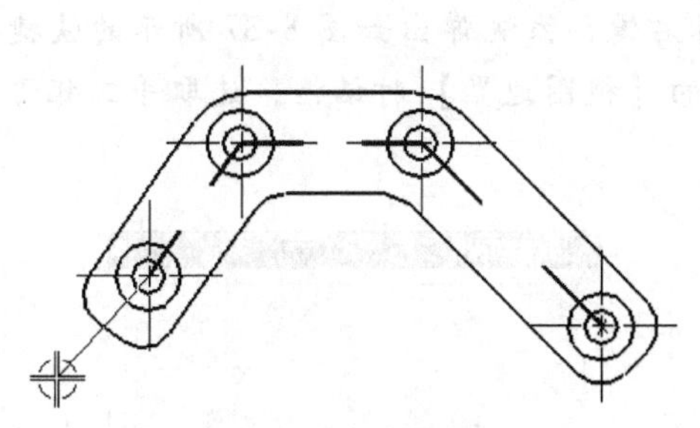

图 8-33　创建剖切线

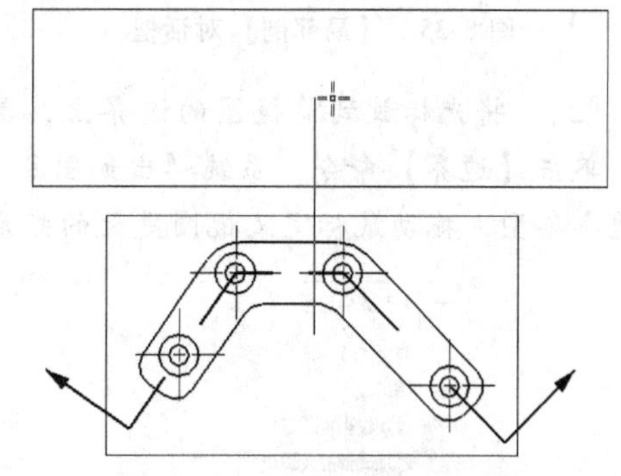

图 8-34　移动鼠标指针创建视图

说明：在图 8-33 中，若箭头的方向不符合设计意图，可单击图 8-31 所示的【展开的点到点剖视图】对话框中的按钮。

8.4.7　局部剖视图

局部剖允许通过移除部件的某个区域来查看部件内部。该区域由闭环的局部剖曲线来定义。可将局部剖应用于正交视图和轴测图。

单击【插入】/【视图】/【截面】/【局部剖】命令，系统弹出如图 8-35 所示的【局部剖】对话框。该对话框上各参数的意义如下：

(1) 创建、编辑、删除单选按钮：分别对应着局部剖视图的建立、编辑及删除操作。

(2) （选取父视图）：单击该按钮，选取父视图。

(3) （指出基点）：单击该按钮，指定剖切位置。

(4) （指出拉伸矢量）：单击该按钮，指定剖切方向。

(5) （选取曲线）：单击该按钮，选取封闭曲线以确定局部剖视图的剖切边界。

(6) 切透模型：选中该复选框，则完全切透模型。

【例 8-7】 建立局部剖视图，如图 8-39 所示。

设计步骤

[1] 打开源文件/Examples/08/Li-07.prt，进入制图模块。图样中已经添加有基本视图，如图 8-36 所示。

图 8-35 【局部剖】对话框

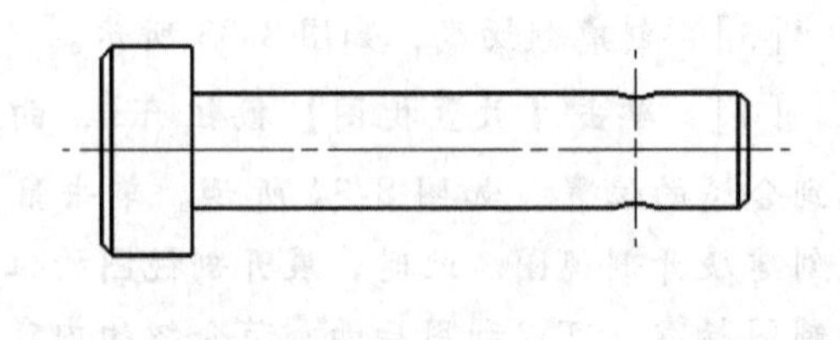

图 8-36 图样中已有视图

[2] 将光标放到前视图的边界上，单击鼠标右键，系统弹出如图 8-37 所示的快捷菜单。单击【边界】命令，系统弹出如图 8-38 所示的【视图边界】对话框，选取手工矩形视图边界类型，拖动鼠标定义视图更大的矩形边界。

图 8-37 快捷菜单

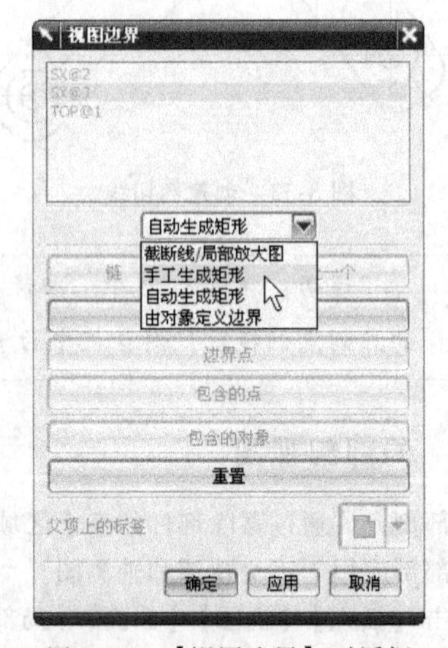

图 8-38 【视图边界】对话框

[3] 把光标放在前视图边界内单击鼠标右键，弹出如图 8-40 所示的快捷菜单，单击【扩展】命令，使前视图进入相关编辑状态。

[4] 利用样条曲线功能绘制如图 8-41 所示的局部剖切封闭曲线。具体操作步骤如图 8-42 所示。

[5] 再次单击鼠标右键，弹出快捷菜单，取消【扩展】命令，使前视图退出相关编辑状态。

图 8-39 创建局部剖视图

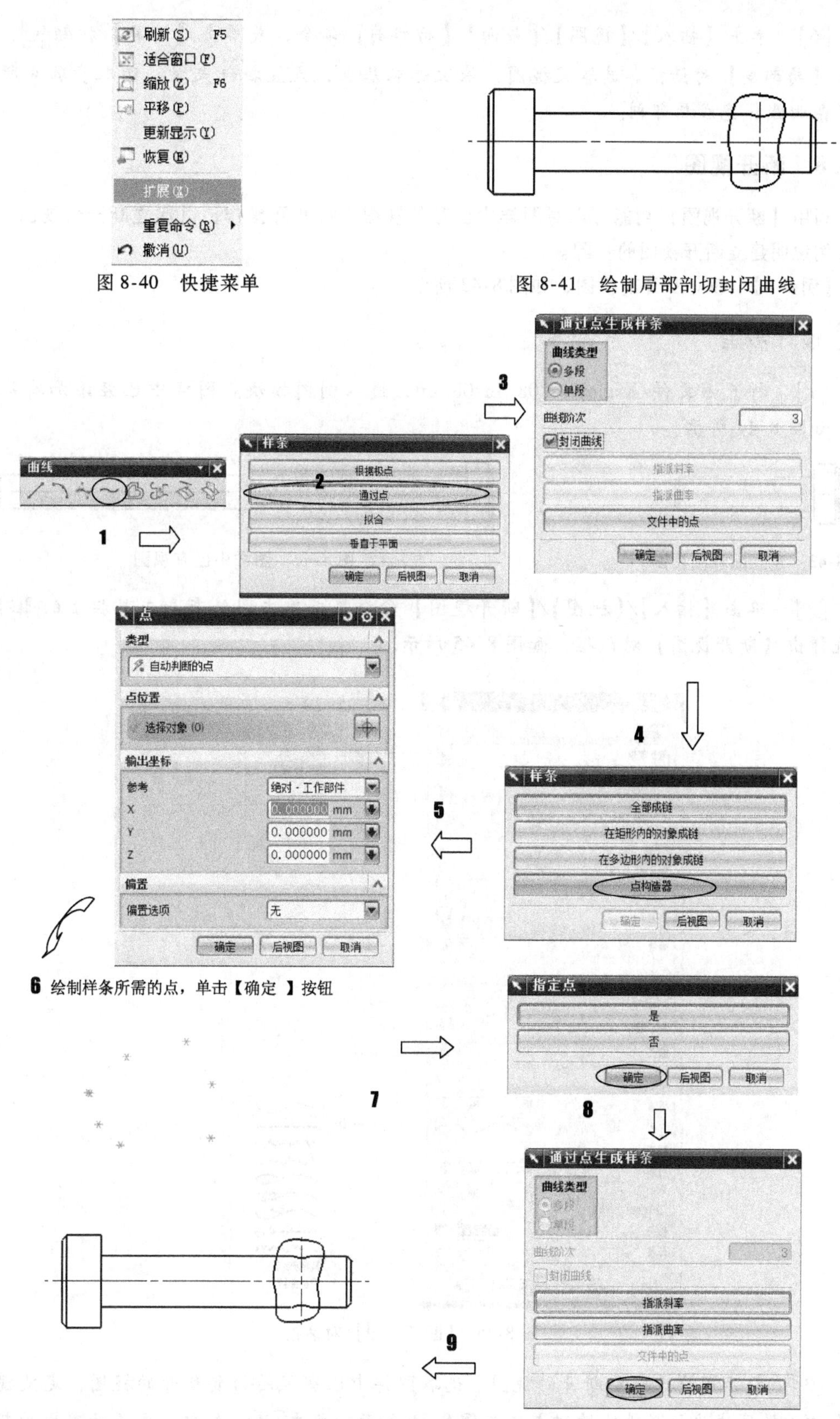

图 8-40　快捷菜单

图 8-41　绘制局部剖切封闭曲线

图 8-42　样条曲线的操作步骤

[6] 单击【插入】/【视图】/【截面】/【局部剖】命令，或单击【工具】按钮，系统弹出【局部剖】对话框。选取父视图，依次选取基点，设置拉伸矢量。选取步骤4所绘制的样条曲线，完成局部剖。

8.4.8 断开视图

利用【断开视图】功能可以对图样中已存的视图进行断开操作，以建立断开剖视图。下面以实例说明建立断开视图的步骤。

【例8-8】 建立断开剖视图，如图8-43所示。

设计步骤

[1] 打开源文件/Examples/08/Li-08.prt，进入制图模块。图样中已经添加有基本视图，如图8-44所示。

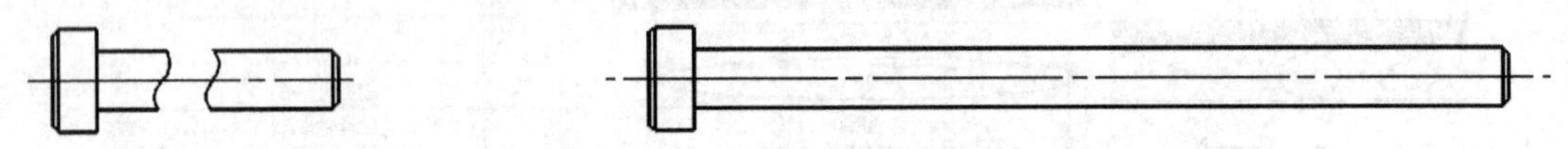

图8-43 建立断开剖视图　　　　图8-44 图样中已有视图

[2] 单击【插入】/【视图】/【断开视图】命令，或单击图纸布局工具栏上的按钮，系统弹出【断开视图】对话框，如图8-45所示。

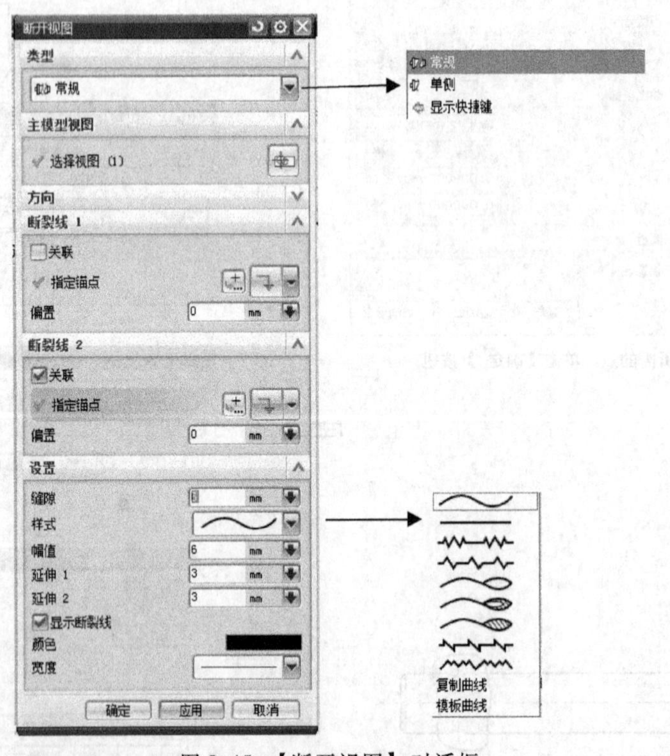

图8-45 【断开视图】对话框

[3] 提示用户选取要断开的视图。选取图样中已有视图为要断开的视图，定义视图左端和右端的区域为2断裂线的锚点，如图8-46所示。单击 确定 按钮，则显示建立的断开视

图。此时，再处理一下中心线即可完成视图。

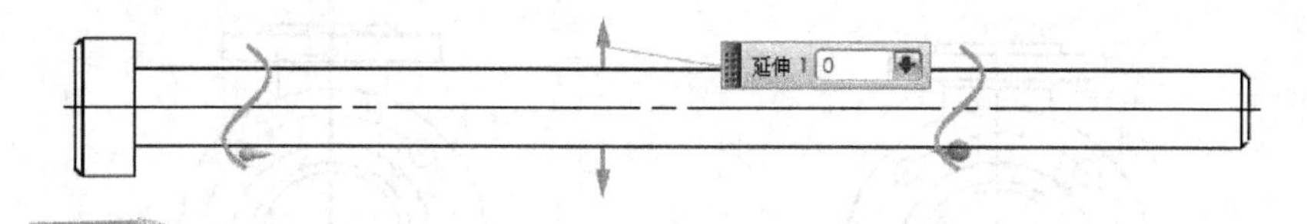

图 8-46　定义视图左端和右端的区域边界和锚点

说明：单击图 8-46 所示的视图中间的箭头，设置延伸为 0，也可在【断开视图】对话框中修改断裂线的延伸长度。

8.4.9　综合应用

【例 8-9】 三通管零件视图的建立，如图 8-47 所示。

设计步骤

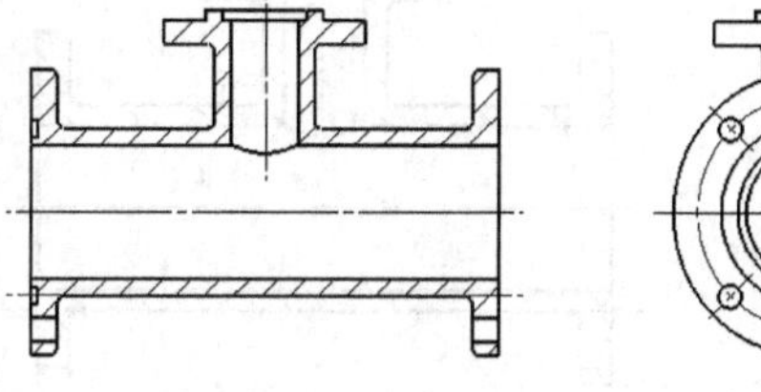

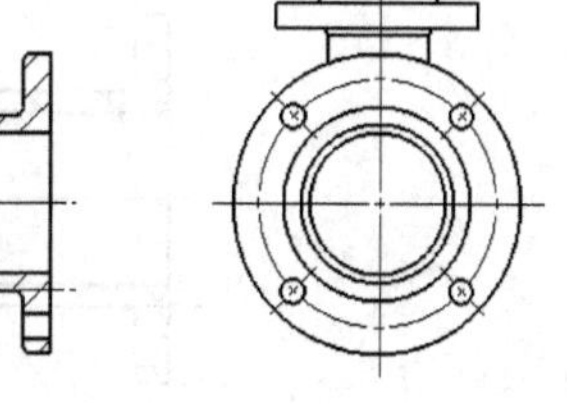

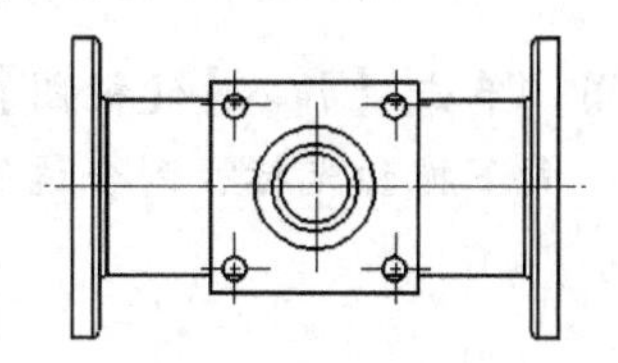

图 8-47　三通管零件视图

[1]　打开源文件/Examples/08/Li-09. prt，进入制图模块。设置图纸幅面为 A3，比例为 1:1，第 1 视角。

[2]　设置首选项（略）。

[3]　单击【插入】/【视图】/【基本视图】命令，或者单击【图纸布局】上的【基本视图】按钮，向图样中添加系统默认前视图作为平面工程图的左视图，结果如图 8-48所示。由于建模过程中方位的选取差别，系统默认的视图与制图中用于表达零件结构的视图并不一一对应，此时可以依据需要进行合理调整。

[4]　单击【插入】/【视图】/【截面】/【旋转剖】命令，系统弹出动态智能对话工具条，选取刚刚添加的视图，指定中心点为旋转点，如图 8-49 所示。紧接着定义第一剖切段的方位和第二剖切段的方位，如图 8-50 所示。

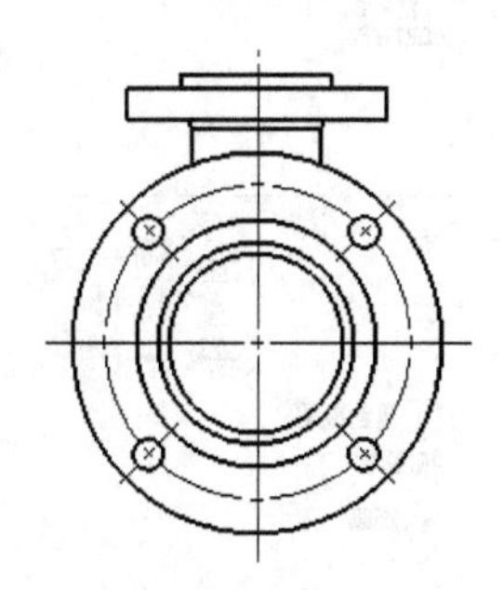

图 8-48　添加系统默认前视图作为左视图

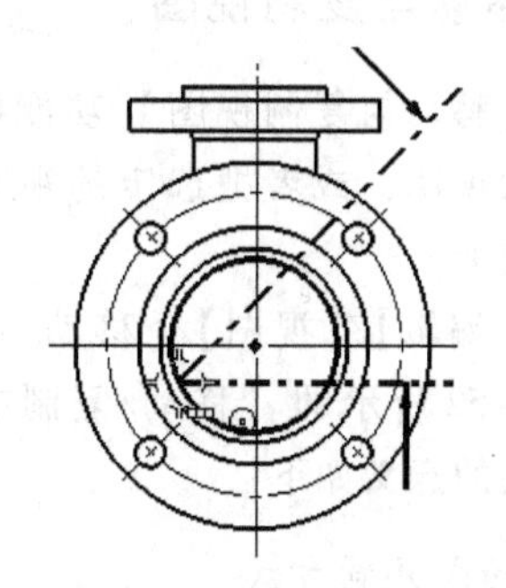

图 8-49　指定旋转点

[5]　向左移动光标到合适的位置。单击鼠标后，即可创建旋转剖视图作为平面工程图的主视图，结果如图 8-51 所示。

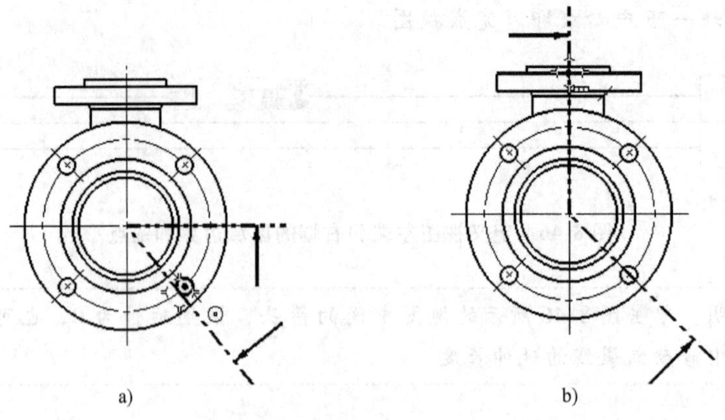

图 8-50　定义剖切段

a）定义第一剖切段　b）定义第二剖切段

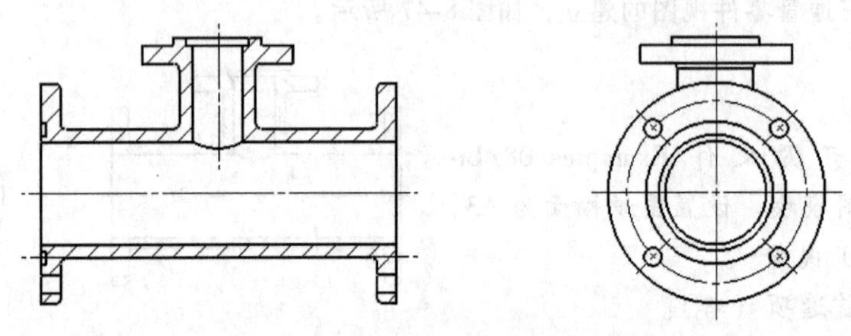

图 8-51　创建旋转剖视图作为主视图

[6]　选取主视图，单击【插入】/【视图】/【投影】命令，系统弹出动态对话工具条，并以主视图为父视图。向下拖动光标，到合适的位置单击鼠标，则创建的投影视图即为俯视图，完成视图的创建。

8.5　视图布局

向图纸中添加视图之后，紧接着要做一些修饰工作，如调整视图的位置、删除不必要的视图、修改已存视图的一些参数、重新定义视图显示边界等。

8.5.1　移动与复制视图

利用【移动与复制视图】功能可以在图纸上移动或复制已存在的视图，或者把选定的视图移动或复制到另一张平面工程图上。

单击【编辑】/【视图】/【移动/复制视图】命令，系统弹出如图 8-52 所示的【移动/复制视图】对话框。该对话框上各参数的意义如下：

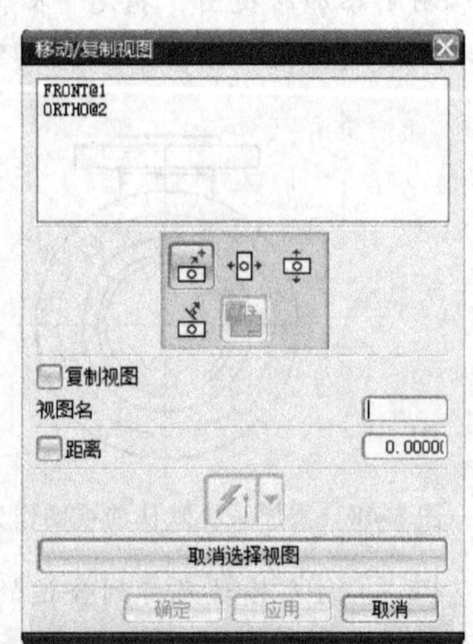

图 8-52　【移动/复制视图】对话框

1. 移动或复制方式

该对话框上提供了以下 5 种移动或复制视图的方式：

(1) （至一点）：单击该按钮，选取要移动或复制的视图，在图纸边界内指定一点，则系统将视图移动或复制到指定点。

（2）（水平的）：单击该按钮，选取要移动或复制的视图，则系统在水平方向上移动或复制视图。

（3）（竖直的）：单击该按钮，选取要移动或复制的视图，则系统在竖直方向上移动或复制视图。

（4）（垂直与直线）：单击该按钮，选取要移动或复制的视图，再指定一条直线，则系统在垂直于指定直线的方向上移动或复制视图。

（5）（至另一图纸）：单击该按钮，选取要移动或复制的视图，则系统将视图移动或复制到另一图纸上。

2. 复制视图

选中【复制视图】复选框，则复制选定的视图；反之，则移动选定的视图。

3. 距离

选中【距离】复选框，则系统按照文本框中给定的距离值来移动或复制视图。

4. 取消选择视图

单击【取消选择视图】按钮，将取消已经选取的视图。

8.5.2 对齐视图

利用【对齐视图】功能可重新调整视图位置，使得排列整齐有序。

单击【编辑】/【视图】/【对齐】命令，或单击【图纸布局】工具栏上的按钮，系统弹出如图 8-53 所示的【对齐视图】对话框。该对话框上各参数的含义如下：

1. 对齐方式

该对话框上提供了以下 5 种对齐视图的方式：

（1）（叠加）：单击该按钮，系统将各视图的基准点重合对齐。

（2）（水平）：单击该按钮，系统将各视图的基准点水平对齐。

（3）（竖直）：单击该按钮，系统将各视图的基准点竖直对齐。

（4）（垂直与直线）：单击该按钮，系统将各视图的基准点垂直于某一直线对齐。

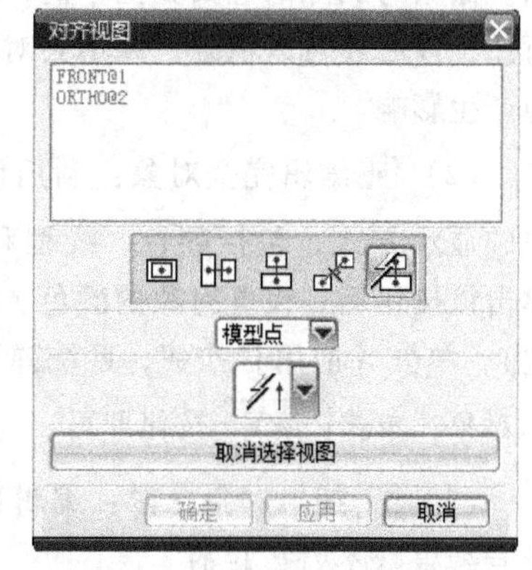

图 8-53　【对齐视图】对话框

（5）（自动判断）：单击该按钮，系统将根据选取的基准点类型不同，采用自动推断方式对齐视图。

2. 基准点类型

系统提供了以下 3 种基准点类型：

（1）模型点：选取模型上的一点作为基准点，用于将视图与指定的模型点对齐，视图是基于所选对齐方法对齐的。

（2）视图中心：以视图的中心点为基准点，用于通过选定视图的中心对齐视图，视图是基于所选对齐方法对齐的。

(3) 点到点：分别在不同的视图上指定点作为基准点，允许通过指定一个静止点并在要对齐的视图上单击一个点来对齐视图，这些点是基于所选对齐方法对齐的。

8.5.3 删除视图

利用【删除视图】功能可以将不需要的视图删除掉。有以下 3 种删除视图的方法：

(1) 选中要删除的视图直接按键盘上的 Delete 键即可。

(2) 将光标放到视图边界上单击右键，系统弹出快捷菜单，单击【删除】命令。

(3) 选中要删除的视图，单击【编辑】/【删除】命令。

8.5.4 视图相关编辑

利用【视图相关编辑】功能可以在某一视图中编辑制图对象（如擦除、移动等），而不影响其他视图中的相关显示。

单击【编辑】/【视图】/【视图相关编辑】命令，或单击【图纸布局】工具栏上的按钮，系统弹出如图 8-54 所示的【视图相关编辑】对话框。

该对话框上提供了以下五大视图关联编辑模块：

1. 添加编辑

该组操作按钮用于对制图对象进行编辑。

(1) 擦除对象：利用该按钮可以擦除视图中选取的对象。单击该按钮，系统弹出【类单击】对话框，提示选取对象。选取对象后，单击【确定】按钮，即可将选中的对象擦除。擦除与删除的意义完全不同，擦除对象，只是暂时不显示对象，以后还可以恢复，并不会对其他视图的相关结构和主模型产生影响。

(2) 编辑完全对象：利用该按钮可以编辑所选整个对象的显示方式，包括颜色、线型和行间距因子宽度（线宽）。单击该按钮后，设置对象的颜色、线型和行间距因子宽度（线宽），单击【应用】按钮，系统弹出分类单击对话框，选取编辑对象，单击 确定 按钮即可。

(3) 编辑对象分段：编辑部分对象的显示方式，其方法与编辑整个对象相似。

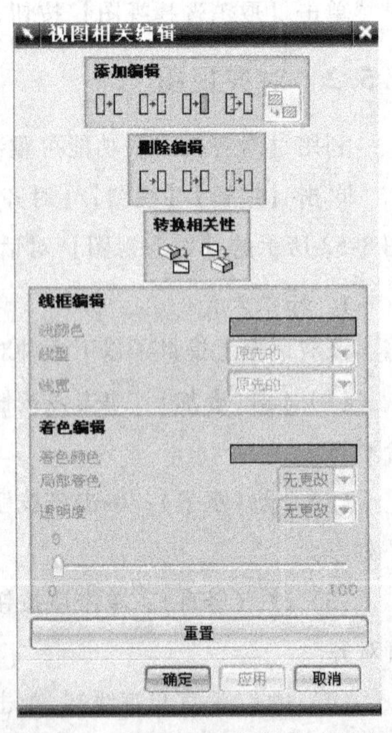

图 8-54 【视图相关编辑】对话框

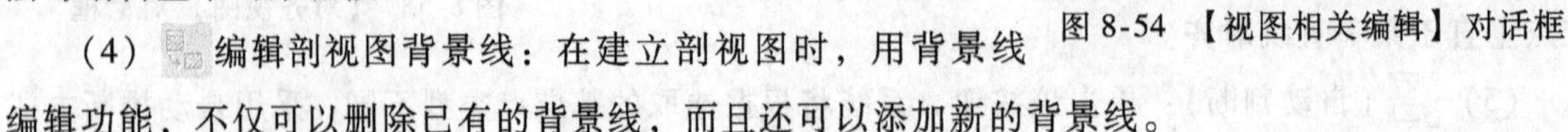

(4) 编辑剖视图背景线：在建立剖视图时，用背景线编辑功能，不仅可以删除已有的背景线，而且还可以添加新的背景线。

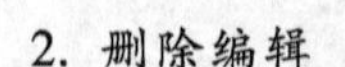

2. 删除编辑

该组按钮用于删除前面介绍的对制图对象所做的编辑。

(1) （删除单击的擦除）：单击该按钮，使先前擦除的对象重新显示出来。

(2) （删除单击的编辑）：单击该按钮，使先前修改的对象退回到原来的状态。单击该按钮，再单击【应用】按钮，系统弹出分类单击对话框，并以红色高亮显示所有做过的修改。

（3）(删除所有的编辑)：单击该按钮，将删除以前所做的所有编辑，使对象恢复到原始状态。

3. 转换相关性

（1）（模型转换到视图）：单击该按钮可以转换模型中单独存在的对象到指定视图中，并且对象只会出现在该视图中。

（2）（视图转换到模型）：单击该按钮可以转换视图中单独存在的对象到模型视图中。

4. 线框编辑

【线框编辑】选项区用于设置直线的颜色、线型和线宽。

5. 着色编辑

只有在单击了“编辑着色对象”后该选项才可用。

（1）着色颜色：允许从【颜色】对话框中单击着色颜色。

（2）局部着色：提供以下选项。

- 无更改：该选项的所有现有的编辑将保持不变。
- 原先的：移除该选项所有的编辑，以便遵守该选项的对象初始值。
- 否：从选定的对象禁用此编辑设置。
- 是：将局部着色应用于选定的对象。

（3）透明度：提供以下选项：

- 无更改：保留当前视图的透明度。
- 原先的：移除该选项所有的现有编辑，以便遵守该选项的对象初始值。
- 否：从选定的对象禁用此编辑设置。
- 是：允许使用滑块来定义选定对象的透明度。

（4）透明度滑块：控制透明程度。

8.6　尺寸标注与编辑

单击【插入】/【尺寸】命令，系统弹出如图 8-55 所示的下拉菜单。选取该下拉菜单上的各种命令或者单击如图 8-56 所示的【尺寸】工具条上的对应按钮，可以标注和编辑各种尺寸。

单击任何尺寸标注命令，系统都会弹出如图 8-57 所示的【自动判断尺寸】对话框。该工具条上各参数的意义如下：

1. 公差样式

单击 1.00 按钮，系统弹出下拉工具条，可以设置尺寸公差的式样。

2. 名义尺寸

单击 1 按钮，系统弹出下拉工具条，可以设置尺寸的精度，即小数点后的位数。例如，如果选取 1，则标注尺寸保留小数点后 1 位数值。

3. 文本编辑器

单击按钮，系统弹出【文本编辑器】对话框。后续将专门介绍。

4. 设置尺寸式样

单击按钮，系统弹出【尺寸样式】对话框，可以设置尺寸、直线/箭头、文字、单位和径

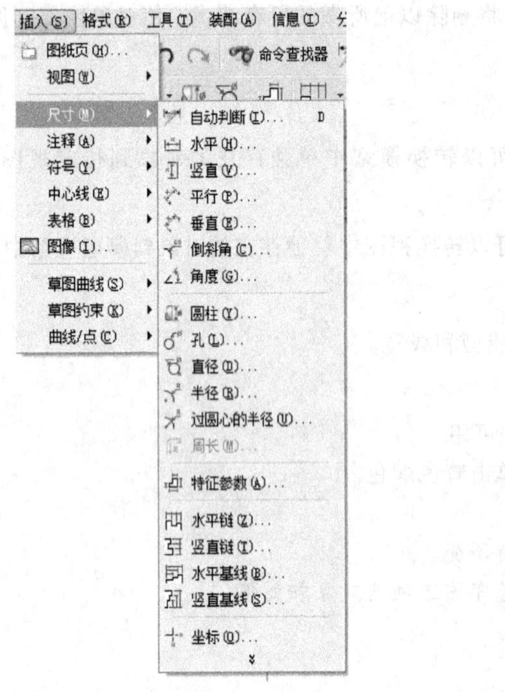

图 8-55　尺寸标注下拉菜单

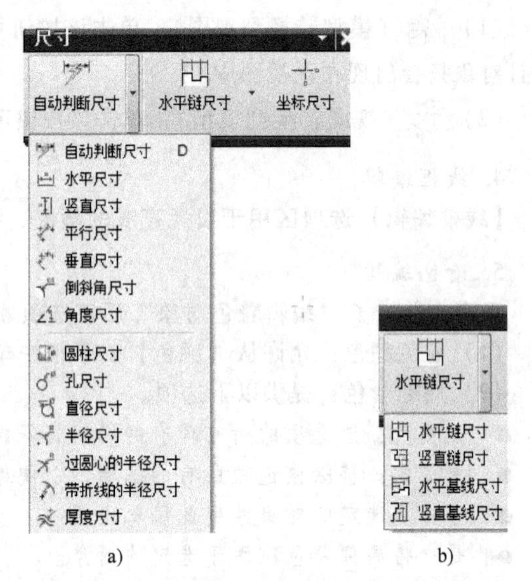

图 8-56　尺寸工具条按钮

a）自动标注尺寸　b）链尺寸

向的式样。

5. 驱动

单击【驱动】按钮可指出应将尺寸处理为驱动草图尺寸还是处理为文档尺寸。单击该按钮后，则指出一个驱动尺寸，并显示一个表达式框，可在其中更改值。

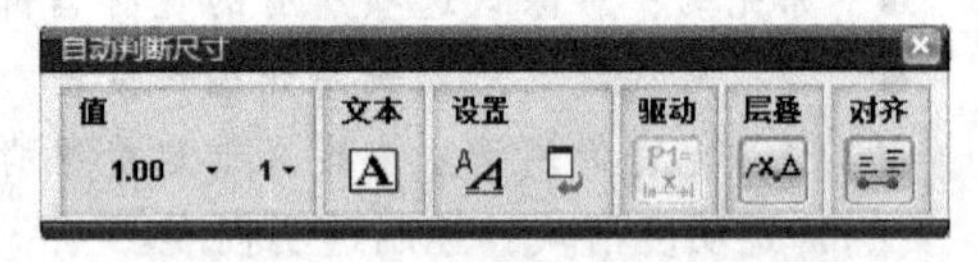

图 8-57　【自动判断尺寸】对话框

8.6.1　尺寸标注

1. 自动判断

单击【插入】/【尺寸】/【自动判断】命令，或单击【尺寸】工具栏上的按钮，系统弹出标注尺寸智能工具条，启动该标注命令。由于该种标注方式是由系统自动判断实施的，所以具体操作可能是其他所有方式中的任意一种。

2. 水平

单击【插入】/【尺寸】/【水平】命令，或单击【尺寸】工具栏上的按钮，系统弹出标注尺寸智能工具条，启动该标注命令。选取一条直线、两条平行线或依次指定两点，即可标注水平尺寸。

3. 竖直

单击【插入】/【尺寸】/【竖直】命令，或单击【尺寸】工具栏上的按钮，系统弹出标注尺寸智能工具条，启动该标注命令。选取一条直线或依次指定两点，即可标注竖直尺寸。

4. 平行

单击【插入】/【尺寸】/【平行】命令，或单击【尺寸】工具栏上的按钮，系统弹出标注尺寸智能工具条，启动该标注命令。选取一条直线或依次指定两点，即可标注平行于标注对象的尺寸。

5. 垂直

单击【插入】/【尺寸】/【垂直】命令，或单击【尺寸】工具栏上的按钮，系统弹出标注尺寸智能工具条，启动该标注命令。首先选取一条直线，再指定一点，即可标注点到直线的距离。

6. 角度

单击【插入】/【尺寸】/【角度】命令，或单击【尺寸】工具栏上的按钮，系统弹出标注尺寸智能工具条，启动该标注命令。选取两条非平行直线，即可标注两条支线的夹角。角度大小为单击的第一条直线沿逆时针方向转到单击的第二条直线的夹角。

7. 圆柱

单击【插入】/【尺寸】/【圆柱】命令，或单击【尺寸】工具栏上的按钮，系统弹出标注尺寸智能工具条，启动该标注命令。选取两个对象或两个点，即可在两对象之间标注圆柱形的尺寸。圆柱形的尺寸与水平尺寸的差别是在尺寸前面多了个直径符号 ϕ。

8. 孔

单击【插入】/【尺寸】/【孔】命令，或单击【尺寸】工具栏上的按钮，系统弹出标注尺寸智能工具条，启动该标注命令。选取任何圆形对象，即可用一段引导线标注对象的孔尺寸，或称为直径尺寸。

9. 直径

单击【插入】/【尺寸】/【直径】命令，或单击按钮，系统弹出标注尺寸智能工具条，启动该标注命令。选取圆或圆弧，即可标注对象的直径尺寸。

10. 半径

单击【插入】/【尺寸】/【半径】命令，或单击按钮，系统弹出标注尺寸智能工具条，启动该标注命令。选取圆或圆弧，即可用指向圆弧的箭头线标注半径尺寸。

11. 过圆心的半径

单击【插入】/【尺寸】/【过圆心的半径】命令，或单击按钮，系统弹出标注尺寸智能工具条，启动该标注命令。选取圆或圆弧，即可用从圆或圆弧中心引出的箭头线标注半径尺寸。

12. 带折线的半径尺寸

单击【插入】/【尺寸】/【带折线的半径】命令，或单击按钮，系统弹出标注尺寸智能工具条，启动该标注命令。带折线的半径尺寸标注式样，如图 8-58 所示。

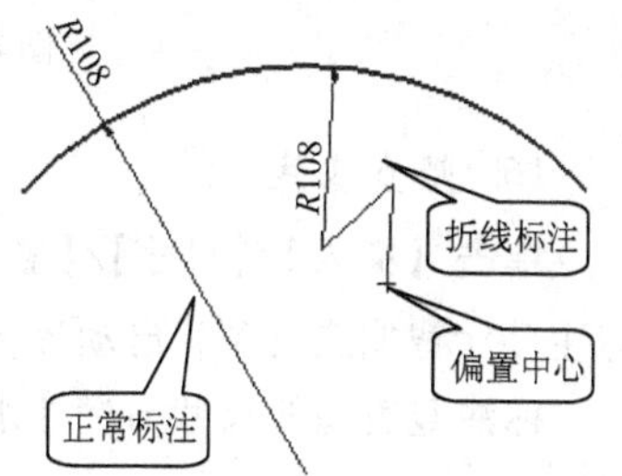

图 8-58　带折线的半径尺寸标注式样

13. 水平链

单击【插入】/【尺寸】/【水平链】命令，或单击【尺寸】工具栏上的按钮，系统弹出标注尺寸智能工具条，启动该标注命令。通过依次指定若干点，建立一个水平方向上的尺寸链，即一系列首尾相连的水平尺寸。

14. 竖直链

单击【插入】/【尺寸】/【竖直链】命令，或单击【尺寸】工具栏上的按钮，系统弹出标注尺寸智能工具条，启动该标注命令。通过依次指定若干点，建立一个竖直方向上的尺寸链，即一系列首尾相连的竖直尺寸。

水平尺寸链和竖直尺寸链标注示例，如图 8-59 所示。

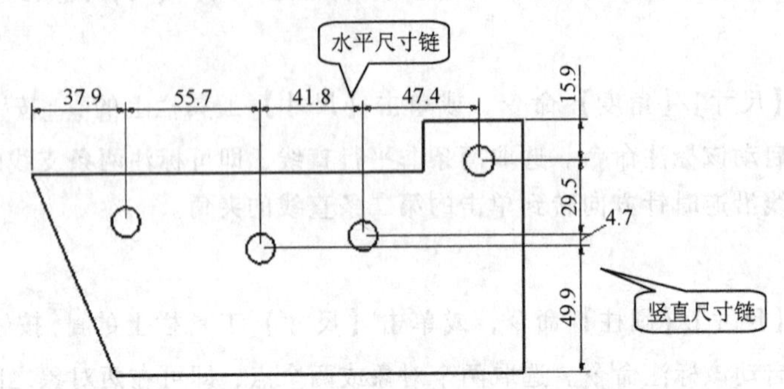

图 8-59　水平尺寸链和竖直尺寸链标注

15. 水平基线

单击【插入】/【尺寸】/【水平基线】命令，或单击【尺寸】工具栏上的按钮，系统弹出标注尺寸智能工具条，启动该标注命令。

标注水平基线尺寸与标注水平链尺寸方法相同，区别在于把选取的第一标注点位置作为基线位置。其效果如图 8-60 所示。

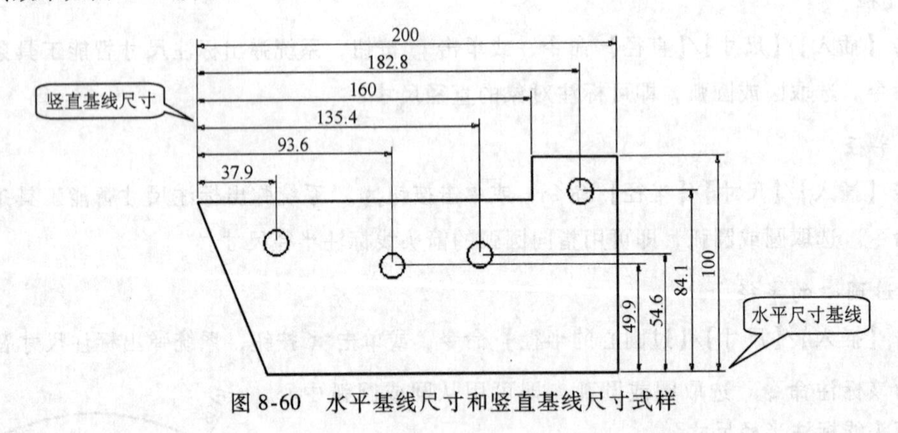

图 8-60　水平基线尺寸和竖直基线尺寸式样

16. 竖直基线

单击【插入】/【尺寸】/【竖直基线】命令，或单击【尺寸】工具栏上的按钮，系统弹出标注尺寸智能工具条，启动该标注命令。

标注竖直基线尺寸与标注水平基线尺寸方法相同。其效果如图 8-60 所示。

8.6.2　尺寸编辑

标注完尺寸后，右键单击尺寸，系统弹出如图 8-61 所示的快捷菜单，单击上面的不同命令，可对已标注的尺寸进行编辑，如修改尺寸精度，给尺寸加前缀、后缀，文本放置位置，文本的对齐方式等。图 8-62 所示为单击【编辑附加文本】按钮 A 编辑附加文本... 后系统弹出的编辑文本的对话框，可对尺寸标注中的文本进行一系列编辑。

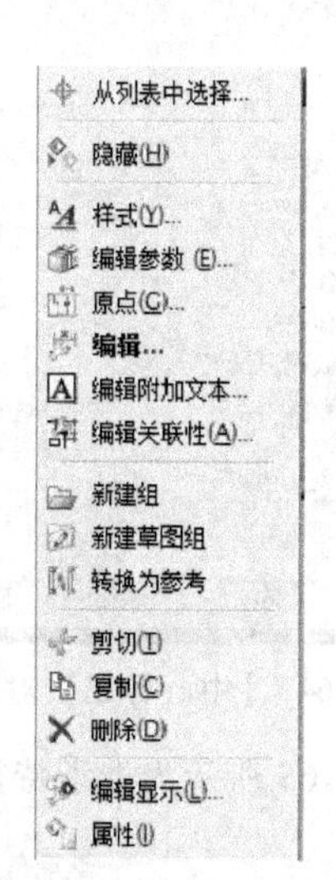

图 8-61　编辑尺寸快捷菜单

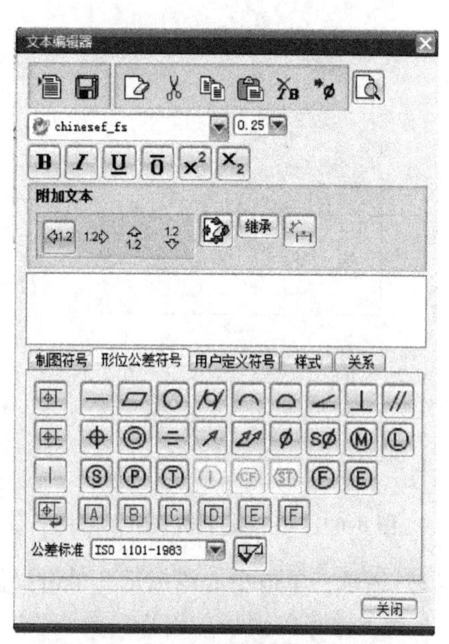

图 8-62　【文本编辑器】对话框

8.7　中心线

在工程图中会有许多绘制中心线的情况，UG NX 8.0 利用中心线命令可以创建符合国家标准的中心线。单击【插入】/【中心线】可对中心标记、螺栓圆等进行创建。

8.7.1　中心线

1. 中心线手柄

可以使用中心线手柄修改其关联的对象以及中心线段的长度。这些手柄在创建或编辑中心线符号时显示。可以通过拖动手柄或在屏显输入框中输入值来更改中心线的尺寸。

要调整中心线段，首先双击一条现有的中心线，然后拖动延伸手柄（箭头）即可，如图 8-63所示。

2. 中心标记

使用【中心标记】命令可创建通过点或圆弧的中心标记。通过单个点或圆弧的中心标记被称为简单中心标记。

单击【插入】/【中心线】/【中心标记】命令，系统弹出如图 8-64 所示的【中心标记】对话框。该对话框上各参数的意义如下：

（1）位置

- 选择对象：单击有效的几何对象。
- 创建多个中心标记：对于共线的圆弧，“中心标记”将绘制一条穿过圆弧中心的直线。要创建多个中心标记，则选中【创建多个中心标记】复选框即可。

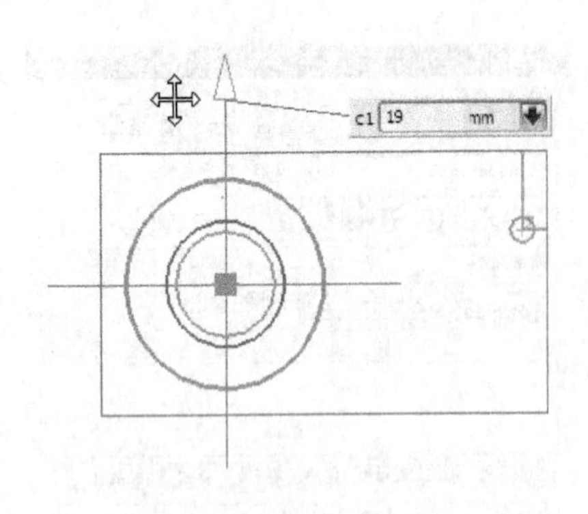

图 8-63 中心线手柄调节示意图

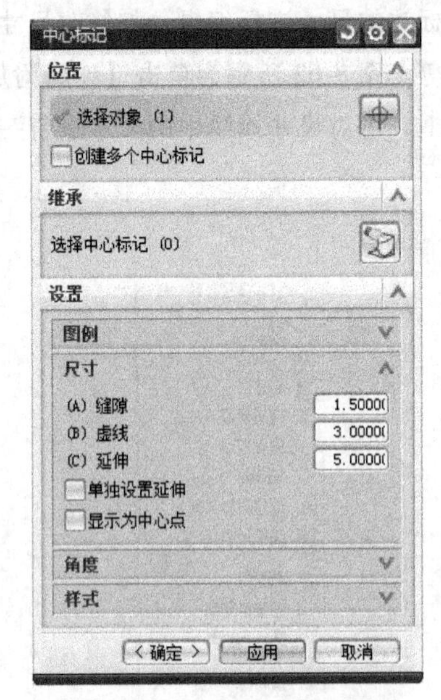

图 8-64 【中心标记】对话框

（2）继承：单击中心线标记，单击要修改的中心标记。图 8-65 所示为继承特征示例。

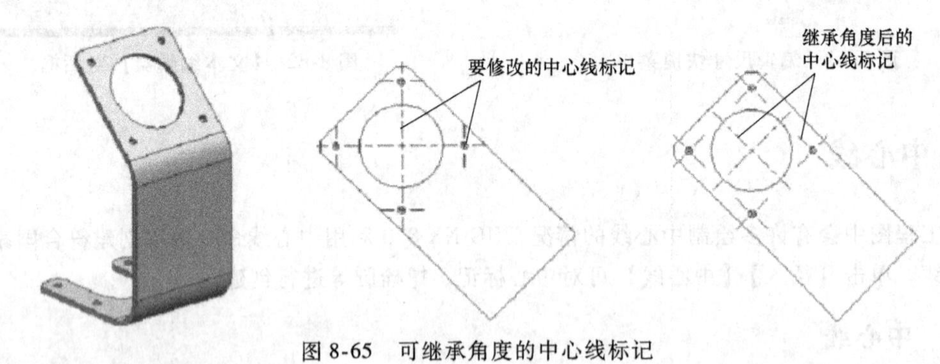

图 8-65 可继承角度的中心线标记

（3）图例：以图例的方式显示中心线标记各尺寸的意义。

（4）尺寸：通过更改实用符号的参数来控制其显示。可以修改以下参数的值：缝隙大小、中心十字、延伸。

- 单独设置延伸：关闭“延伸”参数输入框并为延伸线启用手柄。

（5）角度：提供以下选项：

- 从视图继承角度：该复选框在旋转了视图的情况下很有用。
- 值：可指定旋转的角度。旋转采用逆时针方向。

（6）样式

- 颜色：可修改中心线颜色。
- 宽度：可修改线密度（细、正常或粗）。

3. 中心标记的创建步骤

（1）从中心线工具条中单击【中心标记】符号。

（2）修改参数，并按需要在中心标记对话框中设置选项。

（3）单击需要中心线的对象。

（4）单击【应用】或【确定】按钮。

8.7.2　螺栓圆

可通过点或圆弧创建完整或不完整螺栓圆。螺栓圆的半径始终等于从螺栓圆中心到选取的第一个点的距离。螺栓圆符号是以逆时针方向单击圆弧来定义的。可对任何螺栓圆符号几何体标注尺寸。

单击【插入】/【中心线】/【螺栓圆】命令，系统弹出如图 8-66 所示的【螺栓圆中心线】对话框。该对话框上各参数的意义如下：

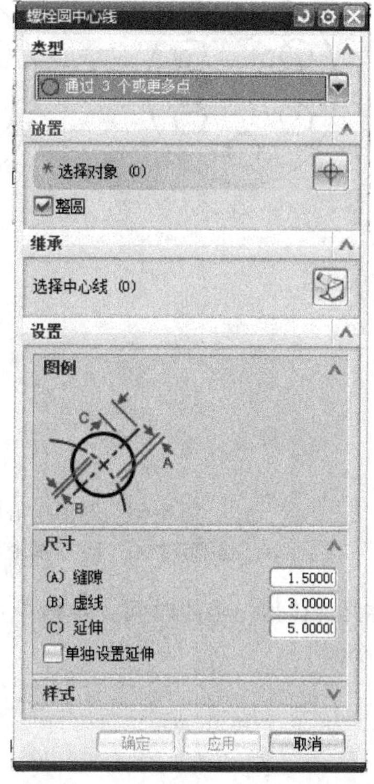

图 8-66　【螺栓圆中心线】对话框

1. 类型

（1）通过 3 个或更多点：可指定中心线要通过的 3 个或更多点。此方法允许用户创建圆形中心线，而无须指定中心。

（2）中心点：可指定中心的位置以及圆周中心线上的关联点。半径由中心和第一点确定。

2. 放置

（1）选择对象：单击有效的几何对象。

（2）整圆：选中该复选框可创建完整的螺栓圆。不选中该复选框可创建不完整的螺栓圆。

3. 继承

选择中心线：用于单击要修改的中心标记。

4. 设置

（1）图例：以图例的方式显示中心线标记各尺寸的意义。

（2）尺寸

- 缝隙：可为缝隙大小输入值。
- 中心十字：可为中心十字的大小输入值。
- 延伸：可输入延伸值。

（3）单独设置延伸：关闭“延伸”框并为延伸线启用手柄。

（4）样式

- 颜色：可修改中心线颜色。
- 宽度：可修改线密度（细、正常或粗）。

图 8-67 所示为螺栓圆中心线示例。

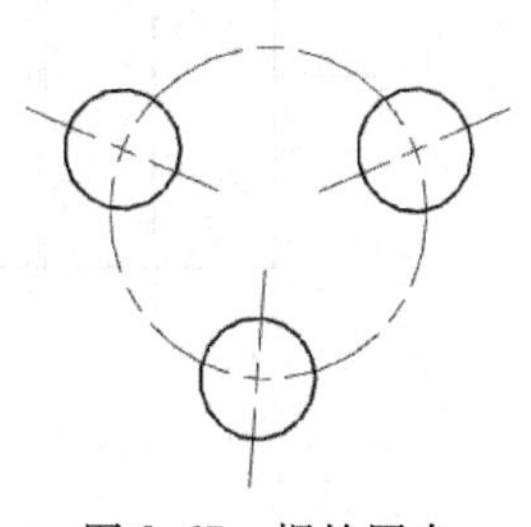

图 8-67　螺栓圆中心线示例

8.7.3　圆形

单击【插入】/【中心线】/【圆形】命令，用以创建通过点或圆弧的完整或不完整圆形中心线。圆形中心线的半径始终等于从圆形中心线中心到选取的第一个点的距离，其圆形中心线效果如图 8-68 所示。【圆形中心线】对话框，如图 8-69 所示。

8.7.4　对称

使用此选项可以在图纸上创建对称中心线，以指明几何体中的对称位置，这样可节省绘制对

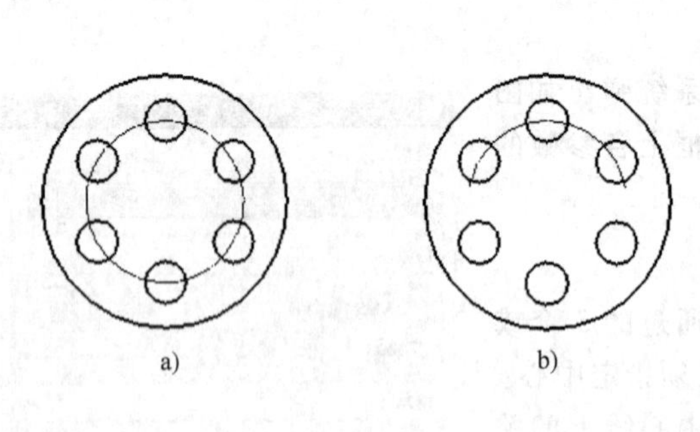

图 8-68 圆形中心线
a）完整圆形中心 b）不完整圆形中心线

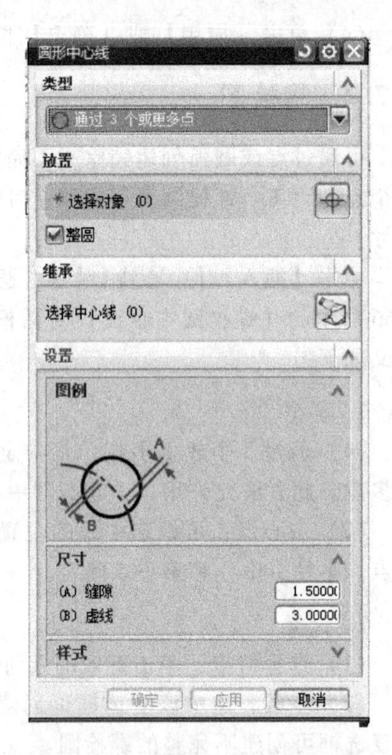

图 8-69 【圆形中心线】对话框

称几何体另一半的时间。对称中心线的效果如图 8-70 所示。【对称中心线】对话框如图 8-71 所示。

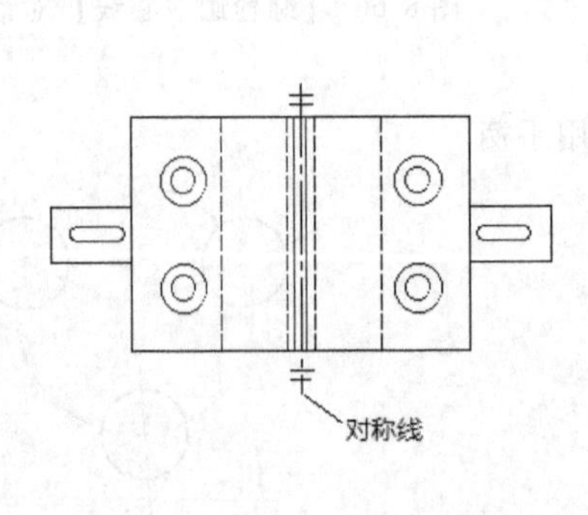

图 8-70 对称中心线

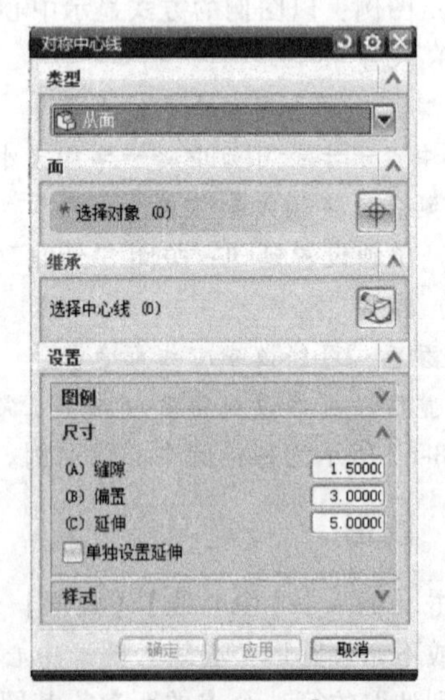

图 8-71 【对称中心线】对话框

8.7.5 2D 中心线

可以使用曲线或控制点来限制中心线的长度，从而创建 2D 中心线。例如，如果使用控制点来定义中心线（从圆弧中心到圆弧中心），则产生线性中心线。2D 中心线效果如图 8-72 所示。【2D 中心线】对话框如图 8-73 所示。

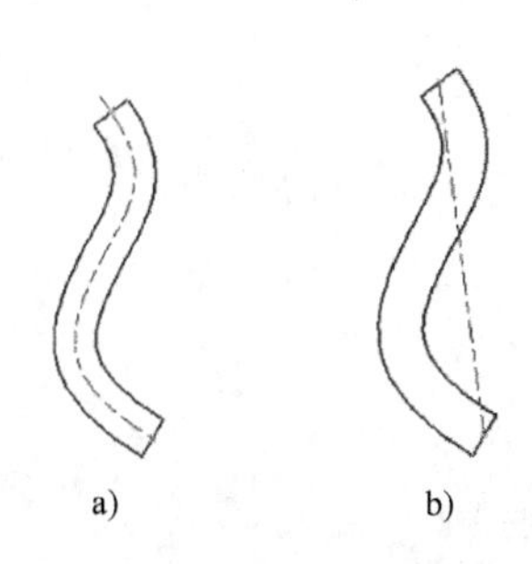

图 8-72　2D 中心线
a）从两条曲线创建的 2D 中心线
b）从控制点创建的 2D 中心线

图 8-73　【2D 中心线】对话框

8.7.6　3D 中心线

类似 2D 中心线，也可以在扫掠面或分析面上创建 3D 中心线，如圆柱面、锥面、直纹面、拉伸面、回转面、环面和扫掠类型面等，如图 8-74 所示。

8.7.7　自动

该命令可自动在任何现有的视图（孔或销轴与图纸视图的平面垂直或平行）中创建中心线。如果螺栓圆孔不是圆形示例集，则将为每个孔创建一条线性中心线。自动中心线将在两轴孔之间绘制中心线，如图 8-75 所示。需要说明的是，该命令不适合展开的剖视图和旋转剖视图。

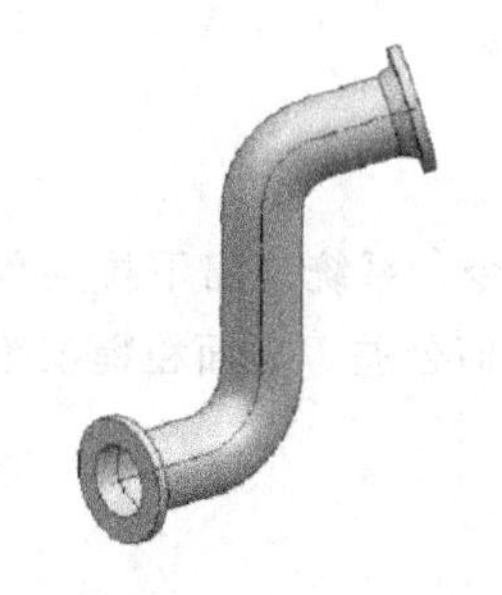

图 8-74　3D 中心线示例

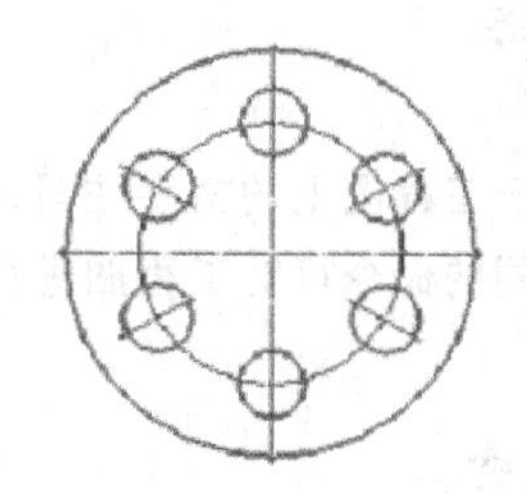

图 8-75　自动创建中心线示例

8.7.8　创建符合国家标准的中心线

UG8.0 默认的中心线线型与我国国家标准的线型并不一致，修改线型可参考如下步骤：

[1]　单击【文件】/【实用工具】/【用户默认设置】命令，如图 8-76 所示。

[2]　在系统弹出的【用户默认设置】对话框中，单击【制图】→【常规】后，在【标准】选项卡下的【制图标准】下拉列表中选择【GB（出厂设置）】即可，如图 8-77 所示。

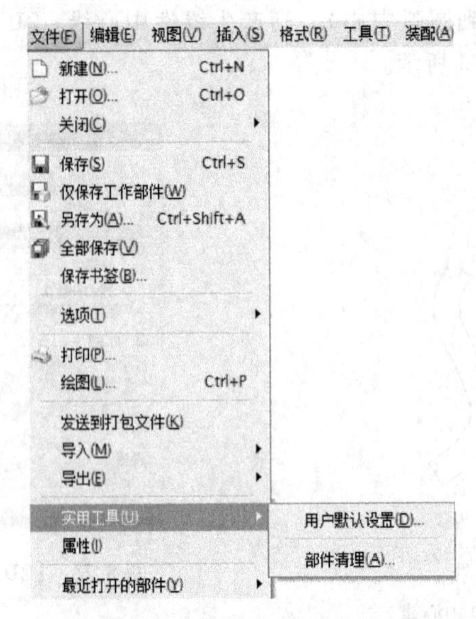

图 8-76 打开用户默认设置

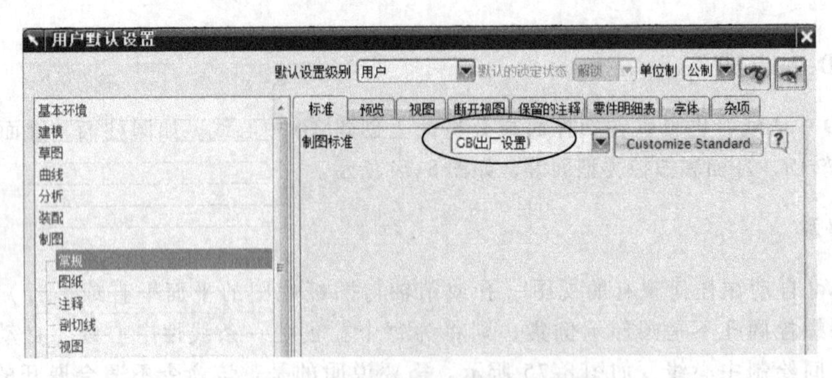

图 8-77 【用户默认设置】对话框

8.8 注释

注释用于工程图上的文字注写，单击【插入】/【注释】命令，系统弹出下拉菜单，在下拉菜单中选择不同的命令可对工程图进行文字注写，基准符号、几何公差、表面粗糙度等技术要求的标注。

8.8.1 注释

单击【插入】/【注释】/【注释】命令，或单击图面注视工具栏上的按钮，系统弹出【注释】对话框，如图 8-78 所示。该对话框提供用于创建注释、标签和符号的选项。

1. 原点

(1) 指定位置：允许放置文本。可以单击并在几何体上拖动，软件将自动推断为标签而不是注释。标签具有指引线，注释没有指引线。

(2) 原点工具：打开原点对话框。

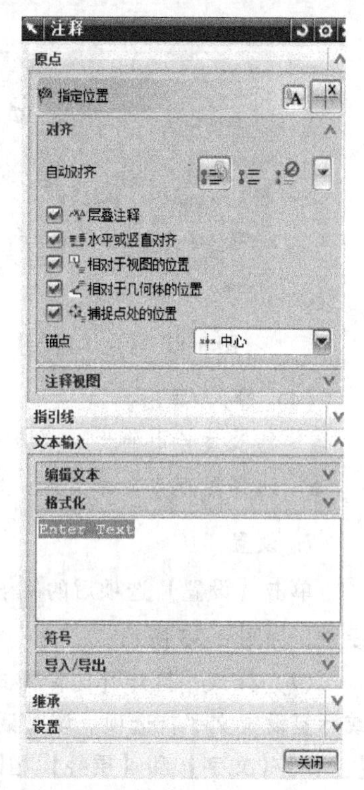

图 8-78 【注释】对话框

2. 对齐

自动对齐：提供以下选项。

(1) 关联：使注释与选定对象关联，并开启其下所有选项。

(2) 非关联：使注释与选定对象不关联。仅层叠注释和水平或竖直对齐可用。

(3) 关：关闭【自动对齐】选项。

3. 锚点

可单击 9 个文本位置中的一个作为锚点。单击锚点后的按钮可显示文本位置的类型，如图 7-79 所示。

4. 注释视图

(1) 单击视图：将注释放在单击的视图中，而不是图纸页上。在打开一个图纸时显示。

(2) 在“建模”视图中指定平面以放置注释。可以单击 CSYS 构造器按钮来指定用户定义方位。在“建模”视图打开时显示。

5. 指引线

单击【指引线】选项后的按钮可创建指引线的各种属性，如图 8-80 所示。

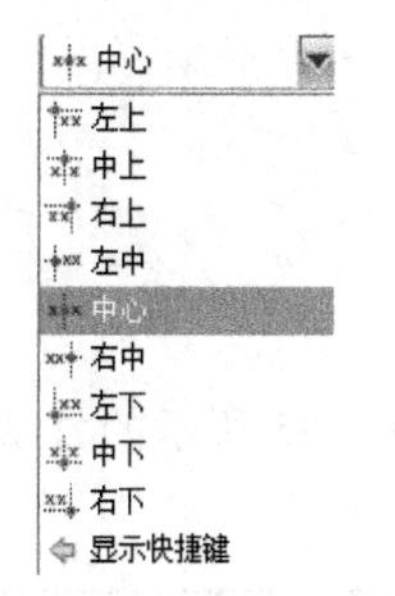

图 8-79 【锚点】选项

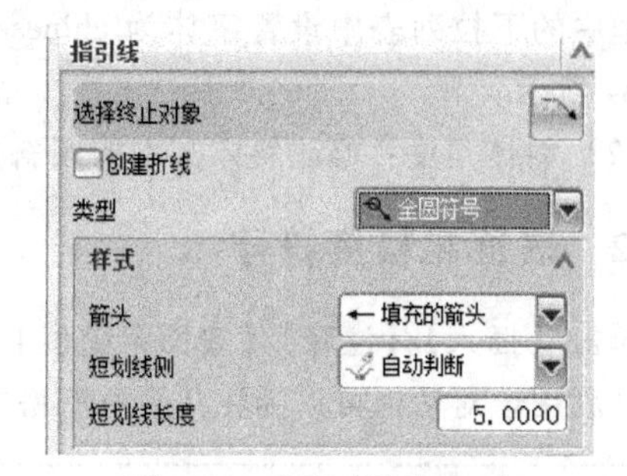

图 8-80 【指引线】选项

(1) 选择终止对象：可使用【捕捉点】工具单击终止对象。

(2) 类型：指定指引线类型。

- 样式。
- 箭头：从下拉列表中指定箭头类型。
- 短划线侧：将“短划线侧”设为右侧、左侧或自动判断。
- 短划线长度：指定短划线长度。

6. 文本输入

单击【文本输入】选项后的按钮，可进行相关的文本输入、编辑，如图 8-81 所示。

(1) 编辑文本：允许输入或修改文本。

(2) 格式化：设置字体、字体大小，将文本格式化，可输入注释。

(3) 符号：显示符号类别，可输入制图符号、几何公差符号、分数符号、用户定义符号等，如图 8-82 所示。

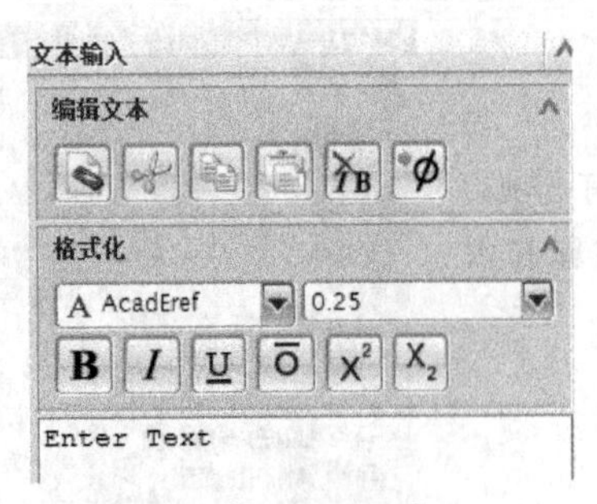

图 8-81 【文本输入】选项

图 8-82 【符号】选项

(4) 导入/导出。

- 插入文件中的文本：插入来自操作系统文本文件中的注释文本。
- 注释另存为文本文件：将文本框中的当前文本另存为 ASCII 文本文件。

7. 设置

单击【设置】选项后的按钮，可对文本进行相关的设置，如图 8-83 所示。

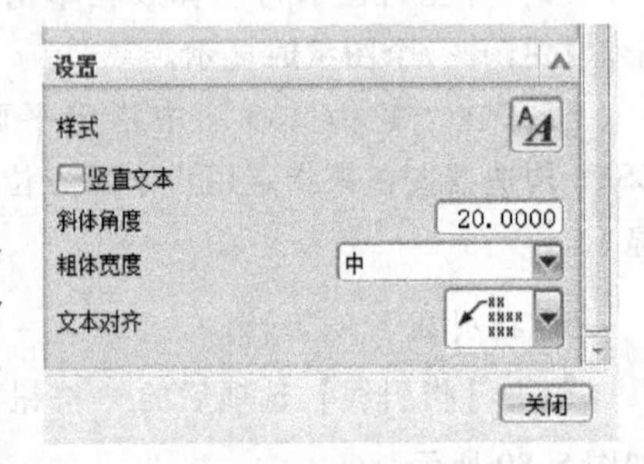

图 8-83 【设置】选项

(1) 样式：打开【注释样式】对话框，以为当前注释或标签设置文字首选项。该对话框中的选项与【首选项】/【注释】/【文字】和【层叠】相同，但是它们不设置全局首选项。如果要输入中文，单击按钮，在弹出的【样式】对话框中的下拉列表中设置字体为 chinesef 或 chineset，如图 8-84 所示。

(2) 斜体角度：修改斜体文本的倾斜角度。

8.8.2 表面粗糙度符号

单击【插入】/【注释】/【表面粗糙度】命令，系统弹出如图 8-85 所示的【表面粗糙度】对话框。利用该对话框可以标注几乎所有格式的表面粗糙度。

说明：在安装完 UG NX 8.0 系统后，如果在制图应用模块的【插入】菜单内不存在【表面粗糙度】命令，要使用该命令，则需要用户进行如下设置：在 UG NX 8.0 安装目录的 UgII 文件夹下，找到环境变量设置文件 "ugii_env.dat"，用记事本将其打开，修改环境变量 "UGII_SURFACE_FINISH" 的默认设置为 "ON"。将文件保存后，重新进入 UG NX 8.0 系统，则可以正常使用。

8.8.3 特征控制框

单击【插入】/【注释】/【特征控制框】命令，系统弹出如图 8-86 所示的【特征控制框】对话框。利用该对话框可以标注几乎所有形式的几何公差。

8.8.4 基准特征符号

单击【插入】/【注释】/【基准特征符号】命令，系统弹出如图 8-87 所示的【基准特征符号】对话框。利用该对话框可以标注基准特征。图 8-88 和图 8-89 所示为几何公差和基准的示例。

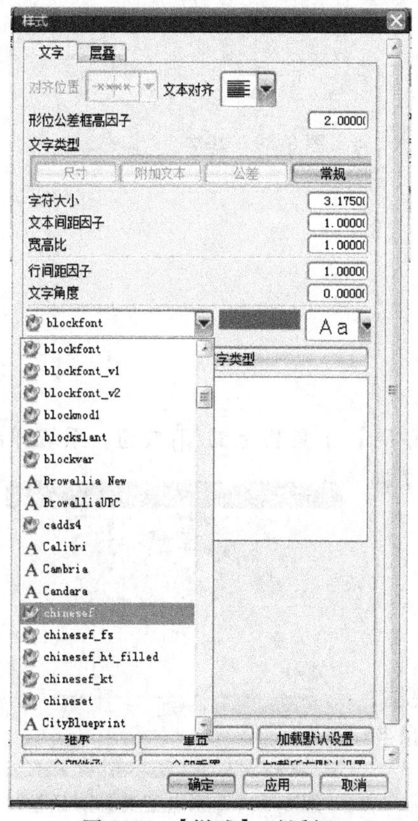

图 8-84 【样式】对话框

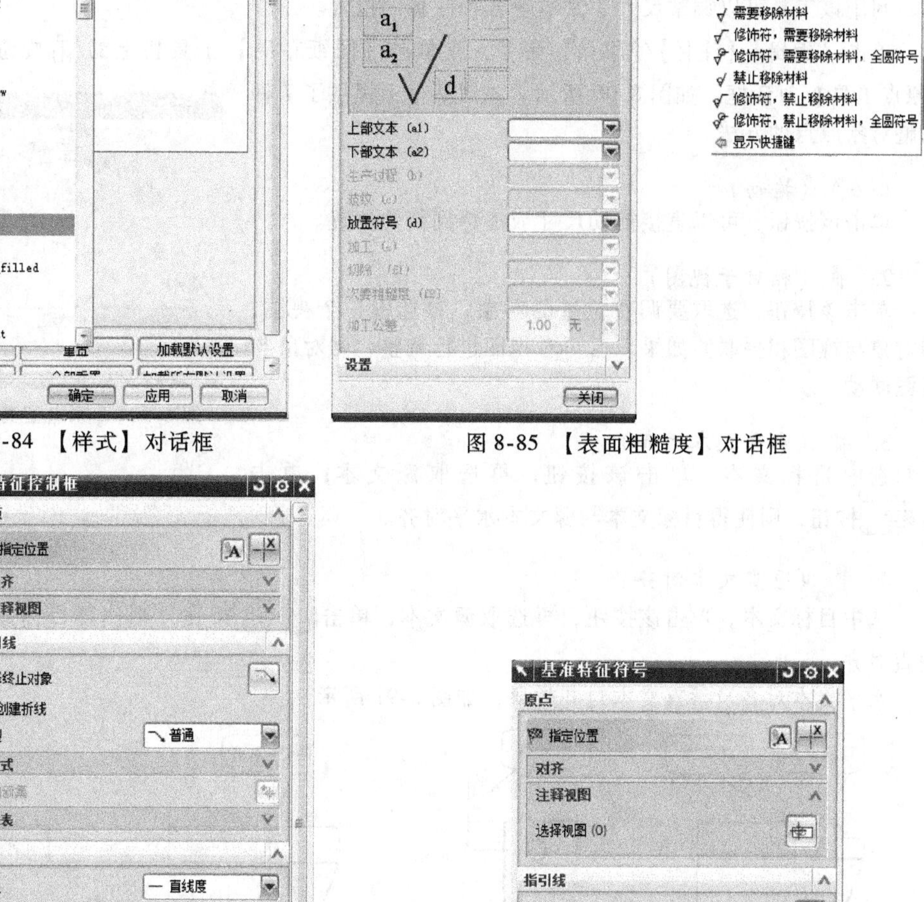

图 8-85 【表面粗糙度】对话框

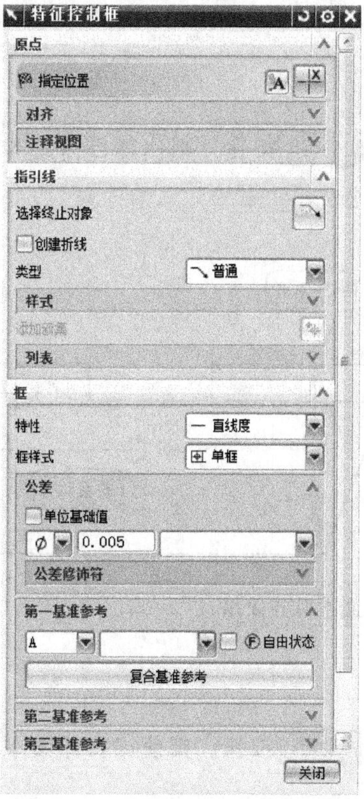

图 8-86 【特征控制框】对话框

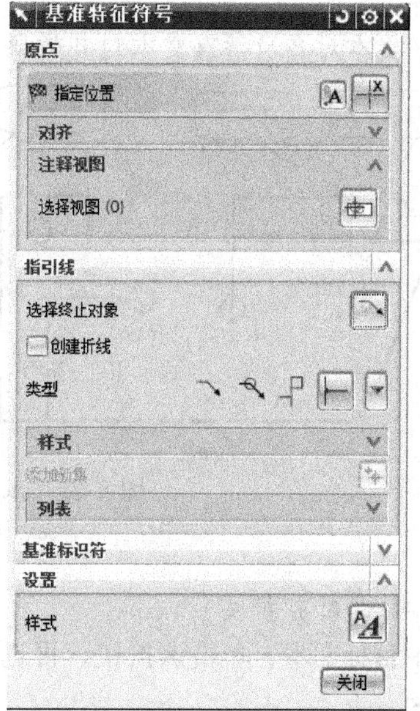

图 8-87 【基准特征符号】对话框

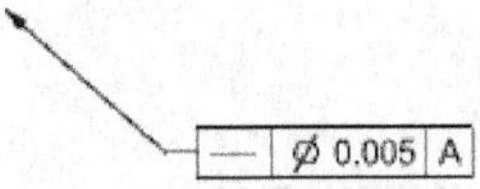

图 8-88 几何公差 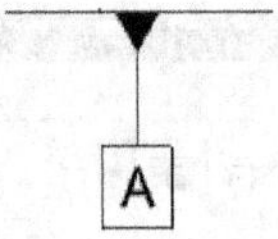　　　　图 8-89 基准

8.9 其他辅助工具

8.9.1 原点

利用该工具可以调整尺寸、文本等各种注释的位置。

单击【编辑】/【注释】/【原点】命令，或单击【图纸布局】工具栏上的按钮，系统弹出【原点工具】对话框，如图 8-90 所示。该对话框上提供了 7 种调整对象原点的方法。

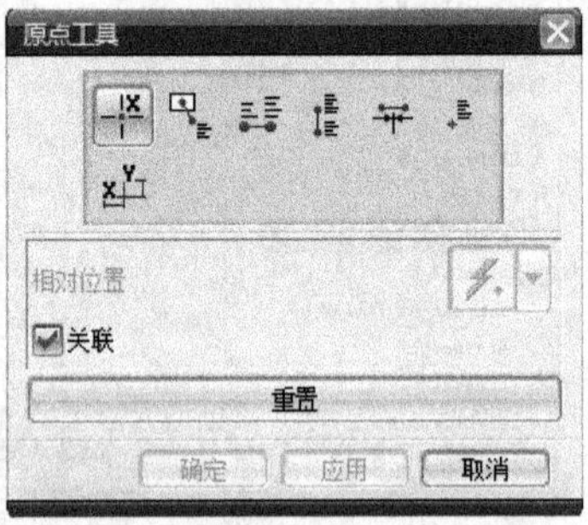

图 8-90 【原点工具】对话框

1. （拖动）

单击该按钮，可以直接拖动尺寸或注释到新的位置。

2. （相对于视图）

单击该按钮，选取要调整位置的对象，再选取一个视图，则对象与视图相关联。如果以后再对视图进行调整，则对象与视图联动。

3. （水平文本对齐）

选中目标文本，单击该按钮，再选取源文本，单击 确定 按钮，则使得目标文本与源文本水平对齐。

4. （垂直文本对齐）

选中目标文本，单击该按钮，再选取源文本，单击 确定 按钮，则使得目标文本与源文本垂直对齐。

水平文本对齐及垂直文本对齐效果，如图 8-91 所示。

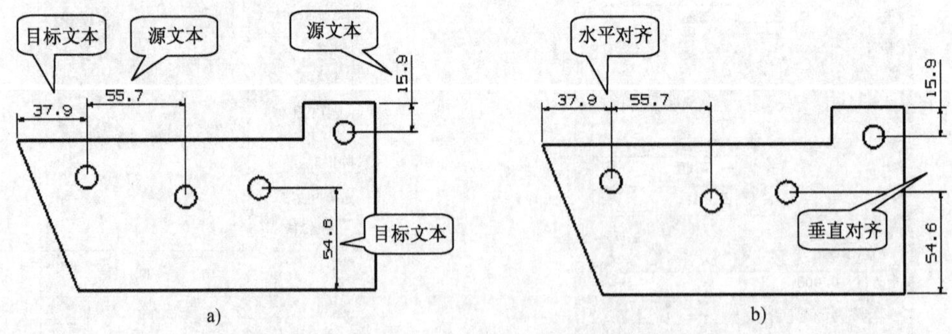

图 8-91 水平文本对齐和垂直文本对齐效果

a）对齐前 b）对齐后

5. （对齐箭头）

选中目标文本，单击该按钮，再选取源文本，单击 确定 按钮，则使得目标文本与源文本箭头对齐。

6. （点构造器）

单击该按钮，将对向移动到一个新的位置，该位置由【点构造器】来确定。

7. （偏置字符）

选中源注释，单击该按钮，再选取目标注释，单击 确定 按钮，则使得源注释与目标注释依据如图 8-92 所示的某一种对齐方式在 X、Y 方向上进行偏移。其偏移值的大小为比例因子与字体大小的乘积。

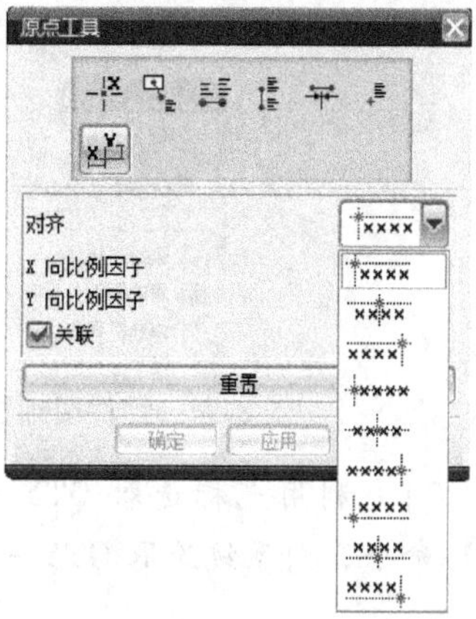

图 8-92　偏置字符对齐方式

8.9.2　编辑尺寸关联性

利用该功能可以将现有尺寸和实用对象重新关联到新的制图对象。制图对象尺寸关联性编辑过程的操作步骤，如图8-93所示。

8.9.3　明细表

与制作零件工程图不同的是，在制作装配体工程图的过程中，需要建立零件明细表。零件明细表又称为零件清单，是包含有零件的编号、名称、材料、数量等信息的表格。这些信息可以在部件属性中定义，也可以由系统自动加入。在创建装配图的过程中可以产生一个或多个部件清单，部件清单根据装配的更新而更新。单独的条目则可以被锁定或重排序。

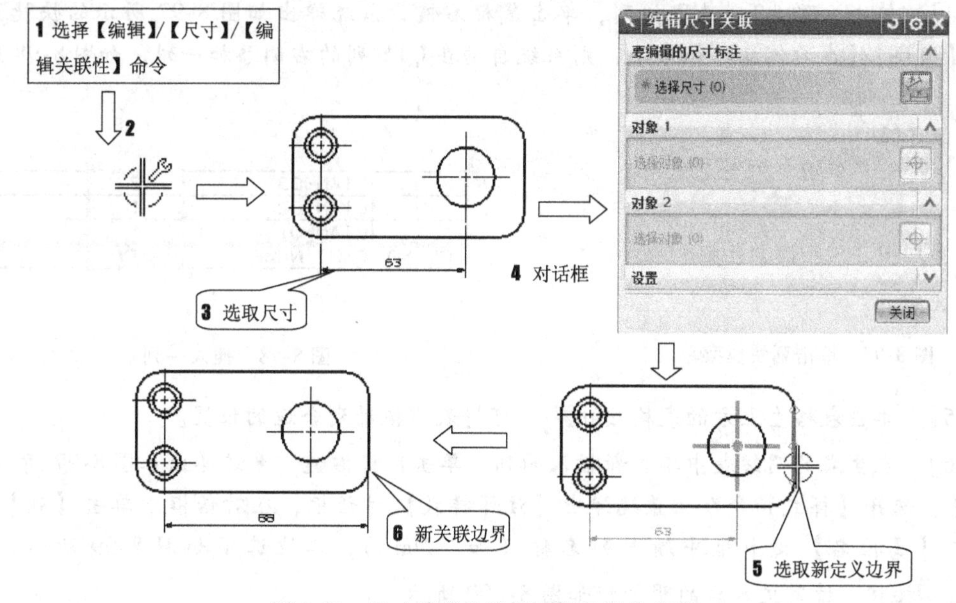

图 8-93　尺寸关联性编辑过程的操作步骤

明细表的创建过程可参考以下步骤（此处借用的模型文件为源文件\Examples\07\lian--asm. prt）。

设计步骤

[1]　单击【插入】/【表格】/【零件明细表】命令，或单击如图 8-94 所示的【表】工具栏下拉列表中的 按钮。

[2] 移动光标，在图纸的右下角确定明细栏的位置，生成明细表，如图 8-95 所示。

图 8-94 零件明细栏

3	LIAN-03	2
2	LIAN-02	1
1	LIAN-01	1
PC NO	PART NAME	QTY

图 8-95 添加明细栏

[3] 利用光标选取 QTY 一栏，单击鼠标右键，系统弹出快捷菜单，单击【选择】/【列】命令，则系统选取 QTY 一列，如图 8-96 所示。

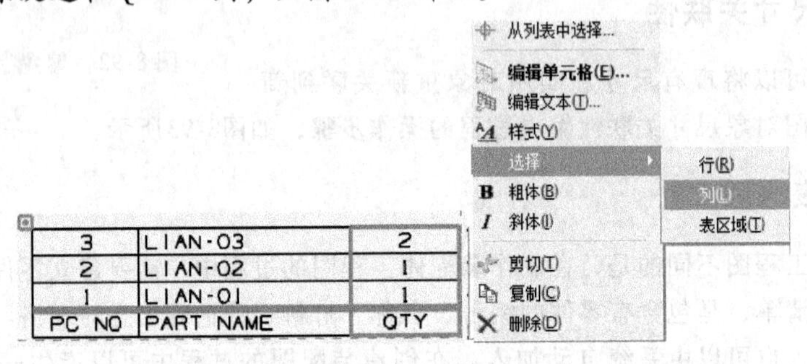

图 8-96 选取明细栏列

[4] 单击步骤 [3] 选取的列，单击鼠标右键，系统弹出如图 8-97 所示的快捷菜单，单击【镶块】/【在右侧插入】命令，则系统自动在 QTY 列的右侧添加一列，如图 8-98 所示。

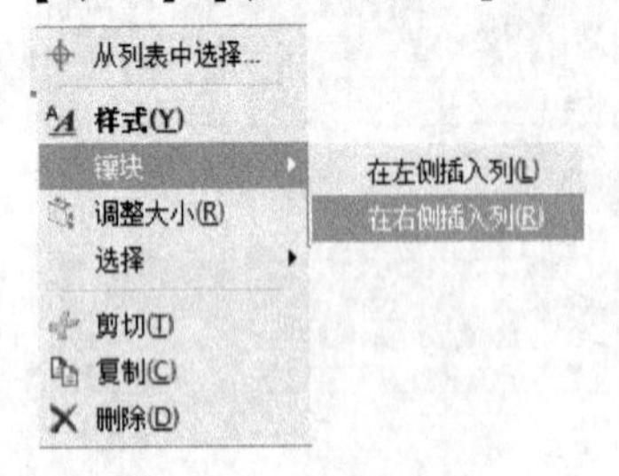

图 8-97 单击列快捷菜单

3	LIAN-03	2	
2	LIAN-02	1	
1	LIAN-01	1	
PC NO	PART NAME	QTY	

图 8-98 插入一列

[5] 单击表格左上方的表格按钮，可将表格拖动到合适的位置。

[6] 在生成的明细表中单击新插入的列，单击鼠标右键，系统弹出如图 8-97 所示的快捷菜单，选择【样式】命令，系统弹出【注释样式】对话框，在对话框中单击【列】选项卡，在【属性名】文本框中输入列名称（如“Mat”），其他选项如图 8-99 所示。单击 确定 按钮，填写文本后的明细栏如图 8-100 所示。

[7] 选取整个明细表，单击鼠标右键，系统弹出如图 8-101 所示的快捷菜单，单击【排序】命令，系统弹出【排序】对话框，选中 PART NAME 复选框，单击 确定 按钮，如图 8-102 所示。

说明：若明细栏中有重复的零件，可选取明细表中重复出现的零部件信息，单击鼠标右键，系统弹出快捷菜单，单击【删除】命令，如图 8-103 所示。

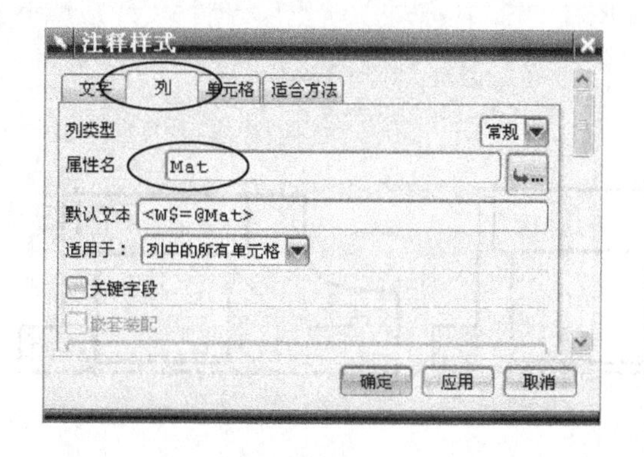

图 8-99　【注释样式】对话框

3	LIAN-03	2	
2	LIAN-02	1	
1	LIAN-01	1	
PC NO	PART NAME	QTY	mat

图 8-100　插入“mat”列框

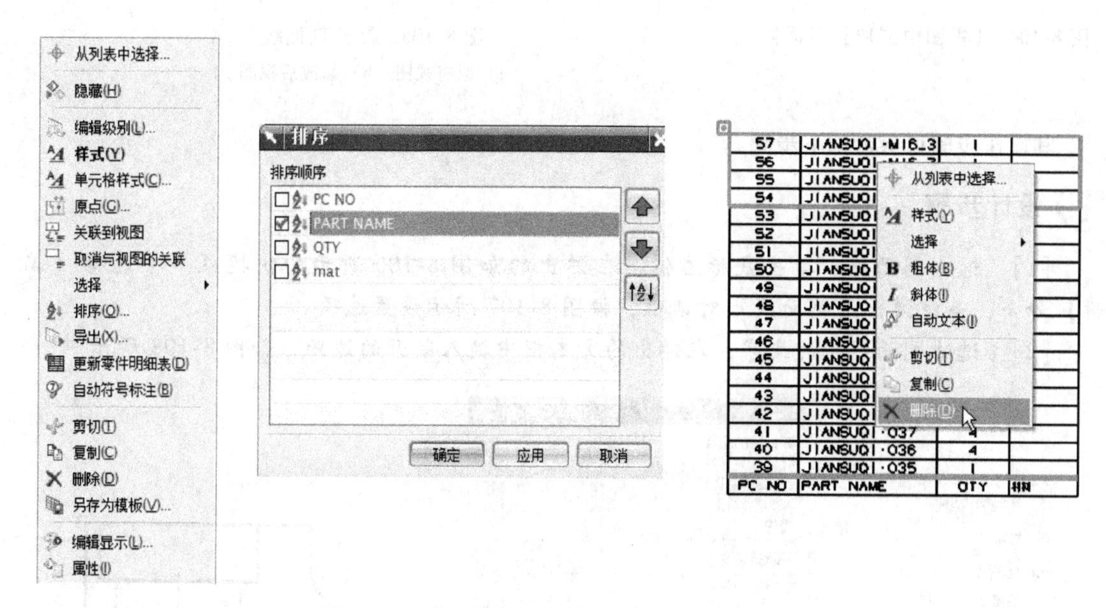

图 8-101　全选明细表右键快捷菜单

图 8-102　【排序】对话框

图 8-103　删除明细栏中的重复零件

8.10　制图技巧

此处介绍几个常用的制图技巧，以提高工作效率。

1. 视图中的剖切组件

在建立装配体的剖视图时，有时需要确定实心杆（如轴、螺栓、螺母等）的剖切、不剖切问题。其方法如下所述：单击【编辑】/【视图】/【视图中剖切】命令，系统弹出如图 8-104 所示的【视图中剖切】对话框，选取视图并选取不剖切的部件后，单击 确定 按钮，待视图更新后，则显示刚才选取的部件为不剖切。

2. 断开剖面线

在制图过程中，如果需要在剖面线区域内添加注释，按照标准则需要将剖面线断开，如图 8-105所示。

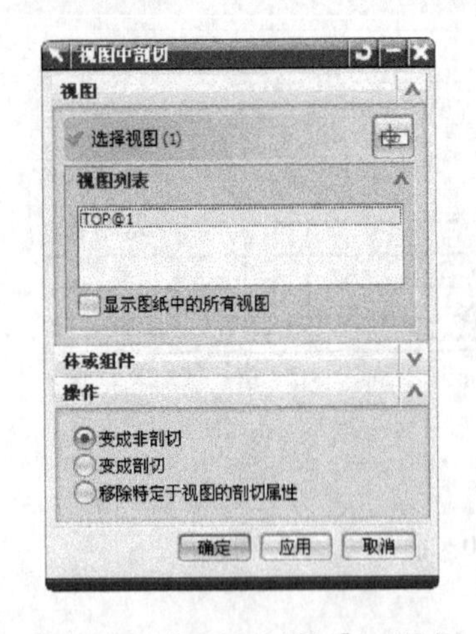

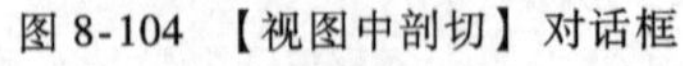
图 8-104 【视图中剖切】对话框

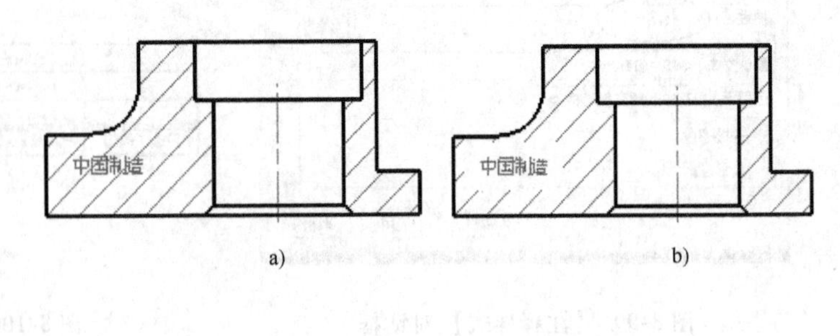

图 8-105 断开剖面线
a）原有视图 b）修改后视图

其操作步骤可参考如下步骤。

设计步骤

[1] 选中剖面线，单击鼠标右键，在弹出的如图 8-106 所示的快捷菜单中选择【编辑】命令，系统弹出【剖面线】对话框，按图 8-107 所示设置选项。

[2] 选中剖面线中的文字，在弹出的文本框中输入断开的边距，如图 8-108 所示。

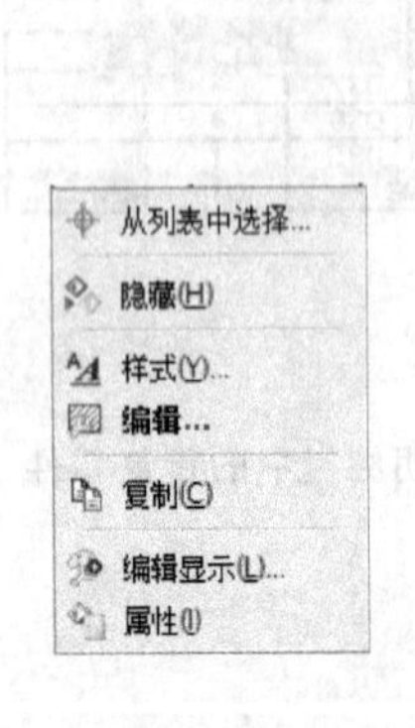

图 8-106 单击剖面线快捷菜单

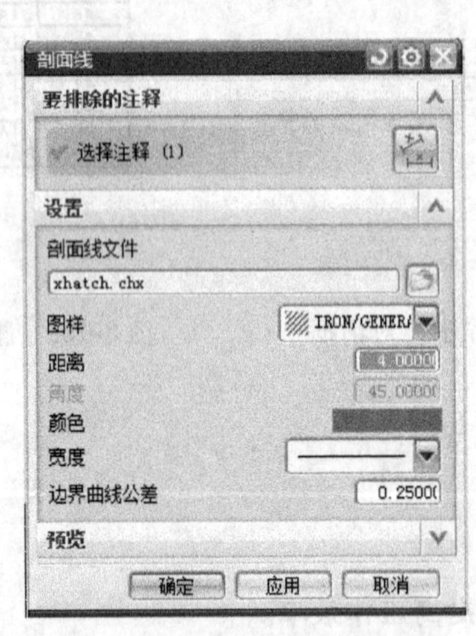

图 8-107 【剖面线】对话框

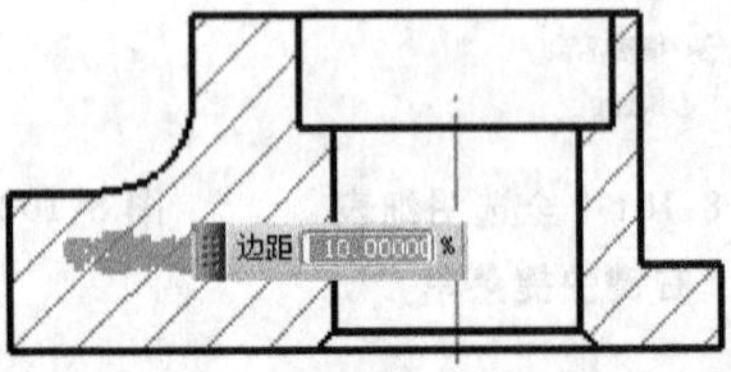

图 8-108 修改边距

[3] 单击【剖面线】对话框中的 应用 按钮，完成修改，也可单击 确定 按钮完成修改并退出【剖面线】对话框。

3. 断开尺寸线

在标注尺寸时，如果尺寸线有交叉，依据国家标准，应在交叉处断开其中一个尺寸线，如图 8-109 所示。

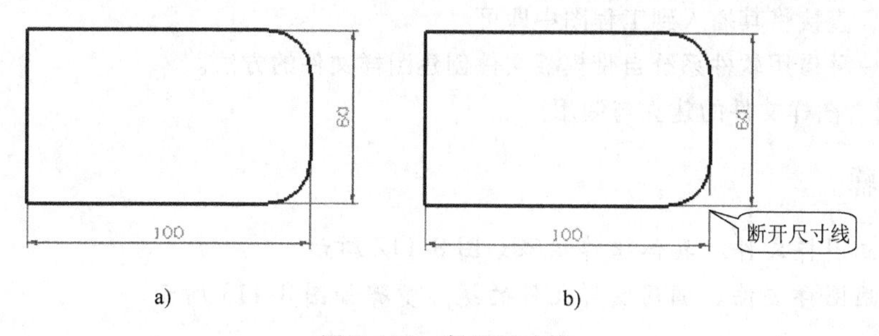

图 8-109　断开尺寸线

a）原有视图　b）修改后的视图

其操作可参考如下步骤：

设计步骤

［1］　单击【插入】/【符号】/【用户定义】命令，系统弹出【用户定义符号】对话框，按图 8-110 所示设置对话框。

［2］　选取尺寸线并选取起始位置，如图 8-111 所示。

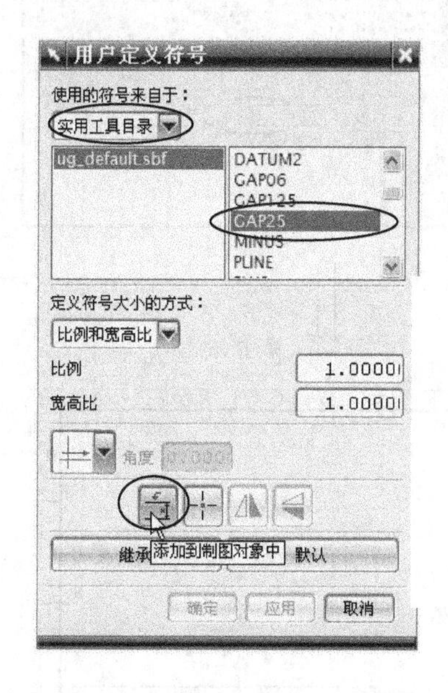

图 8-110　【用户定义符号】对话框

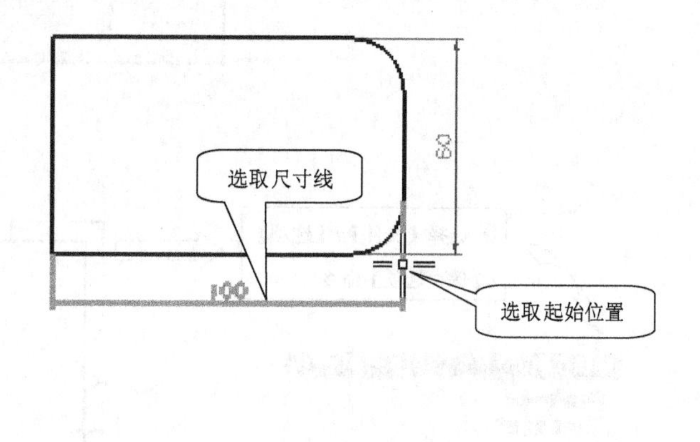

图 8-111　选取尺寸线及起始位置

4. 模板文件

可以自己建立一个文件，将所有的设置都改好，然后保存。以后每次要建立新文件的时候打开模板文件，另存为所需要的文件名即可，这样可以提高效率。

5. 默认文件

在许多情况下，模板文件用不上。更好的方法是修改默认配置文件或建立自己的默认配置文件。

6. 图样文件

为了快捷方便地建立图框与标题栏，经常是先建立独立的含有标准图框与标题栏的图样文件，在需要时，直接将其插入到工程图中即可。

这里介绍一种借用软件系统自带模板文件创建图样文件的方法。

【例 8-10】 图样文件的建立与调用。

设计步骤

[1] 建立图样文件。具体操作步骤如图 8-112 所示。

[2] 调用图样文件。调用图样文件的操作步骤如图 8-113 所示。

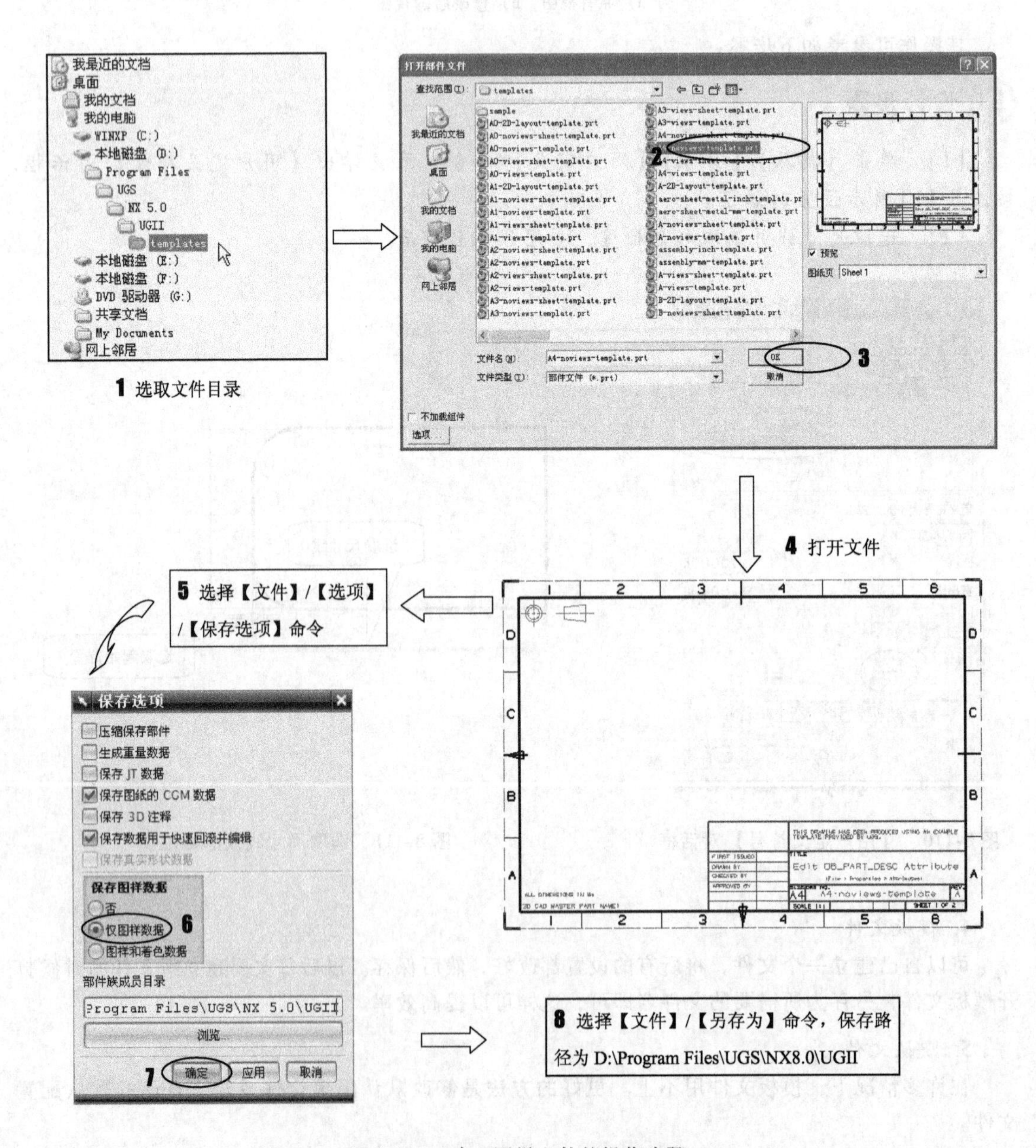

图 8-112 建立图样文件的操作步骤

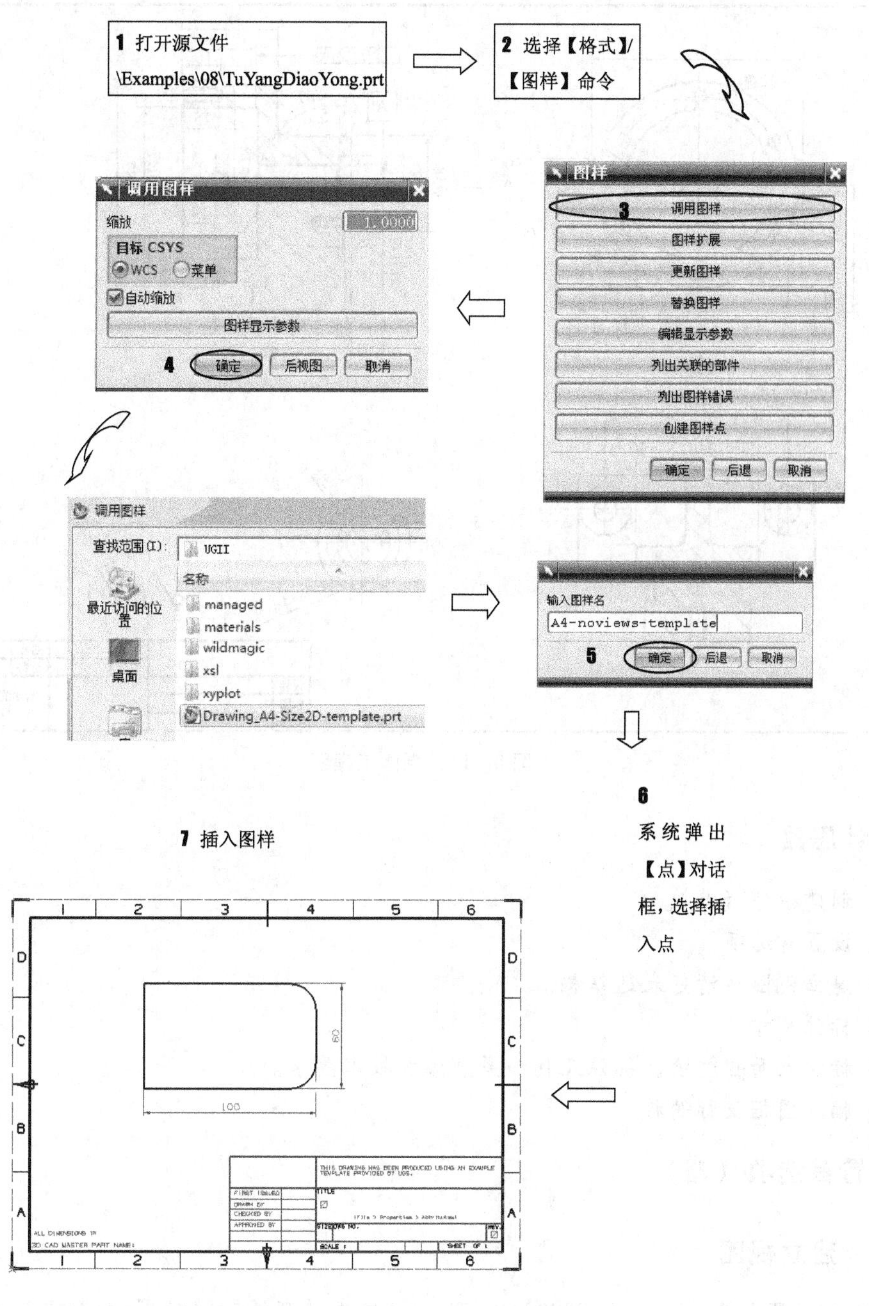

图 8-113　调用图样文件的操作步骤

8.11　综合制图实例——泵体平面工程图的绘制

设计步骤

根据图 8-114 创建实体模型，并完成其平面工程图，要求清楚表达结构，标注符合制图标准。

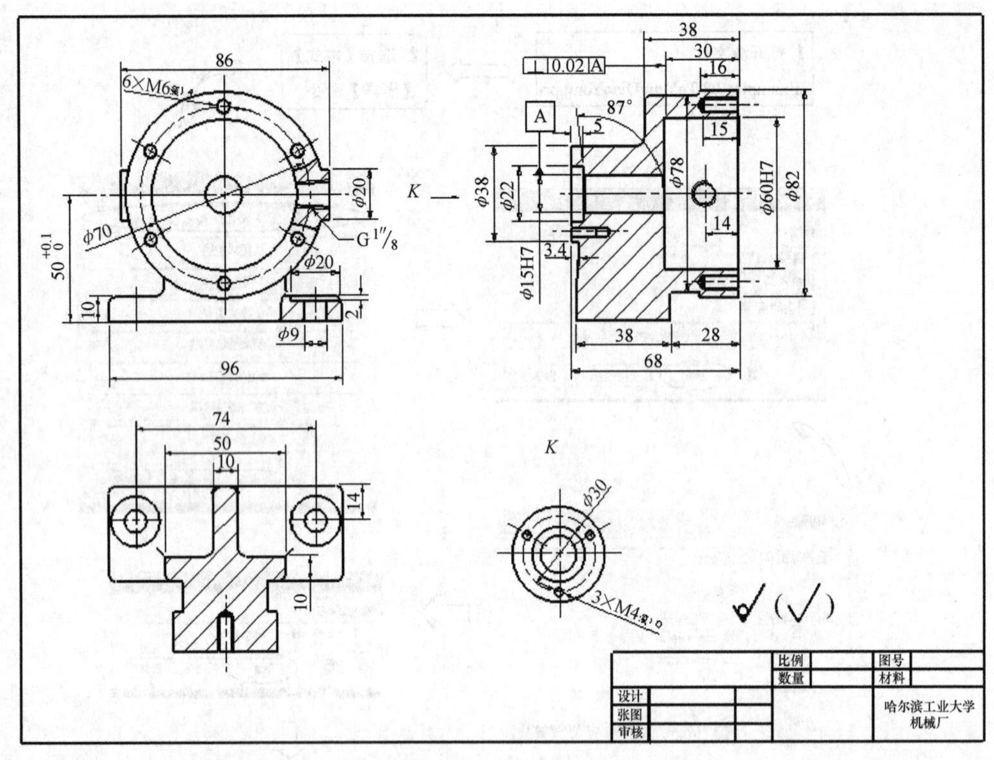

图 8-114　泵体工程图

设计思路

(1) 创建模型（略）。
(2) 设置首选项。
(3) 建立视图，清楚表达结构。
(4) 标注尺寸。
(5) 标注表面粗糙度、标注几何公差、添加技术要求。
(6) 插入图框及标题栏。

设置首选项（略）

8.11.1　建立视图

[1] 打开源文件 \ Examples \ 08 \ BenTi. prt，单击【开始】/【制图】命令或单击【开始】/【所有应用模块】/【制图】命令，系统弹出如图 8-115 所示的【图纸页】对话框，设置图纸幅面为 A3，比例为 1:1，第 1 视角，单击 应用 按钮，进入制图模块。

说明：在【图纸页】对话框的最下端，若选中【自动启动视图创建】复选框或选中【视图创建向导】单选按钮单击 确定 按钮，系统弹出【视图创建向导】对话框，如图 8-116 所示。若选中【基本视图命令】单选按钮，或取消选中【自动启动视图创建】复选框，单击 确定 按钮后，直接进入制图界面。

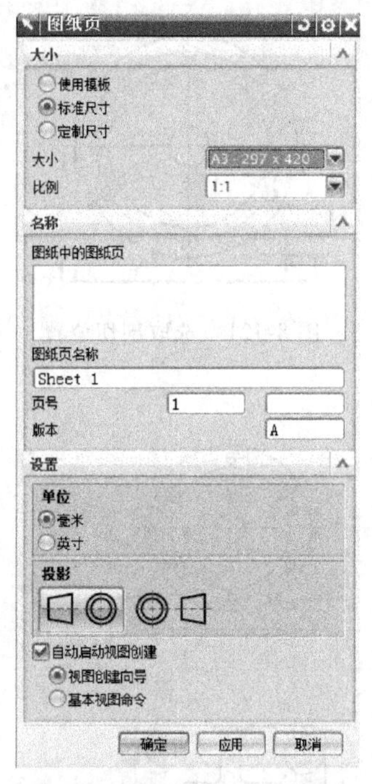

图 8-115 【图纸页】对话框

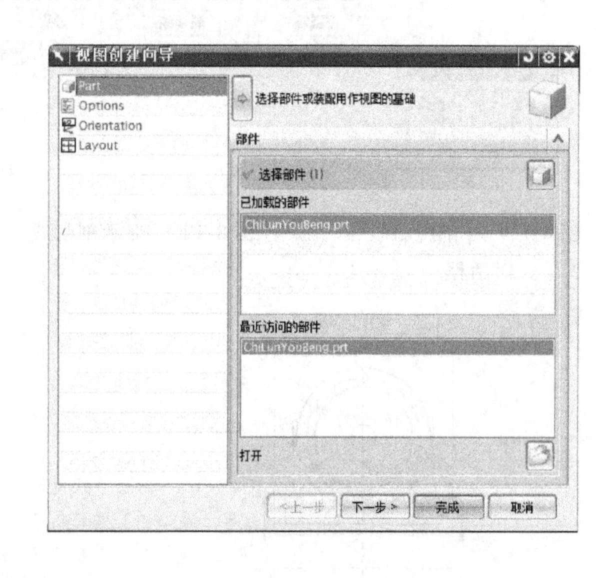

图 8-116 【视图创建向导】对话框

[2] 单击【插入】/【视图】/【基本视图】命令，或者单击【图纸】工具栏上的【基本视图】按钮，系统弹出【基本视图】对话框，如图 8-117 所示。在图纸中适当的位置添加前视图，结果如图 8-118 所示。

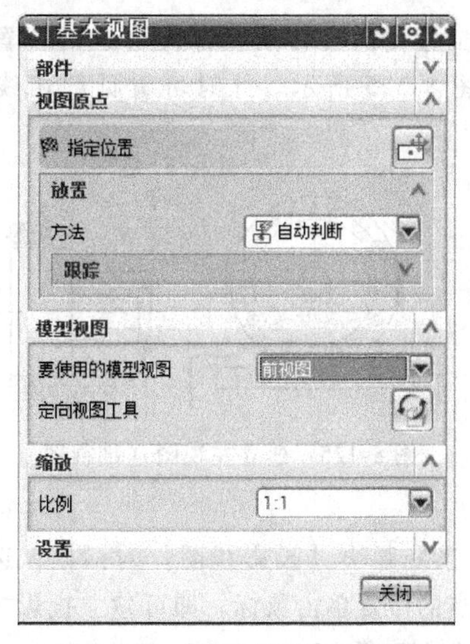

图 8-117 【基本视图】对话框

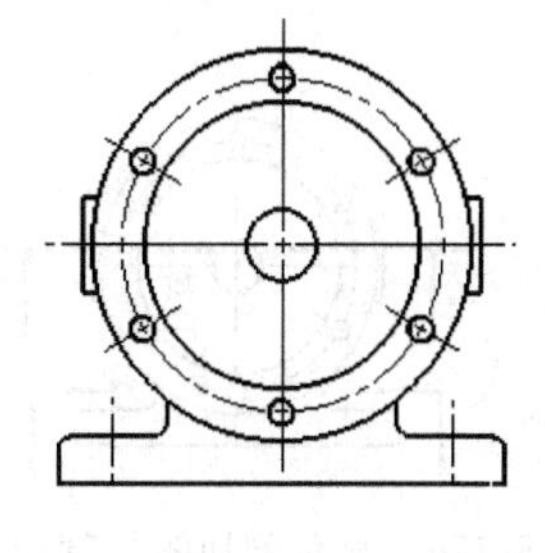

图 8-118 主视图

[3] 单击【插入】/【视图】/【截面】/【简单/阶梯剖】命令，系统弹出【剖视图】对话框，如图 8-119 所示。提示栏提示用户选取父视图。选取图纸中已存视图，则剖切线与剖切方向立即显示，并随光标移动，系统提示指定剖切位置，如图 8-120 所示。指定最下端的孔的中心点为剖切位置，如图 8-121 所示。向下移动光标到合适的位置，如图 8-122 所示。单击鼠标，即可建立剖视图，如图 8-123 所示。

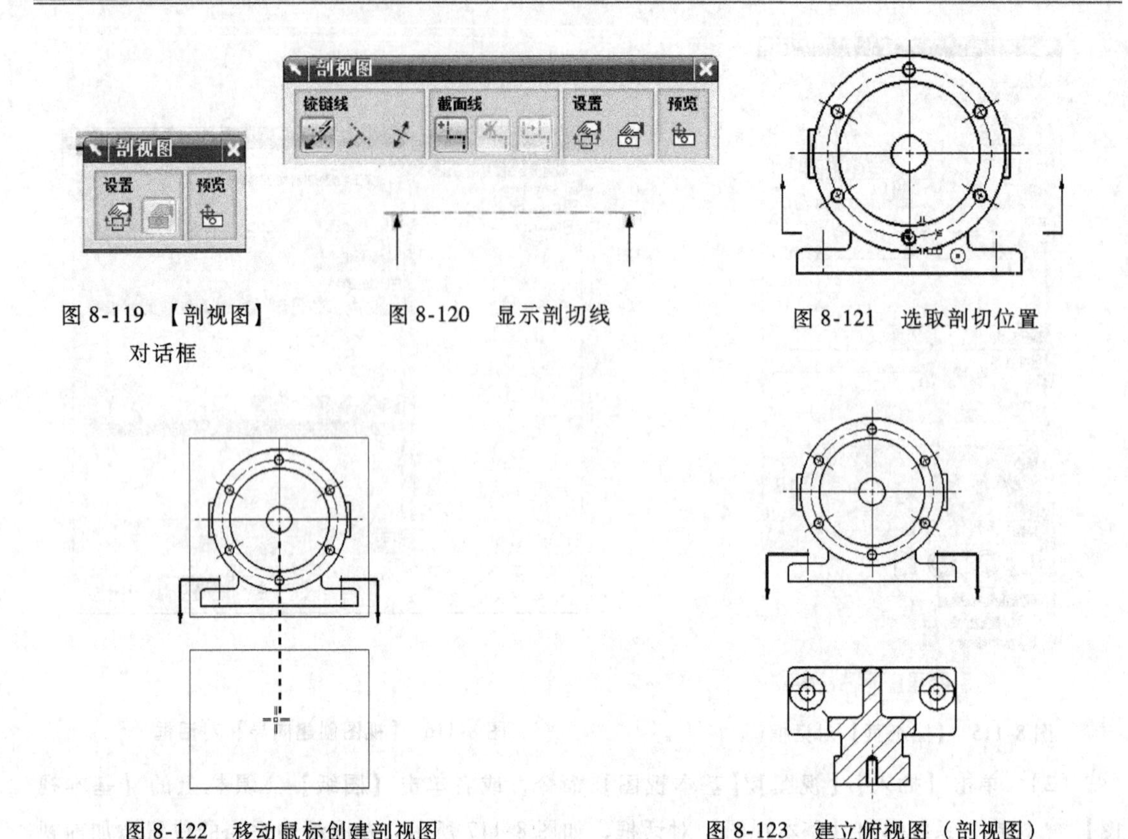

图 8-119 【剖视图】对话框

图 8-120 显示剖切线

图 8-121 选取剖切位置

图 8-122 移动鼠标创建剖视图

图 8-123 建立俯视图（剖视图）

[4] 设置剖切线首选项使剖切线不可见。

[5] 重复步骤 [3]，指定孔的中心点为剖切位置，向右移动光标到合适的位置，如图 8-124所示。单击鼠标，即可建立剖视左视图，如图 8-125 所示。此时可看见剖切线是不显示的。

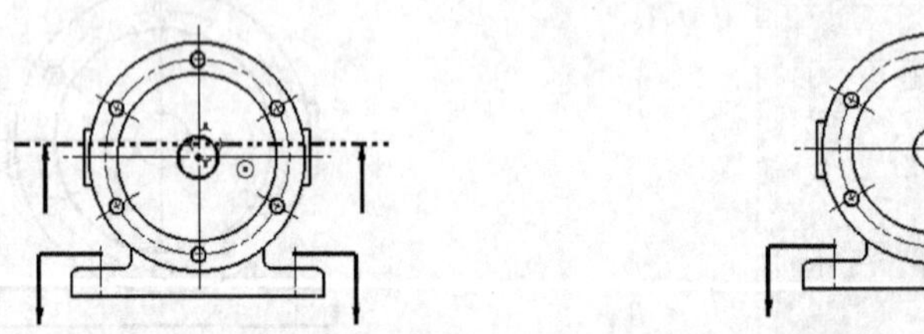

图 8-124 显示剖切线与剖切方向及可能的剖切位置点

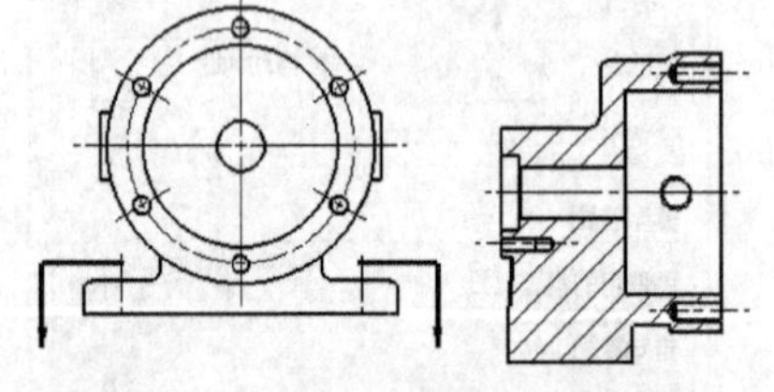

图 8-125 建立左视图（剖视图）

[6] 单击【插入】/【视图】/【投影视图】命令，系统弹出【投影视图】对话框，选取左视图为父视图，如图 8-126 所示。向右拖动光标，在适当的位置单击鼠标，即可建立投影视图。将光标放于视图边界即可拖动视图到合适的位置，如图 8-127 所示。

[7] 将光标放到前视图的边界上，单击鼠标右键，系统弹出快捷菜单，如图 8-128 所示。单击【边界】命令，系统弹出【视图边界】对话框，选择【手工生成矩形】边界类型，如图 8-129所示。拖动光标定义视图更大的矩形边界。

[8] 把光标放在前视图边界内单击右键，弹出快捷菜单，如图 8-130 所示。单击【扩展】命令，使前视图进入相关编辑状态。

［9］　绘制如图 8-131 所示的局部剖切封闭曲线。具体操作步骤如图 8-132 所示。

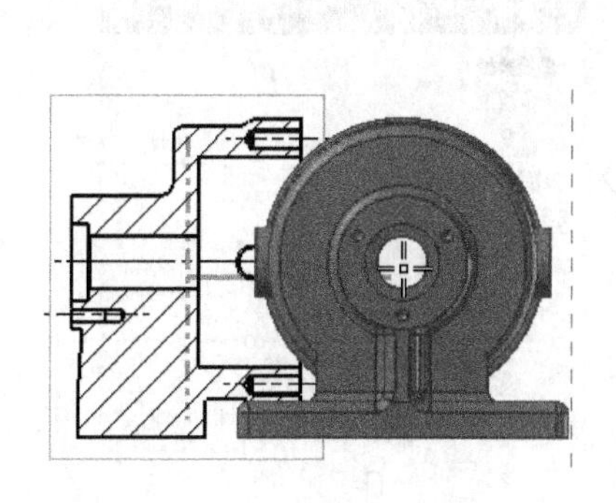

图 8-126　拖动鼠标建立视图

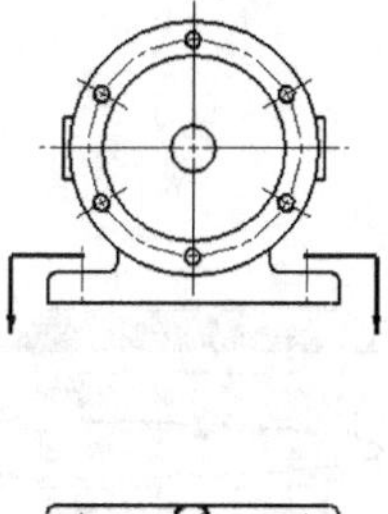
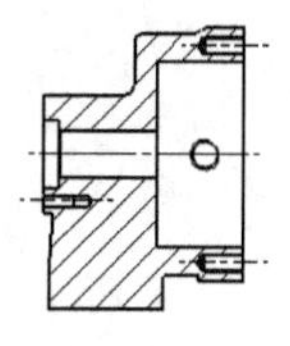
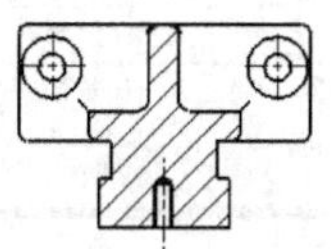
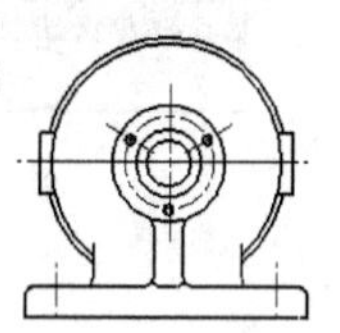

图 8-127　建立投影视图并调整位置

图 8-128　【边界】命令

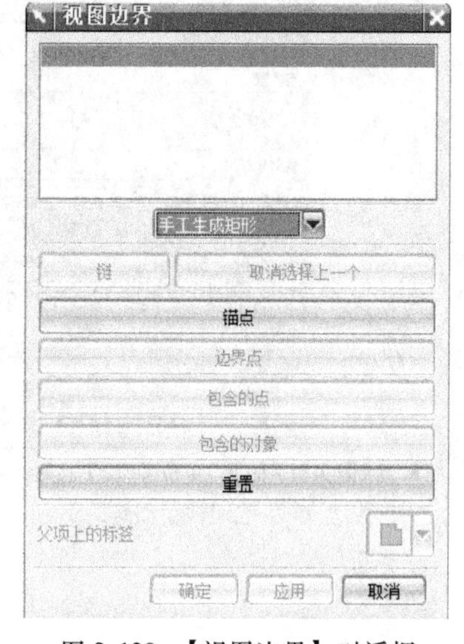

图 8-129　【视图边界】对话框

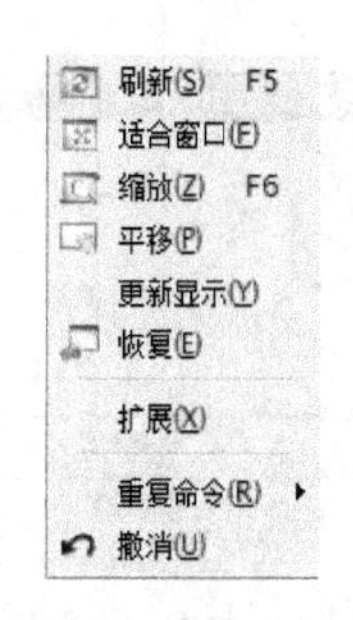

图 8-130　快捷菜单

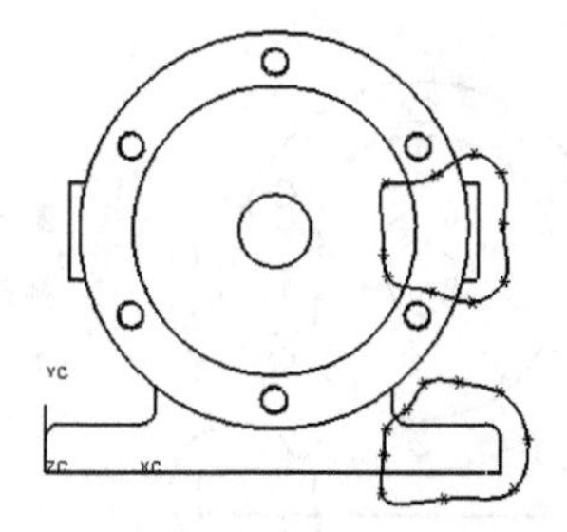

图8-131　绘制局部剖切封闭曲线

［10］　再次单击鼠标右键，弹出快捷菜单，取消【扩展】命令，使前视图退出相关编辑状态。

［11］　单击【插入】/【视图】/【截面】/【局部剖】命令，或单击工具按钮，系统弹出【局部剖】对话框，如图 8-133 所示。选取前视图为父视图，选取基点，设置拉伸矢量，如图 8-134 所示。

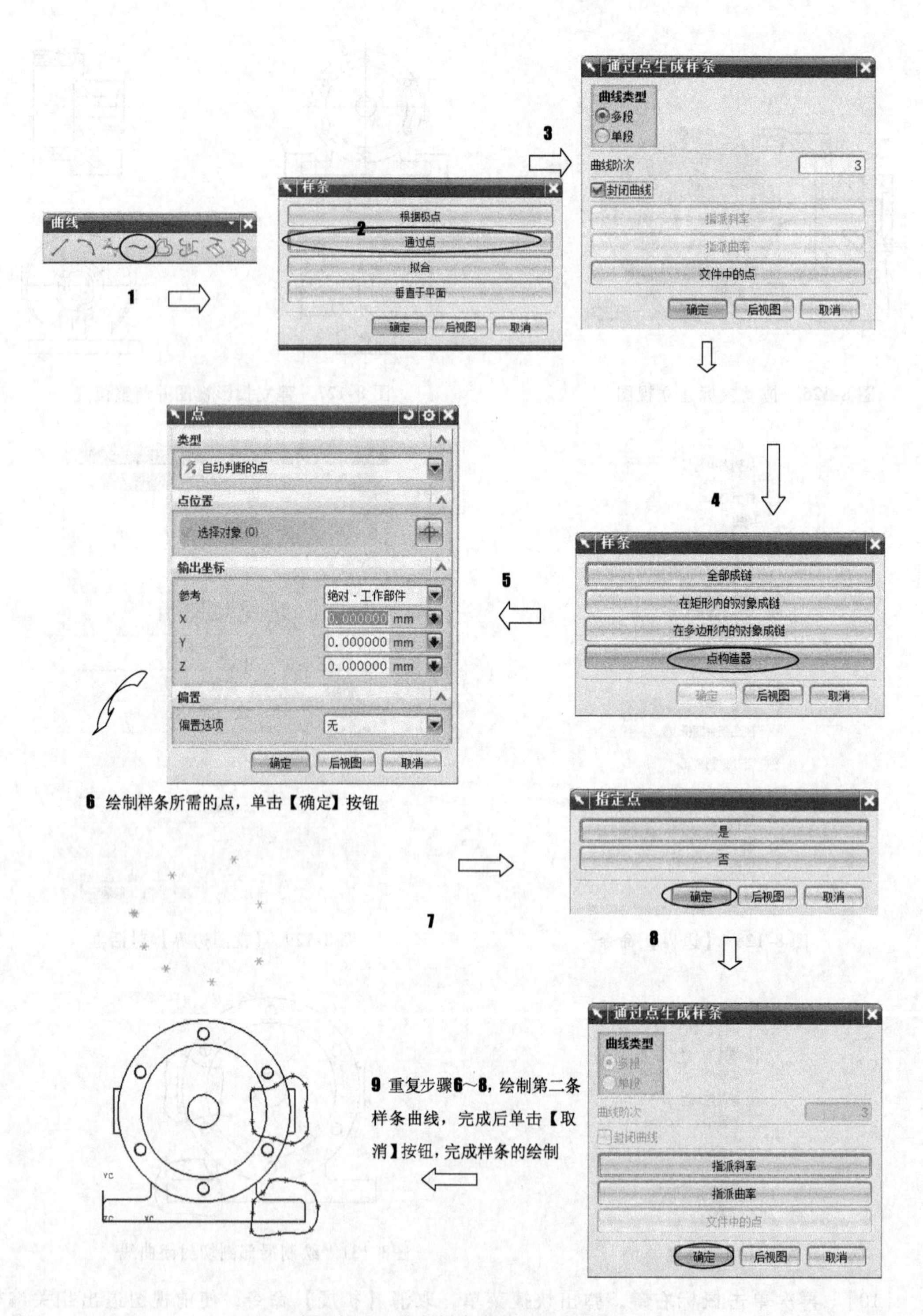

图 8-132　绘制样条曲线的操作步骤

图 8-133　【局部剖】对话框

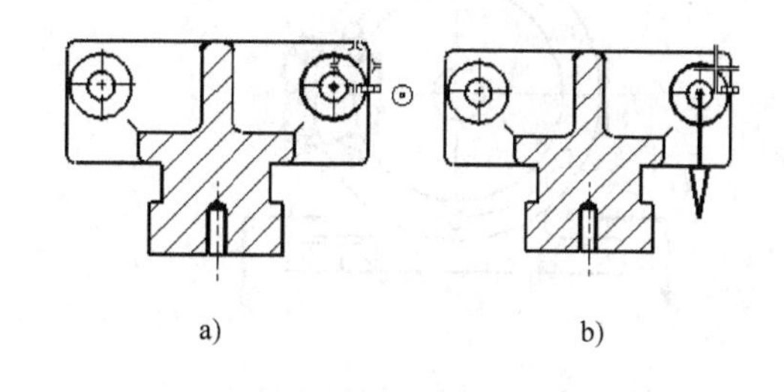

a)　　b)

图 8-134　选取基点及设置拉伸矢量

a）选取基点　b）设置拉伸矢量

[12]　单击【局部剖】对话框中的按钮，选取前视图底部的封闭曲线，如图 8-135 所示。单击 确定 按钮，则建立局部剖视图，如图 8-136 所示。

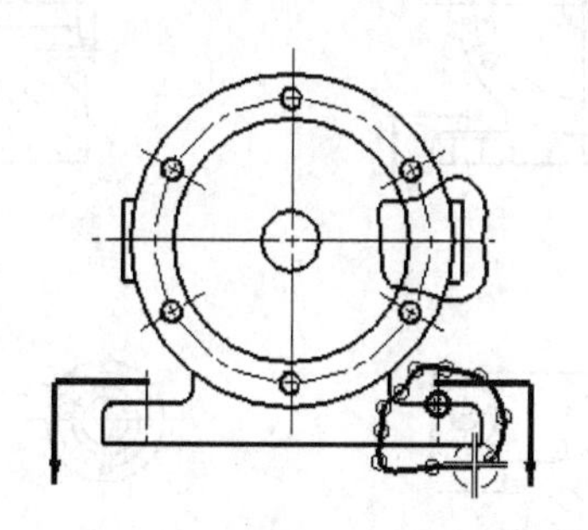

图 8-135　选取局部剖切曲线

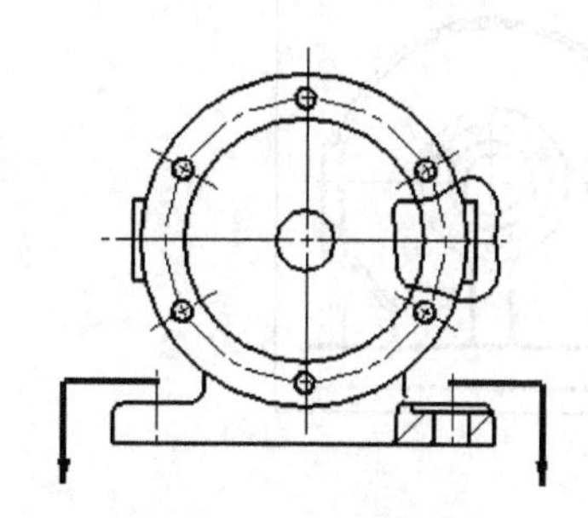

图 8-136　建立局部剖视图

[13]　再次单击【局部剖】命令，系统弹出【局部剖】对话框。选取前视图为父视图，选取基点，如图 8-137 所示。设置拉伸矢量，如图 8-138 所示。

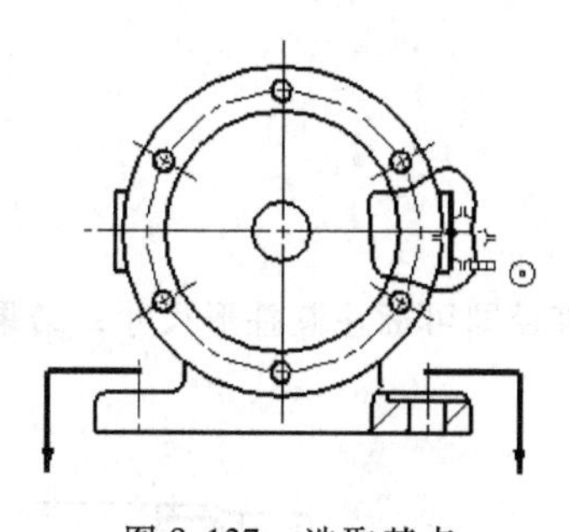

图 8-137　选取基点

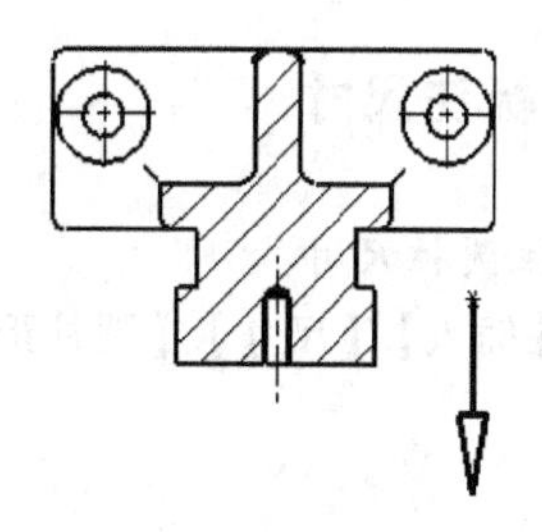

图 8-138　设置拉伸矢量

[14]　单击【局部剖】对话框中的按钮，如图 8-139 所示。选取前视图上部的封闭曲线，单击 确定 按钮，则建立局部剖视图，如图 8-140 所示。

[15]　单击【编辑】/【视图】/【视图关联编辑】命令，或单击【图纸布局】工具栏上的按钮，系统弹出【视图关联编辑】对话框。选择投影视图，单击按钮（擦除对象），此时对话框消失，系统弹出动态浮动工具条，如图 8-141 所示。选择视图中的虚线，单击按钮，则将选取的线擦除。

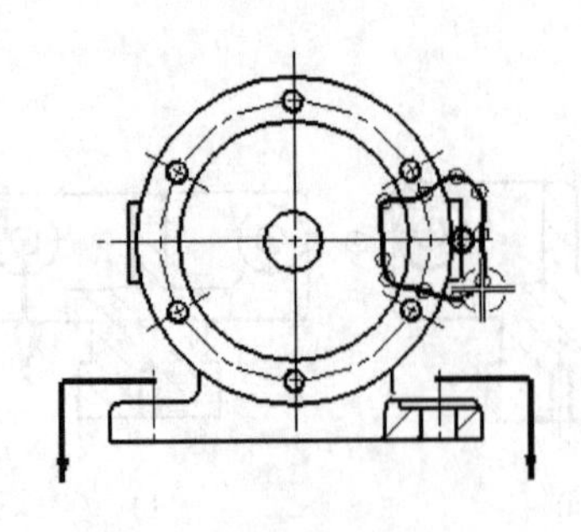

图 8-139　选取局部剖切线

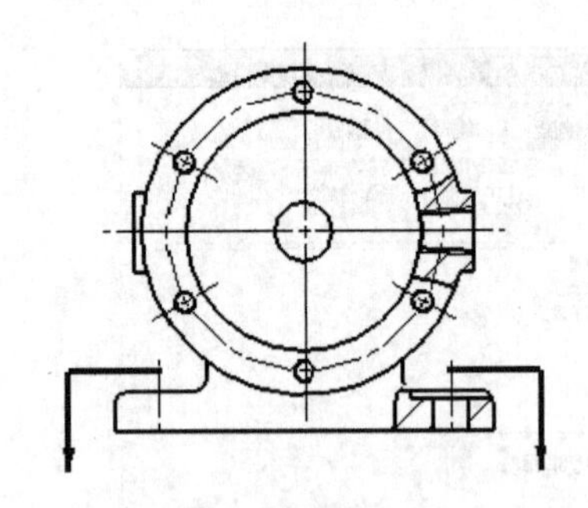

图 8-140　建立局部剖视图

［16］　紧接着将剩余的中心线删除，则建立泵体视图，如图 8-142 所示。

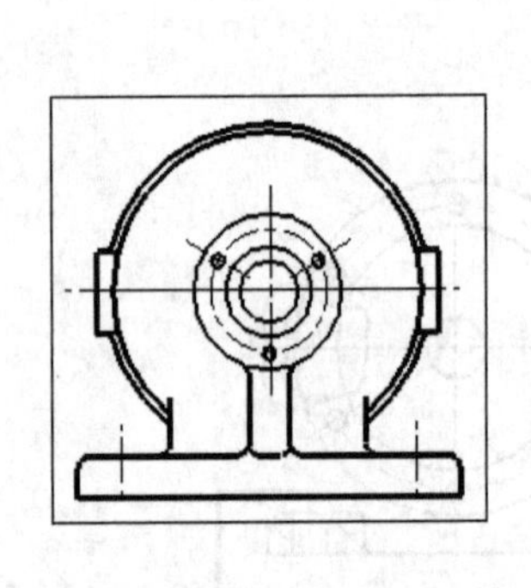

图 8-141　选取待擦除边缘线

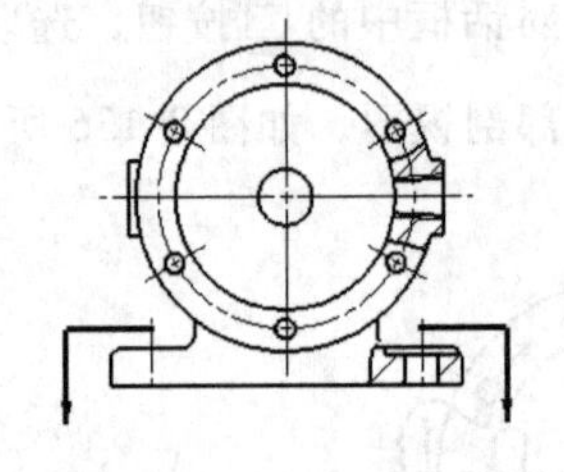

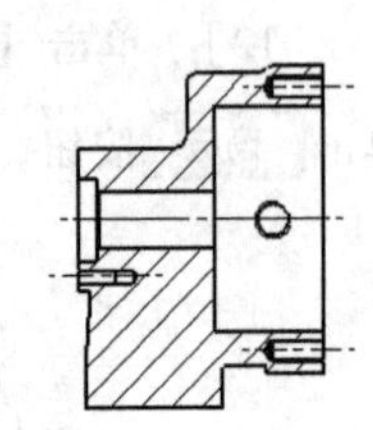

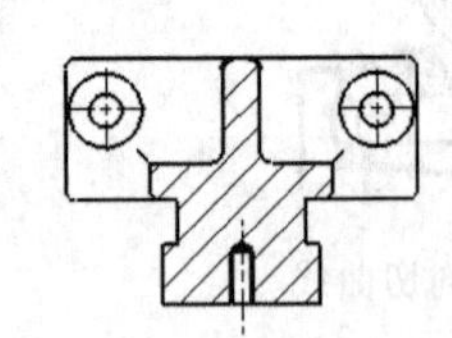

图 8-142　建立泵体视图

8.11.2　标注尺寸

1. 标注圆柱尺寸

单击【插入】/【尺寸】/【圆柱形】命令，拾取圆柱直径即可标注圆柱形尺寸，结果如图8-143所示。

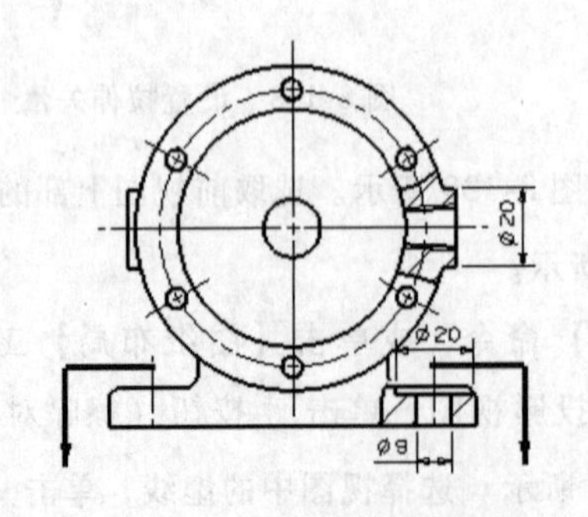

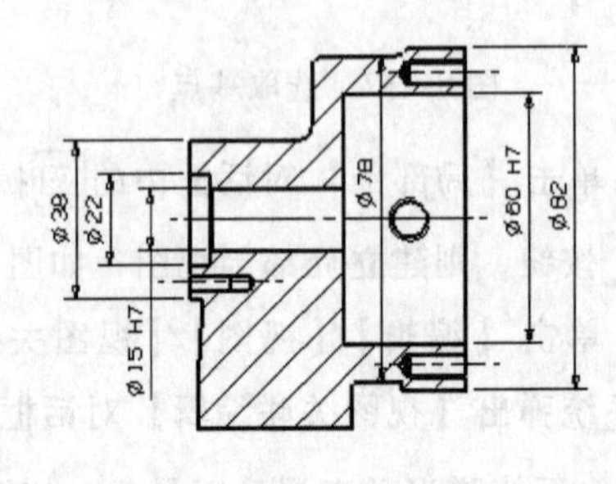

图 8-143　标注圆柱形尺寸

说明：对于直径后面带有公差符号的标注，在拾取圆柱直径后单击【圆柱尺寸】对话框中的文本按钮见图8-144，系统弹出【文本编辑器】对话框，按图8-145所示设置对话框即可完成文本的后缀。其他类似尺寸都可以用相同的方法完成标注。

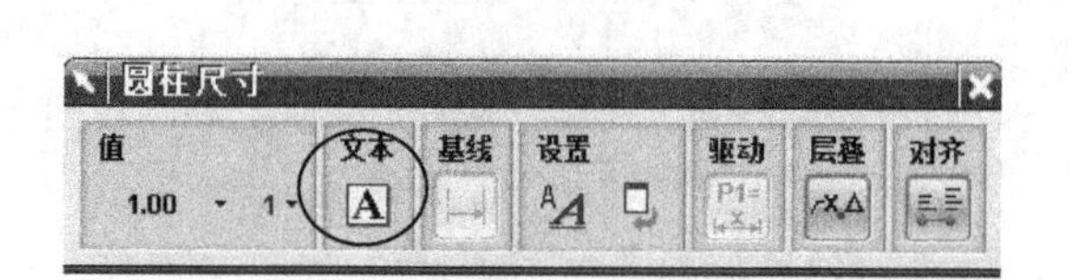

图8-144 【圆柱尺寸】对话框

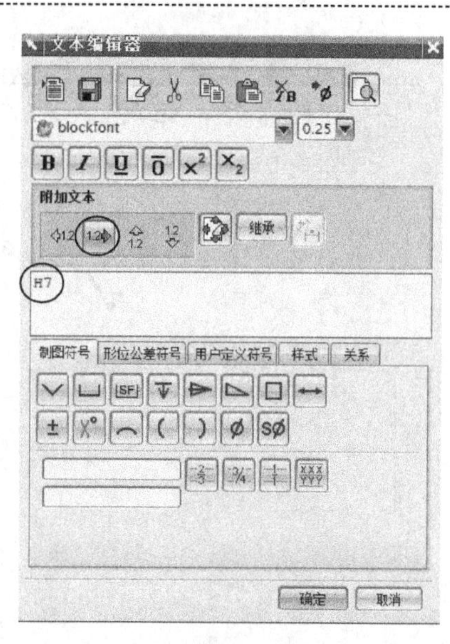

图8-145 【文本编辑器】对话框

2. 标注水平、竖直尺寸

单击【插入】/【尺寸】/【水平】命令，标注水平尺寸。单击【插入】/【尺寸】/【竖直】命令，标注竖直尺寸，结果如图8-146所示。

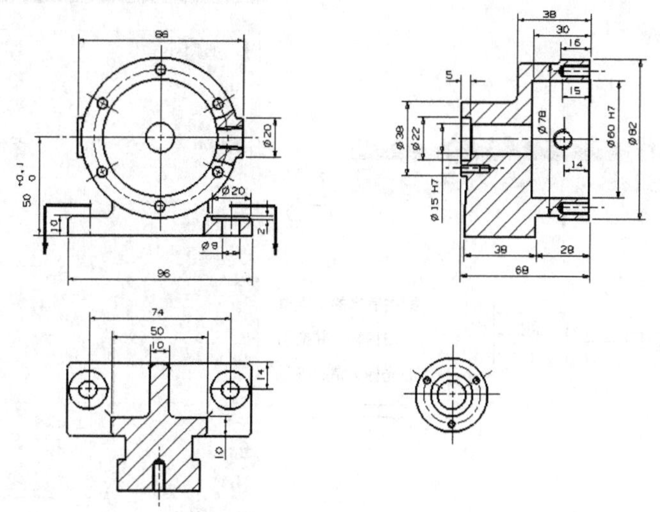

图8-146 标注水平、竖直尺寸

8.11.3 插入表面粗糙度、几何公差、技术要求、图框及标题栏

1. 插入表面粗糙度

插入表面粗糙度的具体操作步骤如图8-147所示。

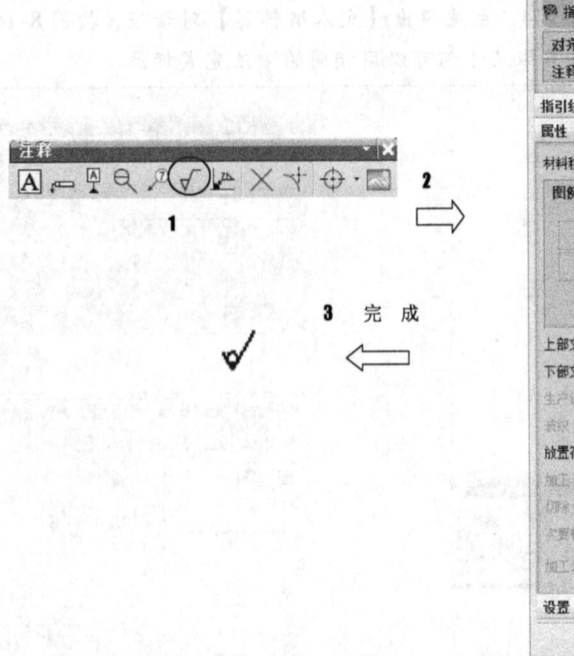

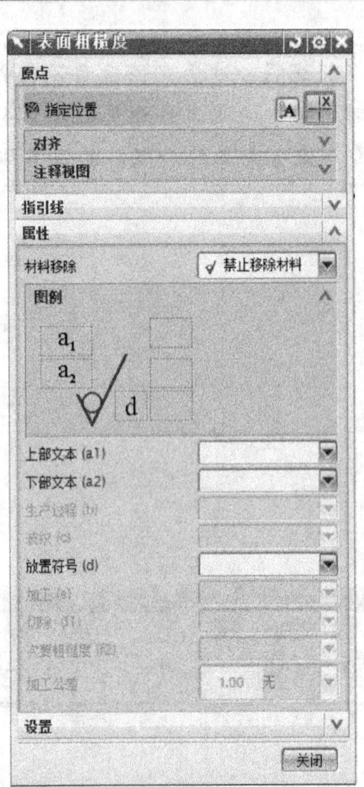

图 8-147 粗糙度的标注

2. 插入几何公差

插入几何公差的具体操作步骤如图 8-148 所示。

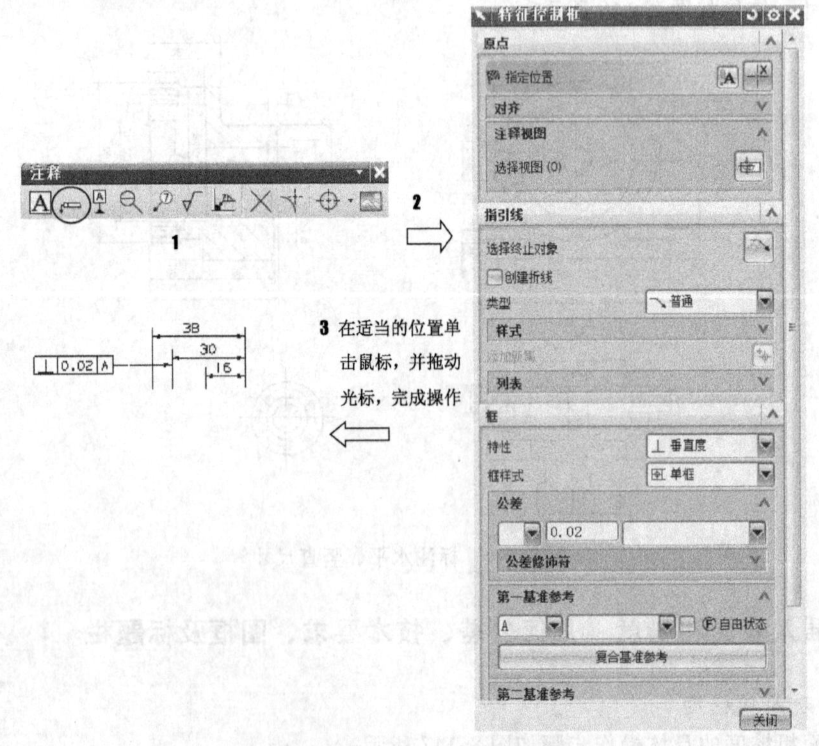

图 8-148 几何公差的标注

3. 调用图样

单击【文件】/【导入】/【部件】命令，系统弹出【导入部件】对话框，如图 8-149 所示。单击 确定 按钮，系统弹出【导入部件位置】对话框，在目录中查找到图样文件 A3heng. prt，单击 确定 按钮，系统弹出【点构造器】对话框，提示用户指定插入点位置。设置插入点的坐标为原点，单击 确定 按钮，则插入图样文件，结果如图 8-114 所示。

说明：图样文件 A3heng. prt 为例 8-1 所绘制的图样文件。

至此，完成泵体零件平面工程图的绘制。

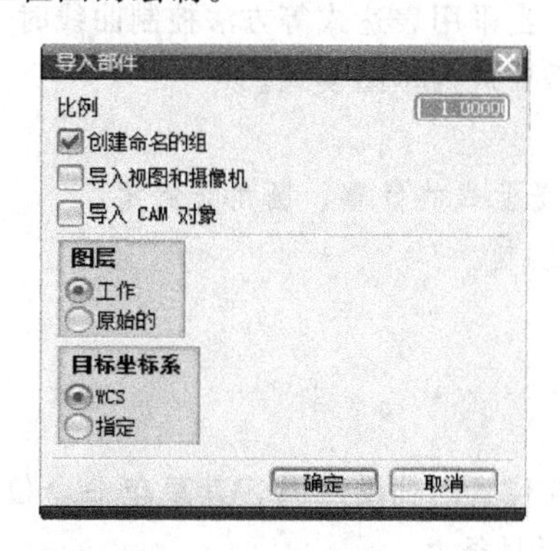

图 8-149　【导入部件】对话框

8.12　本章小结

本章讨论了产品平面工程图的绘制方法，涉及工程图的基本概念、图纸的创建和编辑、主模型的应用、各种视图的创建和编辑、尺寸和注释的标注。平面工程图是从模型设计到实际生产的一个重要环节，尤其是各种视图和注释的添加方法，必须熟练掌握。

8.13　习题

1. 概念题

(1) 国家标准对工程制图有哪些要求？查找软件绘图环境与国家标准要求之间的联系。

(2) 零件图与装配图在绘制过程中有哪些差别？

(3) 如何将制图与建模配合起来，以提高工程设计效率？

2. 操作题

(1) 参照本书，绘制泵体零件图。

(2) 依据图幅尺寸要求，制作图样文件 GB_A0_templet. prt、GB_A1_ templet. prt、GB_A3_ templet. prt、GB_A4_templet. prt。

(3) 借一本图册，从建模到装配再到制图，做一个完整的实例。

第9章 曲线功能

曲线是UG三维建模的基础，能否准确熟练地使用曲线功能，直接影响到建模的质量和效率。因此，读者要耐心、认真地学习本章内容。

为了便于读者学习，编者将曲线功能分为点和点集、曲线、曲线编辑等若干部分。

需要特别指出的是，在建模模式下绘制的曲线，由于不能进行尺寸约束，所以很难实现尺寸驱动，即一般不能实现参数化；当采用表达式等方法控制曲线时，也可部分实现参数化。如果需要绘制完全参数化的曲线，则需要进入草图模式。

【本章重点】

- 曲线的编辑操作，特别是曲线的修整、圆角与倒角。
- 螺旋曲线、规律曲线的绘制。

9.1 点和点集

点和点集是确定模型尺寸与位置的辅助工具，其菜单命令位于【插入】/【基准/点】子菜单内，其快捷按钮位于【特征】工具条上。

9.1.1 点

点作为一个独立的几何对象，以“+”标示。在三维建模过程中，一项必不可少的任务是确定模型的尺寸与位置。而【点】就是用来确定三维空间位置的一个基础的和通用的工具。

点是通过【点】对话框来创建的。【点】对话框常常是根据建模的需要自动出现的。当然，【点】对话框也可以独立使用，直接创建一些独立的点对象。

本节以直接创建独立的点对象为例进行介绍。需要说明的是，不管以哪种方式使用【点】对话框，其对话框及其功能都是一样的。

单击【插入】/【基准/点】/【点】命令，或单击【特征】工具条上的□·按钮下的+，如图9-1所示。系统弹出如图9-2所示的【点】对话框。

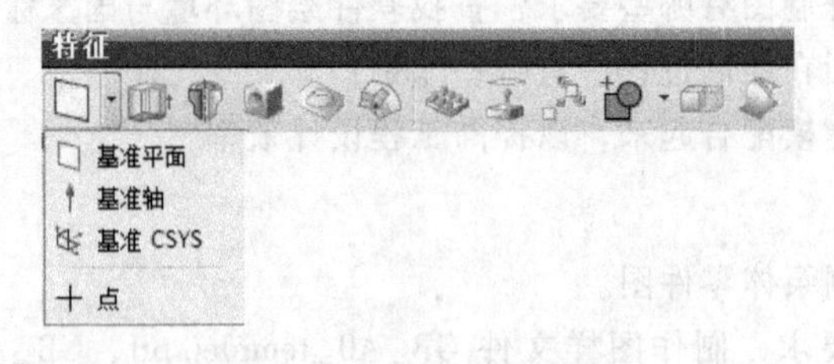

图9-1 【特征】工具条

1. 类型

单击【类型】下拉列表后面的下拉按钮▼，系统一共提供了以下13种点的捕捉方式：

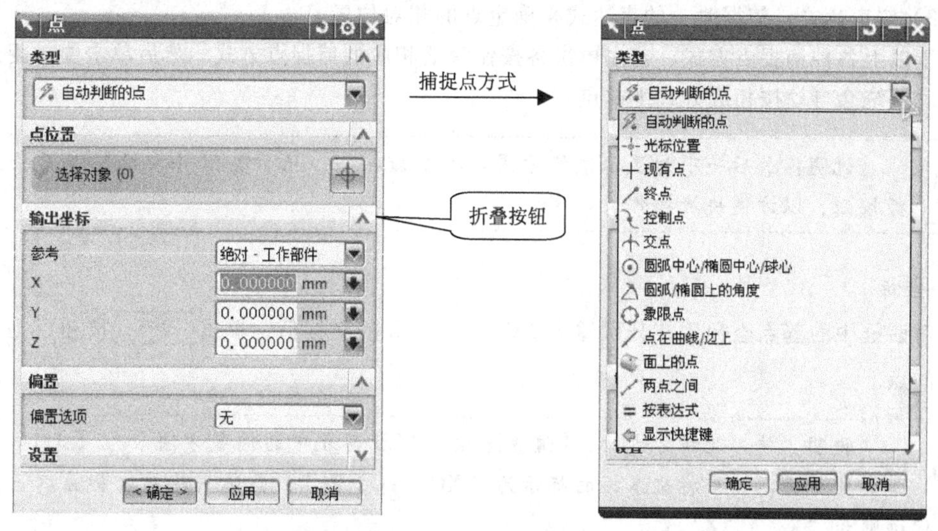

图 9-2 【点】对话框

（1）自动判断的点：根据光标点所处位置不同，自动推测出所要选取的点，所采用的点捕捉方式为以下方式之一：光标位置、现有点、终点、控制点、交点、圆弧中心/椭圆中心/球心、圆弧/椭圆上的角度、象限点。

（2）光标位置：在光标位置指定一个点位置。此时，所确定的点位于坐标系的工作平面（XC-YC）内，即确定点的 Z 坐标值为 0。

（3）现有点：在某个存在点上构造点，或通过单击某个存在点规定一个新点的位置。

（4）终点：在已存直线、圆弧、二次曲线或其他曲线的端点位置指定一个点的位置。根据单击对象的位置不同，所取得的端点位置也不一样，取最靠近单击位置端的端点。

（5）控制点：在曲线的控制点上构造一个点或规定新点的位置。控制点与曲线的类型有关，可以是直线的中点或端点，开口圆弧的端点、中点或中心点，二次曲线的端点和样条曲线的定义点或控制点等。

（6）交点：在两段曲线的交点上、一曲线和一曲面或一平面的交点上创建一个点或规定新点的位置。

- 若两者的交点多于一个，则系统在最靠近第二对象处创建一个点或规定新点的位置。
- 若两段平行曲线并未实际相交，则系统会选取两者延长线上的相交点。
- 若选取的两段空间曲线并未实际相交，则系统在最靠近第一对象处创建一个点或规定新点的位置。

（7）圆弧中心/椭圆中心/球心：在所选取圆弧、椭圆或球的中心处创建一个点或规定新点的位置。

（8）圆弧/椭圆上的角度：在与坐标轴 XC 正向成一定角度（逆时针方向为正）的圆弧/椭圆弧上构造一个点或规定新点的位置。

（9）象限点：在圆弧或椭圆弧的四分点处创建一个点或规定新点的位置。所选取的四分点是离光标单击球最近的那个四分点。

（10）点在曲线/边上：在离光标最近的曲线/边缘上构造一个点或规定新点的位置。

（11）面上的点：在离光标最近的曲面/表面上构造一个点或规定新点的位置。

（12）两点之间：首先选取两点，然后创建或选取其连线的中点。

(13) 按表达式：依据输入的表达式来确定点的相对位置。

对于以上各种捕捉点方式，首先单击各按钮激活相应的捕捉点方式，然后单击要捕捉点的对象，最后系统会自动按相应方式生成点。

说明：最后一项为显示快捷方式。单击该按钮，显示类似【曲线】工具条上的图标按钮，以方便快捷操作。

2. 坐标

在对话框中的基点坐标中，分别输入 XC、YC、ZC 的坐标值，单击 确定 按钮，则系统接受指定的点。

说明：使用此种方式时，【偏置选项】下拉列表中的偏置方法应为【无】。当选用工作坐标系时，坐标文本框的标示为“XC、YC、ZC”；当选用绝对坐标系时，坐标文本框的标示则为“X、Y、Z”。

【例 9-1】 利用角度点捕捉方式创建点。

要求在圆上确定一个点，使其与圆心的连线和 XC 轴成 50°，效果如图 9-3 所示。

设计步骤

[1] 在【点】对话框的【类型】下拉列表中选择圆弧/椭圆上的角度，在工作区域选中圆，将自动显示一个【角度】文本框，如图 9-4 所示。

[2] 在【角度】文本框中输入 50，单击 确定 按钮，则确定如图 9-3 所示的点。

3. 偏置

【点】对话框中的【偏置选项】是用于使用相对定位方法来确定点位置，即相对于指定的一个参考点及其偏置值来确定一个点位置。相对定点方法相当于将坐标系（可以是工作坐标系或绝对坐标系）原点移动到指定的参考点，然后相对于这一参考点用与前面介绍的相同的方法来确定一个点位置。

在使用相对定点方法时，指定的参考点称为基点；要确定的点位置的坐标分量值称为坐标增量或偏置量（偏置），即相对于参考点的坐标分量值。

偏置定点方法使用模式共有 5 种，另加一种关闭该功能模式，即默认模式“无”。所有模式都通过如图 9-5 所示的下拉菜单单击使用。

说明：利用相对定点方法确定多个点时，一旦指定一个基点（用前面介绍的“定点方法”指定），则新建立的每一个点位置都是下一次定点的基点，直到单击另一种偏置方法或退出【点】对话框前为止，这一基点一直有效。

(1) 直角坐标系：利用直角坐标系确定偏移量。在捕捉参考点后，对话框变成如图 9-6 所示，在对话框的文本框中输入需要的偏移量即可。

(2) 圆柱坐标系：利用圆柱形坐标系确定偏移量。在捕捉参考点后，对话框变成如图 9-7 所示，在对话框的文本框中输入需要的偏移量即可。

(3) 球坐标系：这种偏置方法用球形坐标系来指定偏置值，指定的参考点为球坐标系的原点，半径为待确定点与参照点之间的距离，角度 1 为待确定点与参照点连线在 XC-YC 平面上的投影的方位角，角度 2 为待确定点与参照点连线与 XC-YC 平面的夹角。在捕捉参考点后，对话框变成如图 9-8 所示，在对话框的文本框中输入需要的偏移量即可。

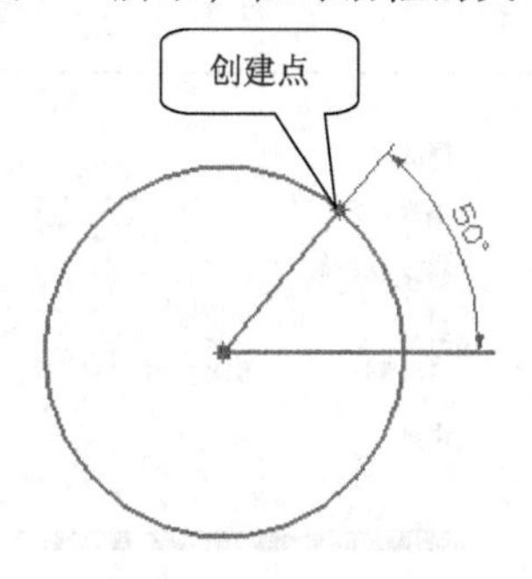

图 9-3　要创建的点

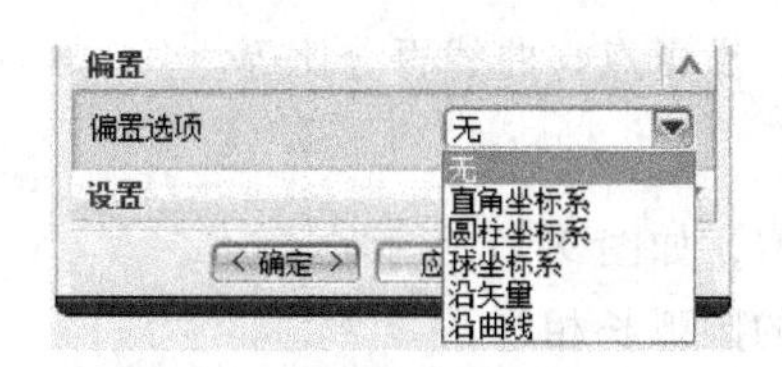

图 9-5　偏置选项

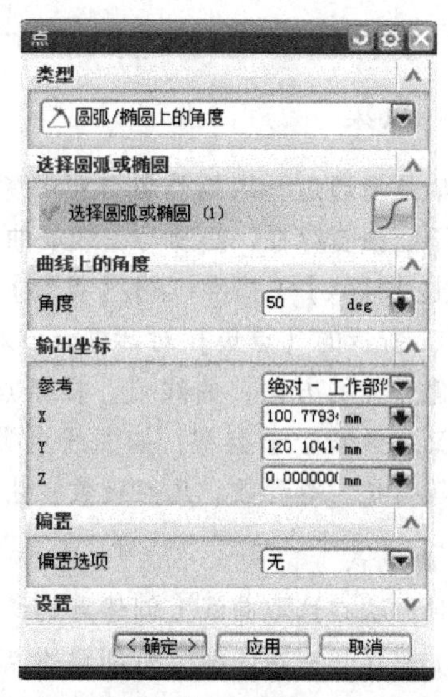

图 9-4　【点】对话框显示输入角度

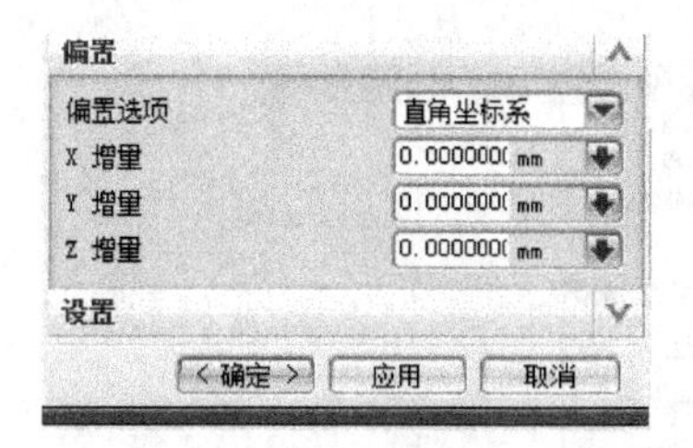

图 9-6　【直角坐标系】偏置设置对话框

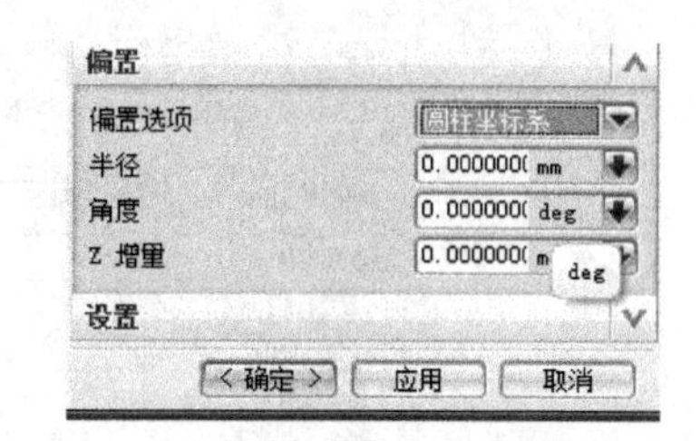

图 9-7　【圆柱坐标系】偏置设置对话框

（4）沿矢量：利用向量法则进行偏移，偏移点相对于所选参考点的偏移由向量方向和偏移距离确定。在捕捉参考点后，单击一条存在的直线作为参考向量，对话框变成如图 9-9 所示，在对话框的文本框中输入需要的偏移量即可。

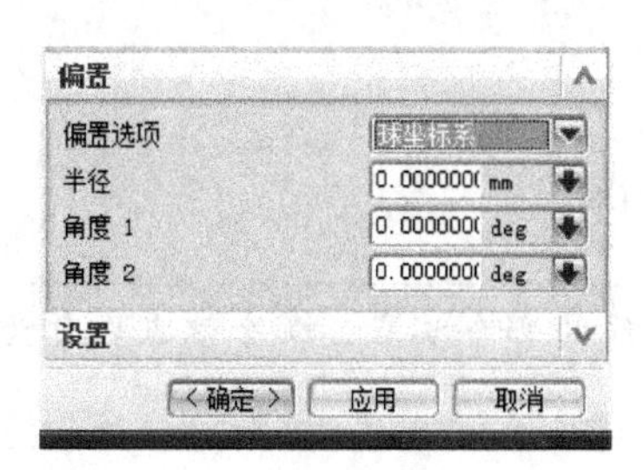

图 9-8　【球坐标系】偏置设置对话框

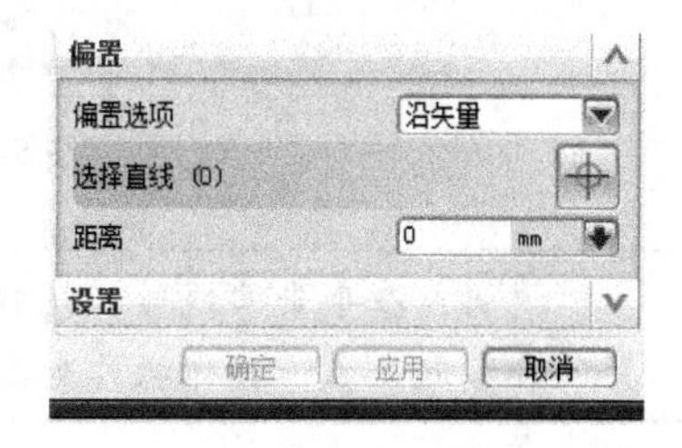

图 9-9　【沿矢量】偏置设置对话框

（5）沿曲线：这种偏置方式是沿指定的曲线（也可以为直线）路径来指定偏移值的，偏移点相对于选定的参考点的偏移值由偏移弧长和占曲线总长的百分比来确定。在捕捉参考点后，单击一条存在的曲线作为参考曲线，对话框变成如图 9-10 所示，在对话框内的文本框中输入需要的偏移量即可。

说明：此时系统提供两种方式来确定偏移量：一种为默认方式（即弧长）代表偏移点沿曲线的偏移弧长；另一种为百分比，代表偏移点的偏移弧长占曲线总长的百分比。

9.1.2 点集

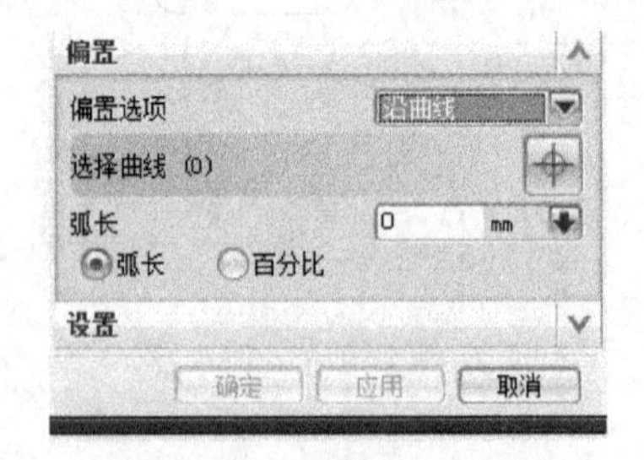

图 9-10 【偏置】对话框

点集是指通过一次操作创建的一系列零散点，这些零散点不能独自存在，必须与曲线或曲面相关联。

单击【插入】/【基准/点】/【点集】命令，系统弹出如图 9-11 所示的【点集】对话框。该对话框提供了三大类型创建点集的方法：曲线点、样条点、面的点。每一种类型又包含若干子类型，如曲线点类型中包含 7 种子类型：等弧长、等参数、几何级数、弦公差、增量弧长、投影点、曲线百分比等。

1. 曲线点

该种方法在选取曲线上创建点集，共包含 7 种子类型，如图 9-11 所示。

(1) 等弧长：在曲线上所创建的点集相邻两点之间的圆弧长相等。

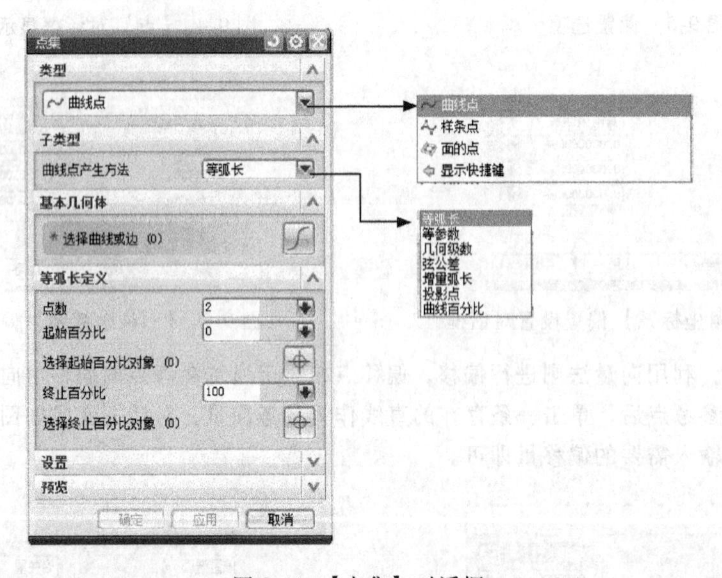

图 9-11 【点集】对话框

说明：在单击曲线时，光标放置地靠近曲线的哪个端点，哪个端点即作为参数设置的参考起始点，具体操作如图 9-12 所示。

(2) 等参数：在曲线上所创建的点集相邻两点之间的曲率变化相等。

(3) 几何级数：选取该间隔方式以后，对话框上多出一个比率选项。它用来设置点集中相邻的两点之间的距离相对于前两点距离的倍数。

(4) 弦公差：根据弦公差的大小来分布点的位置。弦公差越小，创建的点数越多。

(5) 增量弧长：以设定的圆弧长大小来分布点的位置。点数的多少取决于曲线的总长及设定的圆弧长。

(6) 投影点：用于通过指定点来确定点集。

(7) 曲线百分比：用于通过曲线上的百分比位置来确定一个点。

【例 9-2】 利用曲线点的等弧长方法在曲线上创建点集。

设计步骤

创建点集的方法如图 9-12 所示。

2. 样条点

该方法依据样条的特征点创建点集。

(1) 定义点：通过自动捕捉选取的样条曲线的定义点创建点集。

(2) 结点：通过自动捕捉选取的样条曲线的结点创建点集。

(3) 极点：通过自动捕捉选取的样条曲线的极点创建点集。

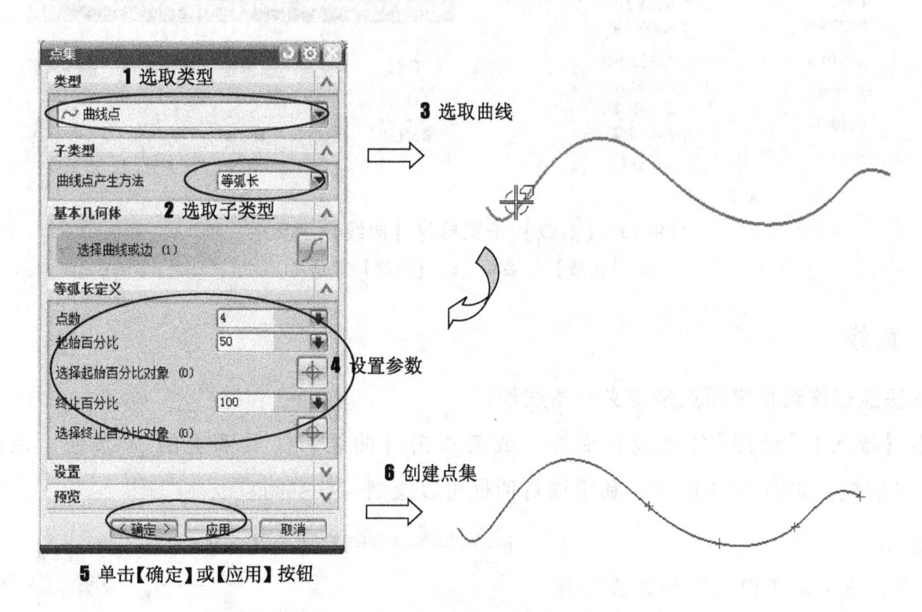

图 9-12　等弧长方式在曲线上创建点集

3. 面的点

该方法依据已存在的面创建点集。

(1) 模式：用于设置点集的边界。其中“对角点”用于以对角点方式限制点集的分布范围。选中该单选按钮时，系统会提示用户在绘图区中选取一点，完成后再选取另一点，这样就以这两点为对角点设置了点集的边界；“百分比”用于以曲面参数百分比的形式来限制点集的分布范围。

(2) 面百分比：用于通过在选定面上的 U、V 方向的百分比位置来创建该面上的点集。

(3) B 曲面极点：用于以 B 曲面控制点的方式创建点集。

9.2　曲线

在三维建模模块，利用 UG 提供的曲线功能可以创建任意复杂的三维曲线。这些命令都集中在如图 9-13 所示的【曲线】子菜单和【曲线】工具栏上。

a)

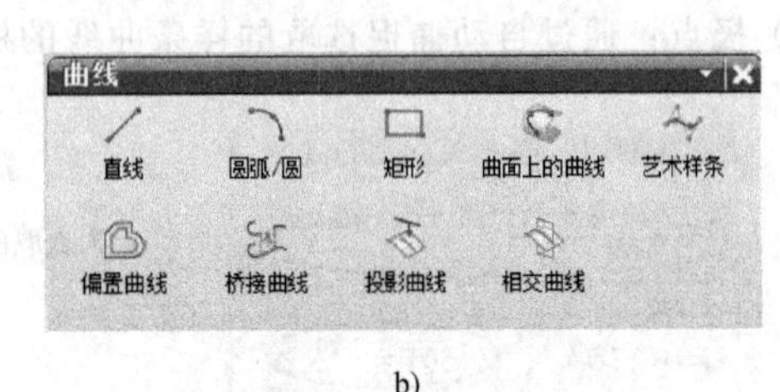

b)

图 9-13 【曲线】子菜单与【曲线】工具栏
a)【曲线】子菜单 b)【曲线】工具栏

9.2.1 直线

该方法通过连续指定两点来定义一条线段。

单击【插入】/【曲线】/【直线】命令，或者单击【曲线】工具条上的 按钮，系统弹出【直线】对话框，如图 9-14 所示。利用该对话框可以绘制一般空间直线。

1. 起点

【起点】选项用于设置绘制直线的起点形式，共有自动判断、点（新创建或已存在）、相切 3 种选项。

2. 终点或方向

【终点或方向】选项用于设置绘制直线的终点形式和方向，共有自动判断、点（新创建或已存在）、相切 3 种选项。

3. 支持平面

【支持平面】选项用于设置绘制直线所在平面的形式。

（1）自动平面：通过自动平面确定创建直线所在的平面。

（2）锁定平面：通过限定直线位于某一平面内创建直线。

（3）选择平面：通过选取现有的平

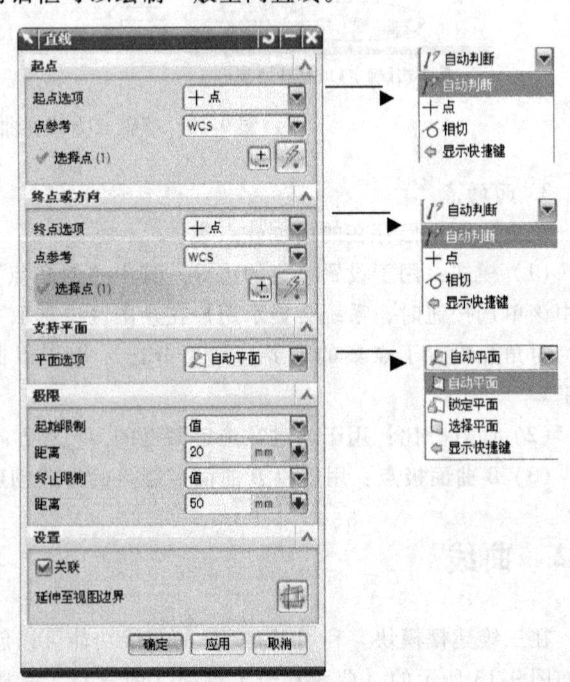

图 9-14 【直线】对话框

面作为直线所在平面创建直线。

4. 极限

【极限】选项区用于设置直线的起始位置和终止位置，共有值、在点上和直至选定对象3种选项。图9-15显示的是【值】方式确定直线的起始位置和终止位置，该直线长度为50。

5. 设置

(1) 关联：选中【关联】复选框，则创建的直线与约束对象相关联。

(2) 延伸至视图边界：单击【延伸至视图边界】按钮，将创建的直线延伸到软件图形工作区域的屏幕边界。

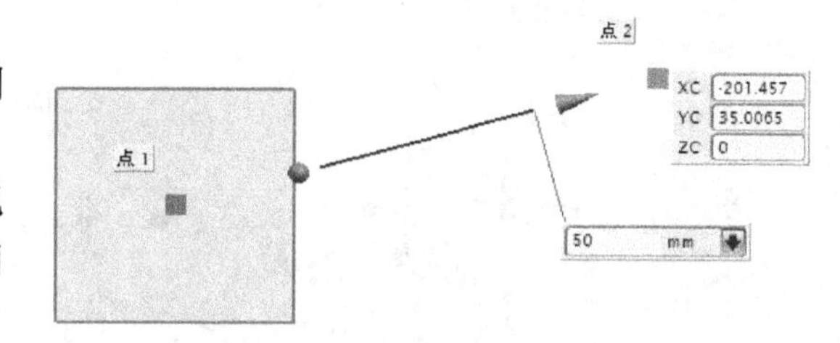

图9-15　【值】方式确定直线的起始位置和终止位置

9.2.2　圆弧/圆

选择【插入】/【曲线】/【圆弧/圆】命令，或者单击【曲线】工具条上的按钮，系统弹出如图9-16所示的【圆弧/圆】对话框。该对话框上新增参数的意义如下

图9-16　【圆弧/圆】对话框

1. 类型

【类型】下拉列表中共有两种创建圆弧/圆的方法。

(1) 三点画圆弧：通过指定三点创建圆弧或圆。在指定两点以后，也可以通过输入半径值确定圆弧或圆，如图9-17a所示。

（2）从中心开始的圆弧/圆：通过指定中心点、圆弧起点和输入角度值创建圆弧。此时，也可以通过输入半径值来确定圆弧的大小，如图 9-17b 所示。

2. 整圆

选中【整圆】复选框，则创建的是整圆而非圆弧，如图 9-17c 所示。

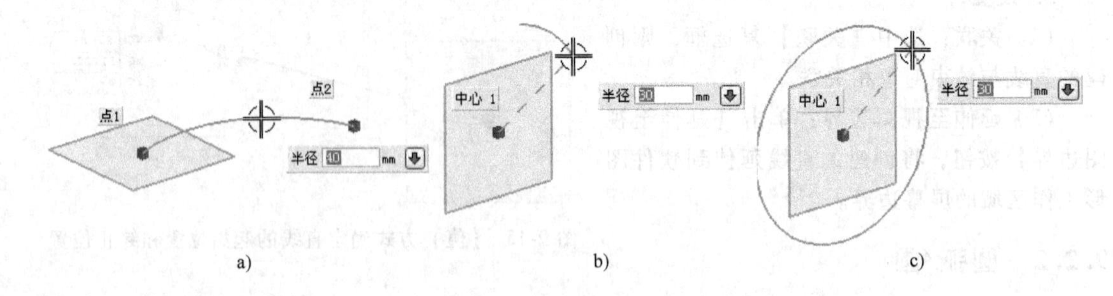

图 9-17 圆或圆弧的绘制

a）3 点确定圆弧 b）基于中心的圆弧 c）基于中心的整圆

9.2.3 直线和圆弧

【直线和圆弧】子菜单和【直线和圆弧】工具条是【直线】和【弧/圆】功能的扩展，包括多种创建直线、圆弧和圆的方法，可以充分满足用户的需求。

单击【曲线】工具条上的按钮，系统弹出如图 9-18 所示的【直线和圆弧】工具条。单击【插入】/【曲线】/【直线和圆弧】下的下拉菜单，也可以完成各种命令的操作。

说明：若【曲线】工具条上无“直线和圆弧工具条”按钮时，单击【曲线】工具栏右上端的下拉按钮，再单击【添加或移除按钮】/【曲线】命令，在弹出的选项中选择直线和圆弧工具条，如图 9-19 所示。

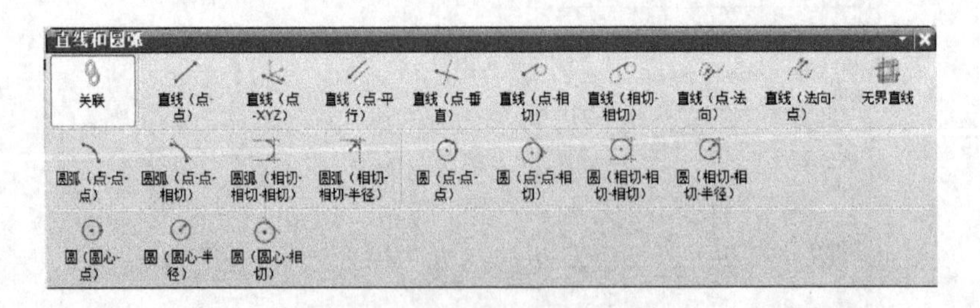

图 9-18 【直线和圆弧】工具条

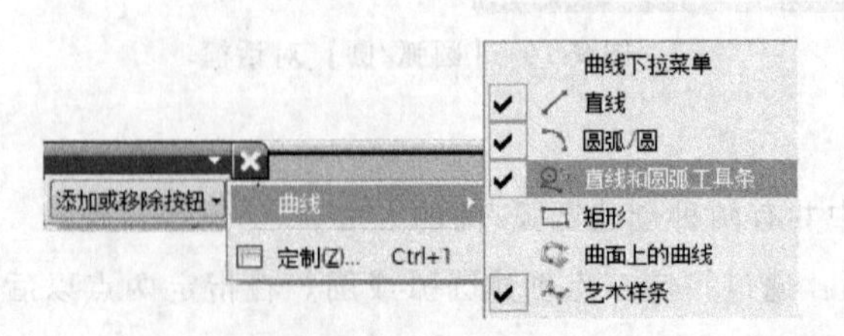

图 9-19 添加按钮

（1）直线（点-点）：通过指定两点绘制直线。

（2）直线（点-XYZ）：首先指定一点，然后拖动光标选定 XC/YC/ZC 中的一条坐标轴为直线延伸方向，再在【长度】文本框中输入数值或者直接单击鼠标即可绘制直线。

（3）直线（点-平行）：首先指定一点，然后指定平行线，再在【长度】文本框中输入数值或者直接单击鼠标即可绘制直线。

（4）直线（点-垂直）：首先指定一点，然后指定垂直线，再在【长度】文本框中输入数值或者直接单击鼠标即可绘制直线。

（5）直线（点-相切）：首先指定一点，然后指定相切图素即可绘制直线。

（6）直线（相切-相切）：通过指定两个圆弧或者圆创建相切直线。

（7）无界直线：选中该选项，则创建的直线无限延伸。

（8）圆弧（点-点-点）：通过指定 3 点创建圆弧。

（9）圆弧（点-点-相切）：首先指定两点，然后选定相切的图素，则创建通过两点、与曲线相切的圆弧。

（10）圆弧（相切-相切-相切）：创建与指定 3 图素相切的圆弧。

（11）圆弧（相切-相切-半径）：通过指定相切的两图素和给定半径创建圆弧。

（12）圆（点-点-点）：通过指定 3 点创建通过 3 点的圆。

（13）圆（点-点-相切）：首先指定两点，然后选定相切的图素，则创建通过两点、与曲线相切的圆。

（14）圆（相切-相切-相切）：创建与指定 3 图素相切的圆。

（15）圆（相切-相切-半径）：通过指定相切的两图素和给定半径创建圆。

（16）圆（圆心-点）：通过指定圆心点和圆上一点创建圆。

（17）圆（圆心-半径）：通过指定圆心点和给定半径值创建圆。

（18）圆（圆心-相切）：通过指定圆心点和相切图素创建圆。

9.2.4　基本曲线

单击【插入】/【曲线】/【基本曲线】命令，或单击【曲线】工具条上的按钮，弹出如图 9-20 所示的【基本曲线】对话框，同时显示跟踪条。通过【基本曲线】对话框可以实现绘制直线、圆弧、圆、圆角、修剪、编辑曲线参数等功能。此处仅介绍直线、圆弧、圆的绘制方法，圆角、修剪、编辑曲线参数等功能与后续章节中介绍的单一命令功能相同，此处就不再详述了。

1. 对话框上各选项的意义

在【基本曲线】对话框中有 4 个重要的选项：增量、线串模式、打断线串、角度增量。

（1）增量：选中该复选框，代表给定的增量值是相对于上一点的，而不是相对于工作坐标系的，反之亦然。

（2）线串模式：选中该复选框，则可以绘制连续的曲线。

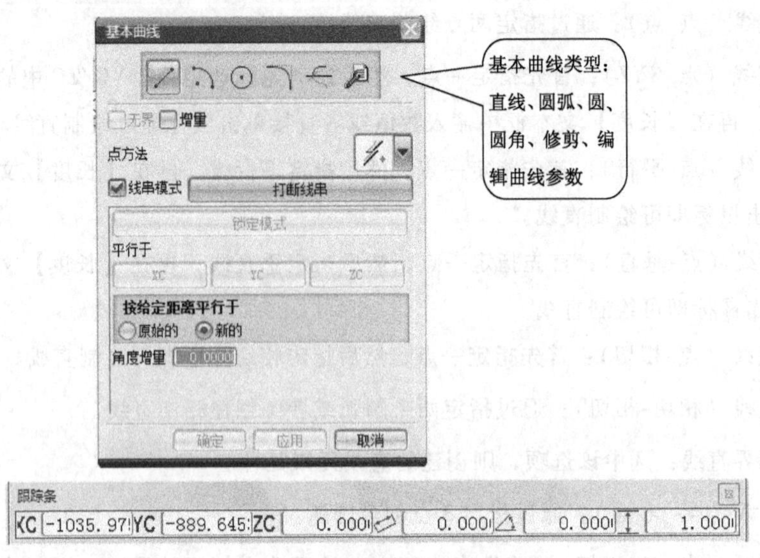

图 9-20 【基本曲线】对话框

(3) 打断线串：选中【线串模式】复选框时，单击【打断线串】按钮可以终止连续绘制。

(4) 角度增量：确定圆周方向的捕捉间隔。

2. 点捕捉方式的意义

与曲线绘制等操作相关的点捕捉方式共有 10 种。当按钮成亮黄色并突起时，代表该捕捉功能有效，反之无效。用户可以通过反复单击有关按钮，实现功能的开启与关闭。

各图标按钮的意义如下

(1) （端点）：捕捉各种线条或者边线的端点。

(2) （中点）：捕捉各种线条或者边线的中点。

(3) （控制点）：捕捉形同样条的曲线的控制点。

(4) （交点）：捕捉曲线或者边线之间的交点。

(5) （圆弧中心）：捕捉圆或者圆弧曲线的圆心。

(6) （象限点）：捕捉圆的象限点。

(7) （现有点）：捕捉孤立存在的点。

(8) （曲线上的点）：捕捉点位于曲线上。此时在曲线附近移动鼠标，捕捉点相应也移动。

(9) （面上的点）：捕捉点位于曲面上。

(10) （【点】对话框）：利用【点】对话框设置点。

说明：一般地，这些点捕捉方式图标可以在如图 9-21 所示的【捕捉】工具条上找到。读者应熟练掌握捕捉点的使用。

3. 直线

单击【基本曲线】对话框上的按钮，或默认状态下进入绘制直线模式。此时，显示有

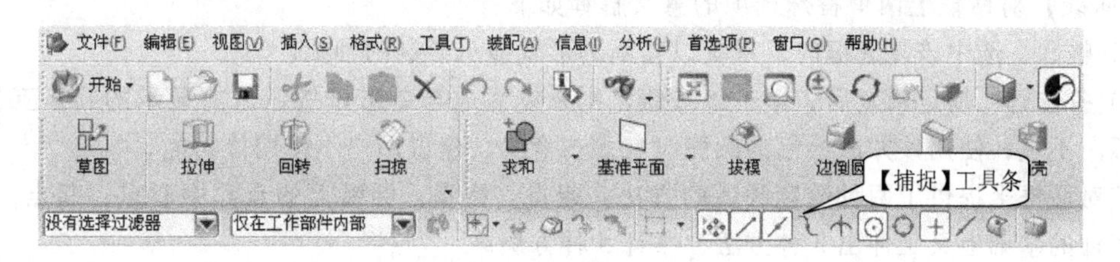

图 9-21 【捕捉】工具条

【跟踪条】对话工具条，如图 9-20 所示。

绘制直线的方法很多，下面介绍几种与前面章节中有差别的绘制方法。

(1) 通过指定点绘制连续直线。选中【线串模式】复选框，利用【点】对话框指定许多点，则系统绘制通过各点且首尾相接的连续直线，如图 9-22 所示。要结束绘制，单击 打断线串 按钮打断线串或单击对话框上的 取消 按钮即可。

(2) 绘制通过一指定点到已存直线中点的直线。先用【点】对话框或直接利用鼠标指定一点，然后移动鼠标捕捉指定直线的中点即可，操作示例如图 9-23 所示。

(3) 绘制与 XC、YC、ZC 轴平行的直线。先用【点】对话框指定一点，然后单击平行于选项组中的任意一个按钮（如 XC ），则绘制与 XC、YC 或 ZC 轴平行的直线，此时绘制的直线不一定通过后续指定点。

(4) 绘制指定长度并与 XC 轴成一定角度的直线。先用【点】对话框指定一点，然后在【跟踪条】对话工具条中的 40.000 内，输入指定长度，在 50.000 内输入指定角度，按 Enter 键确定输入。

(5) 绘制过一点，与某一表面垂直的直线。首先指定一点，然后用【基本曲线】对话框点方式内的 指定一个表面，则创建一条通过指定点与指定表面垂直的直线。

4. 圆弧

单击【基本曲线】对话框上的 按钮，进入绘制圆弧模式，此时，【基本曲线】对话框的变化为如图 9-24 所示。

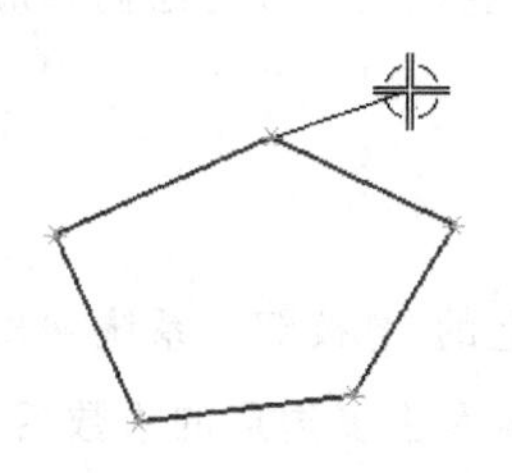

图 9-22 绘制连续直线

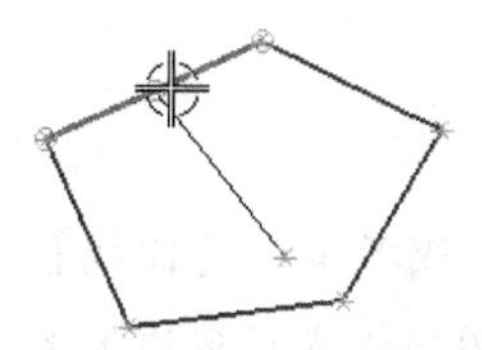

图 9-23 绘制到已存直线中点的直线

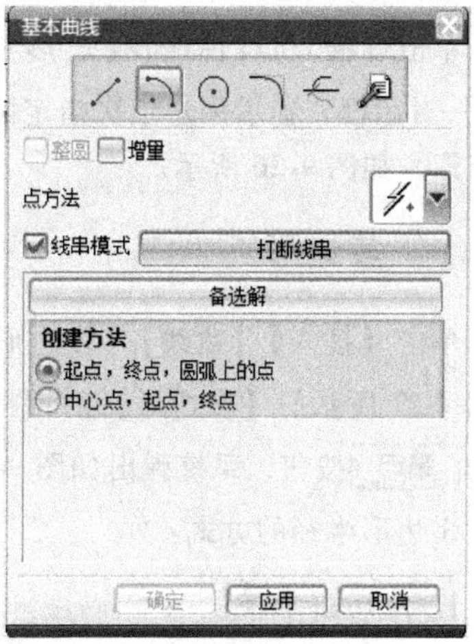

图 9-24 【基本曲线】对话框（一）

【基本曲线】对话框上两个特殊选项的意义解释如下：

1）整圆：选中该复选框时，系统以整圆的形式显示绘制的圆弧。

2）备选解：指定两点后，单击该按钮，则系统生成与单击该按钮之前显示的圆弧互补的那段圆弧。不过，使用该方法绘制的圆弧没有多少意义，建议用户不使用该功能。

该对话框上提供了两种绘制圆弧的方法：起点，终点，圆弧上的点和中心点，起点，终点。在这两种的基础上又延伸出3种方法，共计5种方法。

(1) 起点，终点，圆弧上的点。利用【点】对话框依次指定3点，第一点作为圆弧的起点，第二点作为圆弧的终点，第三点确定圆弧的位置与大小。

(2) 中心点，起点，终点。利用【点】对话框依次指定3点，第一点作为圆弧的中心，第二点作为圆弧的起点，第三点确定圆弧的终点。圆弧的半径为第一点与第二点的连线，圆弧的角度为一、二点连线沿逆时针方向转到一、三点连线所转过的度数。

(3) 起点，终点，半径或直径。利用【点】对话框依次指定两点，第一点作为圆弧的起点，第二点作为圆弧的终点。在【跟踪条】对话工具条中的 50.000 内输入圆弧半径或在 100.000 内输入圆弧的直径，以此来确定圆弧的位置和大小。

(4) 中心，半径或直径，开始圆心角，终止圆心角。利用【点构造器】指定一点作为圆弧的中心。在【跟踪条】对话工具条中的 50.000 内输入圆弧半径或在 100.000 内输入圆弧的直径，来确定圆弧的大小。在 0.000 内输入圆弧的开始圆心角，在 0.000 内输入圆弧的终止圆心角，来确定圆弧的位置。

(5) 起点，终点，相切点。利用【点】对话框依次指定两点，第一点作为圆弧的起点，第二点作为圆弧的终点。单击一条已存曲线，则生成与指定曲线相切的圆弧。

5. 圆

单击【基本曲线】对话框上的按钮，进入绘制圆弧模式，如图9-25所示。选中【多个位置】复选框，只要连续指定圆心位置，即可绘制与第一个圆大小相等的许多圆。

绘制圆的方法与前面介绍的相同，此处不再赘述。

9.2.5 矩形

单击【插入】/【曲线】/【矩形】命令，或者单击【曲线】工具条上的按钮，系统弹出【点】对话框，提示用户依次指定两点，作为矩形的一对对角点。指定两点以后，即可绘制相应的矩形，如图9-26所示。

9.2.6 多边形

单击【插入】/【曲线】/【多边形】命令，或者单击【曲线】工具条上的按钮，系统弹出如图9-27所示的【多边形】对话框，提示用户输入正多边形的边数。输入正多边形的边数后，单击 确定 按钮，系统弹出如图9-28所示的【多边形】对话框。该对话框上提供了以下3种确定正多边形半径的方式：

1. 内切圆半径

单击【内切圆半径】按钮，弹出【多边形】对话框，提示用户输入正多边形的内接圆半径、方位角，如图9-29所示。输入参数后，单击 确定 按钮，系统弹出【点】对话框，要求指定多

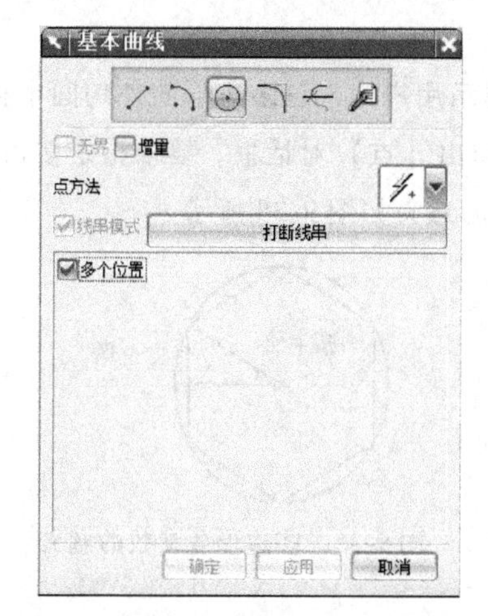

图 9-25　【基本曲线】对话框（二）

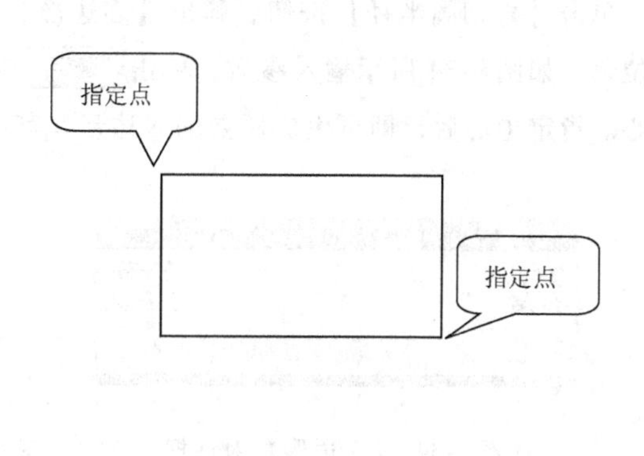

图 9-26　绘制矩形

图 9-27　【多边形】对话框（一）

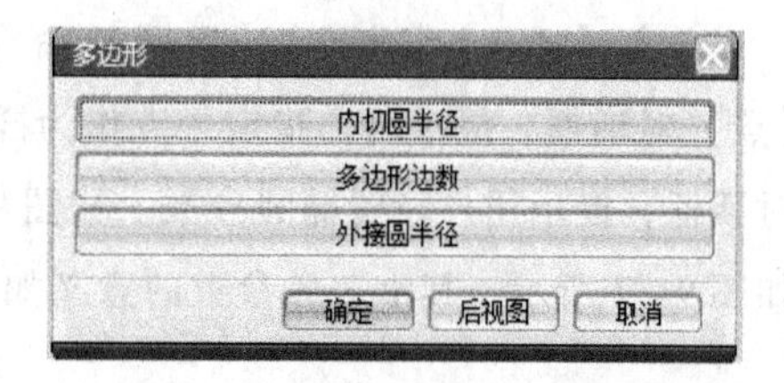

图 9-28　【多边形】对话框（二）

边形中心。指定中心后，其操作结果如图 9-30 所示。其中，各参数的意义如图 9-31 所示。

2. 多边形边数

单击【多边形边数】按钮，弹出如图 9-32 所示的【多边形】对话框，提示用户输入正多边形的侧（即边长）、方位角。输入参数后，单击 确定 按钮，系统弹出【点】对话框，要求指定多边形中心。指定中心后，即可生成所要的多边形。其中，各参数的意义如图 9-33 所示。

图 9-29　【多边形】对话框（三）

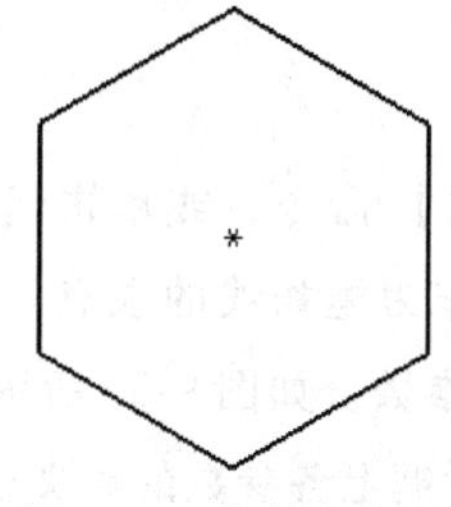

图 9-30　绘制多边形

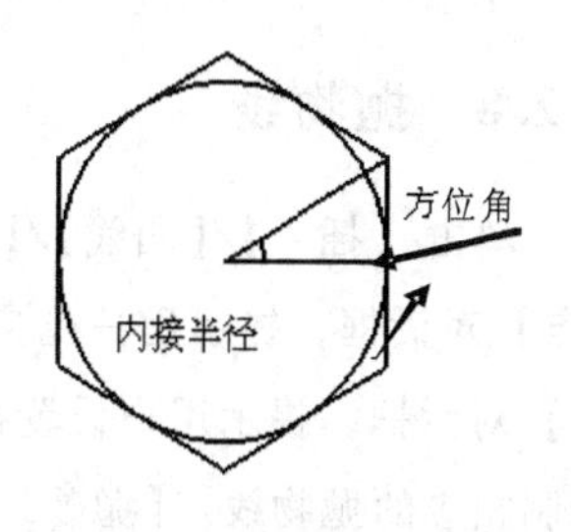

图 9-31　多边形各参数的意义

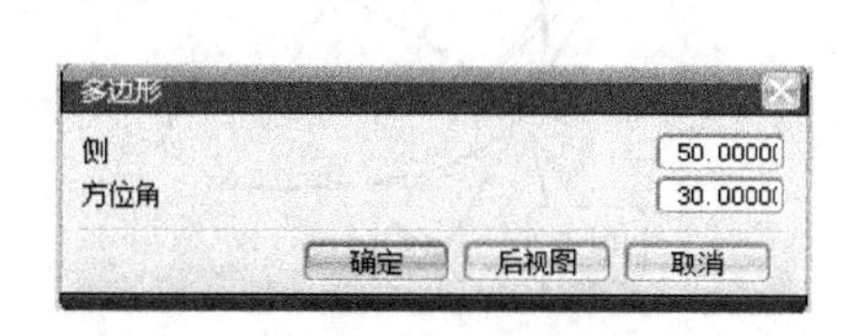

图 9-32　【多边形】对话框（四）

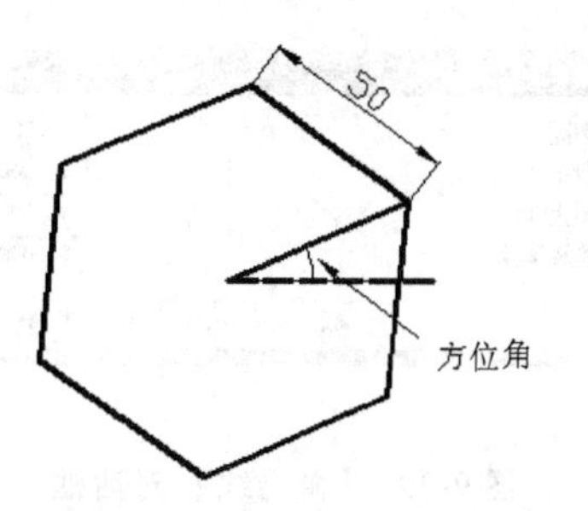

图 9-33　多边形各参数的意义

3. 外切圆半径

单击【外切圆半径】按钮，弹出【多边形】对话框，提示用户输入正多边形的外切圆半径、方位角，如图 9-34 所示输入参数，单击 确定 按钮，系统弹出【点】对话框，要求指定多边形中心。指定中心后，即可生成所要的多边形。其中，各参数的意义如图 9-35 所示。

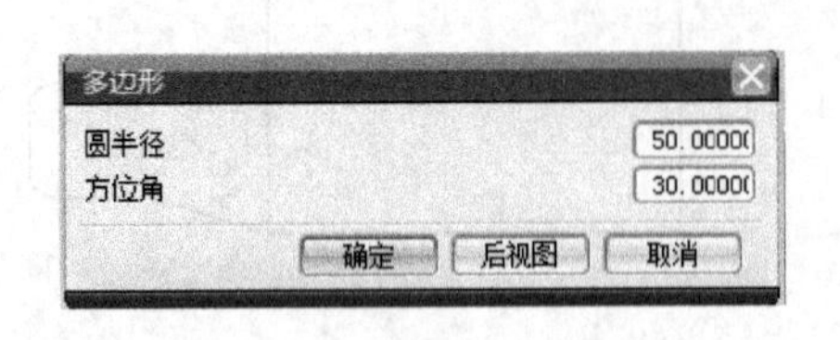

图 9-34 【多边形】对话框

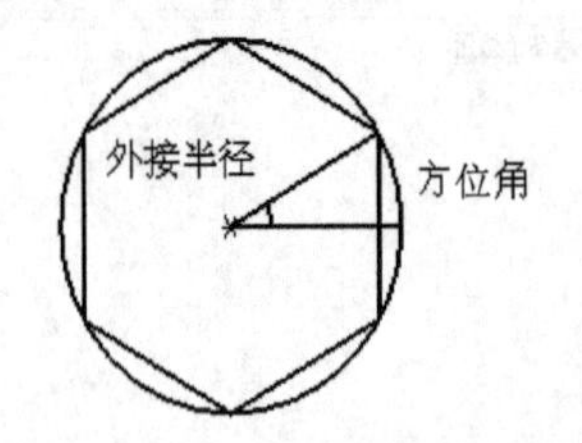

图 9-35 多边形各参数的意义

9.2.7 椭圆

单击【插入】/【曲线】/【椭圆】命令，或者单击【曲线】工具条上的 按钮，系统弹出【点】对话框，提示用户指定一点作为椭圆的中心点。确定椭圆的中心点后，接着弹出【椭圆】对话框，提示用户设置椭圆参数。如图 9-36 所示设置好椭圆参数，单击 确定 按钮，操作结果如图 9-37 所示。其中，各参数的意义如图 9-38 所示。

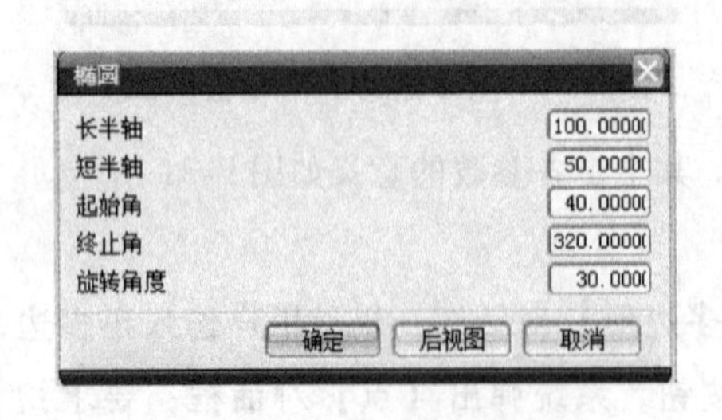

图 9-36 【椭圆】对话框

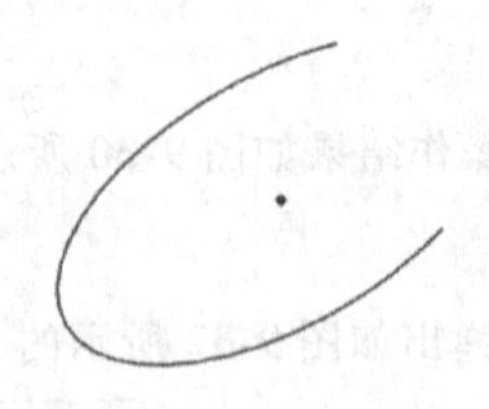

图 9-37 绘制椭圆

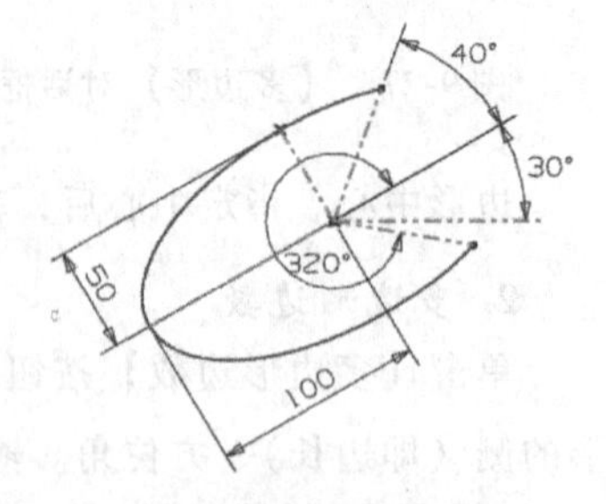

图 9-38 椭圆各参数的意义

9.2.8 抛物线

单击【插入】/【曲线】/【抛物线】命令，或单击【曲线】对话框上的 按钮，系统弹出【点】对话框，提示用户指定一点作为抛物线的顶点。确定抛物线的顶点后，接着弹出【抛物线】对话框，提示用户设置抛物线参数。如图 9-39 所示设置抛物线参数，单击 确定 按钮，则绘制相应的抛物线。【抛物线】对话框上各参数的意义如图 9-40 所示。

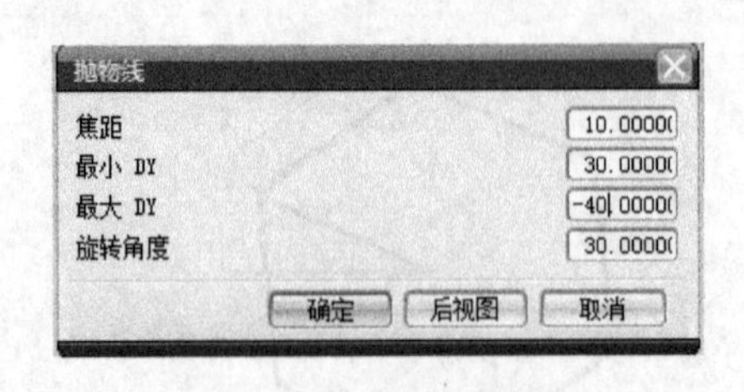

图 9-39 【抛物线】对话框

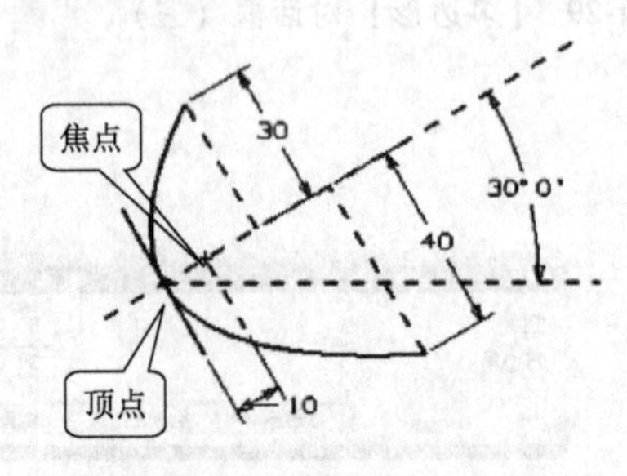

图 9-40 抛物线各参数的意义

9.2.9 双曲线

单击【插入】/【曲线】/【双曲线】命令，或单击【曲线】工具条上的按钮，系统弹出【点】对话框，提示用户指定一点作为双曲线的中心。指定双曲线的中心后，系统又弹出【抛物线】对话框，提示用户设置双曲线的参数。如图 9-41 所示设置参数，单击 确定 按钮，则生成的双曲线如图 9-42 所示。各参数的意义如图 9-43 所示。

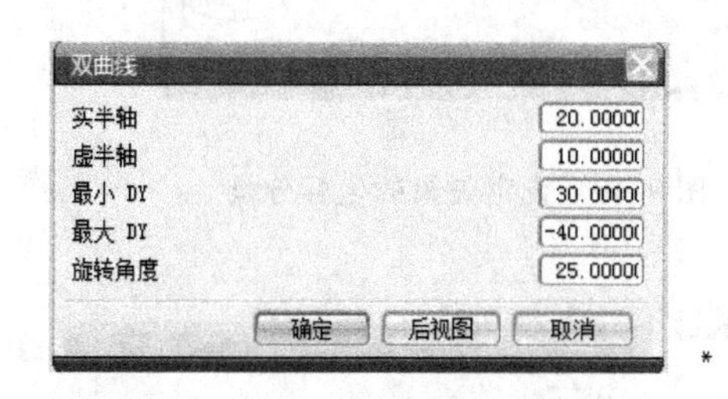

图 9-41 【双曲线】对话框

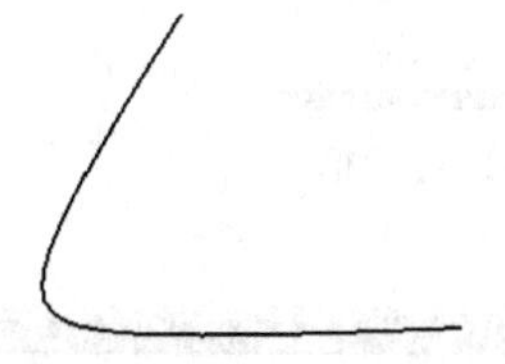

图 9-42 绘制双曲线

图 9-43 双曲线各参数的意义

9.2.10 一般二次曲线

单击【插入】/【曲线】/【一般二次曲线】命令，或单击【曲线】工具条上的按钮，系统弹出【一般二次曲线】对话框，如图 9-44 所示。该对话框上提供了 7 种绘制二次曲线的方法。

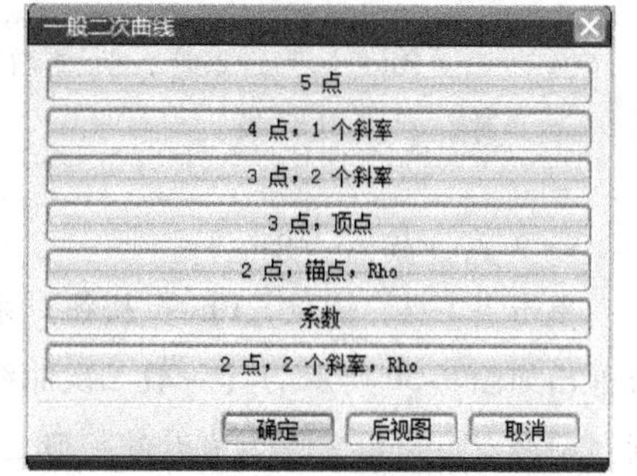

图 9-44 【一般二次曲线】对话框

1. 5 点

单击【5 点】按钮，系统弹出【点】对话框。连续指定 5 点以后，系统自动生成通过 5 点的二次曲线。

2. 4 点，1 个斜率

该方式通过指定 4 点和第一点处的斜率来绘制二次曲线。单击【4 点，1 个斜率】按钮，系统弹出【点】对话框。指定第一点后，系统弹出如图 9-45 所示的【一般二次曲线】对话框。该对话框上提供了 4 种确定斜率的方法。任选一种设定第一点的斜率后，系统再次弹出【点】对话框，然后再依次指定 3 点，即可绘制二次曲线。图 9-45 所示对话框提供的 4 种设定斜率的方法如下：

(1) 矢量分量：单击该按钮，系统弹出如图 9-46 所示的对话框，通过输入坐标分量来定义二次曲线的斜率。

(2) 方向点：单击该按钮，系统弹出【点】对话框，指定一点，则以该点与第一点之间的连线作为二次曲线此处的斜率。其意义如图 9-47 所示。

(3) 曲线的斜率：单击该按钮，系统弹出如图 9-48 所示的【斜率】对话框，提示选取已存曲线的端点。系统将以选取的曲线端点处的斜率作为二次曲线第一点处的斜率。

(4) 角度：单击该按钮，系统弹出如图 9-49 所示的对话框。通过设定与 XC 轴之间的夹角大小，确定二次曲线第一点处的斜率。

3. 3 点，2 个斜率

该方式通过指定 3 点、设定第一点处的斜率和第三点处的斜率来绘制二次曲线。单击【3

点，2 个斜率】按钮，系统弹出【点】对话框。指定第一点后，系统弹出如图 9-45 所示的对话框。设定第一点处的斜率后，系统弹出【点】对话框，然后再依次指定两点，系统再次弹出如图 9-45 所示的对话框。设定第三点处的斜率后，即可绘制二次曲线。

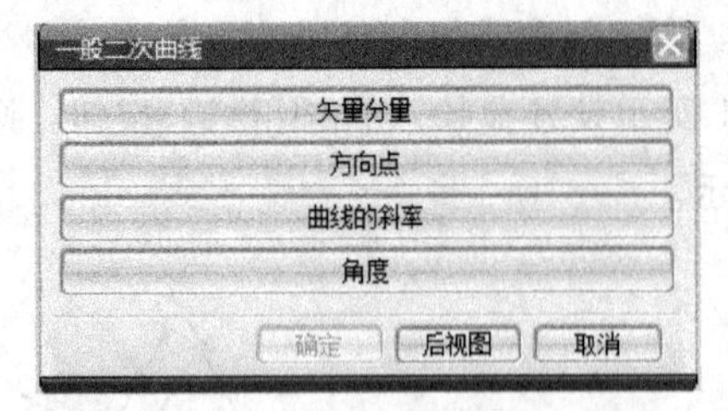

图 9-45 【一般二次曲线】对话框

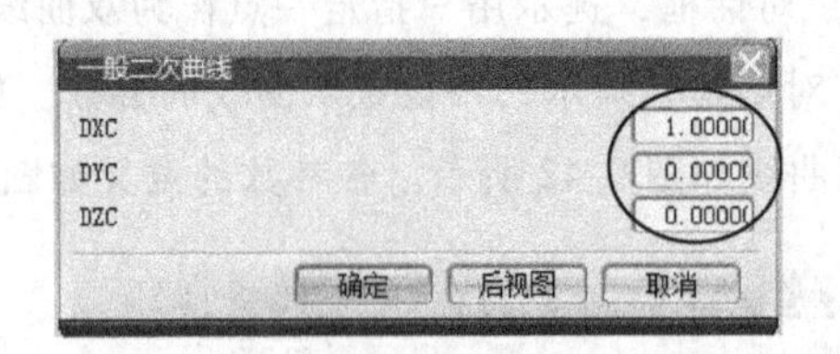

图 9-46 设定矢量的坐标分量

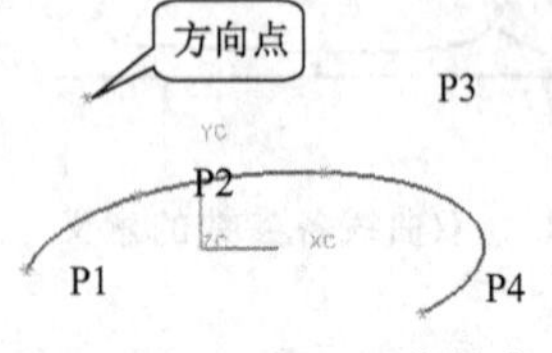

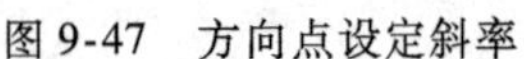
图 9-47 方向点设定斜率

图 9-48 【斜率】对话框

图 9-49 设定矢量与 XC 轴之间的夹角

4. 3 点，顶点

该方式通过依次指定 4 点来确定二次曲线。其中，二次曲线通过前三点，以第四点为顶点。

Rho 小于 1/2 时，生成椭圆或椭圆弧；Rho 等于 1/2 时，生成抛物线；Rho 大于 1/2 时，生成双曲线。

5. 2 点，锚点，Rho

单击【2 点，锚点，Rho】按钮，系统弹出【点】对话框，提示用户连续指定 3 点，接着系统弹出如图 9-50 所示的【一般二次曲线】对话框。输入 Rho 数值后，单击 确定 按钮，则绘制通过前两点、以第三点为顶点的一般二次曲线。其中，Rho 的意义为曲线饱满度，其取值范围为 0.01 ~ 0.99。一般情况下，Rho 的值越小，曲线越平坦；Rho 的值越大，曲线越弯曲。图 9-51 显示了 Rho 值对曲线的影响。

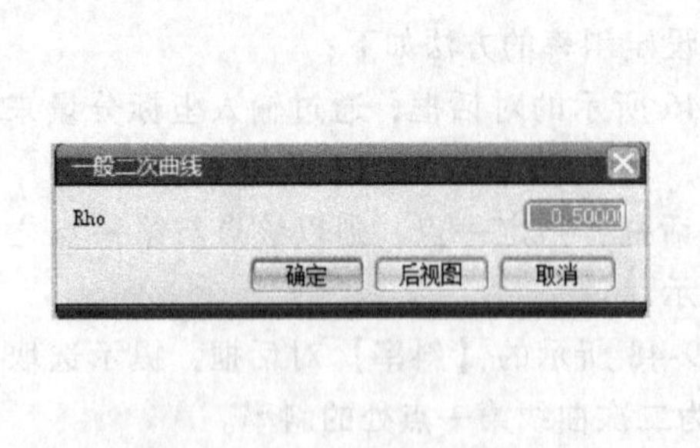

图 9-50 设定曲线的 Rho

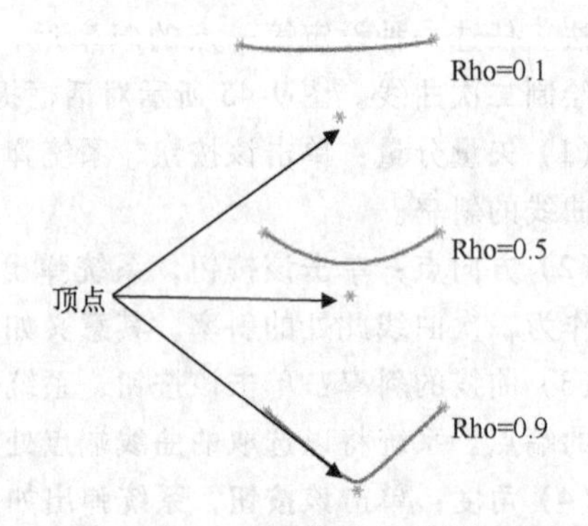

图 9-51 Rho 的值对曲线的影响

6. 系数

单击【系数】按钮，系统弹出【一般二次曲线】对话框。输入 A、B、C、D、E、F 各参数值，单击 确定 按钮，则生成由方程 $Ax^2+Bxy+Cy^2+Dx+Ey+F=0$ 确定的二次曲线。

7.2 点，2个斜率，Rho

通过指定两点、设定两点处的斜率、设定曲线的 Rho 值来绘制二次曲线。

9.2.11　螺旋线

单击【插入】/【曲线】/【螺旋】命令，或单击【曲线】工具条上的按钮，弹出如图9-52所示的【螺旋线】对话框。利用该对话框可以绘制螺旋曲线。【螺旋线】对话框上各参数的意义如下：

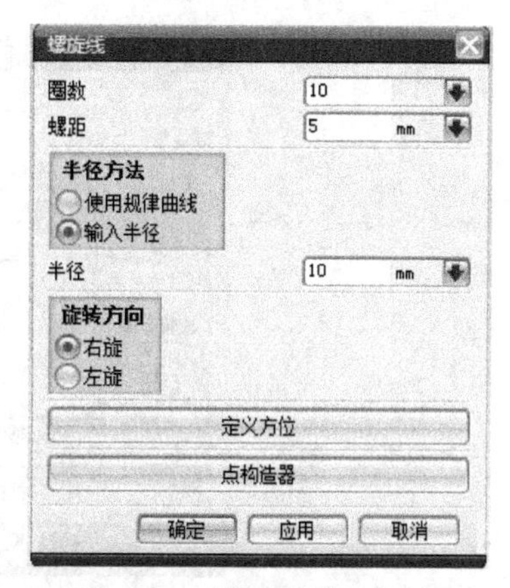

图9-52　【螺旋线】对话框

1. 圈数

螺旋线的圈数应多于或等于0，可以是整数，也可以是小数。

2. 螺距

螺距即沿同一螺旋线绕转一圈以后沿轴线方向测量所得长度。

3. 半径方法

- 使用规律曲线：利用规律子功能定义螺旋线的半径，即螺旋线半径在各坐标轴上投影长度为变量。
- 输入半径：通过直接输入数值定义螺旋线半径长度。

4. 半径

螺旋线的半径用于指定固定半径的螺旋线的半径值。

5. 旋转方向

- 右旋：选中该单选按钮，螺旋线从起点开始，绕着轴线方向逆时针上升。
- 左旋：选中该单选按钮，螺旋线从起点开始，绕着轴线方向顺时针上升。

6. 定义方位

单击【定义方位】按钮定义螺旋线的方位。通过指定已存直线作为轴线、起始点的方位点和轴线基点来确定螺旋线的方位，螺旋线起始点位于从基点到方位点的连线上。如果不定义螺旋线的方位，系统默认轴线为ZC，默认方位点在XC上，默认基点为坐标原点。基点决定螺旋线的起始点，螺旋线起始点总是位于通过基点且与轴线相垂直的平面内。

7. 点构造器

单击【点构造器】按钮，系统弹出【点】对话框，指定一点作为螺旋线的基点。

【例9-3】 绘制螺旋线。

绘制螺旋曲线，并通过参数驱动。

设计步骤

[1]　启动绘制螺旋曲线命令，弹出【螺旋线】对话框。单击【点构造器】按钮，指定一点作为螺旋线的基点。如果不指定基点，则系统默认坐标原点为基点。

[2]　设置好螺旋线参数后，单击 应用 或 确定 按钮，则生成螺旋线，如图9-53

所示。

[3] 双击刚才生成的螺旋线，系统弹出【螺旋线】对话框。按照如图 9-54 所示的操作，即可实现参数化驱动螺旋线。

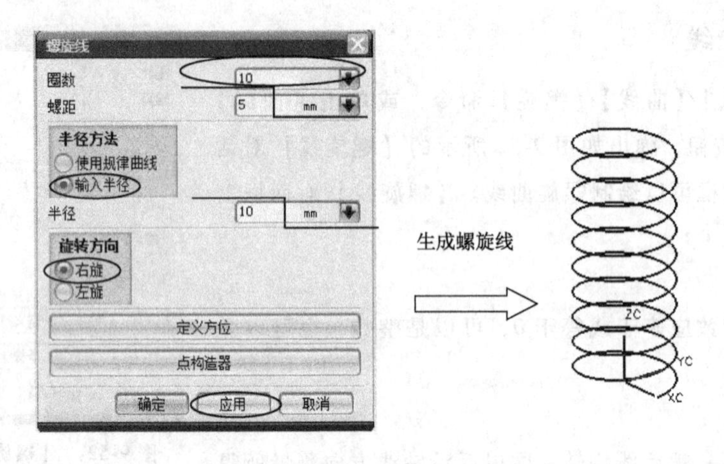

图 9-53 绘制并参数驱动螺旋线

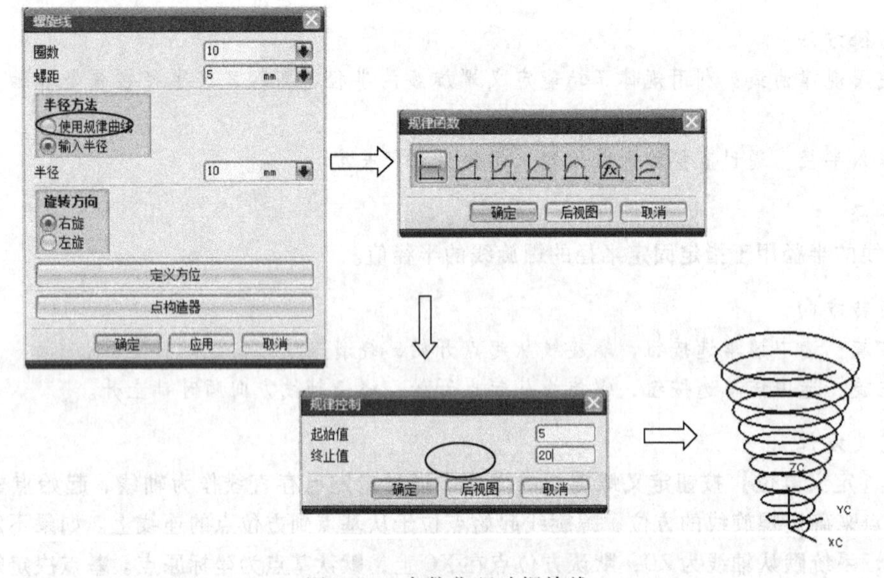

图 9-54 参数化驱动螺旋线

9.2.12 规律曲线

单击【插入】/【曲线】/【规律曲线】命令，或单击【曲线】工具条上的 按钮，系统弹出如图 9-55 所示的【规律曲线】对话框。利用该对话框可以绘制三坐标值（X、Y、Z）按设定规律变化的样条曲线。该对话框提供了 7 种设定规律的方式。

1. 恒定

在绘制曲线时，设定该规律的坐标值保持某常数。

2. 线性

在绘制曲线过程中，设定该规律的坐标值在某个数值范围内呈线性变化。

3. 三次

在绘制曲线过程中，设定该规律的坐标值在某个数值范围内呈三次方规律变化。

4. 沿脊线的线性

在绘制曲线过程中，设定该规律的坐标值在沿一条脊线设置的两点或多个点所对应的规律值范围内呈线性变化。

5. 沿脊线的三次

在绘制曲线过程中，设定该规律的坐标值在沿一条脊线设置的两点或多个点所对应的规律值范围内呈三次方规律变化。

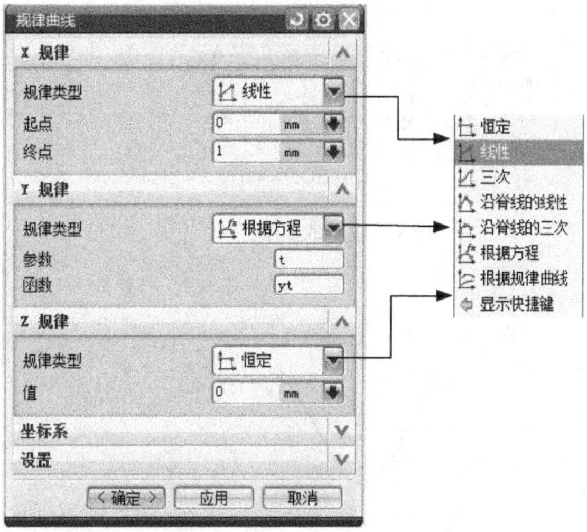

图 9-55 【规律曲线】对话框

6. 根据方程

在绘制曲线过程中，设定该规律的坐标值根据表达式变化。

7. 根据规律曲线

在绘制曲线过程中，利用一条已存规律曲线的规律来控制坐标值的变化。

【例 9-4】 绘制余弦波曲线。

设计步骤

[1] 单击【工具】/【表达式】命令，弹出【表达式】对话框，建立如图 9-56 所示的表达式。

[2] 启动绘制规律曲线命令，弹出【规律曲线】对话框，如图 9-57 所示。将【X 规律】选项区中的【规律类型】下拉列表设置为【线性】，起点设置为 0，终点设置为 1。

[3] 将【Y 规律】选项区中的【规律类型】下拉列表设置为【根据方程】。设置参数为 t，函数为 yt。该项设置与上面建立的表达式联系在一起。

[4] 将【Z 规律】选项区中的【规律类型】下拉列表设置为【恒定】，值为 0。

[5] 使用默认坐标系，直接单击 确定 按钮完成曲线绘制，其结果如图 9-58 所示。

【例 9-5】 绘制渐开线。

设计步骤

[1] 单击【工具】/【表达式】命令，弹出【表达式】对话框，建立表达式如图 9-59 所示。

[2] 启动绘制规律曲线命令，弹出规律曲线对话框。将【X 规律】选项区中的【规律类型】下拉列表设置为【根据方程】。设置 X 坐标规律，其参数为 t，函数为 xt。

[3] 将【Y 规律】选项区中的【规律类型】下拉列表设置为【根据方程】。设置 Y 坐标规律，其参数为 t，函数为 yt。

[4] 将【Z 规律】选项区中的【规律类型】下拉列表设置为【恒定】，值为 0。

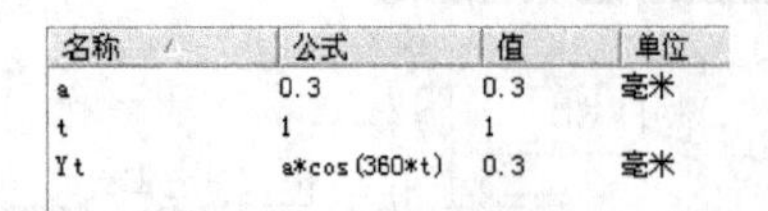

名称	公式	值	单位
a	0.3	0.3	毫米
t	1	1	
Yt	a*cos(360*t)	0.3	毫米

图 9-56 建立表达式

图 9-57 【规律曲线】对话框

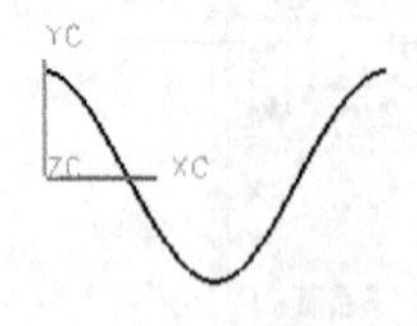

图 9-58 生成余弦波曲线

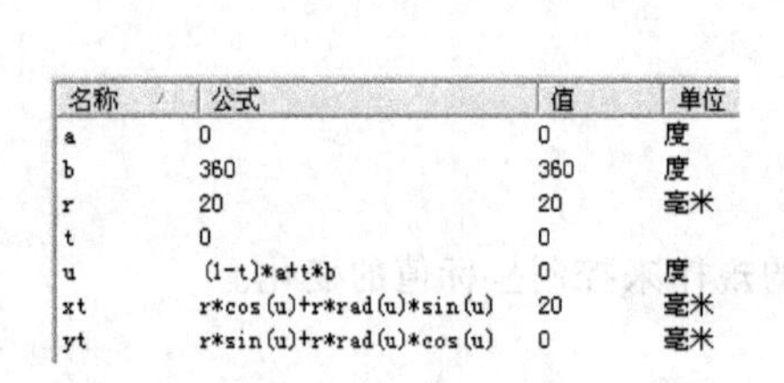

名称	公式	值	单位
a	0	0	度
b	360	360	度
r	20	20	毫米
t	0	0	
u	(1-t)*a+t*b	0	度
xt	r*cos(u)+r*rad(u)*sin(u)	20	毫米
yt	r*sin(u)+r*rad(u)*cos(u)	0	毫米

图 9-59 建立表达式

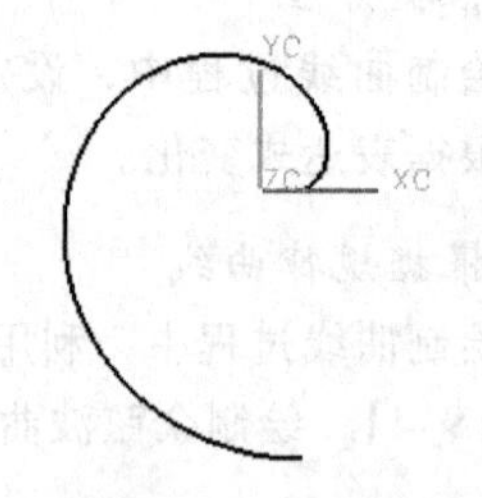

图 9-60 生成渐开线

[5] 使用默认坐标系，直接单击 确定 按钮完成曲线绘制，其结果如图 9-60 所示。

说明：在机械制造上，许多齿轮采用渐开线齿廓。如图 9-60 所示的渐开线齿廓在直角坐标系下的方程式为：$x = r_b \cos u + r_b u \cos u$，$y = r_b \sin u - r_b u \sin u$。其中，r 为基圆半径，u 为渐开线上的点与基点连线的方位角。

9.2.13 样条

单击【插入】/【曲线】/【样条】命令，或单击【曲线】工具条上的 ～ 按钮，系统弹出如图 9-61 所示的【样条】对话框。该对话框上提供了 4 种绘制样条曲线的方法。

1. 根据极点

根据极点方法通过指定极点来限定一条样条曲线。极点是样条曲线的控制点，既可利用【点】对话框构造，也可以从文件中读取。

单击 根据极点 按钮，系统弹出如图 9-62 所示的【根据极点生成样条】对话框。单击 确定 按钮，系统弹出【点构造器】，提示用户指定控制点。依次指定若干控制点后单击 确定 按钮，系统弹出如图 9-63 所示的【指定点】对话框，要求用户确认。此时，如果单击 是 按钮，则生成对应的样条曲线；如果单击 否 按钮，则退回到【点构造器】状态，可以继续添加控制点。

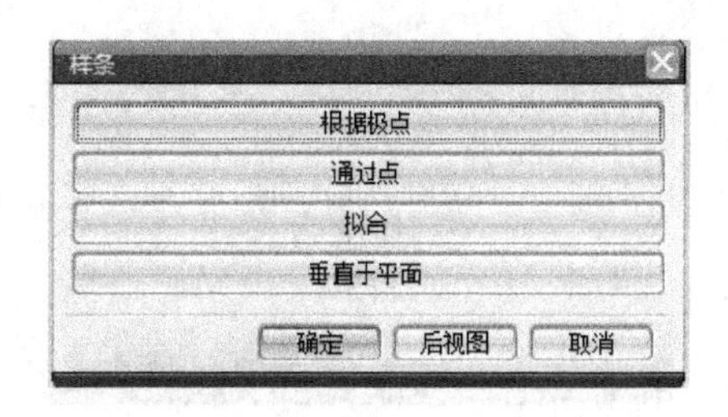

图 9-61　【样条】对话框

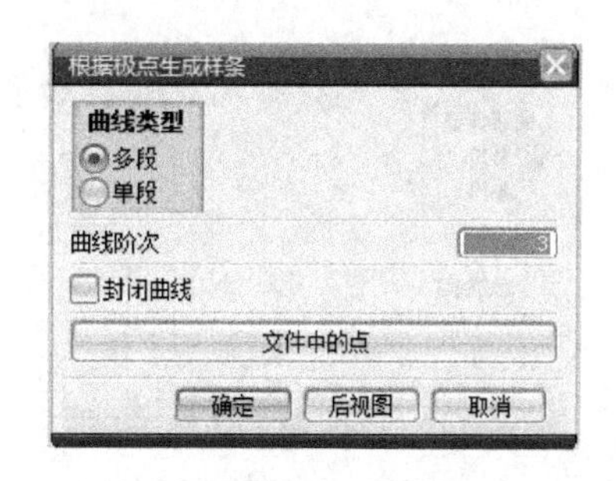

图 9-62　【根据极点生成样条】对话框

图 9-62 所示的【根据极点生成样条】对话框上各选项的意义如下：

(1) 曲线阶次：定义样条的数学多项式的最高次幂。一般情况下，曲线阶次等于曲线的定义点数减一。

(2) 多段：选中该单选按钮，则整条样条曲线由多段小样条曲线构成，定义样条曲线的点可以远远多于曲线阶次。

(3) 曲线阶次：选中该选项，则定义样条曲线的点只能比曲线阶次大一。注意，此时曲线阶次设置无效。

(4) 封闭曲线：该复选框只有选中多段时才可以设置。选中该复选框，绘制的样条曲线自动封闭，即首尾相连。图 9-64 表明了该项选中与否的区别。

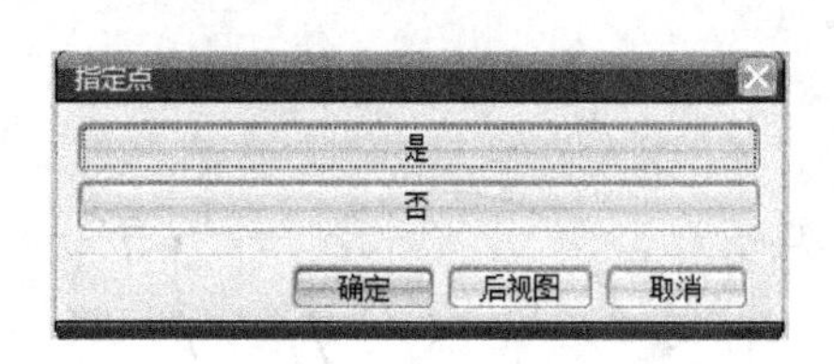

图 9-63　【指定点】对话框

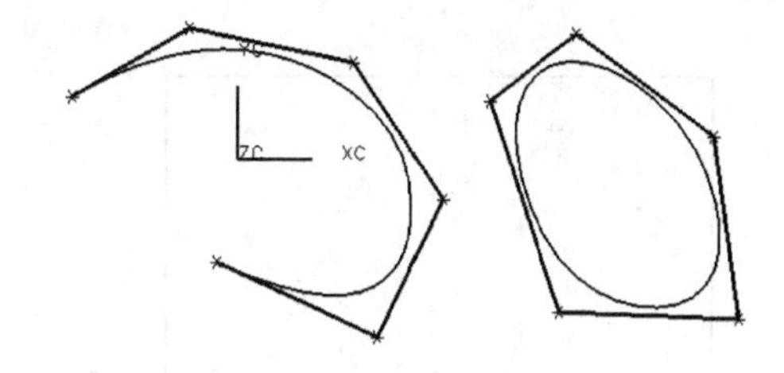

图 9-64　选中封闭曲线选项与否的效果区别

(5) 文件中的点：单击该按钮，可以从现有的 dat 格式文件中读取控制点的数据。至于 dat 格式文件，可以由“记事本”程序创建和打开。dat 格式文件打开事例如图 9-65 所示。

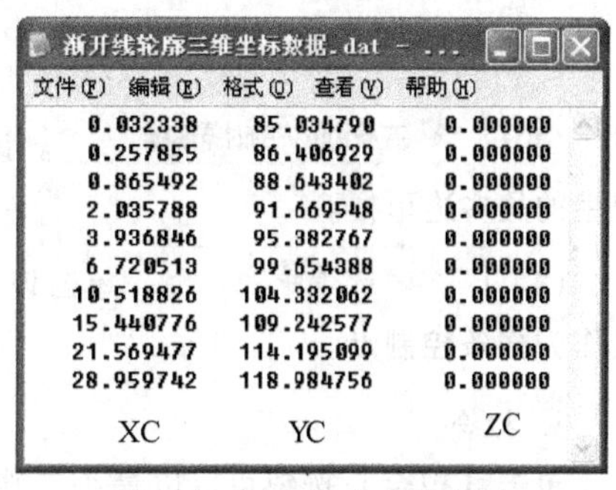
渐开线轮廓三维坐标数据.dat - ...

文件(F)　编辑(E)　格式(O)　查看(V)　帮助(H)

XC	YC	ZC
0.032338	85.034790	0.000000
0.257855	86.406929	0.000000
0.865492	88.643402	0.000000
2.035788	91.669548	0.000000
3.936846	95.382767	0.000000
6.720513	99.654388	0.000000
10.518826	104.332062	0.000000
15.440776	109.242577	0.000000
21.569477	114.195099	0.000000
28.959742	118.984756	0.000000

图 9-65　dat 格式文件事例

2. 通过点

利用通过点方法生成的样条曲线通过所有指定点。

单击通过点按钮，系统弹出如图 9-66 所示的【通过点生成样条】对话框。该对话框比【根据极点生成样条】对话框多了两个按钮，即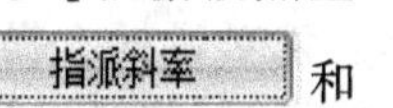指派斜率和指派曲率，用于设置样条通过点处的斜率和曲率。

设置好各参数后单击确定按钮，系统弹出如图 9-67 所示的【样条】对话框。该对话框上提供了 4 种指定通过点的方法生成样条曲线的方式。

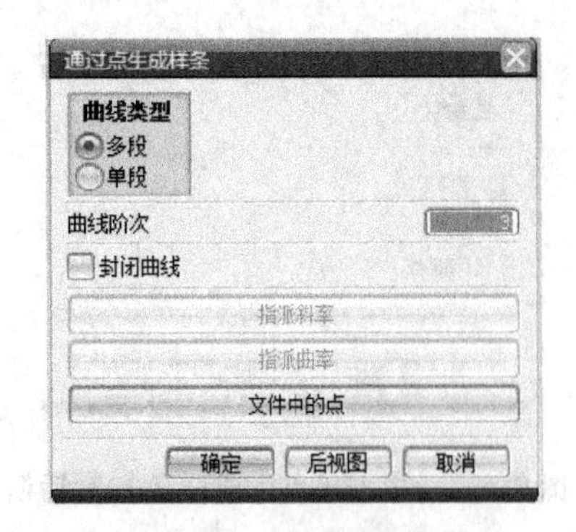

图 9-66 【通过点生成样条】对话框

图 9-67 【样条】对话框

(1) 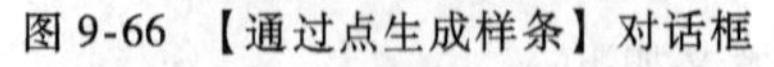

。单击该按钮，系统弹出【指定点】对话框，提示用户依次指定已存点作为样条曲线的起点和终点。指定起点和终点后，系统则自动把起点与终点之间的所有点作为其他的通过点，并再次弹出【通过点生成样条】对话框，提示设置曲线的斜率或者曲率。直接单击 确定 按钮，则生成样条曲线。

(2) 在矩形内的对象成链。单击该按钮，系统弹出【指定点】对话框，提示用户利用矩形框单击已存点作为通过点。如图 9-68 所示用矩形框单击通过点后，系统又弹出对话框，提示用户依次指定样条曲线的起点和终点。在矩形框内指定起点和终点后，单击 确定 按钮，则生成样条曲线。绘制效果如图 9-69 所示。

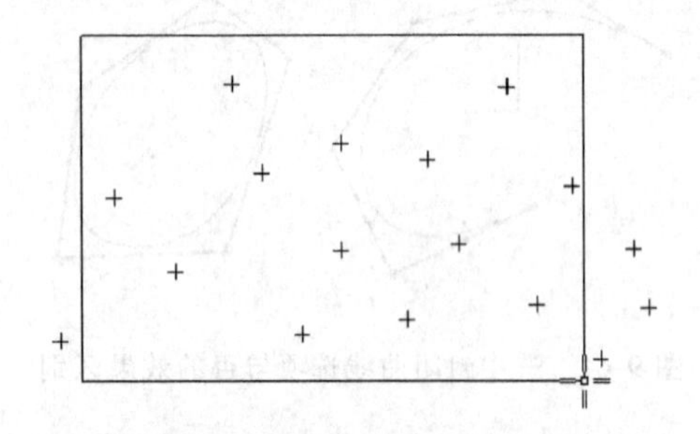

图 9-68 用矩形框选取通过点

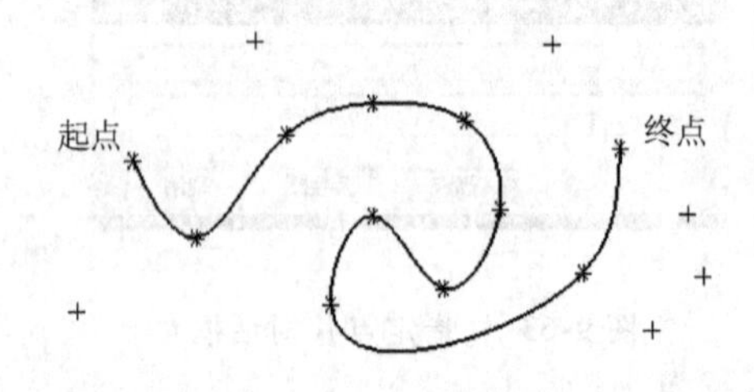

图 9-69 绘图效果

(3) 在多边形内的对象成链。该种方式与在矩形内的对象成链的区别仅在于单击控制点使用的是多边形框。

(4) 点构造器。单击该按钮，弹出【点构造器】对话框，提示用户用新构造的点作为样条控制点。

3. 拟合

单击【拟合】按钮可以以最小二乘法拟合的方式生成样条曲线。

单击该按钮，弹出【样条】对话框。该对话框上提供了 5 种确定样条曲线控制点的方式，单击任意一种方式指定样条曲线的控制点后，系统弹出如图 9-70 所示的【用拟合的方法创建样条】对话框。设置好各种参数单击 应用 按钮，即可生成样条曲线，同时在对话框上显示拟合误差。

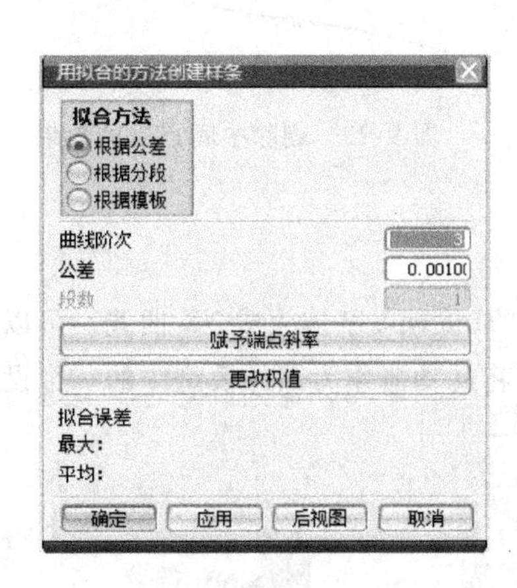

图 9-70　【用拟合的方法创建样条】对话框

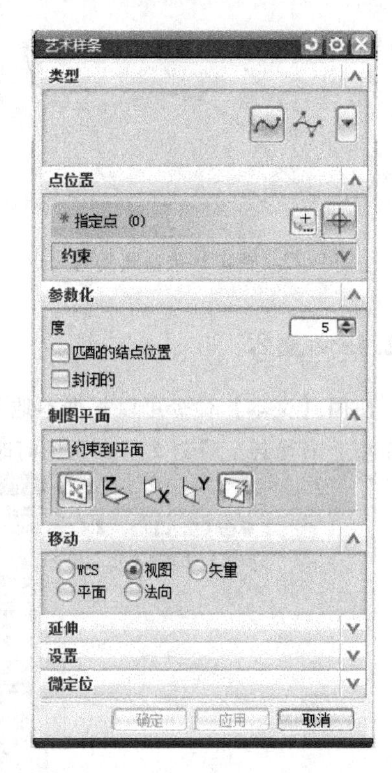

图 9-71　【艺术样条】对话框

4. 垂直于平面

利用垂直于平面功能可以生成垂直于指定平面的样条曲线。

单击该按钮，系统弹出对话框，提示用户选取平面。单击一个已存平面或用平面子功能构造一个新平面作为样条曲线的起始平面。在起始平面上单击一点作为起始点，此时系统提供两个样条曲线的方向（默认的和与默认相反的）供用户单击。确定样条曲线前进方向后，继续指定样条曲线的控制平面。指定平面后，单击 确定 按钮即可生成所需要的样条曲线。

9.2.14　艺术样条

单击【插入】/【曲线】/【艺术样条】命令，或单击【曲线】工具条上的按钮，系统弹出如图 9-71 所示的【艺术样条】对话框。使用此命令可用交互方式创建关联或非关联样条。可以拖动定义点或极点创建样条，可以在给定的点处或者对结束极点指定斜率或曲率，使样条关联保留它们创建的参数，并用参数化方法将其链接到父特征。

【例 9-6】　通过点生成样条曲线。

[1]　单击【艺术样条】对话框上的按钮，在图形工作区域依次指定样条曲线的通过点，则样条曲线动态可见，如图 9-72 所示。

[2]　如果对指定的点不满意，可以将光标移动到该点上方，单击鼠标右键，系统弹出浮动工具条，选择【删除】命令。图 9-73 是删除新指定点的结果。

[3]　如果发现某通过点的位置不对，可以直接用鼠标拖动要调整的点到新位置。

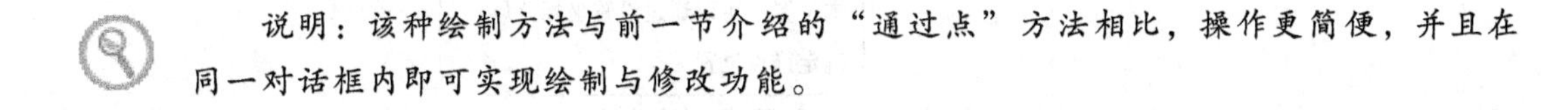

说明：该种绘制方法与前一节介绍的“通过点”方法相比，操作更简便，并且在同一对话框内即可实现绘制与修改功能。

图 9-72 指定样条曲线的通过点　　　　图 9-73 删除中间点后的效果

9.2.15 文本

使用【文本】命令可以根据本地 Windows 字体库中的 True type 字体生成 NX 曲线，可以在产品模型上书写甚至雕刻文字。无论何时需要文本，都可以将此功能作为部件模型中的一个设计元

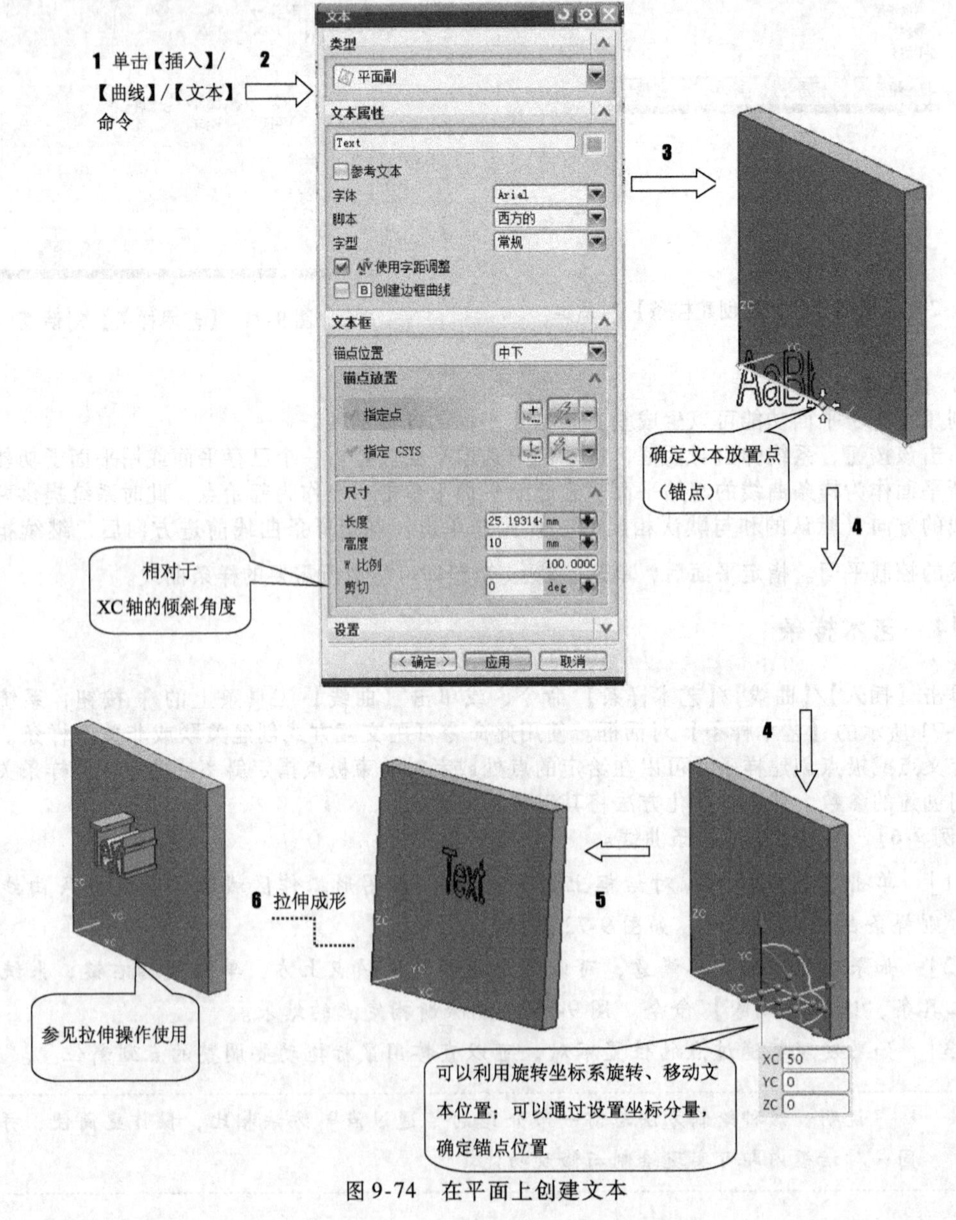

图 9-74 在平面上创建文本

素使用。使用文本，可以单击 Windows 字体库中的任何字体，指定字符属性（加粗、倾斜、类型、字母表），在【文本】对话框中输入文本字符串，并立即在 NX 部件模型内将该字符串转换为几何体组件。文本将追踪所选 True Type 字体的形状，并使用线条和样条生成文本字符串的字符外形，并在平面、曲线或曲面上放置生成的几何体。

单击【插入】/【曲线】/【文本】命令，或单击【曲线】工具条上的 A 按钮，系统弹出【文本】对话框，共有以下 3 种创建方式：

1. 在平面上

在平面上书写文本的操作如图 9-74 所示。

说明：创建平面文本时，UG NX 8.0 默认在 XC-YC 平面内。需要定义其他平面时，要通过旋转、移动等操作。

2. 曲线上

在曲线上书写文本的操作如图 9-75 所示。

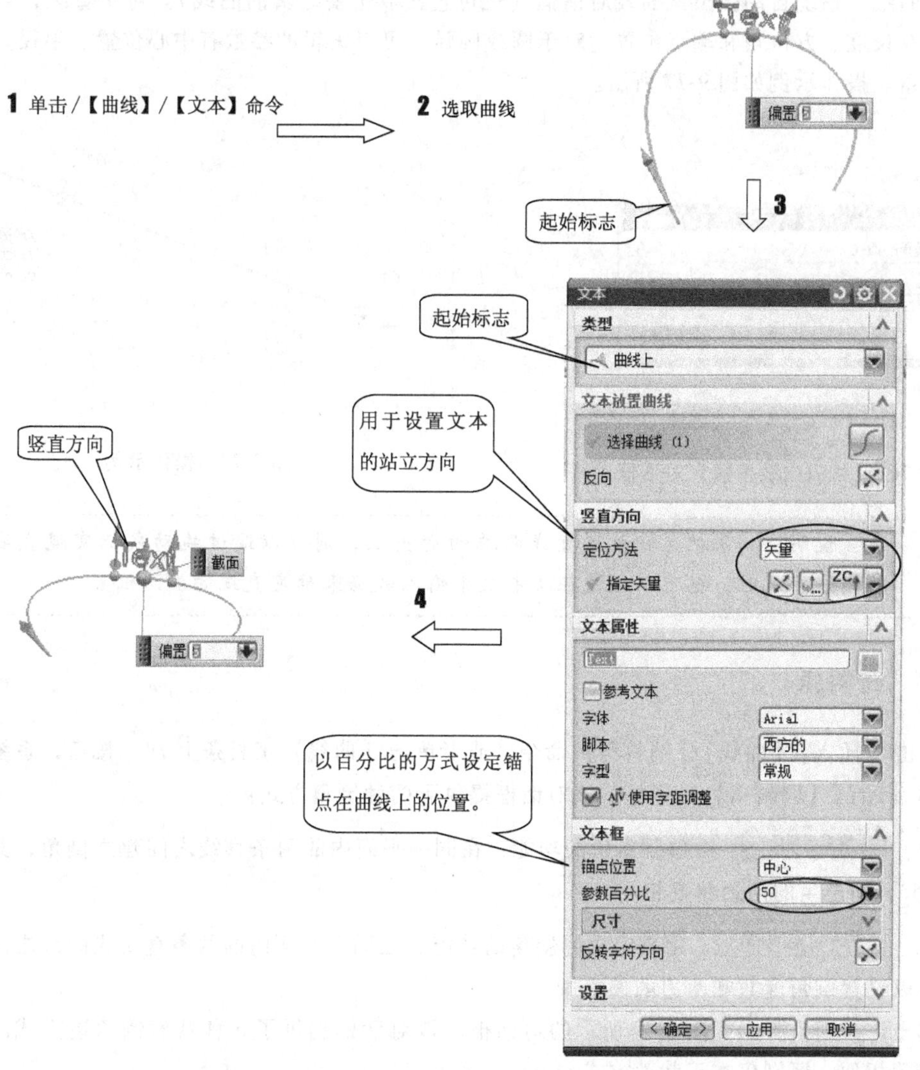

图 9-75 在曲线上创建文本

3. 在面上

在面上书写文本的操作类似于在平面上和曲线上书写文本的操作，差别在于文本的定位。在面上，有两种定位文本锚点的方法：面上的曲线和剖切平面。

9.3 曲线编辑

初步绘制曲线以后，并不能满足要求，经常需要进一步编辑。此时，常用到的命令有参数、修剪、修剪拐角、分割等。有关曲线编辑的命令大都集中于【编辑】/【曲线】子菜单中或【编辑曲线】工具条上。

9.3.1 参数

【参数】选项可编辑大多数类型的曲线。单击【编辑】/【曲线】/【参数】命令，或者单击【编辑曲线】工具条上的按钮，系统弹出如图 9-76 所示的【编辑曲线参数】对话框。单击要编辑的曲线，系统自动弹出该曲线对话框（也可直接双击要编辑的曲线）。对于直线，可以编辑的参数有长度、方位角和端点位置。对于圆或圆弧，可以编辑的参数有中心位置、半径、起始角和终止角。操作示例如图 9-77 所示。

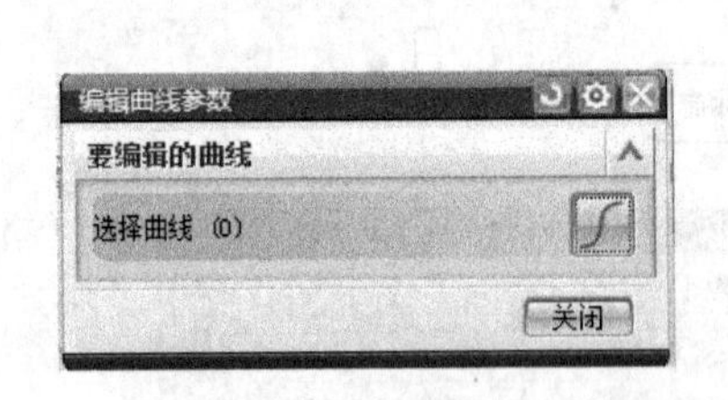

图 9-76 【编辑曲线参数】对话框

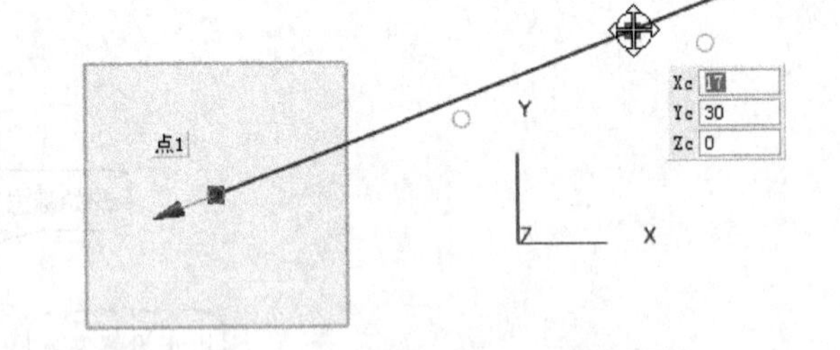

图 9-77 操作示例

说明：如果把光标放到直线两端的箭头上，则可以通过拖动鼠标实现直线的延长或缩短。此时，也可以通过在文本框中输入数据来确定直线的端点位置。

9.3.2 倒斜角

单击【插入】/【曲线】/【倒斜角】命令，或者单击【曲线】工具条上的按钮，系统弹出如图 9-78 所示的【倒斜角】对话框。该对话框提供了两种倒角方式：

（1）简单倒斜角。简单倒斜角的功能：在同一平面内的两条直线之间建立倒角，其倒角度数为 45°，即产生的两边偏置相同。

（2）用户定义倒斜角。用户定义倒斜角的功能：在同一平面内的两条直线或曲线之间建立倒角，可以设置倒角度数和两边的偏置量。

单击该按钮，弹出如图 9-79 所示的对话框。该对话框提供了 3 种裁剪倒角边方式。它们的操作步骤相似，区别仅在于裁剪方式。

（1）自动裁剪：系统自动执行裁剪。

（2）手工裁剪：系统提示用户是否裁剪原曲线。

（3）不裁剪：对要倒角的两曲线不进行裁剪。

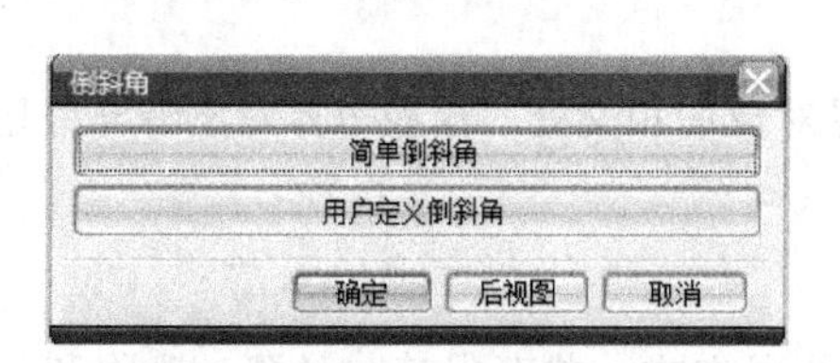

图 9-78 【倒斜角】对话框（一）

图 9-79 【倒斜角】对话框（二）

9.3.3 修剪

使用【修剪曲线】命令，根据选定用于修剪的边界实体和曲线分段来调整曲线的端点，可以修剪或延伸直线、圆弧、二次曲线或样条，可以修剪到（或延伸到）曲线、边缘、平面、曲面、点或光标位置，可以指定修剪过的曲线与其输入参数相关联。

当修剪曲线时，可以使用体、面、点、曲线、边缘、基准平面和基准轴作为边界对象。

单击【编辑】/【曲线】/【修剪】命令，或者单击【编辑曲线】工具条上的按钮，系统弹出如图 9-80 所示的【修剪曲线】对话框。该对话框上重要参数的意义如下：

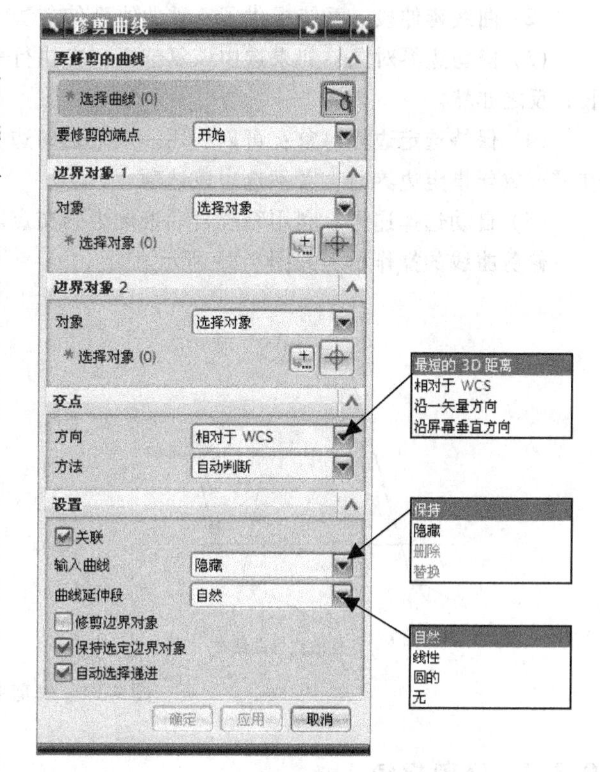

图 9-80 【修剪曲线】对话框

1. 要修剪的曲线

【要修剪的曲线】选项区用于指定要修剪或者延长的曲线。

2. 边界对象 1

【边界对象 1】选项区用于指定第一条边界曲线。它为裁剪或者延长时的依据，用户必须指定。

3. 边界对象 2

【边界对象 2】选项区用于指定第二条边界曲线。它为裁剪或延长时的依据，用户可以不指定，而只有一个边界对象。

4. 交点

【交点】选项区用于设定边界对象与待修剪曲线交点的判定方法。

（1）最短的 3D 距离：将曲线修剪或延伸到与边界对象的相交处，并以三维尺寸标记最短距离。

(2) 相对于 WCS：将曲线修剪或延伸到与边界对象的相交处，这些边界对象沿 ZC 方向投影。

(3) 沿一矢量方向：将曲线修剪或延伸到与边界对象的相交处，这些边界对象沿选中矢量的方向投影。

(4) 沿屏幕垂直方向：将曲线修剪或延伸到与边界对象的相交处，这些边界对象沿屏幕显示的垂直方向投影。

5. 设置

(1) 输入曲线：用于指定修整过程中对原曲线的处理方式，共有保持、隐藏、删除和替换 4 种。

(2) 曲线延伸段：系统提供了 4 种曲线延伸方法，即自然、线性、圆的、无。

(3) 修剪边界对象：如果选中该复选框，在执行命令的同时，自动对边界对象进行修剪或延长；反之亦然。

(4) 保持选定边界对象：可以利用一次指定的边界对象完成对多个曲线对象的修整。但是，在需要重新指定边界时，需不选中该选项。

(5) 自动选择递进：利用系统自动推测出的交点。

修剪曲线的操作示例如图 9-81 所示。

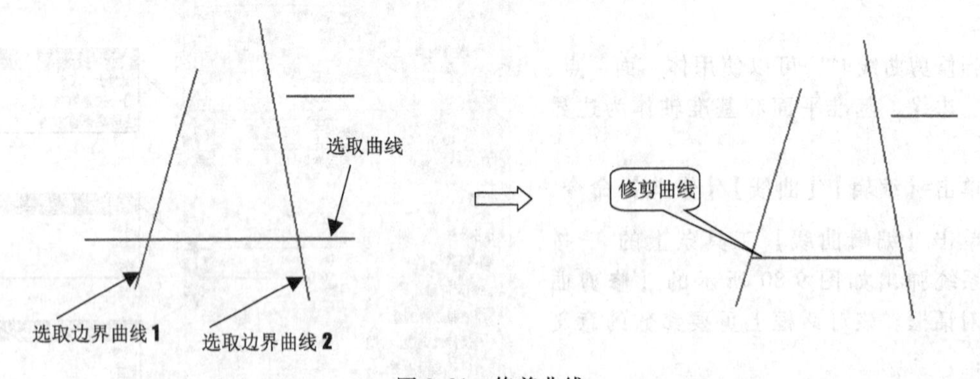

图 9-81 修剪曲线

9.3.4 修剪拐角

使用【修剪拐角】命令可对两条曲线进行修剪，将其交点前的部分修剪掉，从而形成一个拐角。

单击【编辑】/【曲线】/【修剪拐角】命令，或单击【编辑曲线】工具条上的 ┐ 按钮，系统弹出【修剪拐角】对话框。单击两相交曲线的交点附近，可以修剪两曲线到交点处。需要说明的是，光标拾取的位置将是修剪掉的部分。操作示例如图 9-82 所示。

9.3.5 分割

使用【分割曲线】命令将曲线分割为一连串同样的分段（线到线、圆弧到圆弧）。所创建的每个分段都是单独的实体，并且与原始曲线使用相同的线型。新的对象和原始曲线放在同一图层上。

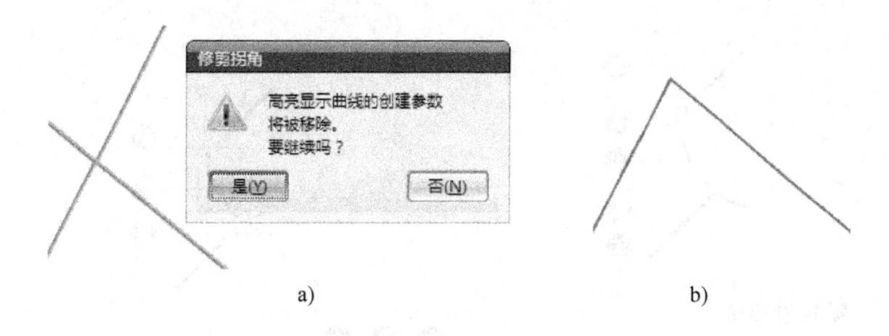

a)　　　　b)

图 9-82　修剪角操作示例
a）修剪前　b）修剪后

单击【编辑】/【曲线】/【分割】命令，或单击【编辑曲线】工具条上的 按钮，系统弹出如图 9-83 所示的【分割曲线】对话框。该对话框上提供了 5 种分割曲线的方法。利用该对话框可以将指定曲线分割成多个曲线段，每一段成为新的独立曲线对象。

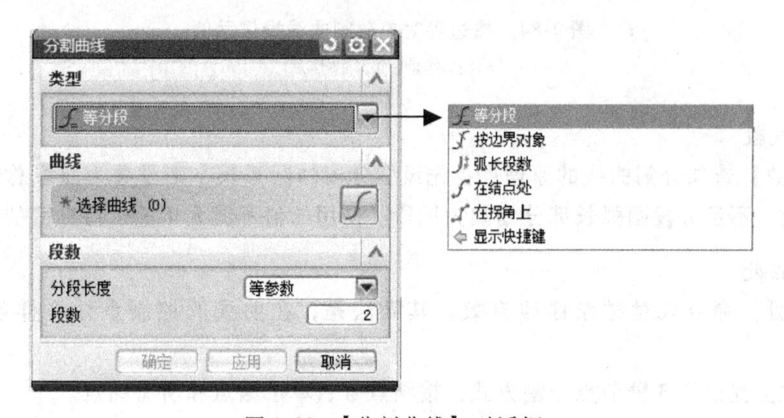

图 9-83　【分割曲线】对话框

1. 等分段

【等分段】选项均匀等分曲线。有两种计算分段长度的方法：等参数和等弧长。选取曲线，设置好该对话框上的参数与选项后，单击 确定 按钮，即可完成曲线分割。

（1）等参数：选择该选项，则以曲线的参数性质均分曲线。例如，直线依据的是等分线段，圆弧或椭圆依据的是等分角度。

（2）等弧长：选择该选项，则按照等分圆弧长来分割曲线。

（3）段数：该参数代表均匀分割曲线的段数。

2. 按边界对象

【按边界对象】选项利用边界对象来分割曲线。该对话框上提供了 5 种设置边界对象的方法，即现有曲线、投影点、2 点定直线、点和矢量、按平面。选取要分割的曲线，设置好边界对象后，单击 确定 按钮，即可完成曲线分割。操作示例如图 9-84 所示。

多数情况下，当单击边界对象时，软件会提示指出边界对象和待分段曲线之间的大致交点。如果待分段曲线和边界曲线都是直线，则不需要指出大致的交点。如果单击的两条曲线不相交，将显示出错消息。

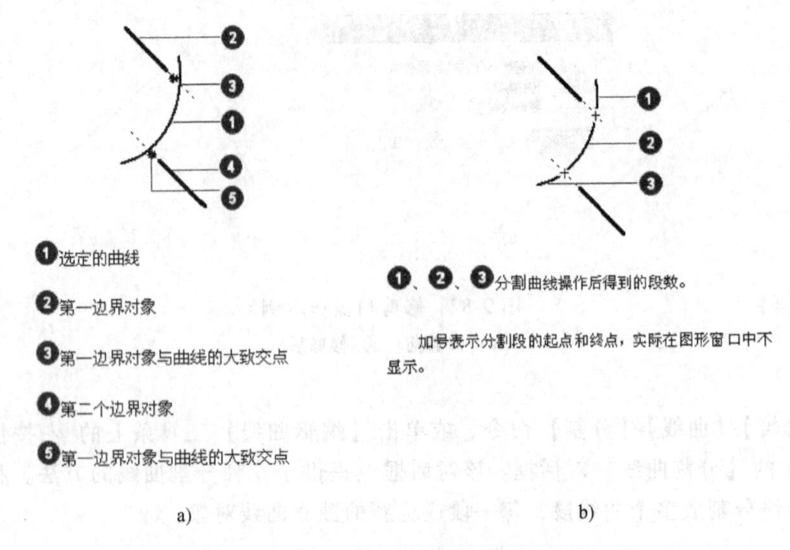

图 9-84　按边界对象分割曲线操作示例
a）操作前　b）操作后

3. 弧长段数

【弧长段数】选项分割曲线的原理：首先设置分段的圆弧长，则段数为曲线总长除以分段圆弧长所得整数，不足分段圆弧长部分划归为尾段。使用的值不能大于等于待分割的曲线圆弧长。

4. 在结点处

【在结点处】命令只对样条曲线有效。其做法是，在曲线的控制点处将样条曲线分割成多段。

该对话框上提供了 3 种节点分割方式：按结点号、单击结点和所有结点。

5. 在拐角上

【在拐角上】命令只对样条曲线有效。其做法是在曲线的拐角处（一阶不连续点处）将样条曲线分割成多段。如果所选的样条没有任何拐角，则自动取消单击该曲线，并且软件会显示以下出错消息：无法再分割- 曲线中没有拐角。

9.3.6 圆角（Fillet）

【圆角】命令用于编辑现有的圆角。此选项的操作类似于两个对象圆角的创建方法。在编辑圆角时，单击【编辑】/【曲线】/【圆角】命令，或单击【编辑曲线】工具条上的按钮，系统弹出【编辑圆角】对话框，如图 9-85 所示。该对话框提供了 3 种修剪方式：自动修剪、手工修剪和不修剪。这些方法和创建圆角时所用的是相同的，但必须按逆时针方向单击要编辑的对象，这样才能保证新的圆角以正确的方向画出。

1. 编辑圆角步骤

（1）单击想用的修剪方法。

（2）按提示依次单击要编辑的第一条边线、圆角、第二条边线。

（3）系统弹出如图 9-86 所示的【编辑圆角】对话框，在对话框中定义用于创建需修改的圆角的参数。

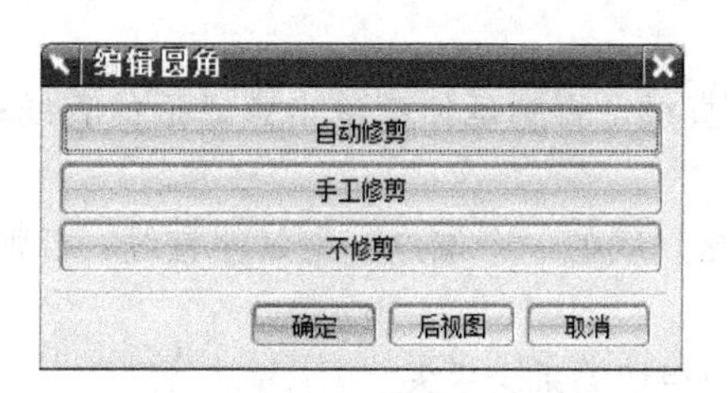

图 9-85 【编辑圆角】对话框（一）

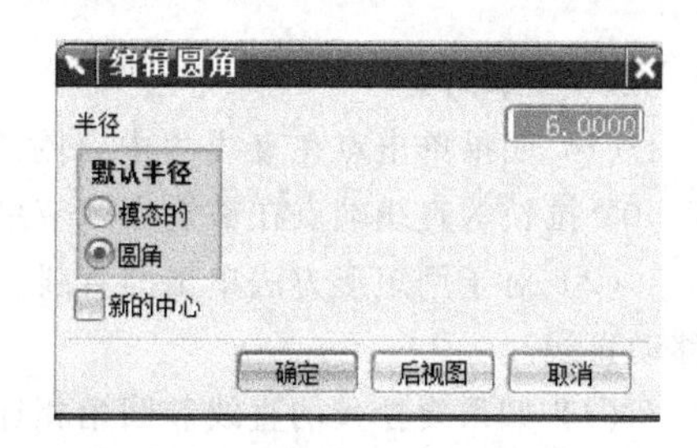

图 9-86 【编辑圆角】对话框（二）

2. 编辑圆角参数选项

（1）半径：指定圆角的新半径值。半径值默认为被选圆角的半径或用户最近指定的半径。

（2）默认半径：在“圆角”和“模态”之间切换。当设为“圆角”时，每编辑一个圆角，半径值就默认为它的半径。如果默认值为“模态”，半径值保持恒定，直到输入新的半径或半径默认值被更改为“圆角”。

（3）新的中心：若不选中该复选框，当前圆角的圆弧中心用于开始计算修改的圆角。

说明：当更改圆角的中心点或半径时，所有相关的制图对象会自动更新。

9.3.7　拉长

单击【编辑】/【曲线】/【拉长】命令，或单击【编辑曲线】工具条上的按钮，系统弹出如图 9-87 所示的【拉长曲线】对话框。利用该对话框可以移动几何对象，同时拉长或缩短选中的直线。可以移动大多数对象类型，但只能拉长或缩短直线。

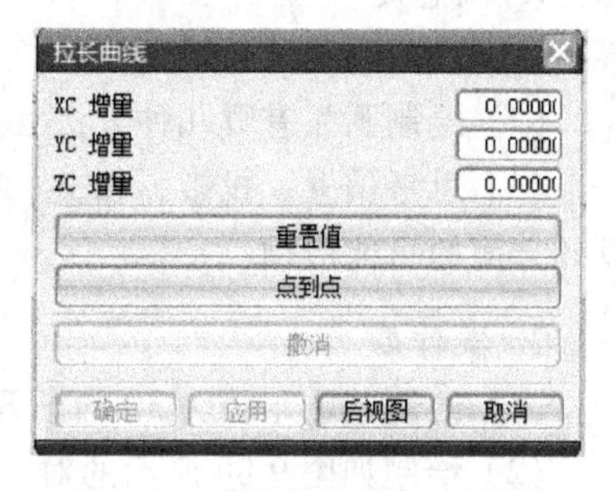

图 9-87 【拉长曲线】对话框

1. 对话框上参数意义

（1）XC 增量、YC 增量和 ZC 增量：要使用“增量”方法，请输入 XC、YC 和 ZC 增量的值。按这些增量值移动或拉长几何体。

（2）重置值：把这 3 个增量缓冲区重设为零。

（3）点到点：显示【点构造器】对话框，使用户可以定义参考点和目标点（【拉长曲线】对话框可以更新 XC、YC 和 ZC 增量的值）。

（4）撤销：把几何体更改成先前的状态。

2. 操作步骤

（1）单击【拉长】命令，弹出【拉长曲线】对话框。

（2）单击想要拉长的几何体，既可以个别地选取也可以用矩形框。

（3）指定用来拉长选中对象的方法，可选【增量】或【点到点】。

（4）单击【应用】或【确定】按钮把选中的对象从参考点延伸或移动到目标点。移动的几何体按增量值平移，删除零长度的线。

说明：如果单击【应用】按钮来执行拉长，【拉长曲线】对话框一直开着并且所有对象均保持选中状态。此时可以添加新的对象，取消先前选中的对象，然后再次单击【应用】按钮。

3. 基本约定

(1) 如果单击点在直线的中点附近，则移动单选的直线，否则延伸离单击点最近的直线端点。要拉长的直线端点在被选中后带星号高亮显示。

(2) 对于用矩形方法单击的直线，如果矩形内只包含直线的一个端点，则延伸直线；否则，移动直线。

(3) 如果要拉长的直线和圆角相连，则圆角到直线的相切关系会丢失。

(4) 如果接受把直线拉长到零长度的操作，则将删除该直线。

(5) 当执行“更新”时，会调整关联的几何体。

9.4 本章小结

本章主要介绍了曲线绘制和编辑的基本方法。通过本章的学习，用户对空间曲线应该有了较深刻的了解，为以后掌握复杂的零件建模打下良好的基础。

9.5 习题

1. 概念题

(1) 如何绘制角的平分线？

(2) 绘制圆弧有哪几种方法？

(3) 思考偏置、投影、相交、截面命令在机械造型设计方面的可能应用。

2. 操作题

(1) 绘制基圆半径为 30 的渐开线。

(2) 绘制如图 9-88 所示的对心直动滚子推杆盘形凸轮的实际轮廓曲线。已知推杆的运动规律为：当凸轮转过 60°时，推杆等加速等减速上升 10mm；凸轮继续转过 120°时，推杆停止不动；凸轮再继续转过 60°时，推杆等加速等减速下降 10mm；最后，凸轮转过所余下的 120°时，推杆又停止不动。设凸轮系顺时针方向等速转动，其基圆半径为 50mm，推杆滚子的半径为 10mm，凸轮的中央孔径为 25mm，厚度为 30mm。

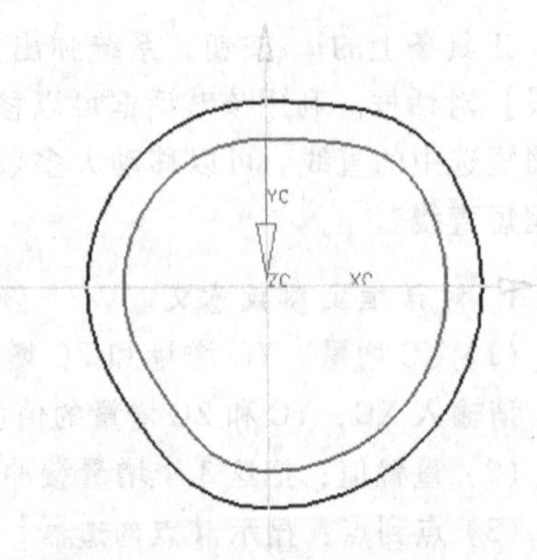

图 9-88 凸轮理论轮廓与实际轮廓曲线

第10章　系统设置

UG NX 8.0 对建模等各模块都作了初始化设置，用户可以直接使用这些系统设置，也可以作相应的修改。这些设置包括用户初始界面的设置、装配首选项、制图首选项等的设置。通过本章的学习，用户可根据自己的工作特点和喜好进行相关的系统设置，既能体现用户的个性，又可提高工作效率。

拓展视频

探月精神

10.1　调整用户界面

用户可以依据自己的需要调整 UG NX 8.0 的用户界面。调整用户界面主要有两种方法：选择角色和定制。

10.1.1　选择角色

如图 10-1 所示，UG NX 8.0 一共设置了 19 种角色，分属两大类：行业特定的和系统默认。用户可以根据自己的实际情况选取角色，系统自动调整为最适合相应角色的用户界面。

10.1.2　用户界面的定制

单击【工具】/【定制】命令，或者在已经存在的工具条上单击鼠标右键，在弹出的快捷菜单上选择【定制】命令，系统弹出如图 10-2 所示的【定制】对话框。利用该对话，用户可以调整界面的工具条、命令、布局等。

软件所提供的工具条非常方便实用。但有时候为了尽量拥有较大图形窗口的需要，又不希望有工具条。因此，默认情况下，在用户界面上只显示常用的工具条及图标按钮。用户可以根据需

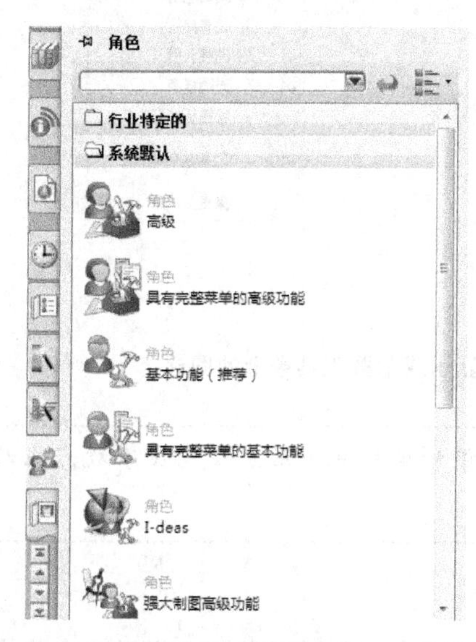

图 10-1　角色导航器

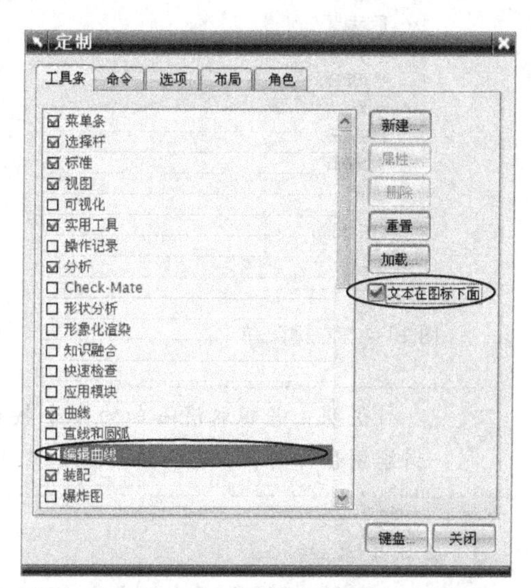

图 10-2　【定制】对话框

要及个人使用习惯，随时显示或隐藏工具条。

1. 显示和隐藏工具条

方法一：在图 10-2 所示的对话框中选中某工具条名称复选框，则相应的工具条将显示在工作界面上（如“编辑曲线”）；不选中某工具条名称复选框，则在工作界面上隐藏相应的工具条。此时，如果选中 ☑图标下面的文本，则相应的【编辑曲线】工具条变为如图 10-3 所示，即在相应的图标下面显示对应的命令名称。

图 10-3 【编辑曲线】工具条

方法二：在工具栏的任何空白处，单击鼠标右键，弹出如图 10-4 所示的快捷菜单，菜单中已经勾选的说明其工具栏在界面上已经显示，可单击进行工具栏的显示与隐藏。

2. 在工具条上添加命令按钮

如图 10-5 所示，在每一个工具条的右上方都有一个黑色箭头，当用鼠标单击该箭头时，系统逐次展开菜单，选取相应菜单上的命令，即在命令前显示“☑”，则对应的按钮在工具条上显示；反之亦然。如果菜单中没有相应的命令，单击“定制”按钮，系统即可弹出【定制】对话框。单击【命令】选项卡，现以在【曲线】工具栏上添加【样条】按钮为例说明该方法的应用。具体操作如图 10-6 所示。

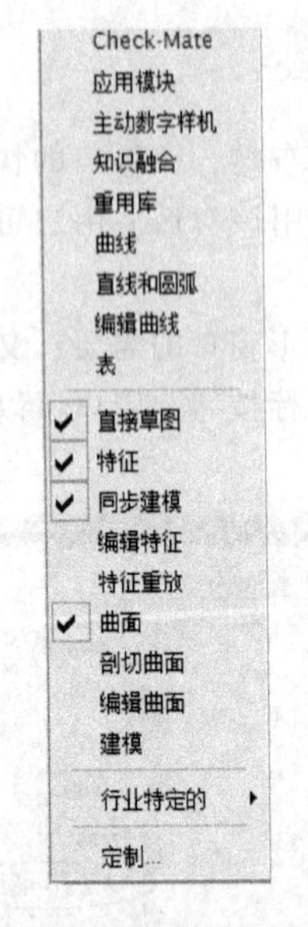

图 10-4 右键菜单

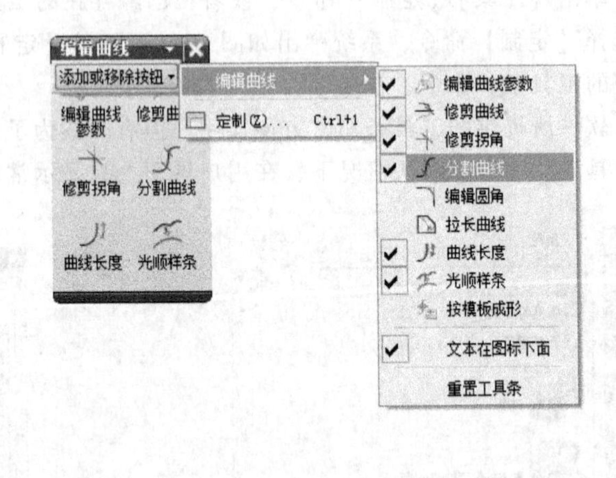

图 10-5 显示或隐藏工具条上的图标

说明：若想取消添加的命令按钮，只需单击该命令按钮，用左键拖住不放，拖动到绘图区即可。

3. 调整状态栏

如图 10-7 所示，单击【定制】对话框上的【布局】选项卡，此时可以调整提示栏、状态栏、选择条相对于工作区域的位置：顶部或者底部。

4. 在下拉菜单中添加命令

在【定制】对话框中单击【命令】选项卡，即可打开定制命令的选项卡，如图 10-8 所示。通过该选项卡可以改变下拉菜单的布局，可以将各类命令添加到下拉菜单中。下面以【插入】/【曲线】/【基本曲线】命令为例说明定制过程。

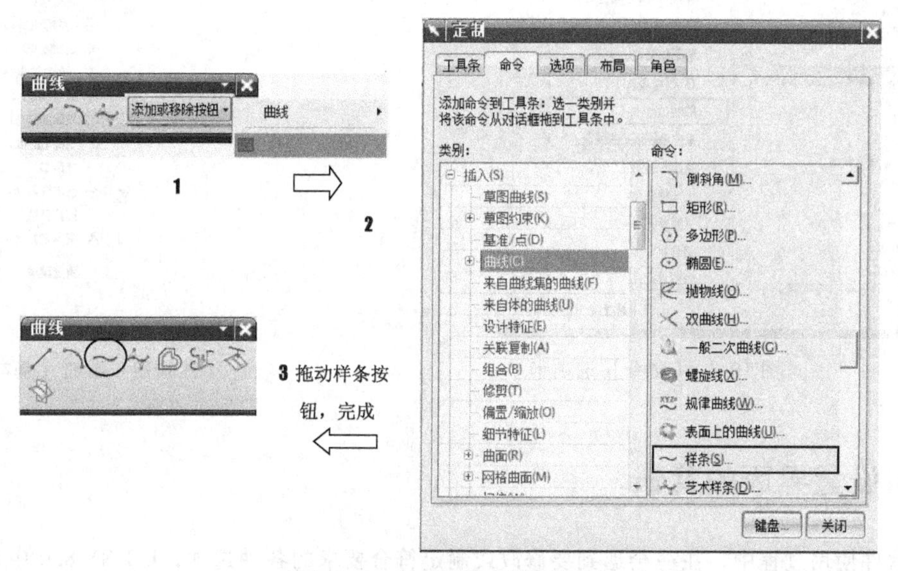

图 10-6　在工具条上添加按钮

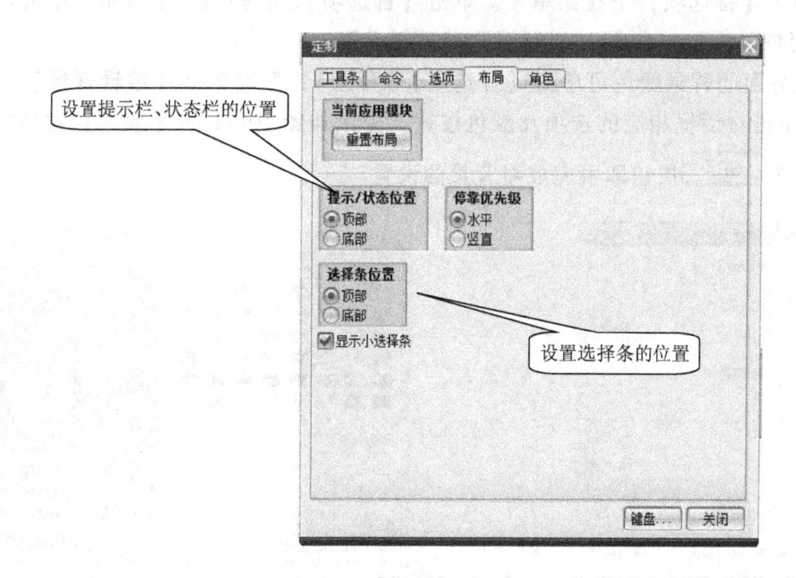

图 10-7　【定制】对话框

在图 10-8 中的【类别】下拉列表中选择 插入(S)，在【命令】选项卡中出现该种类的所有按钮。右击【曲线】选项，在弹出的快捷菜单中选择【添加或移除按钮】中的【基本曲线】命令，如图 10-9 所示。单击 关闭 按钮，完成对“基本曲线”命令的添加。

选择【插入】/【曲线】选项，可以看到【基本曲线】命令已被添加。

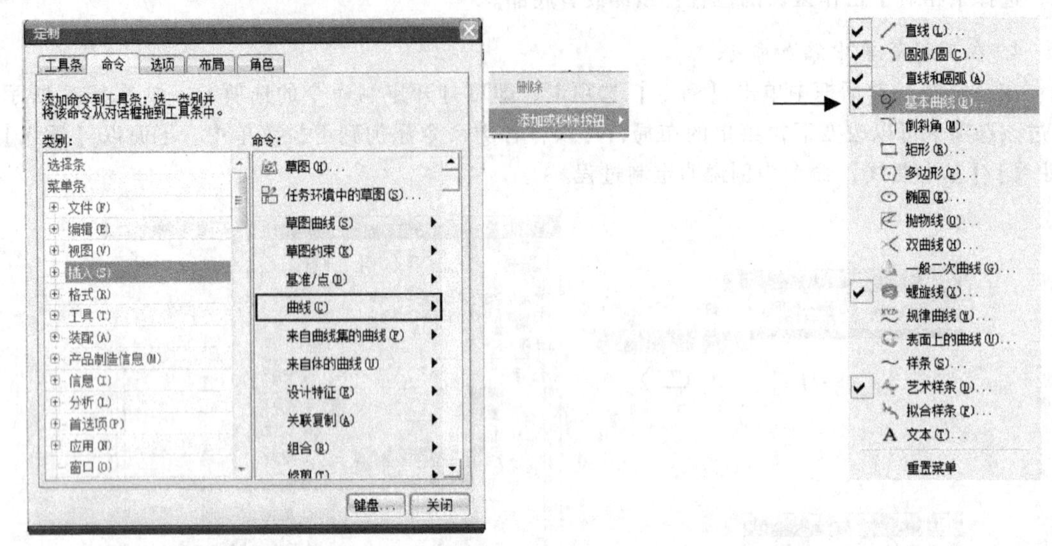

图 10-8 【命令】选项卡

图 10-9 添加【基本曲线】

10.2 设置界面的背景

在软件使用过程中，往往会遇到要修改或制定符合要求的各种选项，UG NX 8.0 中用于界面的各种设置均在【首选项】下拉菜单中。单击【首选项】，在弹出的下拉菜单中可以分别对“单个对象”、“用户界面”、“背景”、“制图”等进行设置。

如要修改界面的背景颜色可单击【首选项】/【背景】，系统弹出【编辑背景】对话框，如图 10-10 所示。单击对话框相应的选项及颜色按钮，弹出如图 10-11 的【颜色】对话框中，选择想要的颜色，单击 确定 按钮即可完成对背景的设置。

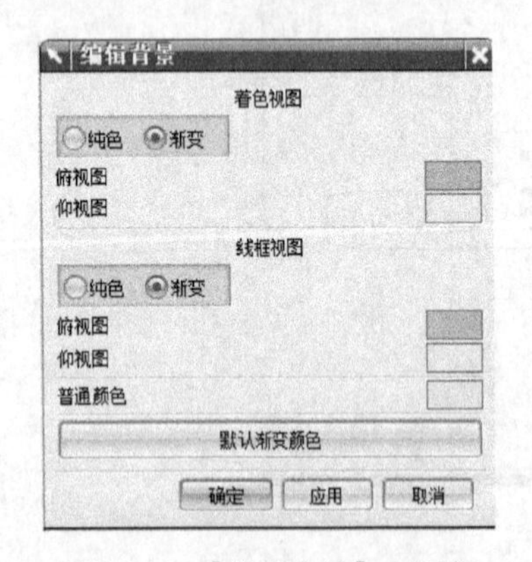

图 10-10 【编辑背景】对话框

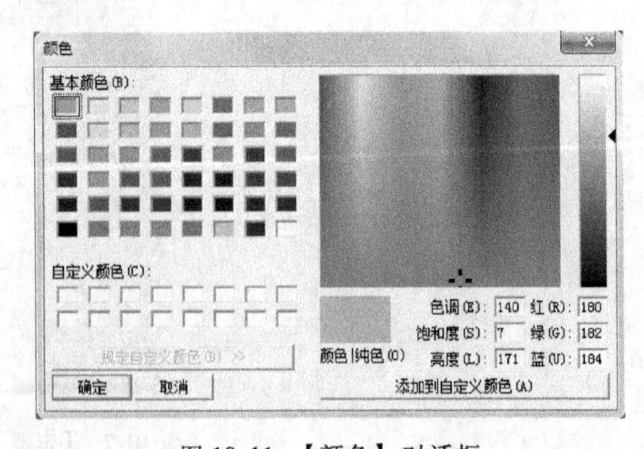

图 10-11 【颜色】对话框

10.3 工程图首选项

工程图制作是一项规范性很强的工作。世界上不同的国家和地区采用不同的标准，其中从视图表达方式到尺寸、注释、线型等都作了明确的规定。在一般情况下，绘制的工程图应该符合中国国家标准 GB 的规定，在同国外企业交流时则应尽量符合对方的标准。UG NX 8.0 提供了对世界主要标准的支持。通过对工程图环境的定制，可以使工程图满足各种标准的要求。

制图模块首选项主要应用于制图中一些默认控制参数的设置，一般通过以下几种途径实现：

（1）用户默认文件：ug_ metric. def 或者 ug_ English. def 文件中的制图节，通常由系统管理员按照国家标准或者企业标准统一设定。

（2）部件文件：在部件文件内通过执行【首选项】菜单中相应的命令来设置，其结果影响整个部件文件。

（3）部件文件内特定的对象：改变部件文件中个别对象的首选项。该种方式既是设置，又是修改。

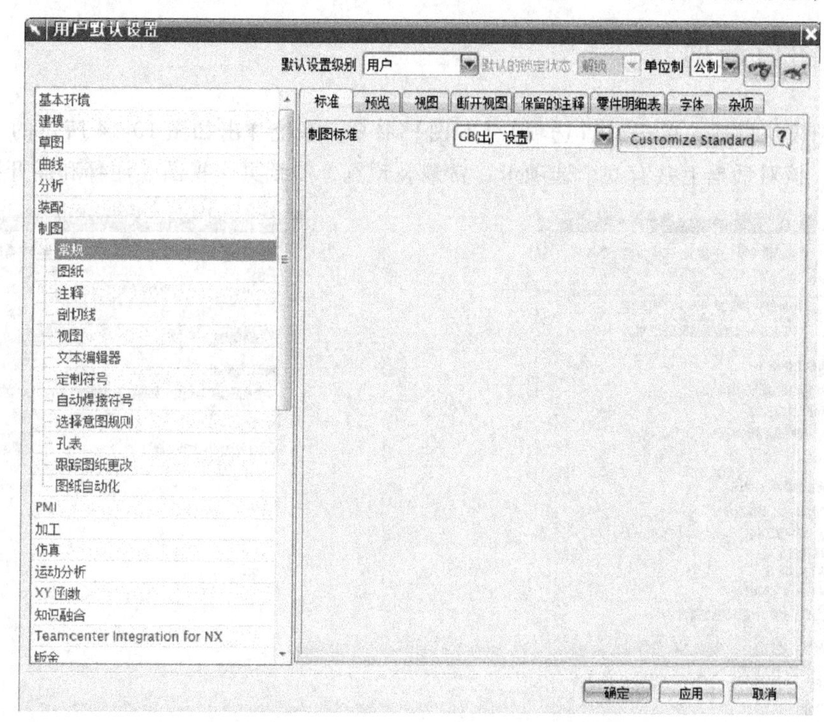

图 10-12　【用户默认设置】对话框

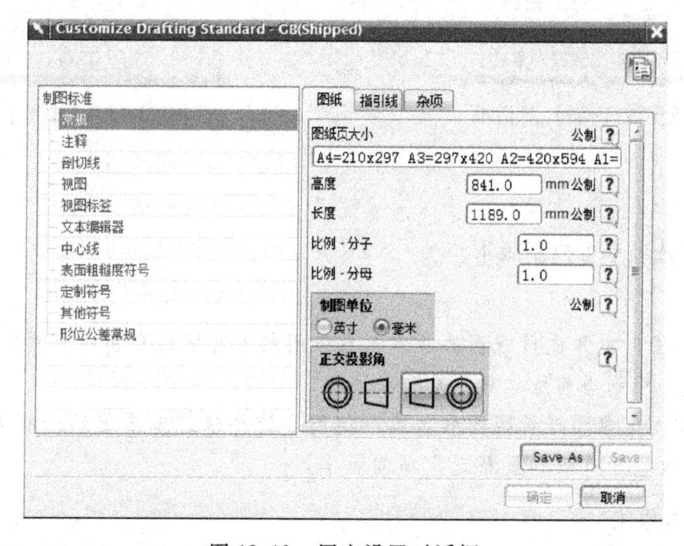

图 10-13　用户设置对话框

对于制图应用参数的预设置可以通过单击【文件】/【实用工具】/【用户默认设置】，系统弹出的【用户默认设置】对话框来实现，如图 10-12 所示。单击图 10-12 中的 Customize Standard 按钮，弹出如图 10-13 所示的对话框。在该对话框中通过不同的选项，可对常规、注释、剖切线、视图、中心线、文本编辑器、等相关内容进行设置。

说明：制图应用参数的预设置，应用于所有的参数，在这个环节设置得合适，就可以在以后的制图中一劳永逸，提高制图效率。

10.4 制图首选项

进入制图模块以后，单击【首选项】/【制图】命令，系统弹出如图 10-14 所示的【制图首选项】对话框。该对话框上共有 6 个选项卡：常规、预览、图纸页、视图、注释和断开视图。

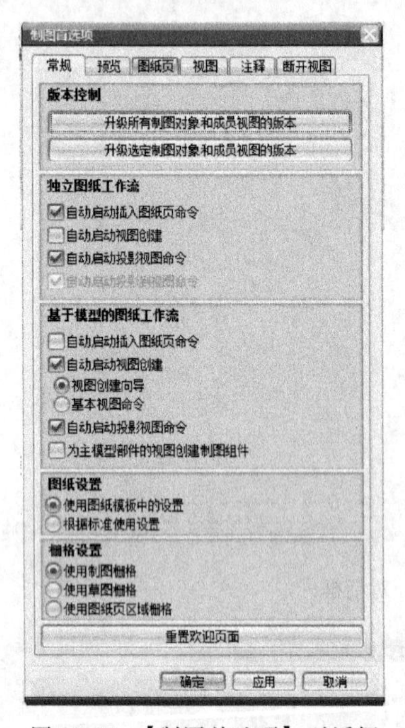

图 10-14 【制图首选项】对话框

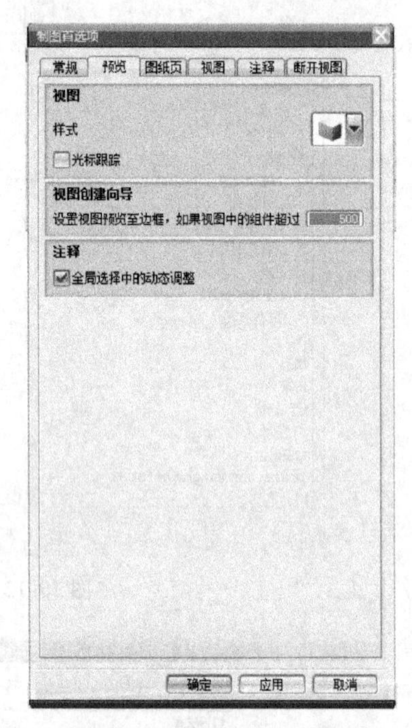

图 10-15 【预览】选项卡

10.4.1 常规

使用【常规】选项卡可控制版本。

1. 版本控制

- 升级所有制图对象和成员视图的版本：在禁用版本升级时更新所有制图对象和成员视图，使它们的版本重新升级到当前版本的 NX 8.0。
- 升级选定制图对象和成员视图的版本：使用类选择来选择要重新升级其版本的制图对象或成员视图，并且仅重新升级和更新选定项的版本。

2. 独立图纸工作流

- 自动启动插入图纸页命令：使用类选择来选择要重新升级其版本的制图对象和/或成员视

图，并且仅重新升级和更新选定项的版本。

- 自动启动投影视图命令：选中该选项后，在插入模型视图后，启动投影视图对话条。

3. 基于模型的图纸工作流

- 使用图纸模板中的设置：选中该项，使用图纸模板中的设置。

4. 图纸设置

- 根据标准使用设置：选中该项，使用用户默认设置中存储的制图标准的设置。

10.4.2　预览

【预览】选项卡如图 10-15 所示。

1. 样式

- 边界：显示视图边界框。
- 线框：用单色显示线框，有轮廓线和隐藏线。
- 隐藏线框：用单色显示线框，且无轮廓线和隐藏线。
- 着色：显示一个没有背景和高级渲染功能（雾化、纹理等）的彩色着色预览。

2. 光标跟踪

选中【光标跟踪】复选框，使用 XC/YC 坐标或偏置距离来放置视图。坐标和偏置值显示在屏显输入框中。偏置是相对于视图中心的。当光标在图形窗口中移动时，系统会跟踪它在图纸坐标中的位置并将其显示在图纸的 XY 坐标框和偏置框中。

10.4.3　视图

【视图】选项卡如图 10-16 所示。该选项卡上各参数的意义如下：

1. 更新

- 延迟视图更新：一般地，在进入制图模块时，系统会初始化图纸并根据三维模型的变化自动更新各个视图。如果选中【延迟视图更新】复选框，则图纸初始化时并不立即更新视图，以提高操作速度。此时，图纸的左下角显示 OUT-OF-DATE 标记；反之亦然。
- 创建时延迟更新：与【延迟视图更新】复选框的意义类似，差别在于仅控制图纸初始创建时。

2. 边界

- 显示边界：选中该复选框，则当前图纸中所有视图的边界线按照设置的边界颜色显示；反之，则隐藏视图边界。
- 边界颜色：用于设置视图边界的显示颜色。
- 活动视图颜色：用于设置活动视图的显示颜色。

3. 显示已抽取边的面

- 显示和强调：强调显示抽取的边缘线和表面。
- 仅曲线：仅显示抽取的边缘线。

4. 加载组件

- 小平面化视图选择时：选中该复选框，在选择视图进行操作时，装载小平面组件。
- 小平面化视图更新时：选中该复选框，在更新视图时，装载小平面组件。

10.4.4 注释

【注释】选项卡如图 10-17 所示。该选项卡上各参数的意义如下：

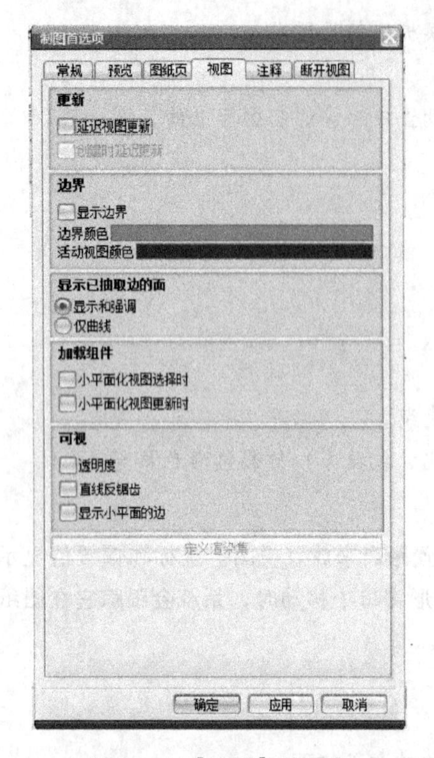

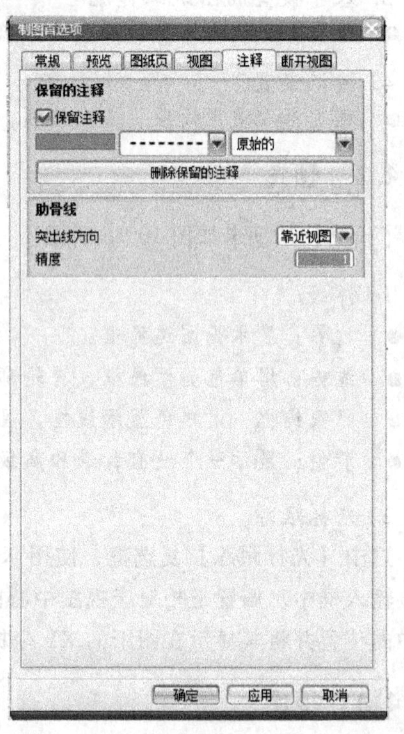

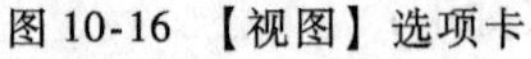
图 10-16 【视图】选项卡

图 10-17 【注释】选项卡

1. 保留注释

选中【保留注释】复选框，在实体修改以后，与之相关联的注释依然保留。该选项为系统默认。建议用户不要修改该选项。

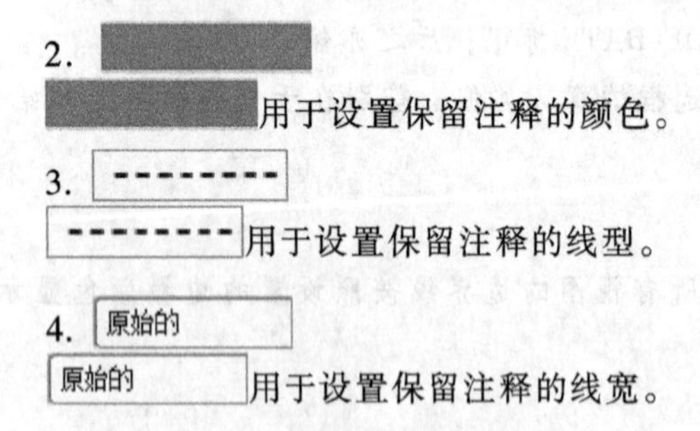

2.

用于设置保留注释的颜色。

3. ---------

---------用于设置保留注释的线型。

4. 原始的

原始的 用于设置保留注释的线宽。

5. 删除保留的注释

单击【删除保留的注释】按钮，系统弹出删除保留对象警告信息对话框，此时再单击【是】按钮，系统将自动删除当前图纸中所有的保留注释。

10.5 注释

进入制图模块以后，选择【首选项】/【注释】命令，系统弹出如图 10-18 所示的【注释首选项】对话框。该对话框上有以下几个选项卡：尺寸、直线/箭头、文字、符号、单位、径向、坐

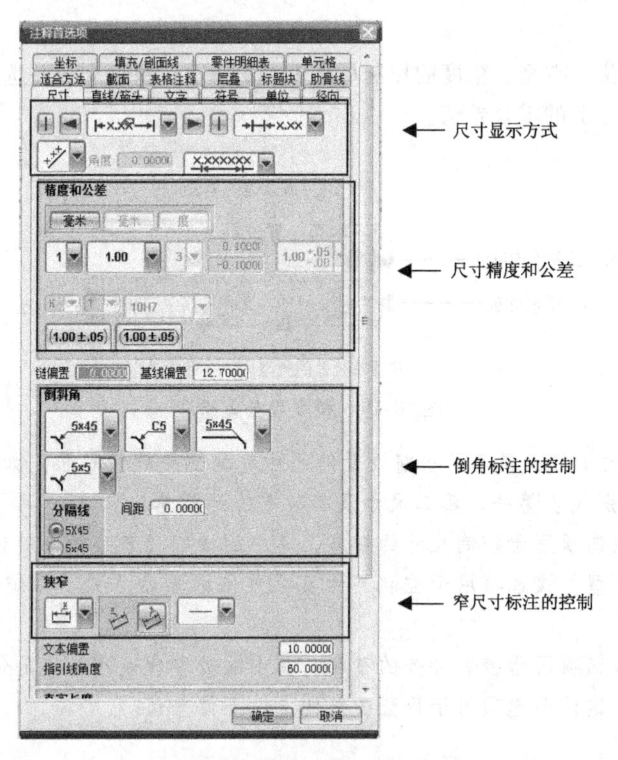

图 10-18 【注释首选项】对话框

标、填充/剖面线、部件明细表、单元格、截面、适合方法、层叠。

10.5.1 尺寸

【尺寸】选项卡为箭头和直线格式、放置类型、公差和精度格式、尺寸文本角度和延伸线部分的尺寸关系设置尺寸首选项。

1. 尺寸选项

通过 5 部分来控制尺寸的显示：引出线/箭头显示开关、尺寸放置类型、箭头之间的尺寸线显示、尺寸文本方位和尺寸线的修剪。

- 依次为显示第 1 边延伸线、第 1 边箭头、第 2 边箭头、第 2 边延伸线
- 为尺寸放置方式，共有 4 种放置方式：自动放置、手工放置-箭头在外、手工放置-箭头在内、手工放置-箭头方向相同
- 为箭头之间有线列表，共有两种方式：箭头之间没有线（不在延伸线之间放置线）、箭头之间有线（在延伸线之间放置一条线）。
- 为尺寸文本方位，共提供 5 种放置方法：水平、对齐、文本在尺寸线上方、垂直、成角度的文本。
- 为尺寸线控制，共有两种方法：不修剪尺寸线和修剪尺寸线。

说明：当光标指向某选项并停留几秒钟后，系统会自动弹出浮动框，显示该选项的意义。

---

2. 精度和公差

尺寸及公差的单位、类型、精度的控制如图 10-19 所示。精度和公差选项控制如何对单向公差和双向公差显示尺寸上的零公差值。

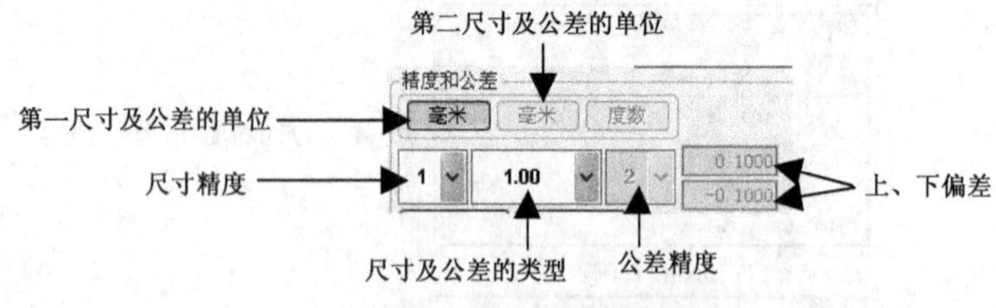

图 10-19 精度和公差选项

- 尺寸与公差的单位：显示了当前设置的尺寸及其公差计量单位。如果是标注双尺寸，则两个按钮被激活，分别代表第一、第二尺寸及其公差的计量单位。
- 尺寸精度：该选项用于控制尺寸的精度，其中的数字代表小数点的位数。
- 尺寸公差的类型：该选项用于控制尺寸及公差值的显示方式。系统通过下拉列表提供了 15 种方式。
- 公差精度：该选项用于控制公差的精度，其中的数字代表小数点的位数。
- 上、下偏差：这两个选项用于设置公差的上、下偏差值。

3. 倒斜角

倒斜角标注的控制选项如图 10-20 所示。

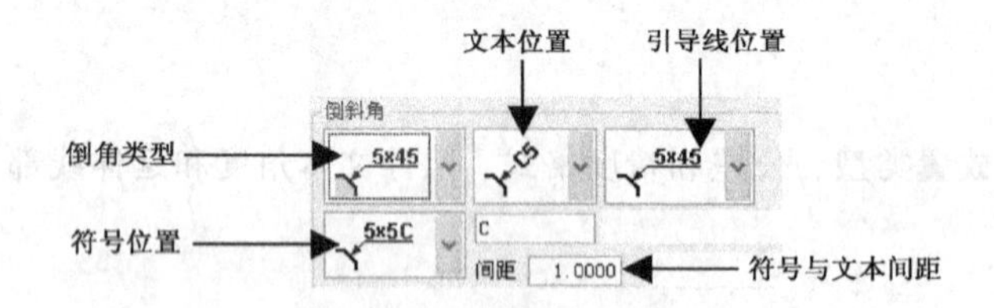

图 10-20 倒斜角标注的控制选项

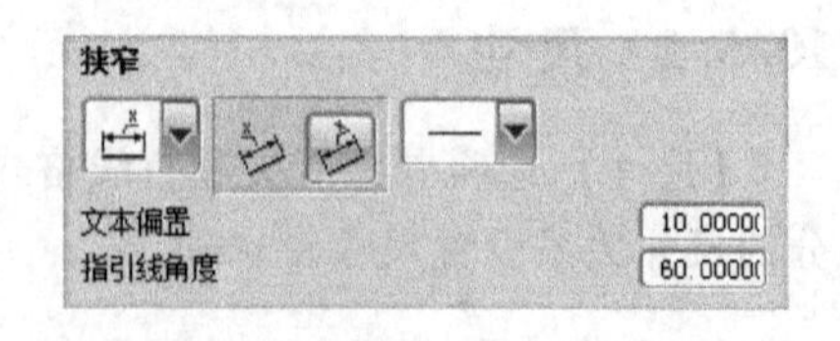

图 10-21 窄尺寸标注控制选项

4. 窄尺寸标注控制

窄尺寸标注控制选项如图 10-21 所示。此处需要设置的选项有窄尺寸标注类型、文本方向、箭头方式、文本偏置量、指引线角度等。窄尺寸显示类型如图 10-22 所示。

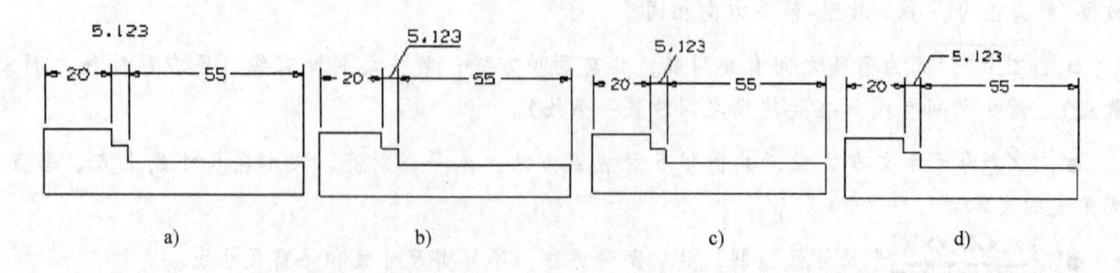

图 10-22 窄尺寸显示类型

a）没有指引线 b）文本在短划线之上

c）带有指引线 d）文本在短划线之后

10.5.2　直线/箭头

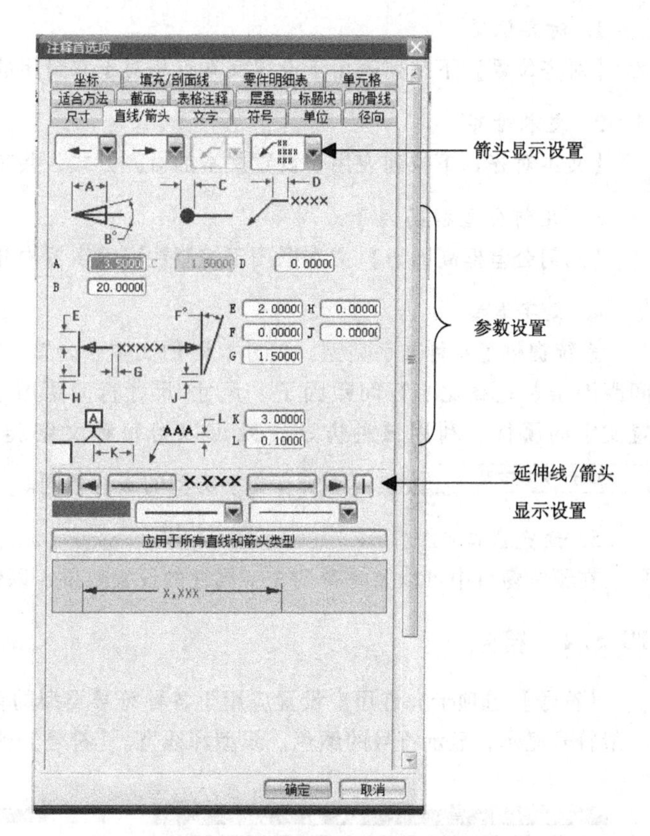

图 10-23　【直线/箭头】选项卡

【注释首选项】对话框中的【直线/箭头】选项卡如图 10-23 所示。通过该对话框，可以设置箭头形状、引导线方向和位置、引导线和箭头的显示参数、引导线和箭头的显示属性等。

1. 箭头显示

允许用户指定创建尺寸和制图辅助时所使用的箭头类型。箭头有单独的选项，每个选项均提供下列箭头类型：填充的箭头、封闭的双箭头、封闭的实心双箭头、开放的箭头、填充的双箭头、无、原点符号、叉号、积分号、圆点、填充圆点、方块、填充的方块、顶部开放的箭头和底部开放的箭头。

2. 显示参数设置

可设置下列制图组件的大小关系：

A 表示箭头长度。

B 表示夹角。

C 表示圆点直径。

D 表示短划线尺寸（标签或尺寸上的折线）。

E 表示延伸线或延伸圆弧超出尺寸线或尺寸圆弧的距离。

F 表示延伸线角度。此角度仅适用于竖直尺寸和水平尺寸。

G 表示从文本至尺寸线（短划线）或尺寸圆弧的距离。

H 表示从要为其标注尺寸的对象所在位置到第一个延伸线或延伸圆弧的端点的距离。

J 表示从要为其标注尺寸的对象所在位置到第二个延伸线端点的距离。

K 表示基准箭头的顶点到延伸线端点的距离。

L 表示标签文本显示在短划线上时，短划线和标签文本之间的距离。该距离是一个字符大小因子。

3. 延伸线/箭头显示

使用此选项可以打开或关闭下列任意切换按钮（从左至右）：第一条延伸线、第一个箭头、第一条箭头线、第二条箭头线、第二个箭头 、第二条延伸线。

10.5.3　文字

【文字】选项卡包含应用于尺寸及其他注释的指引线、箭头和延伸线的首选项。预览区域提供带有指引线和尺寸的符号的再现。【文字】选项卡如图 10-24 所示。

1. 对齐位置

【对齐位置】下拉列表用于设置文本点相对于它封闭的假想矩形文本框的位置。

2. 文本对齐

【文本对齐】下拉列表用于设置文本的对齐方式，共有左对齐、中对齐和右对齐3种方式。

3. 几何公差框高因子

【几何公差框高因子】文本框用于控制注释编辑器中几何公差方框的大小。

4. 文字类型

系统提供了4种文字类型：尺寸、附加文本、公差、常规。可以通过其下方的字符大小、间距因子、宽高比、行间距因子、尺寸/尺寸行间距因子、字体、颜色、文字类型等参数设置文字的属性。利用该种方法，既可以给每种文字类型设置不同的属性，也可以通过单击 应用于所有文字类型 按钮，使所有文字类型的属性相同。

5. 预览窗口

在预览窗口中可以及时看到文字属性的设置效果，以便操作调整。

10.5.4 符号

【符号】选项卡允许用户设置应用于各种符号类型的首选项，如图10-25所示。预览框提供一般符号显示，显示符号的颜色、线型和线宽。【符号】选项卡包含以下选项：

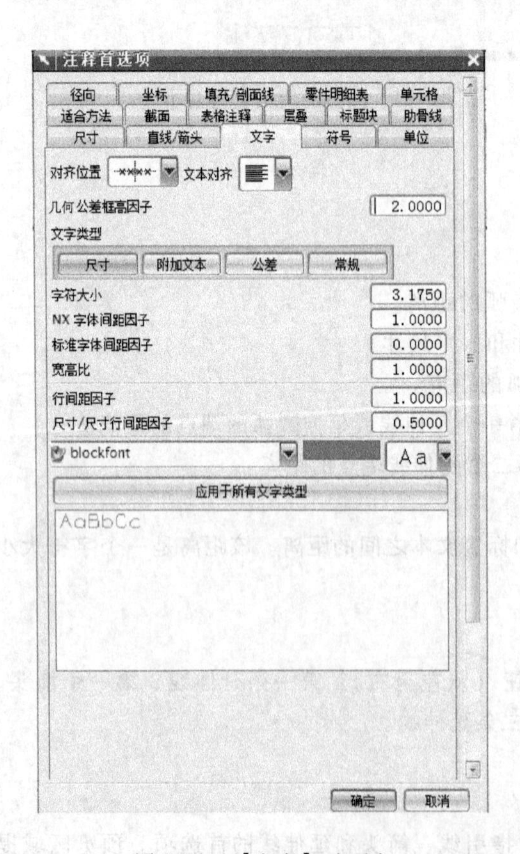

图10-24 【文字】选项卡

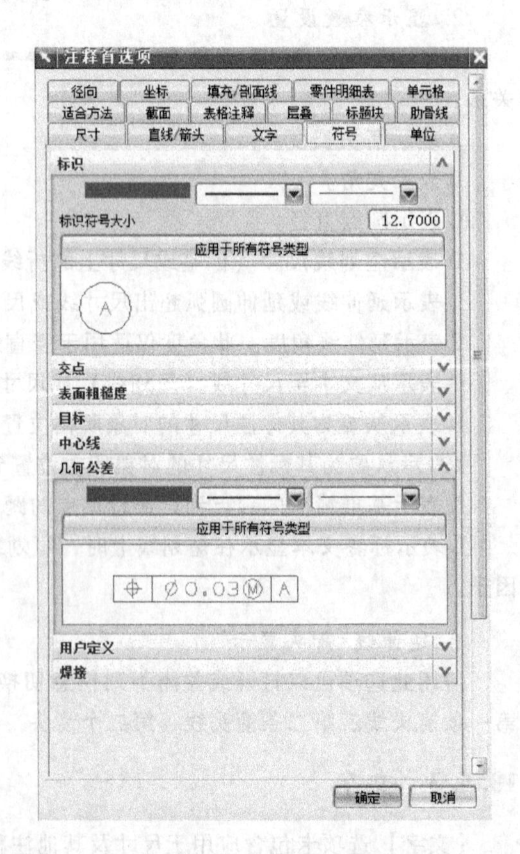

图10-25 【符号】选项卡

1. 标识符号大小

允许用户设置标识符号的大小，不可用于所有其他符号类型。

2. 颜色/线型/线宽

设置任何符号类型的颜色、线型和线宽。

3. 应用于所有符号类型

所有符号类型的颜色、线型和线宽设置为当前所选的类型。

4. 预览区域显示

预览区域显示所选符号类型的预览显示。

10.5.5 单位

使用【单位】选项卡，以设置所需的尺寸测量单位，还可以控制是否以单尺寸还是双尺寸格式创建尺寸，如图 10-26 所示。使用【单位】选项卡可以为添加到图纸的后续尺寸设置单位首选项，也可以编辑现有尺寸。

常用的设置主要有尺寸显示、公差显示、单位设置、角度尺寸格式、角度公差格式、角度尺寸中零的显示格式等。

1. 尺寸显示

系统提供了两种选项用于控制尺寸中小数点符号，如图 10-27 所示。

2. 公差位置

系统提供了 3 种选项，用于控制公差的位置，如图 10-28 所示。

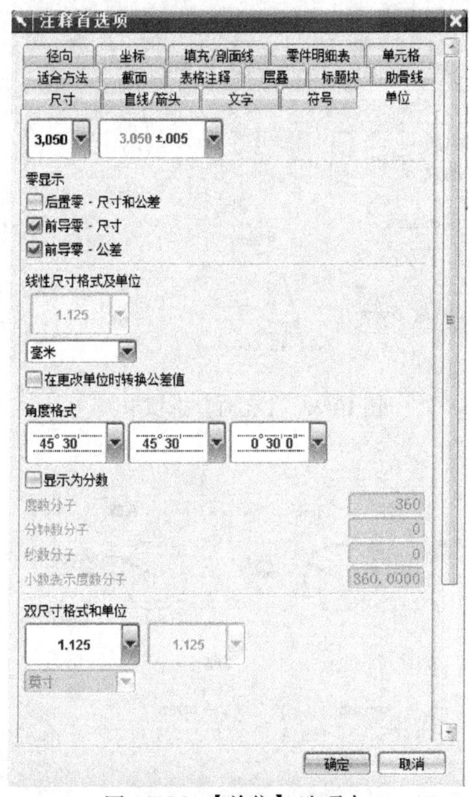

图 10-26 【单位】选项卡

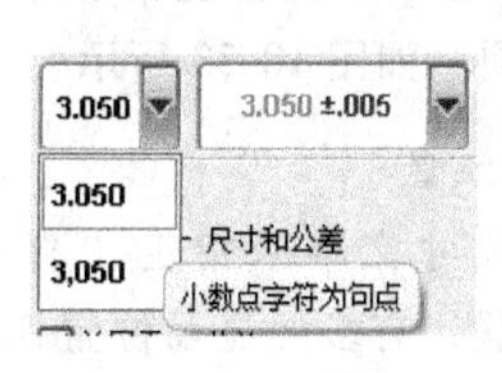

图 10-27 小数点符号

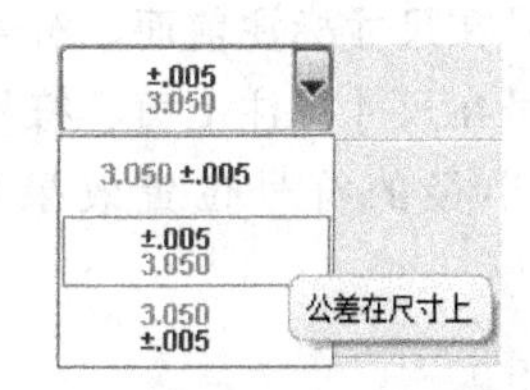

图 10-28 公差位置控制

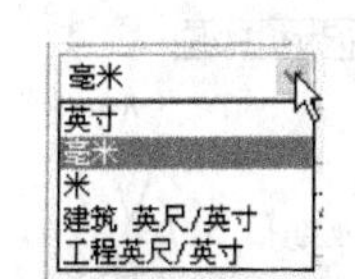

图 10-29 单位设置选项

3. 单位设置

系统提供了5种选项用于单位设置，如图10-29所示。

4. 角度尺寸格式

系统提供了4种选项用于控制角度尺寸的显示格式，如图10-30所示。

5. 角度公差格式

系统提供了4种选项用于控制角度公差的格式，如图10-31所示。

6. 角度尺寸中零的显示格式

系统提供了4种选项用于控制角度尺寸中零的显示格式，如图10-32所示。

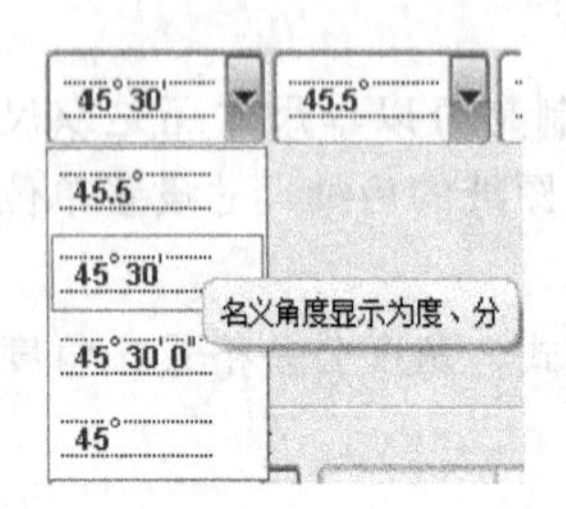

图10-30　角度尺寸格式选项

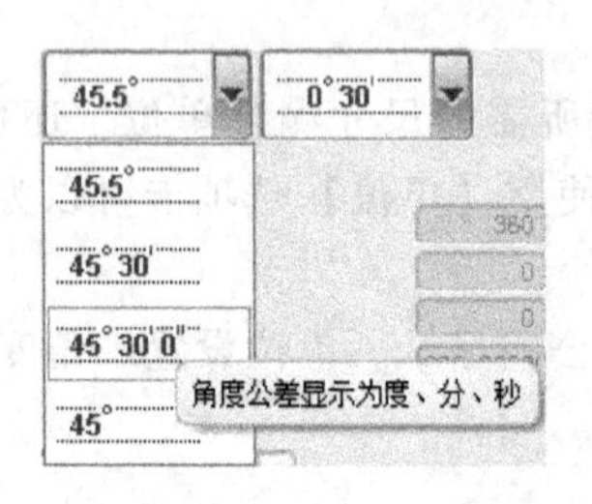

图10-31　角度公差格式选项

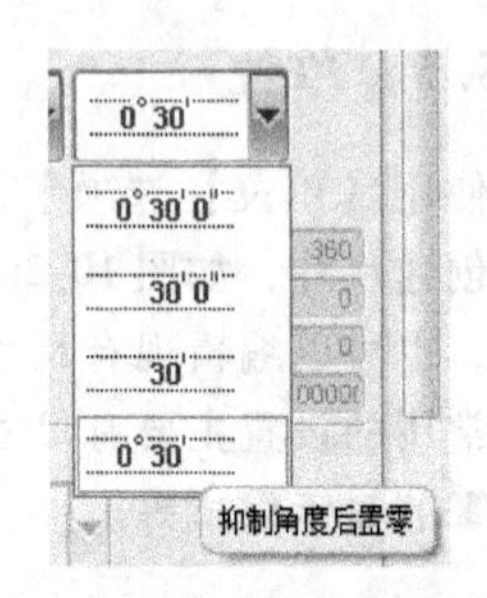

图10-32　角度尺寸中零的显示格式

10.5.6　径向

【径向】选项卡包含直径和半径尺寸符号显示的首选项，如图10-33所示。

1. 符号位置

可根据尺寸文本来指定“直径”和“半径”符号位置，有多种显示位置选项可用。可通过如图10-34所示的方式指定符号（“直径”或“半径”）的位置，共有5种符号位置选项：无符号、符号在尺寸标注前面、符号在尺寸标注后面、符号在尺寸标注上面、符号在尺寸标注下面。其半径的符号位置效果如图10-35所示。

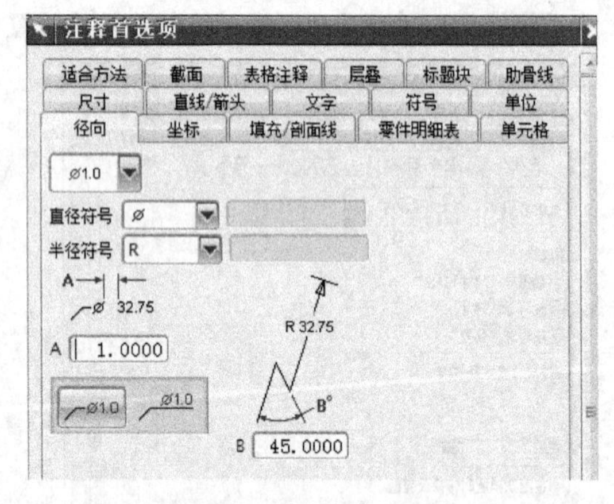

图10-33　【径向】选项卡

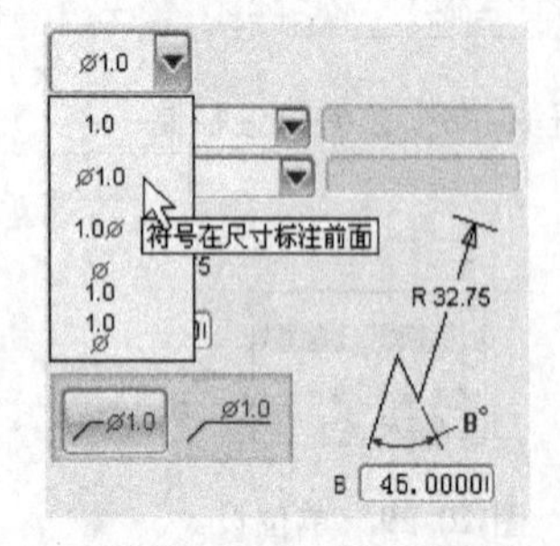

图10-34　直径符号位置选项

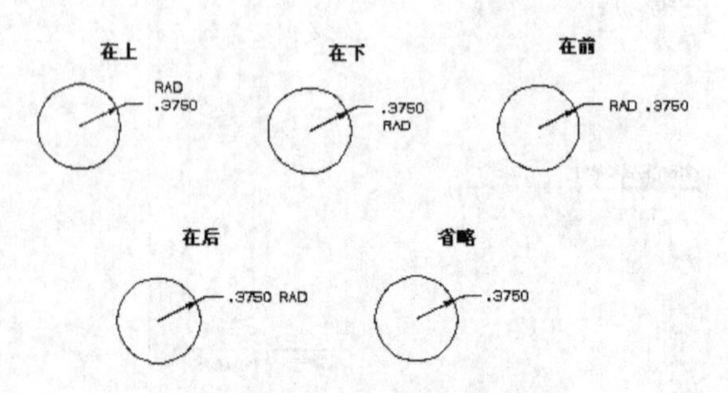

图10-35　半径符号位置效果

2. 直径符号

【直径符号】下拉列表用于设置所需的“直径”符号首选项，如图 10-36 所示。

前 3 个选项允许用户将其各自的符号附加到尺寸。【用户定义】选项用于输入代表自己的“直径”符号的文本，最多输入 6 个字符。不要使用尖括号（< >）、星号（*）或美元符号（$），除非符号和文本控制字符中有所指定。选择【用户定义】选项时，此选项旁边的文本字段将变成活动字段。

3. 半径符号

【半径符号】选项允许用户设置所需的“半径”符号首选项，如图 10-37 所示。

前 4 个选项允许将符号附加到某一尺寸上。

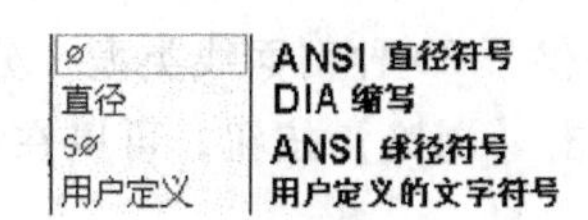

图 10-36　直径符号下拉列表

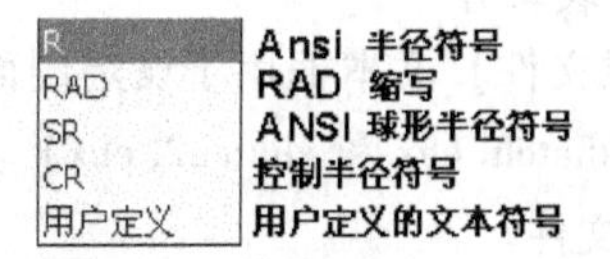

图 10-37　【半径符号】选项

4. 符号与尺寸之间的间距控制

允许用户利用字符间距来控制符号和尺寸文本之间的间距。在 A 参数文本框中输入一个值。

5. 带折线的半径角度

允许用户在“带折线的半径”尺寸中指定折线角度。在 B 参数文本框中输入一个值。带折线的半径角度被解释为最接近中心点的箭头段和转折段之间的角度。带折线的半径角度的有效范围是大于零小于等于 90°的一个数字。如果输入一个小于等于零或大于 90°的值，则使用默认值（45°）。

6. 短划线后/上的文本

允许用户控制尺寸文本相对于指引线短划线的位置，有以下两种选项：

- 文本在短划线之后。尺寸文本显示在指引线短划线旁边。
- 文本在短划线上。尺寸文本显示在指引线短划线上，同时短划线延伸至尺寸文本的最大长度。

10.5.7　填充/剖面线

【填充/剖面线】选项卡，如图 10-38 所示，该选项卡提供如下选项：

1. 剖面线和区域填充边界曲线公差

【剖面线和区域填充边界曲线公差】用于设定剖面线边界与剖面线之间的最大弦高。输入的数值越小，剖面线与曲线边界将越接近，但系统计算时间延长。

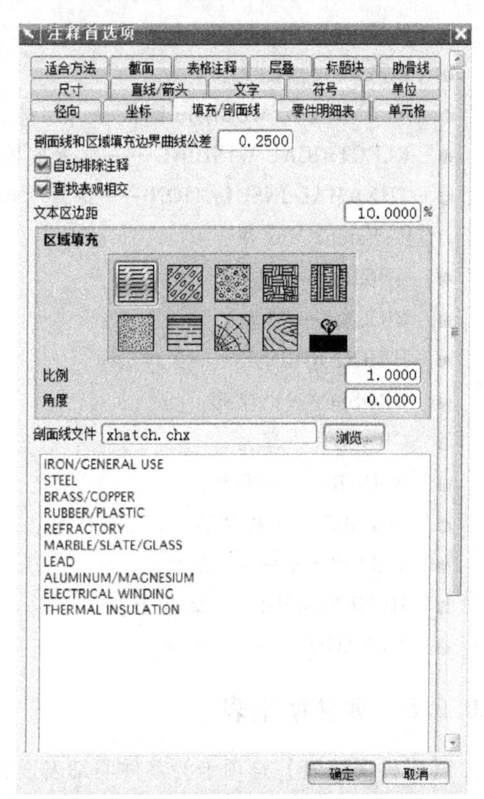

图 10-38　【填充/剖面线】选项卡

2. 区域填充样式

系统提供了10种ANSI通用的填充样式，即软木/毡、隔音材料、混凝土、泥土、岩石、沙、液体、横纹木、斜纹木、实心填充等。

3. 比例

【比例】文本框用于控制区域填充图案的比例，其值必需大于0。当比例小于1时，图案缩小；反之亦然。

4. 角度

【角度】文本框用于控制区域填充图案的旋转角度。

5. 剖面线文件

【剖面线文件】文本框用于设定剖面线的类型。UG提供了20种剖面线类型，分别由剖面线样式文件（xhatch. chx和xhatch2. chx）具体定义。通过单击【浏览】按钮，可以在UGⅡ目录中查到这两个文件。

UG NX 8.0提供的20种剖面线类型如下：

（1）xhatch. chx中：

- IRON/GENERAL USE——铁/通用。
- STELL——钢。
- BRASS/COPPER——黄铜/紫铜。
- RUBBER/PLASTIC——橡胶/塑料。
- REFRECTORY——耐火材料。
- MARBLE/SLATE/GLASS——大理石/石板/玻璃。
- LEAD——铅。
- ALUMINUM/MEGNESIUM——铝/镁。
- ELECTRICAL WINDING——电器线圈。
- THEAMAL INSULATION——绝热材料。

（2）xhatch2. chx中：

- ANGLE——角形。
- BRICK——砖块。
- HERRINGBONE——人字形。
- CROSS——十字形。
- GRASS——草形。
- SQUARE——矩形。
- ZIGZAG——之字形。
- TRIANGLE——三角形。
- HONEYCOMB——蜂窝形。
- HEXAGON——六角形。

10.5.8 零件明细表

【零件明细表】选项卡为零件明细表设置全局样式，提供用于编辑现有零件明细表对象的样式选项，如图10-39所示。

1. 一般选项

(1) 增长方向：指明零件明细表的增长方向。【增长方向】下拉列表中有以下选项：

- 向上：在每个表区域上零件明细表按向上的方向增长（第一个零件号在底部）。
- 向下：零件明细表按向下的方向增长（第一个零件号在顶部）。

(2) 显示锁定的已删除行：确定如何显示锁定的行，已经从装配中移除或已经手工删除的参考组件除外。【显示锁定的已删除行】下拉列表中有以下选项。

- 删除线：显示有直线穿透的整个行及其附着行。
- 留为空白：不显示行文本或其附着行。在各行位置处显示空白行。
- 隐藏：根本不显示行或其附着行。
- 普通：正常显示行，就像其未被删除一样。

(3) 将新行创建为锁定：如果选中该复选框，则创建零件明细表中的新行时该行自动锁定。

(4) 允许手工行：如果选中该复选框，则可手工选取锁定行。

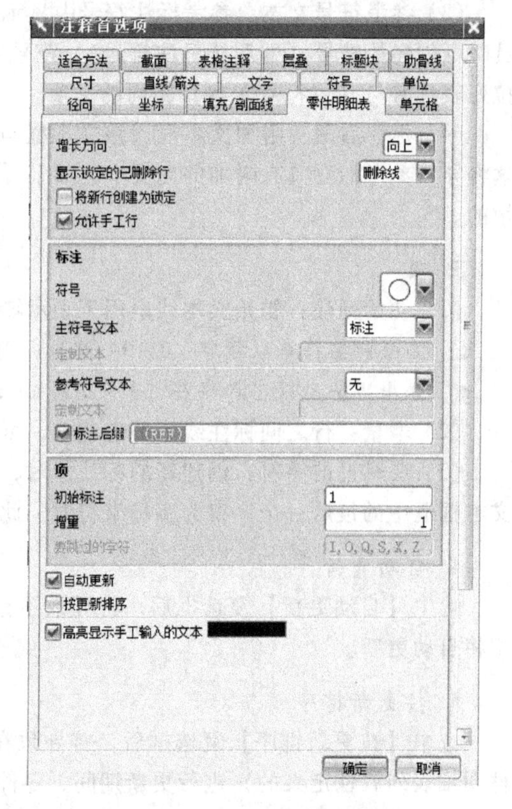

图 10-39　【零件明细表】选项卡

2. 标注

(1) 符号：指定用于引出图纸上的成员（组件、实体、曲线和点）的 ID 符号类型。【符号】下拉列表中有以下选项：无、圆、分割圆、三角形朝下、三角形朝上、正方形、分割正方形、六边形、分割六边形、象限圆、圆角方块和下划线。

- 如果设置为“无”，则零件明细表更新时将不会创建标注符号。如果符号已经存在，则其将进行更新。
- 如果设置为除“无”之外的任何值，在自动符号标注操作后，将创建该类型的 ID 符号，并将其关联到由零件明细表引用的成员，且现有的标注符号会在零件明细表更新时更新。

(2) 主符号文本：在主标注符号中显示的文本，表示第一次出现零件明细表成员时创建的第一个符号。【主符号文本】下拉列表中有以下选项：

- 无：没有为主标注创建标注符号。
- 标注：标注符号包含了要引出行的标注列中的值。这与指定【定制】选项并在【定制】文本框中输入 $ ~C 是等效的。
- 部件名：标注符号包含该行成员的成员名称。这与指定【定制】选项并在【定制】文本框中输入 $ =是等效的。
- 标注和数量：将标注值放置在第一行，数量值放置在第二行。这是与 ID 符号的分割类型一起使用的。这相当于指定【定制】选项并在【定制】文本框中输入 <T $ ~C! $~Q>。
- 定制：允许输入主符号文本。仅在【主符号文本】下拉菜单中选择【定制】选项时，此选项才可用。

（3）参考符号文本：参考标注符号中显示的文本，表示创建第一个符号后出现零件明细表成员时所创建的符号（即后续标注符号）。符号字符串的格式与【主符号文本】的格式相同。此下拉列表具有与【主符号文本】相同的选项。

（4）标注后缀：附加文本框（该文本框与参考标注符号字符串相邻）中的值所指定的文本。这将导致参考标注具有附加的此文本。如果【参考符号文本】设置为【定制】，则此选项是不灵敏的。

3. 项

（1）初始标注：初始文本线串用于表示零件明细表中的第一个标注。

- 如果此字符串以数字（0~9）结尾，则数字序列按“增量”选项中的数值递增。
- 如果字符串以字母字符（A~Z 或 a~z）结尾，则字母序列按“增量”选项中的值递增。

（2）增量：行之间标注线串的递增量，可以为任意正整数值。

（3）要跳过的字符：创建新的标注值时，逗号将分隔要跳过的字符列表。仅在【初始标注】文本框框中的最后一个字符为字母字符时，此选项才可用。

4. 自动更新

选中【自动更新】复选框后，将导致不论何时模型中的参考对象发生更改时，零件明细表都将自动更新。

5. 按更新排序

选中【按更新排序】复选框后，将导致在基于为每列定义的排序准则（排序准则是使用零件明细表列属性定义的）进行更新期间，零件明细表都将自动排序。

6. 高亮显示手工输入的文本

选中【高亮显示手工输入的文本】后，则手工输入的文本将由手工输入的文本方括号括起来。

10.5.9 单元格

【单元格】选项卡提供了用于对单元格内容进行格式化及显示单元格边界的选项（颜色、线型和宽度），如图 10-40 所示。

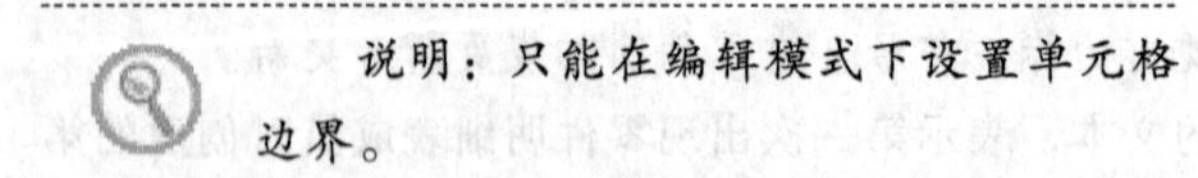

说明：只能在编辑模式下设置单元格边界。

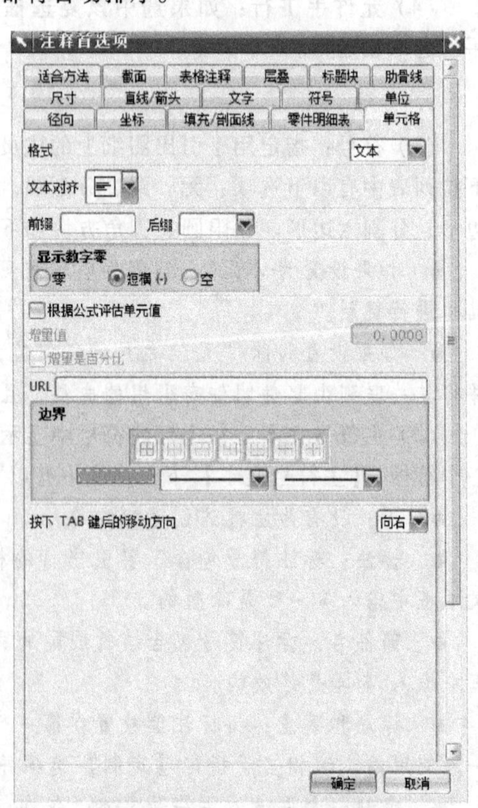

图 10-40 【单元格】选项卡

1. 格式

【格式】下拉列表中有以下选项：

（1）文本：显示文字文本。例如，“这是单元格字符串”。不能针对此格式使用“小数位”。

（2）数字：显示双精度浮点数，如 3.141592653589。“小数位”选项确定小数点右侧的位数。

（3）科学：以科学计数法显示数字，即使用“e-”或“e+”指数符号。其中，“e-”表示负指数，“e+”表示正指数。“小数位”选项确定小数点右侧的位数。

（4）货币：一个浮点数，其左侧显示有美元符号（$），如 $ 3.14。“小数位”选项确定小数点右侧的位数。

（5）百分比：一个乘以 100.0 的双精度浮点数，其右侧显示有百分号（%），如 314%。“小数位”选项确定小数点右侧的位数。

（6）度/分/秒：一个双精度浮点数，可表示为整数形式的度、分和秒的组合，其中“小数位”设置控制所显示字符串的精度。

- 如果此设置为零位小数，则只显示度。
- 如果此设置为一位小数，则显示度和分。
- 如果此设置为两位小数，则度、分和秒都显示。
- 如果此设置中设置了两个以上小数位，则度、分和秒都显示，而对于秒字段的小数位数，则只显示小数位数减去 2 之后的位数。

（7）分数：一个分数。选择该选项后，将出现【类型】选项菜单。“小数位”选项确定分母位数（最大为 4 位）。

（8）隐藏：显示一个空单元格。

（9）日期：以日期的形式显示值。请参见“类型”选项。

2. 文本对齐

【文本对齐】下拉列表用于设置文本对齐方式。

3. 前缀

【前缀】文本框用于指定始终显示在单元格的主文本之前的手工输入的文本。

4. 后缀

【后缀】下拉列表用于指定始终显示在单元格的主文本之后的手工输入的文本。该下拉列表可以手工输入文本或选择下列选项之一：IN、FT、YD、MM、CM、M、SQ IN、SQ FT、SQ YD、SQ MM、SQ CM、SQM、OZ、GAL、L、ML、LB、KG、REF、AR、A/R 和 EA。

5. 显示数字零

【显示数字零】选项区用于指定格式为数字类型时应如何显示 0，可能的值有以下几个：

- 零：显示一个值时，其末尾添加的后置零数使其小数位与位数框中定义的小数位匹配。例如，如果小数位框中为 4，则 45.6 显示为 45.6000。
- 短横（-）：将零值显示为短横（“-”）字符。
- 空：不显示零值。

6. 根据公式评估单元值

【根据公式评估单元值】复选框用于根据公式计算单元格内容。对于按固定数量或百分比添加数量值，该选项很有用。

- 增量值：指定一个值，按该值添加单元值。如果未选中【增量是百分比】复选框，则单元值按该值递增；否则，按百分比添加单元值。仅当选中【根据公式计算单元值】且单元格文本只包含简单的自动文本参考时，该选项才可用。
- 增量是百分比：指明是否将“增量值”中的值解释为百分比。如果选中该复选框，值将解释为百分比。当【增量值】选项可用时，该复选框才可用。

7. URL

【URL】指定单击鼠标右键，随后选择“转至单元格 URL”时所显示的网页的 URL。仅当该字段包含文本时该行为才存在。

8. 边界

使用【边界】选项区中的选项可以设置单元格边界线的颜色、线型或宽度。选择其中的一项后，可以为这组边界线设置颜色、线型、宽度。

9. 按下 TAB 键后的移动方向

【按下 TAB 键后的移动方向】下拉列表用于设置编辑单元格文本时 Tab 键的方向。

10.5.10 截面（表区域）

首先说明，该处翻译有误，截面应改为表区域。

部件号	部件名称	数量
1	BASE_VISE	1
2	JAW_PLATE	2
3	SLIDING_JAW	1
4	COLLAR	1
5	SET_SCREW	2
6	SLIDE_KEY	2
7	VISE_SCREW	1

部件号	部件名称	数量
8	SPECIAL_KEY	1
9	HANDLE_ROD	1
10	HANDLE_BALL	2
11	FLAT_HEAD_25	4
12	TAPER_PIN	2

图 10-41 有两个表区域的表

表区域是制图表格对象，这些对象组成各个具体的表（表格注释或零件明细表）。表由一个或多个表区域组成，该表中每个表区域都包含独特的一组行，如图 10-41 所示。这样就将表分成了几个小部分，这些小部分可以轻松地填充到图纸页上。注意：标题行在两个表区域中都显示。为这两个表区域指定的样式允许它们扩大到用户定义的最大高度。向该表中添加新行以使部分超出最大高度时，根据表区域对象上的样式设置创建一个新表区域并相对于以前的表区域来放置它。

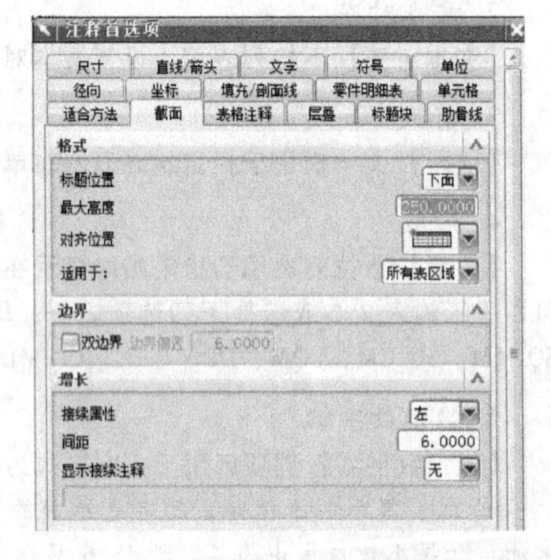

图 10-42 【截面】选项卡

【截面】选项卡如图 10-42 所示。

1. 格式

(1) 标题位置：确定是否在表区域的顶部或底部显示标题头行。【标题位置】下拉列表中有以下选项：

- 上面：在表区域顶部显示标题。
- 下面：在表区域底部显示标题。
- 无：不显示标题头。

(2) 最大高度：每个表区域在溢出到下一表区域之前的部件单位的最大高度。请注意，每个表区域至少包括一行（附着行通过溢出到下一表区域可以与父行拆离）。此值必须大于或等于零。如果设置为零，则在编辑表区域后不创建新表区域。

(3) 对齐位置：指定在放置期间表注释区域相对于光标的对齐方式，以及在初始对齐时相对于其他表区域的对齐方式。【对齐位置】下拉列表中有以下选项：

- 左上方：对齐位置位于表区域的左上角。
- 右上方：对齐位置位于表区域的右上角。

● 左下方：对齐位置位于表区域的左下角。

● 右下方：对齐位置位于表区域的右下角。

（4）适用于：确定如何应用对表区域样式所做的更改。【适用于】下拉列表中有以下选项。

● 此表区域：更改只应用于设置样式后创建的新表区域。

● 所有表区域：更改应用于表格注释和新表区域中所有现有的表区域。

2. 边界

【边界】选项区中有以下选项：

● 双边界：指定包围表格注释的边界是否绘制成两条线。

● 边界偏置：确定双边界之间的宽度。仅当“双边界”为“打开”状态时，才可以使用该选项。

3. 增长

（1）接续属性：确定在将行溢出到新的表注释区域时向何处扩展。【接续属性】下拉列表中有以下选项。

● 左：扩展到当前表区域的左侧。该扩展将根据需要进行延伸，直到到达图纸的左边界。在此扩展完成后，将在表中第一个表区域的位置处的下一页中创建扩展的表区域。

● 右：扩展到当前表区域的右侧。该扩展将根据需要进行延伸，直到到达图纸的右边界。在此扩展完成后，将在表格中第一个表区域的位置处的下一工作表中创建扩展的表区域。

● 下一页：扩展到序列中的下一页（图纸 SH1 上的表区域扩展到 SH2，接着扩展到 SH3，依此类推）。序列增量是一个数字或字母，具体取决于包含初始表区域的图纸名的最后一个字符。新表区域的位置与上一图纸上的第一个表区域的 X、Y 位置相同。如果序列中的下一页不存在，则将使用上一个表区域的图纸的同一图纸样式创建它。

（2）间距：当“溢出”设置为“向左”或“向右”后，将会指定上一个表区域和新表区域中的部件单位的距离；否则，该项将不可用。

10.6 剖切线

进入制图模块以后，选择【首选项】/【剖切线】命令，系统弹出如图 10-43 所示的【截面线首选项】对话框。利用该对话框不仅可以设置随后创建的剖切线参数，还可以用来修改已经存在的剖切线参数。如果是修改已经存在的剖切线的参数，应该首先在视图中选择剖切线，使其高亮显示，此时对话框显示其原来的参数设置，修改参数并单击【确定】按钮以后，随后创建的剖切线都将遵循这些设置。

1. 标签

● 显示标签：控制剖切线字母显示。

● 字母：用于设置界面符号。

2. 图例

【图例】选项区中的图形说明尺寸各构成意义。

3. 尺寸

● 样式：指定剖切线箭头样式。

● 箭头头部长度：指定箭头头部的长度值。

● 箭头长度：指定箭头的长度值。

- 箭头角度：指定箭头头部的角度值（度）。
- 边界到箭头距离：指定一个值，以控制剖切线箭头部分与包围部件的几何体框之间的距离。
- 短划线长度：指定短划线的长度值。

4. 偏置

- 使用偏置：在剖切线的任一边定义距离通道。
- 距离：选中【使用偏置】复选框时显示，指定偏置距离值。

5. 设置

- 标准：【标准】下拉列表中的选项有 ANSI 标准、ISO 标准、ISO128 标准、JIS 标（JIS 剖切线需要用户默认设置）、GB 标准和 ESKD 标准。
- 颜色：控制剖切线的颜色。
- 线型：设置剖切线的线型。
- 宽度：设置剖切线的宽度。

6. 创建截面线

- 有剖视图：可放置一条剖切线和一个剖视图。
- 无剖视图：可放置一条剖切线而没有剖视图。

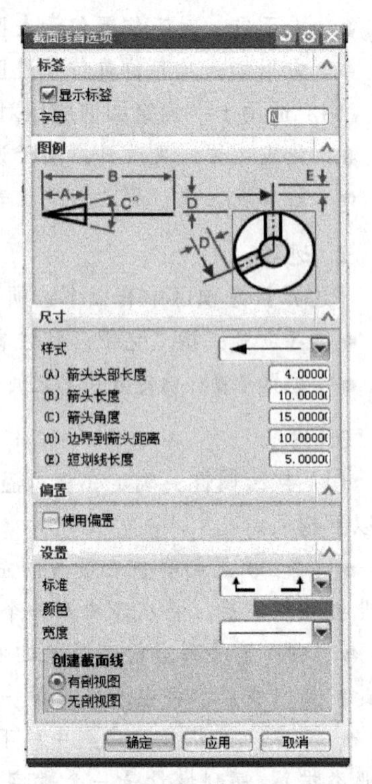

图 10-43 【截面线首选项】对话框

10.7 视图

进入制图模块以后，选择【首选项】/【视图】命令，系统弹出【视图首选项】对话框。该对话框上共有 14 个选项卡。此处仅介绍常用的几个选项卡。

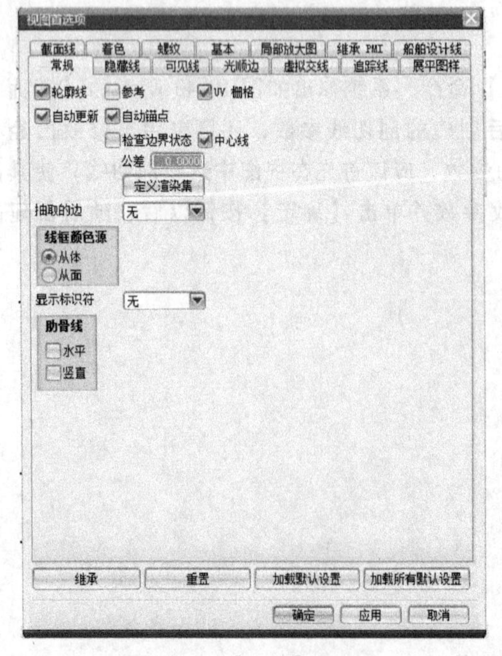

图 10-44 【常规】选项卡

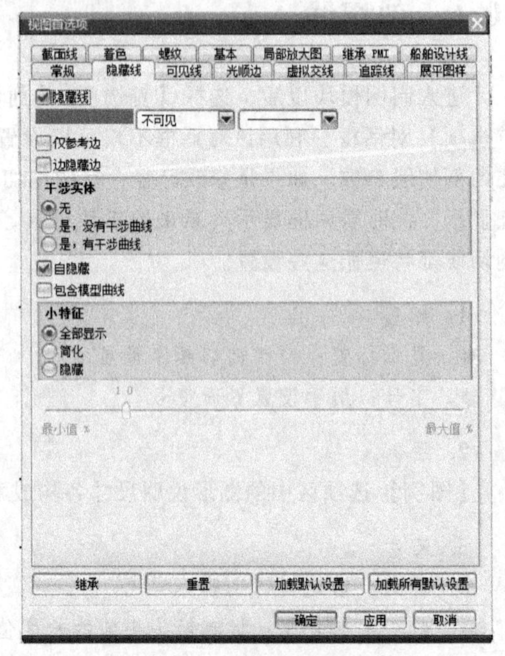

图 10-45 【隐藏线】选项卡

其中,【常规】和【隐藏线】选项卡如图 10-44 和图 10-45 所示。

10.7.1　常规

1. 轮廓线

【轮廓线】复选框用于控制轮廓曲线的显示。

2. 参考

允许将视图从活动状态切换到参考状态。参考视图不显示几何体。

3. UV 栅格

【UV 栅格】复选框用于控制图纸成员视图中的 UV 栅格曲线的显示。

4. 自动更新

【自动更新】复选框决定在对模型进行更改后是否更新现有的图纸视图。

5. 自动锚点

选中【自动锚点】复选框后，在创建过程中为图纸成员视图自动创建锚点。仅在【视图首选项】对话框上可用。

6. 检查边界状态

【检查边界状态】复选框决定视图的过时状态是否包括它的边界。选中该复选框时，如果对非实体几何体的更改造成视图的边界在更新时发生更改，则系统检查视图边界并将它标记为过时。若不选中该复选框，则系统不执行视图边界检查。视图边界检查会影响性能。

7. 中心线

选中【孔中心】复选框时，它自动为其中的孔或销轴与图纸视图平面垂直或平行的视图创建线性、圆柱和螺栓圆中心线（用圆形示例集）。

8. 公差

【公差】文本框为给定图纸视图中的轮廓和隐藏线生成指定弦高公差值。

9. 定义渲染集

单击【定义渲染集】按钮，可以创建、更新（修改）、删除或重命名渲染集。渲染集由可应用于下列选项的实体或组件集构成：隐藏线、仅参考边、边隐藏边、边被自身实体隐藏、隐藏线颜色、线型、宽度和可见线颜色、线型和宽度。

10. 抽取的边

【抽取的边】下拉列表提供了一种备选方法在图纸视图中显示模型几何体。该下拉列表中有以下两个选项：

- 无：不打开抽取的边。
- 关联的：打开抽取的边，而且它们是关联的。

11. 线框颜色源

【线框颜色源】选项区可以控制图纸成员视图中边和曲线的显示是否出自关联的面或实体。

10.7.2　隐藏线

用所选的隐藏线的颜色、线型和宽度设置来渲染被其自身实体隐藏的边。关键参数的意义如下：

1. 隐藏线

【隐藏线】复选框用于访问向图纸添加的所有视图的隐藏线显示首选项。

● 仅参考边：该复选框可以控制使用注释来渲染隐藏边。当选中该复选框时，只渲染参考注释的隐藏边，不渲染不被注释参考的隐藏边。还可从【定义渲染集】对话框中获得【仅参考边】。仅参考边的控制隐藏线显示效果如图 10-46 所示。

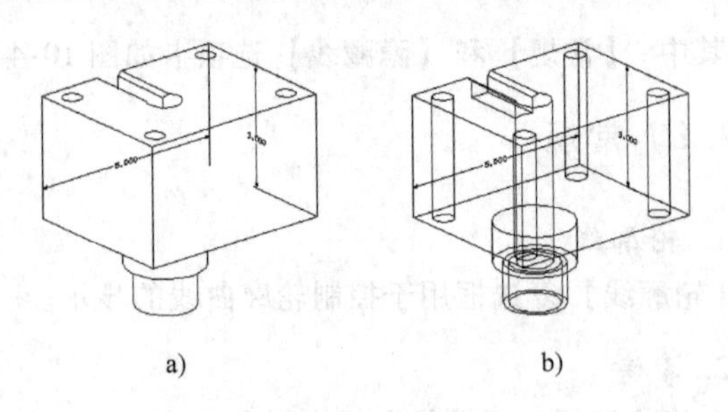

图 10-46 仅参考边的控制隐藏线显示效果

a）开 b）关

● 边隐藏边：该复选框可以控制被其他重叠边隐藏的那些边的显示。如果选中该复选框，则被其他边隐藏的那些边被修改为在【视图显示】对话框中指定的颜色、线型和宽度。如果未选中该复选框，则擦除被其他边隐藏的那些边并使其不可见且不可选。

2. 干涉实体

【干涉实体】选项区用以正确地渲染有干涉实体的图纸成员视图中的隐藏线。当此开关处于打开状态时，视图的更新速度要比该开关关闭时更慢。此选项默认情况下为“关”，其控制显示效果如图 10-47 所示。

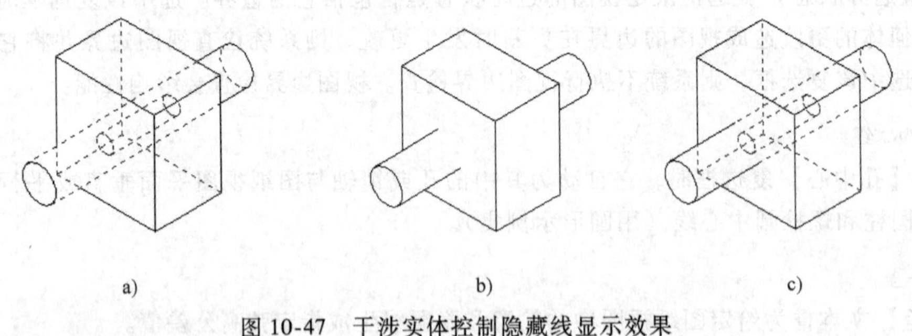

图 10-47 干涉实体控制隐藏线显示效果

a）隐藏线虚线，干涉实体关 b）隐藏线不可见，干涉实体开 c）隐藏线虚线，干涉实体开

3. 自隐藏

【自隐藏】复选框用所选的隐藏线的颜色、线型和宽度设置来渲染被其自身实体隐藏的边。关闭“自隐藏”时，隐藏线进程仅处理被其他实体隐藏的线。当未选中该复选框时，不显示被其自身实体隐藏的边。

4. 包含模型曲线

在制图视图中的模型曲线可以参与隐藏线处理。该复选框对于那些用线框曲线或 2D 草图曲线产生图样的用户是很有用的。

5. 小特征

【小特征】选项区可以在大装配图样中简化或移除小特征的渲染。这样可以提高打印质量，并可能会缩短更新视图的执行时间。小特征是一组相连的面，这些面小于以模型百分比表示的指定大小公差。每个特征都被框起来，并且特征框的大小与模型的框大小成比例。如果比例小于指定的百分比，则要简化特征。当简化小特征时，这组面将由指示小特征与模型之间边界位置的一环边所替代。使用小特征公差滑块指定“简化”和“隐藏”的百分比（0.10 ~ 5.0）。控制效果如图 10-48 所示。

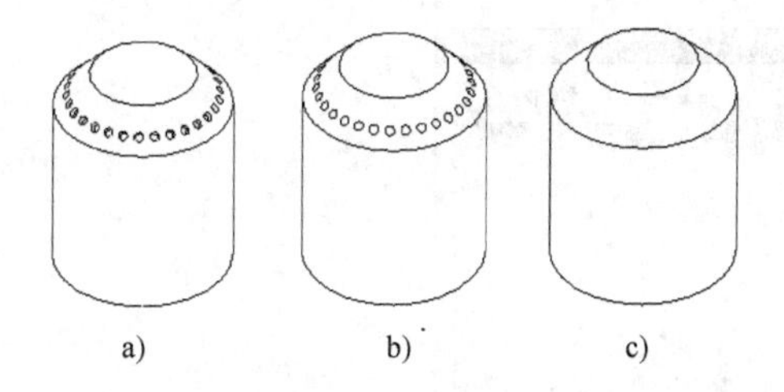

图 10-48 小特征控制隐藏线显示效果
a）全部显示 b）简化 c）隐藏

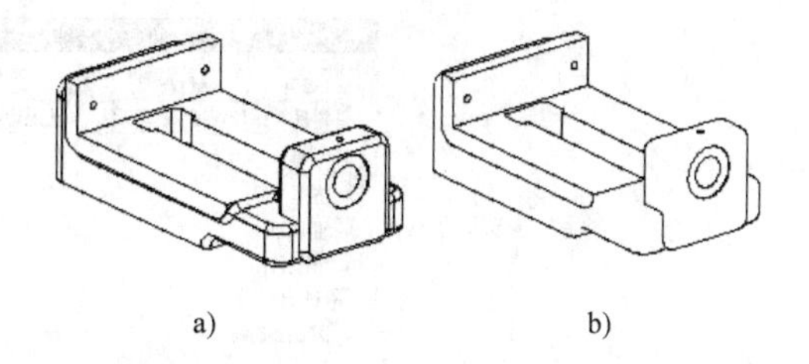

图 10-49 光顺边控制显示效果
a）光顺边开 b）光顺边关

10.7.3 可见线

【可见线】选项卡可以设置可见线的显示样式。该部分内容简单，这里不再详述。

10.7.4 光顺边

使用光顺边选项可以控制光顺边的显示。光顺边是其相邻面在它们所吻合的边具有同一曲面切向的那些边。下图显示了使用【光顺边】选项对带有圆边的部分所产生的不同显示效果。如果【光顺边】选项切换到“开”状态，则将显示光顺边。如果“光顺边”选项切换到“关”状态，则将不显示光顺边。其控制效果如图 10-49 所示。

10.7.5 追踪线

【追踪线】选项卡用于设置追踪线的线型、颜色等属性。

在爆炸图中，追踪线显示装配组件如何装配在一起，可在“装配”应用模块中创建追踪线。追踪线只能在它们创建时所在的爆炸图中显示。退出爆炸图后，追踪线则不再显示。追踪线可以继承到图纸上，但必须在建模视图中创建。不能在“制图”应用模块中创建它们。图 10-50 所示为带有追踪线的图纸视图。

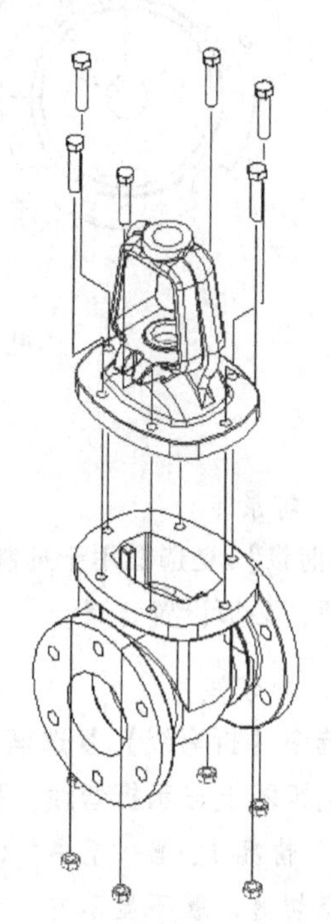

图 10-50 带有追踪线的图纸视图

10.7.6 截面线

【截面线】选项卡如图 10-51 所示。

1. 背景

【背景】复选框用于抑制或显示剖视图的背景曲线。这适用于体，而不适用于特征。

- 如果【背景】设置为“开”，则不仅在视图中显示切割实体生成的曲线和剖面线，还显示切面背后的曲线。
- 如果【背景】设置为“关”，则只有通过切割实体所生成的曲线和剖面线才在视图中显示。

图 10-52 说明了“剖视图背景”样式的影响。

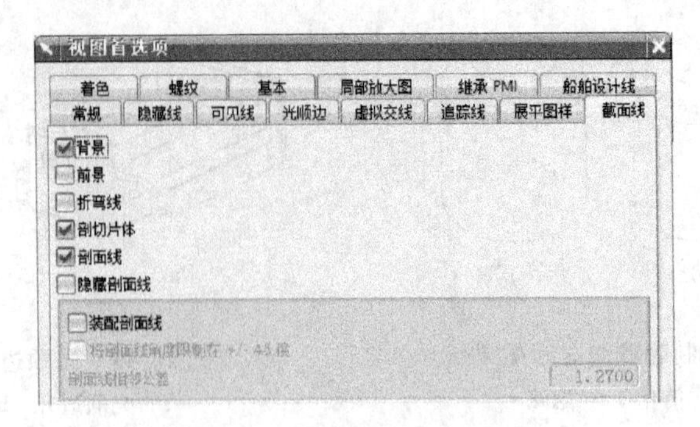

图 10-51 【截面线】选项卡

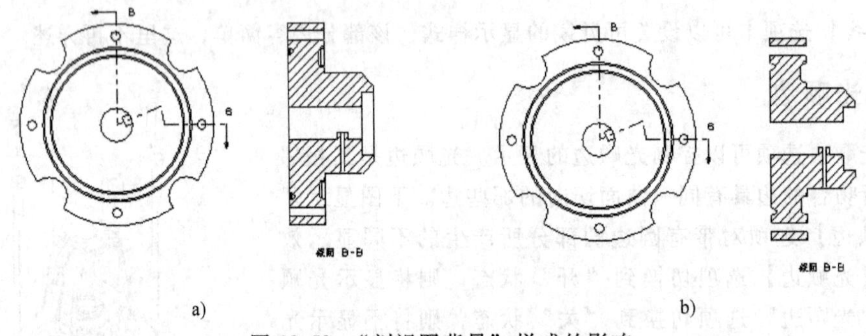

图 10-52 “剖视图背景”样式的影响

a）将背景设置为开 b）将背景设置为关

2. 前景

【前景】复选框用于抑制或显示剖视图的前景曲线。这适用于体，而不适用于特征。要使用此选项，必须设置背景。

3. 折弯线

选中【折弯线】复选框，会在阶梯剖视图中显示剖切折弯线。根据行业标准，一般不会在阶梯剖视图上显示折弯线。只有在实体材料上进行剖切时才会显示折弯线。

- 情况 1：当“背景”开启且“折弯线”开启时，显示一条切透材料的折弯线。如果折弯线悬空切透，就不显示它。

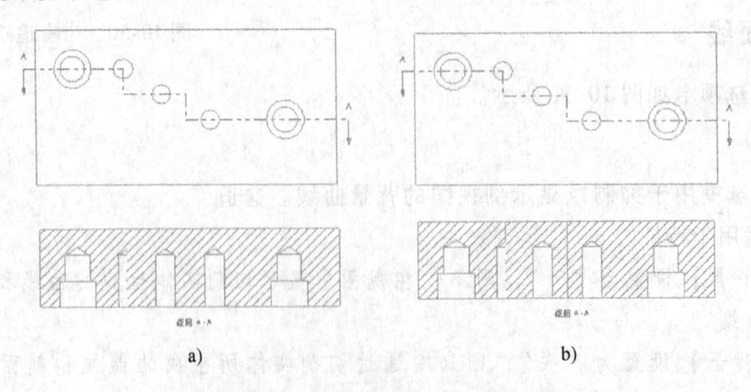

图 10-53 【折弯线】选项控制效果

a）关闭折弯线 b）打开折弯线

- 情况 2：当“背景”关闭而“折弯线”开启时，显示一条折弯线剖切边，因为所有剖切边均显示。

【折弯线】选项控制效果如图 10-53 所示。

4. 剖切片体

【剖切片体】复选框用于控制在剖视图中是否剖切片体。

5. 剖面线

选中【剖面线】复选框可以控制是否在给定的剖视图中生成剖面线。

6. 隐藏剖面线

【隐藏剖面线】复选框用于控制剖视图的剖面线是否参与隐藏线处理。

7. 装配剖面线

【装配剖面线】复选框用于控制装配剖视图中相邻实体的剖面线角度，效果如图 10-54 所示。

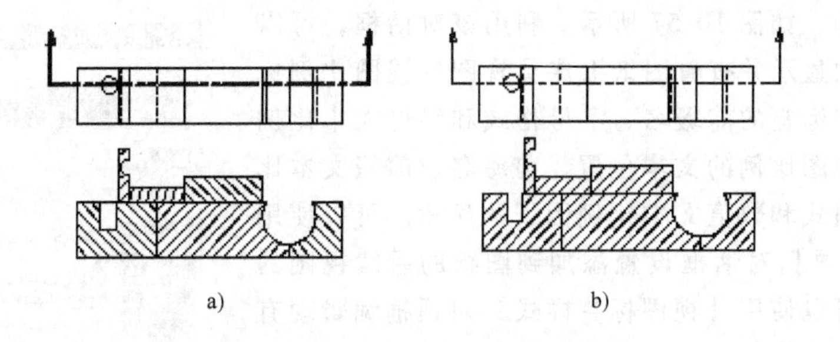

图 10-54　【装配剖面线】选项控制效果

a）装配剖面线设置为开　b）装配剖面线设置为关

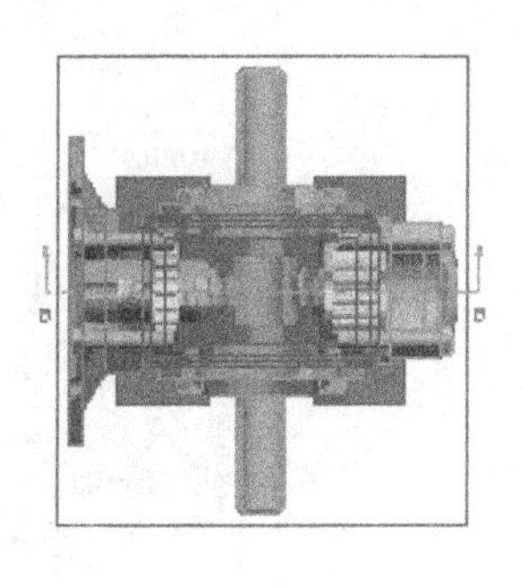

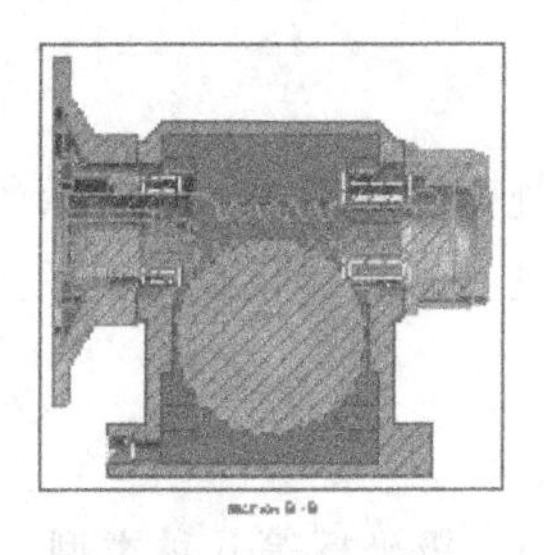

图 10-55　完全着色图纸视图

10.7.7 着色

除了在现有线框模式下显示图纸成员视图外，还可在着色模式下显示。不支持将着色视图显示用于旋转和展开的剖视图。着色视图支持现有线框视图中的所有功能，如显示和控制可见线、轮廓线、阴影等。完全着色图纸视图效果如图 10-55 所示。

10.7.8 螺纹

使用【螺纹标准】选项卡可以为图纸成员视图中的内、外螺纹创建 ANSI 和 ISO 螺纹表示形式。

10.8 视图标签

视图标签的意义如图 10-56 所示。单击【首选项】/【视图标签】命令，系统弹出【视图标签首选项】对话框，如图 10-57 所示。利用该对话框，可以控制视图标签的显示并查看图纸上成员视图的视图比例标签，可控制视图标签的前缀名、字母格式和字母大小比例因子的显示；视图比例的文本位置、前缀名、前缀文本比例因子、数值格式和数值文本比例因子的显示。可以使用【视图标签首选项】对话框设置添加到图纸的后续视图的首选项，或者可以使用【视图标签样式】对话框编辑现有视图标签的设置。当选中【视图标签】复选框时，【视图标签样式】对话框将更新为显示该视图标签的当前设置。

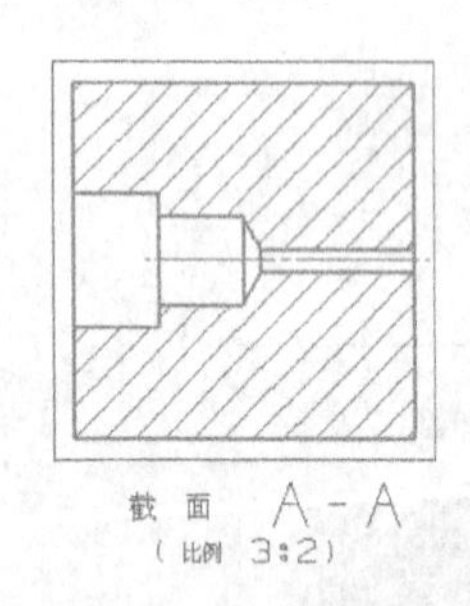

图 10-56 视图标签的意义

图 10-57 【视图标签首选项】对话框

10.9 栅格和工作平面

选择【首选项】/【栅格和工作平面】命令，系统弹出如图 10-58 所示的对话框。利用该对话框可以设置绘图区域的栅格点阵。需要说明的是，这些栅格点仅仅是显示上存在，而实际上并非真实点，主要作用是利于光标捕捉。

1. 类型

【类型】下拉列表中共有矩形均匀、矩形非均匀、极坐标等几种类型。

2. 栅格大小

- 主栅格间距：定义主栅格间的间距大小。
- 主线间的辅线数：定义辅助线的密度，例如输入5，则表示每隔5个辅线有一条主线。
- 辅线间的捕捉点数：定义在辅线之间的捕捉点数。

3. 栅格设置

- 栅格颜色：设置栅格颜色。
- 显示栅格：用于控制栅格的显示。
- 显示主线：控制主线的显示。
- 捕捉到栅格：用于控制是否捕捉到栅格。
- 将栅格移至顶部：用于控制栅格是否在视图上面。

说明：即使关闭栅格点阵的显示，只要捕捉栅格开关打开，捕捉功能依然有效。

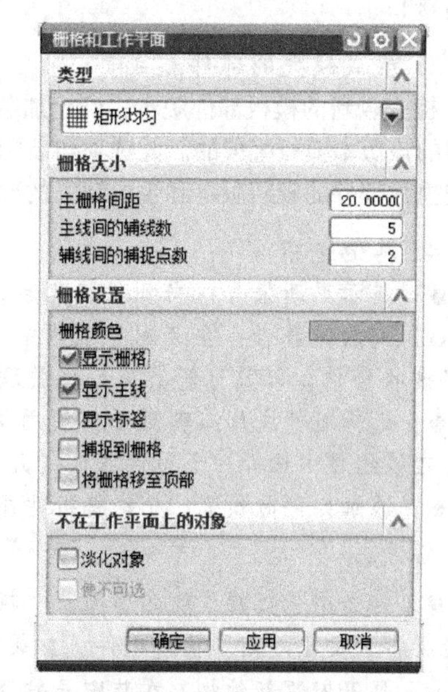

图 10-58 【栅格和工作平面】对话框

10.10 装配首选项

利用装配环境首选项可在装配之前预先定义某些参数，从而加快装配速度，减少重复设置参数的麻烦，也可根据自己的习惯进行参数的设置。

选择【首选项】/【装配】命令，系统弹出如图 10-59 所示的【装配首选项】对话框。该对话框上各参数的意义如下：

1. 工作部件

- 强调：用于其他装配不同的颜色显示工作部件。
- 保持：在更改显示的部件时保持以前的工作部件。如果在更改显示部件时未选中该复选框，则显示部件将成为工作部件。
- 显示为整个部件：更改工作部件时，此选项临时将新工作部件的引用集更改为整个部件。如果系统操作引起工作部件发生变化，引用集则不发生变化。但由于可见性问题，建议在子装配中不使用引用集。所以，当工作部件是一个子装配时，不应用此选项。当部件不再是工作部件时，部件的引用集恢复到原先的引用集。
- 自动更改时警告：工作部件自动更改时，显示通知。

2. 产品接口

强调显示产品接口对象：针对添加组件或 WAVE 几何链接器操作选择组件时，通过将所有非产品接口对象变暗来强调组件的产品接口，鼓励用户为这些操作选择

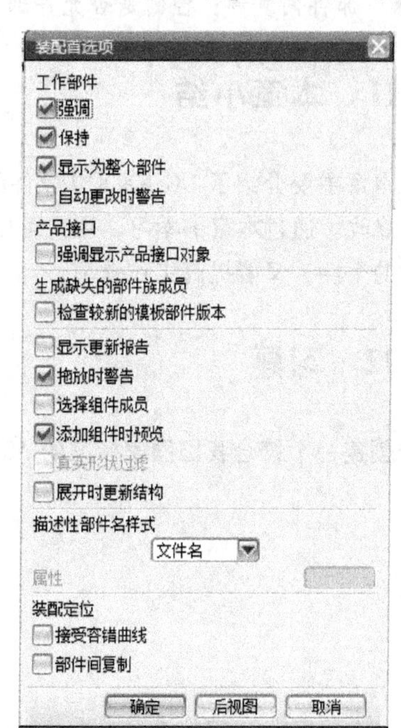

图 10-59 【装配首选项】对话框

产品接口。

3. 生成缺失的部件族成员

检查较新的模板部件版本：确定加载操作是否检查装配引用的部件族成员是否是由基于加载选项配置的该版本模板生成的。此选项与装配加载选项对话框上的生成缺失的部件族成员选项交互。如果检查模板部件的较新版本和生成缺失的部件族成员都开启，则最新的模板将用于缺失的部件。

4. 其他选项

● 显示更新报告：当加载装配后，自动显示更新报告。

● 拖放时警告：在装配导航器中拖动组件时，将出现一条警告消息。此消息通知哪个子装配将接收组件，以及可能丢失一些关联性，并让用户接受或取消此操作。

● 选择组件成员：确定如何使用类选择工具选择组件。如果选中【选择组件成员】复选框，则可在该组件内选择一个组件成员（几何体）。如果不选中该复选框，则可以选择组件本身。

● 添加组件时预览：允许将组件添加到装配之前预览该组件。组件预览功能可以确保选择正确的组件。

● 真实形状过滤：该选项的空间过滤效果比边框方法（备选方法）更好。对于那些规则边框可能异常大的不规则形状的组件（如缠绕装配的细缆线），此选项特别有用。

● 展开时更新结构：在装配导航器中展开组件后，基于组件的直属子组件来控制组件的结构是否更新。

5. 描述性部件名样式

● 描述性部件名样式：指定赋予新部件的默认部件名类型。

● 属性：允许在选定指定的属性作为部件名样式的情况下为属性命名。

6. 装配定位

● 接受容错曲线：指定建模距离公差内为圆弧的曲线或边可以选择为装配约束的圆弧。

● 部件间复制：控制是否允许部件之间进行复制。

10.11 本章小结

本章主要介绍了 UG NX 8.0 软件的初始化内容，用户可以直接使用这些系统设置，也可以做相应的修改。通过本章的学习，用户可以根据自己的喜好和工作特点进行相关的系统设置，既能体现用户的个性，又能提高工作效率。

10.12 习题

创建一个符合我国国家标准的 A3 图纸。

参 考 文 献

[1] 付本国，林晶．UG NX 5 三维设计基础与工程范例［M］．北京：清华大学出版社 2008.

[2] 付本国．UG NX 3.0 三维机械设计［M］．北京：机械工业出版社，2006.

[3] 王定标，郭茶秀，向飒．CAD/CAE/CAM 技术与应用［M］．北京：清华大学出版社，2005.

[4] 杨可桢，程光蕴．机械设计基础［M］．北京：高等教育出版社，1996.

[5] 应华，熊晓萍，姜春晓．UG NX 5.0 机械设计完全自学手册［M］．北京：机械工业出版社，2008.

[6] 张俊华，应华，熊晓萍．UG NX 2 制图应用教程［M］．北京：清华大学出版社，2004.

[7] 田东．Solid Works 2005 三维机械设计［M］．北京：机械工业出版社，2006.